과학 잔혹사

과학 잔혹사

약탈, 살인, 고문으로 얼룩진 과학과 의학의 역사

샘 킨 지음
이충호 옮김

THE
ICEPICK
SURGEON

해나무

일러두기

• 책과 장편의 제목은 『 』로 묶었고, 단편·시·논문·기사명은 「 」로, 영화·신문·학술지명은 〈 〉로 묶었다.
• 이 책과 관련된 그림들은 samkean.com/books/the-icepick-surgeon/extras/photos에서 더 많이 볼 수 있다.

많은 사람은 훌륭한 과학자를 만드는 것이 지성이라고 말한다.
하지만 그 생각은 틀렸다.
훌륭한 과학자를 만드는 것은 인성이다.
　　　　　　　　—알베르트 아인슈타인Albert Einstein

나는 그저 이 말만 할 수 있다.
많은 것은 법에 어긋나지만,
명성 높은 사람이 과학 실험을 하길 원하면
법도 눈감아준다는 것.
　　　　　　　　—토머스 리버스Dr. Thomas Rivers

클레오파트라의 유산

　전설에 따르면, 역사상 최초의 비윤리적 과학 실험을 설계한 사람은 다름 아닌 클레오파트라였다고 한다. 재위 기간(기원전 51~기원전 30) 중 어느 시점에 이집트 학자들 사이에서 한 가지 질문이 논란이 되었다. "자궁 속의 아기가 남자인지 여자인지 처음으로 확실히 구별할 수 있는 때는 언제인가?" 아무도 그 답을 몰랐으므로, 클레오파트라는 악마 같은 계획을 세우고 여종들을 실험에 동원했다.

　여왕이 의학에 손을 댄 것은 이번이 처음이 아니었다. 고대의 자료에 따르면(그리고 현대 역사학자들도 이를 뒷받침한다), 클레오파트라는 시의侍醫들이 하는 일에 큰 관심을 보였다. 효과가 의심스러운 대머리 치료약도 발명했는데, 불에 그슨 생쥐와 불에 태운 말 이빨로 반죽을 만든 뒤, 곰 지방, 사슴 골수, 갈대 껍질, 꿀과 함께 섞어 "머리카락 싹이 돋아날 때까지" 두피에 문질렀다고 한다. 그리스 역사학자 플루타르코스Ploutarchos는 더 섬뜩한 이야기를 들려주는데, 클레오파트라가 죄수들에게 독을 시험했다고 한다. 처음에는 팅크와 화학 물질 (아마도 식물에서 추출한)로 시작했다가 결국에는 동물 독까지 사용했다.(심지어 독을 지닌 여러 동물을 서로 싸우게 해 누가 이기는지 조사하기까지 했다.) 이 지식은 훗날 클레오파트라가 자살을 할 때 요긴하게 쓰였는데, 독사에게 가슴을 물게 하는 방법을 선택했다. 그동안의 경험을 통해 그것이 비교적 고통이 덜한 죽음이라는 사실을 알았기 때문이다.

죄수에게 독을 투여하는 것도 충분히 잔인하지만, 태아를 대상으로 한 실험은 잔인성 면에서 그것을 훨씬 넘어선다. 클레오파트라가 왜 이 문제에 집착했는지는(그 답을 왜 그렇게 알고 싶어했는지는) 알 수 없다. 하지만 여종들 중에서 사형 선고를 받는 자가 나올 때마다(그런 일은 비교적 자주 있었던 것으로 보인다) 클레오파트라는 동일한 절차를 시행했다. 여종이 이미 임신을 했다면, 클레오파트라가 알고 있던 유독한 물질 중 하나를 여종에게 삼키게 했는데, 그것은 자궁을 깨끗하게 청소하는 '파괴적 액체'였다. 이렇게 서판을 깨끗하게 지운 뒤, 남종을 시켜 그 여종을 강제로 임신시켰다. 그리고 일정 시간이 지난 뒤, 배를 갈라 태아를 끄집어냈다. 그 결과에 관한 이야기는 출처에 따라 제각각 다르지만, 클레오파트라는 수태 후 41일째에는 남자 아이와 여자 아이를 구별할 수 있었다고(그럼으로써 성 분화가 일찍 시작된다는 것을 입증했다고) 전한다. 클레오파트라는 이 실험을 대체로 성공작으로 여겼다.

그런데 이 끔찍한 실험에 관한 역사적 기록은 오직 『탈무드』에만 있기에, 여기에 기술된 이야기를 액면 그대로 받아들이기에는 의심스러운 점들이 있다. 적들은 클레오파트라에 대한 악선전을 많이 퍼뜨렸는데, 클레오파트라를 악마처럼 보이게 만드는 데에는 이것보다 더 효과적인 이야기도 없었다. 게다가 오늘날 의사들이 아는 지식에 따르면, 실험 결과는 이치에 닿지 않는다. 수태 후 6주일이 지난 태아는 눈과 코와 작은 손가락 마디가 나타나긴 하지만, 몸길이는 겨우 1cm밖에 안 되고, 생식기가 없어 성을 구별할 수 없다.(생식기는 태아가 5cm쯤 자란 임신 9주째에 생긴다.) 따라서 악선전은 차치하더라도, 클레오파트라가 과연 이 실험을 실제로 했는지 의심스럽다.

전설이건 아니건, 많은 후세 사람은 뭔가 중요한 사실을 전해주는 이 이야기를 믿었다. 막강한 권력을 휘두른 클레오파트라는 미움을 많이 받았고, 섬뜩하고 생생한 이 이야기의 묘사는 사람들의 상상력을 자극했다. 끔찍한 짓을 저지르는 폭군 이야기야 누구나 충분히 예상할 수 있다. 하지만 이 이야기에는 그것을 뛰어넘어 우리의 마음을 휘어잡는 요소가 있다. 여기에는 심지어 그 당시에도 알아챌 수 있었던, 아주 극심하고 섬뜩한 행동의 원형이 숨어 있다. 그것은 바로 집착에 사로잡혀 무언가를 극단적으로 추구하는 사람이 보이는 행동이다. 오늘날 우리는 그런 사람을 '미치광이 과학자'라고 부른다.

미치광이 과학자의 광기는 좀 특별하다. 이들은 의미 없는 소리를 중얼거리거나 사람들을 붙들고 정신 나간 소리처럼 들리는 음모론을 지껄이지 않는다. 오히려 이들은 아주 논리적이다. 이 이야기에서 클레오파트라는 사형 선고를 받은 여종에게만 실험을 했다. 필시 클레오파트라는 어차피 죽을 사람이라면 살아 있는 동안 뭔가 유익한 목적에 이바지하는 게 좋지 않겠느냐고 생각했을 것이다. 그래서 이전의 임신이 실험 결과에 혼동을 초래하지 않도록 여종에게 낙태약을 삼키라고 강요했다. 그러고 나서 강간 수정이 일어난 날짜를 정확하게 기록해 답을 계산하는 기준으로 삼았다. 만약 이것을 순전히 실험이라는 측면에서 판단한다면, 클레오파트라는 모든 것을 올바로 했다.

물론 나머지 기준들에 비춰 판단한다면, 클레오파트라는 올바로 한 것이 하나도 없다. 클레오파트라는 갈수록 집착이 심해지고 편협해져서 품위와 동정심 따위는 모두 내팽개쳤다. 그래서 낭자한 피와 고통의 비명을 무시하고, 인간의 희생 따위는 아랑곳하지 않고 앞으로 나아갔다. 미치광이 과학자는 논리나 이성이나 과학적 안목이 부족해서 미치광이가 되는 게 아니다. 오히려 과학을 '너무 철저히' 하려고 하다가 도가 지나쳐 자신의 인간성을 도외시하면서 그렇게 되는 것이다.

차례

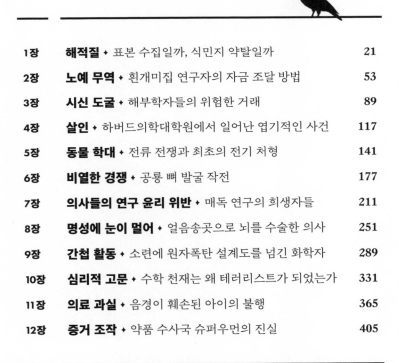

서론

　우리 사회에서 과학자는 좋은 사람이다. 대개는 그렇다. 과학자는 차분하고 똑똑하며, 합리적이고 냉철하며, 주변 세계를 침착하게 해부한다. 하지만 클레오파트라 이야기에서 보듯이, 때로는 과학자도 집착에 사로잡힌다. 그래서 정상적인 것을 거꾸로 뒤집고, 고상한 탐구가 될 수 있었던 것을 어두운 것으로 왜곡시킨다. 이 주문에 걸리면, 지식은 단지 모든 것에 불과한 것이 아니다. 그것은 그의 인생에서 유일무이한 것이 된다.

　이 책은 사람들이 과학이라는 이름으로 선을 넘어 범죄와 비행을 저지르는 원인이 무엇인지 살펴본다. 각 장은 각각의 일탈을 사기, 살인, 방해 공작, 간첩 활동, 시신 도굴 등 종류별로 다루며, 거기에 더해 다양한 범죄 기술을 엿보는 여행으로 안내한다. 분명히 일부 이야기는 아주 흥미진진하다. 훌륭한 해적 이야기나 흥미진진한 복수 이야기를 즐거워하지 않을 사람이 있겠는가? 하지만 다른 이야기들은 수백 년이 지난 지금도 우리를 섬찟하게 만든다. 그리고 일부 사건은 그 시대에 타블로이드 신문들의 헤드라인을 장식했지만, 많은 사건은 그 선정적인 성격에도 불구하고 역사에서 간과되거나 시간이 지나면서 잊히고 말았다. 이 책은 이 이야기들을 부활시켜 무엇이 그 사람들에게 궁극적인 금기를 깨게 했는지 해부한다.

이 이야기들은 또한 과학의 작용 방식에 대해서도 놀라운 사실을 알려준다. 과학에서 발견이 어떻게 일어나는지는 누구나 잘 안다. 누가 자연에서 기묘한 사건을 관찰하거나, 어떤 과정이나 입자의 행동 방식에 대해 번뜩이는 영감을 떠올린다. 그러면 실험을 하거나 야외 현장으로 달려가 자신의 가설을 검증한다. 운이 좋다면, 만사가 순조롭게 풀린다.(야호!) 하지만 그보다는 좌절에 빠질 때가 더 많다. 실험은 실패하고, 연구비 지원이 끊기고, 고리타분한 동료들은 새로운 결과를 받아들이길 거부한다. 집요한 노력 끝에 마침내 더 무시할 수 없을 만큼 증거가 많이 쌓이면 반대가 누그러지기 시작한다. 그 과학자는 지적 황무지에서 금의환향하여 뛰어난 영웅으로 환호받는다. 전 세계의 모든 사람은 새로운 치료법이나 첨단 물질, 혹은 생명의 기원이나 우주의 운명에 관한 통찰력에서 큰 혜택을 누린다.

오직 특별한 사람만이 이 힘든 시련을 견뎌낼 수 있는데, 불굴의 인내심과 자기희생 정신이 필요하다. 우리 사회가 전통적으로 과학자를 영웅으로 숭앙한 것은 이 때문이다. 하지만 과학은 각각 별개로 일어난 유레카 순간들을 단순히 모아놓은 것이 아니다. 나머지 사회 대부분과 마찬가지로 과학은 최근에 도덕성 문제가 크게 부각되었고, 과학에서는 무엇이 선이고 무엇이 악인지 구분하고, 어떻게 해서 한쪽에서 다른 쪽으로 흘러가게 되는지 이해하는 것이 어느 때보다도 중요해졌다. 과학 분야에도 책임져야 할 죄들이 있다.

더욱 놀라운 사실은 비윤리적 과학은 나쁜 과학인 경우가 많다는 점이다. 즉, 도덕적으로 의심스러운 연구는 과학적으로도 의심스러운 경우가 많다. 얼핏 보기에는 이 말은 이상하게 들릴 수 있다. 흔히 지식은 선도 악도 아니며, 오로지 그것을 어떻게 이용하는가에 따라 선이 될 수도 있고 악이 될 수도 있다고 이야기하지 않는가? 하지만 과학은 공동 활동이기도 하다. 그 결과는 다른 사람들에게서도 확인되고 입증되고 받아들여져야 한다. 그 과정에는 사람들이 개입할 수밖에 없는데, 이 책의 이야기들이 보여주듯이 일반 사람들이 염려하는 것을 무시하거나 인권을 짓밟는 과학은 예외 없이 제대로 된 성과를 얻지 못한다. 그런 연구는 기껏해야 과학계를 혼란에 빠뜨리고 불필요한 갈등에 시간과 에너지를 낭비할 뿐이다. 최악의 경우에는 과학을 하는 데 필요한 문화적, 정치적 자유를 위축시킨다. 사람을 해치거나 배신하는 행위는 과학도 해치거나 배신한다.

그래서 이 이야기들은 단순히 학술적 관점이나 전기적 관점에서만 흥미로운 게 아니다. 악당 과학자는 제우스의 머리에서 나온 아테나처럼 완성된 형태로 출현하는 경우가 아주 드물다. 대개는 도덕의식이 서서히 마비돼가며, 고통스러운 걸음을 걷다가 어긋난 발걸음을 내디딘다. 이 과학자들이 한 일과 왜 그들이 자신의 행동이 정당하다고 생각했는지를 이해하면, 현대 과학 연구에서도 그와 비슷하게 의심스러운 사고를 간파할 수 있고, 심지어는 거기서 일어날 수 있는 문제를 미연에 방지할 수 있다. 사실, 타락한 행동을 잘 분석하면, 나쁜 충동을 막는 법과 사람들을 더 나은 쪽으로 나아가게 하는 법을 배울 '기회'를 얻을 수 있다.

같은 맥락에서 이 책의 많은 이야기는 비뚤어진 행동의 심리적 동기를 파헤친다. 과학적 사고를 하는 범죄자는 어떤 사람일까? 이들은 평범한 범죄자와 어떻게 다를까? 그리고 그들의 지성과 뛰어난 지식은 그들의 비행을 어떻게 돕고 부추길까? 예를 들면, 4장에서는 세상을 깜짝 놀라게 한 하버드대학교의 살인 사건을 다루는데, 의학 교수가 해부학 지식을 사용해 대학교 이사를 죽이고 시신을 훼손한 사건이다.(이 교수는 하버드대학교 졸업생 중에서 범죄자로 처형된 두 번째 사람이 되었다. 나중에 다른 장에서 세 번째가 될 뻔했던 사람도 만날 것이다.) 많은 사람은 지식인은 정신이 깨어 있고 도덕적이라고 생각하는 경향이 있다. 하지만 드러난 증거는 오히려 그 반대쪽을 가리킨다.

마지막으로, 과학자는 자신의 죄를 어떻게 자신과 다른 사람들에게 정당화할까? 심리학자들은 연구자가 자신의 행동을 합리화하고 죄책감을 덜 느끼는 데 사용하는 속임수를 여러 가지 확인했다. 이는 "왜 좋은 과학자가 나쁜 짓을 할까?"라는 질문에 기초적인 답을 제공한다. 먼저, 과학자는 목적을 달성해야 한다는 압력을 심하게 받을 때, 윤리적 경계를 넘어설 가능성이 높다. 악당 과학자는 또한 완곡한 표현으로 자신의 비행을 가리는데, 심지어 자신조차 속인다. 혹은 마음속에서 복잡한 셈을 하는데, 과거에 한 좋은 일로 지금 하는 일의 나쁜 결과를 '상쇄'할 수 있다고 생각한다.

과학자는 특히 터널 시야에 갇히기 쉽다. 과학 분야에서는 강한 집중력이 보답을 받는다는 이야기가 불변의 진리처럼 알려져 있는데, 터널 시야는 그러한 집중력이 초래하는 필연적 결과다. 어떤 사람들은 연구에 몰입하면, 그 밖의 다른 것은 눈에 들어오지 않는다. 그래서 윤리를 포함해 자기 인생의 모든 것을 목적 달성을 위해 희생시킨다. 이런 경우에는 연구자가 연구 계획의 도덕성이나 비도덕성을 전혀 의식하지 못할 수도 있다. 2장에서는 17세기와 18세기에 유럽의 선구적 과학자들(아이작 뉴턴과 칼 린네 같은 거장들을 포함해)이 대서양 노예 무역에 의존해 먼 장소에서 관련 자료와 표본을 수집한 이야기가 나온다. 하지만 그들은 데이터의 공급에만 만족했을 뿐, 자신이 노예 제도를 부추기는 것은 아닐까 하고 의문을 품은 사람은 거의 없었다.

윤리적으로 본말이 전도된 사례도 있다. 예를 들어 정치와 비교한다면 과학은 순수해 보인다. 많은 생명을 구한 의약품과 인간의 노동을 줄여준 기술을 비롯해 과학이 우리를 해방시킨 그 많은 고통을 생각해보라. 과학자들이 이 기록에 자부심을 느끼는 것은 정당하다. 하지만 이 때문에 과학은 곧 좋은 것이라는 함정에 빠지기 쉽다. 그리고 이 세계관을 따르면, 과학 연구를 진전시키는 것이라면 무엇이건 좋다고 여기기 쉽다. 그래서 과학은 그 자체가 목적이 되고, 도덕적으로 정당한 이유가 된다. 이와 비슷하게 과대망상에 사로잡힌 과학자는 수단-목적 오류에 빠질 때가 많다. 이들은 자신의 연구가 과학적 유토피아를 열 것이며, 그 유토피아가 가져다줄 행복은 자신이 단기적으로 가하는 고통보다 수십 배, 수백 배 더 클 것이라고 스스로를 설득한다. 5장에는 토머스 에디슨이 이 함정에 빠져 자신이 선호한 전기인 직류의 우월성을 증명하기 위해 개와 말을 전기로 고문한 이야기가 나온다. 이보다 더 심하게는 7장에 성병 치료법을 연구하기 위해 사람들을 일부러 매독이나 임질에 '걸리게' 하는 실험을 한 이야기가 나온다. 두 사례에서 그 배경 논리는 분명한데, 과학자들은 그저 달걀을 몇 개 더 깨는 것일 뿐이라고 생각했다. 하지만 과학 발전을 위해 도덕을 희생할 경우, 실제로는 둘 다 잃는 경우가 많다.

합리화 문제 외에 과학적 범죄를 독특한 것으로 만드는 요소가 무엇인가 하는 문제도 있다. 보통 사람들이 범죄를 저지를 때에는 돈이나 권력이나 뭔가 더러운 것을 얻기 위해서 그렇게 한다. 그런데 데이터를 얻기 위해(세계에 대한 이해를 증진시키기 위해) 비행을 저지르는 사람은 오직 과학자뿐이다. 이 책에서 서술한 범죄들 뒤에는 복잡하고 다양한 동기가 있다. 사람은 그만큼 복잡하니까. 하지만 이 범죄들은 무엇보다도 파우스트처럼 지식을 갈구하는 충동에서 비롯된 경우가 많다. 예를 들면, 19세기에 많은 해부학자는 인체 해부에 대한 사회적 금기 때문에 시신 도굴꾼에게 돈을 주고 시신을 사기 시작했다. 악당 고용은 이들이 지식을 얻을 수 있는 유일한 방법이었다. 심지어 일부 해부학자는 직접 무덤을 도굴하거나 살인자에게서 시신을 사기도 했다. 연구에 너무 집착한 나머지 다른 것은 중요하게 여기지 않았으며, 그런 과정을 통해 이들의 인간성은 타락해갔다.

이 이야기들은 그저 섬뜩한 옛날이야기(먼지를 털고 끄집어내 학생들에게 겁을 주려고 써먹는)에 불과한 게 아니다. 현대 과학은 아직도 그 유산을 놓고 고민하고 있다. 예컨대 위에서 언급한 노예에 의존한 연구를 살펴보자. 노예 무역을 통해 수집한 표본 중 많은 것은 오늘날 유명한 박물관들의 핵심 전시물이 되었고, 지금도 선반에 올려져 있다. 노예 제도가 없었더라면 이 박물관들은 존재하지 않을 것이다. 이것은 과학과 노예 제도가 수백 년이 지난 뒤에도 긴밀하게 얽혀 있다는 것을 의미한다. 혹은 제2차 세계 대전 때 나치 의사들이 죄수들을 대상으로 수행한 실험들을 생각해보라. 예를 들면, 그들은 저체온증을 연구하기 위해 사람들을 얼음물 속에 집어넣었다. 그것은 야만적인 연구였고, 피험자가 불구가 되거나 죽는 경우도 많았다. 하지만 저체온증으로 죽기 직전의 사람을 되살리는 방법에 관해 현재 우리가 갖고 있는 실질적인 데이터는 오직 이것뿐이다. 그렇다면 윤리적으로 우리는 어떻게 해야 할까? 고개를 돌려야 할까, 아니면 그 데이터를 사용해야 할까? 어느 쪽이 희생자를 더 존중하는 것일까? 악행은 범죄자들이 죽은 지 오랜 세월이 지난 뒤에도 과학계를 뒤흔들 수 있다.

이 책은 단순히 과거를 파헤치는 데 그치지 않고 현대에 일어난 이야기, 즉 오늘날 살아 있는 사람들의 기억에 남아 있는 이야기도 다룬다. 또 부록에서는 흥미진진한 미래의 범죄를 다룬다. 앞으로 다가올 수백 년 동안 과학자들은 어떤 비행을 저지를까? 어떤 경우에는 과거를 돌아봄으로써 미래에 어떤 일들이 일어날지 예상할 수 있다. 예컨대 화성과 다른 행성에 식민지를 건설했을 때 나타날 수 있는 범죄는 황량한 풍경과 살아남기 위한 사투가 사람들을 미칠 지경으로 몰아간 극지 탐험에서의 범죄들을 참고할 수 있다. 물론 전례가 전혀 없는 경우도 있다. 모든 사람이 프로그래밍 가능한 로봇 친구를 소유할 때나 값싸고 편리한 유전공학 기술이 전 세계에 퍼졌을 때 나타날 신종 범죄는 어떤 것이 있을까?

전체적으로 이 책의 이야기들은 과학 발견의 드라마를 실제 범죄 이야기의 스릴과 결합해 들려준다. 과학의 여명기인 17세기의 범죄부터 미래의 첨단 중죄까지 다루며, 지역도 세계 곳곳을 망라한다. 만약 스스로에게 솔직해진다면, 우리 모두는 원하는 것을 얻기 위해 집착이라는 토끼 굴에 빠지거나 규칙을 어긴 적이 있을 것이다. 하지만 이 책에 나오는 악인들만큼 철저하게 타락한 사람은 드물 것이다. 우리는 과학을 진보적인 것으로, 세상에 좋은 것을 가져다주는 힘으로 여기는 경향이 있다. 실제로 대개는 그렇다. 대개는.

1장

해적질

표본 수집일까, 식민지 약탈일까

재판관이 망치를 두드리자, 윌리엄 댐피어William Dampier는 수치심을 느끼고 고개를 푹 숙였다. 한때 크게 존경받던 과학자가 이제 유죄 판결을 받은 중죄인이 되었다.

　　1702년 6월에 열린 이 해군 군사 재판은 짭짤한 바다 공기가 감도는 선상에서 벌어졌다. 댐피어에게 적용된 혐의는 대부분 인정되기 어렵다는 사실을 누구나 알고 있었다. 살인 혐의 주장은 엉성하기 짝이 없었고, 무능한 항해사라는 주장은 우스꽝스러웠다. 댐피어는 바람과 해류, 날씨에 관한 한 세계적인 전문가로, 살아 있는 항해사 중에서 손꼽는 항해사였다. 하지만 재판이 진행되면서 댐피어(흐느적거리는 긴 머리카락과 처량해 보이는 표정에 눈 밑 주름이 도드라진)는 재판부가 어떻게 해서든지 자신을 범죄에 연루시켜 처벌하려 한다는 사실을 알아챘다. 그리고 실제로 그랬다. 재판부는 최근 항해에서 부관을 지팡이로 때린 혐의를 유죄로 인정했고, "영국 해군의 어떤 배에서도 지휘관으로 승선하기에 부적합한 사람"이라고 규정했다.

댐피어는 분한 마음과 상심을 안고 비틀거리며 배에서 내렸다. 그
는 어쩌다 이런 처지가 되었을까? 댐피어는 당대 최고의 박물학자였
다. 찰스 다윈Charles R. Darwin조차 훗날 자신을 댐피어의 제자로 자처
했다. 세간에 큰 화제를 불러일으킨 댐피어의 여행기는 『로빈슨 크루
소』와 『걸리버 여행기』에도 큰 영향을 미쳤다. 하지만 어떤 공적을 세
웠건 간에, 정부의 관점에서 볼 때 윌리엄 댐피어는 늘 한 가지 측면
에서 유죄였다. 그가 훌륭한 과학자이자 항해사라는 사실은 의심의
여지가 없었다. 하지만 어른으로 살아간 생애 중 대부분을 그는 해적
으로 활동했다.

가난과 생물학에 대한 집착이라는 두 가지 요인을 감안하면, 댐
피어가 해적이 된 것은 어쩌면 불가피한 운명이었다. 14세에 고아가
된 댐피어는 상선 선원이 되어 자바섬과 뉴펀들랜드섬을 방문했고,
1673년에 영국 해군에 입대해 전투에도 두 차례 참여했지만, 큰 병으
로 복무를 중단하고 영국으로 돌아왔다. 그랬다가 22세 때인 1674년
4월에 카리브해로 갔다. 이곳저곳을 돌아다니다가 멕시코 동부의 캄
페체만에 자리를 잡고 로그우드를 벌목하며 살아갔다. 이 두꺼운 나
무의 펄프는 진홍색 염료를 만드는 재료로 쓰였다. 훗날 댐피어는 동
료 벌목꾼들을 "3~4일 동안 함께 술을 진탕 마시고 마구 총을 쏴대
는" 잡다한 사람들의 무리였다고 묘사했다. "……그들은 어떤 민간 정
부 밑에서도 안착해 살아가려 하지 않았고, 사악한 행동을 계속하며

살아갔다." 필시 자신도 술을 진탕 마셨을 테지만, 댐피어는 캄페체 지역에서 긴 자연 탐사 도보 여행도 했고, 도저히 믿기 어려운 이야기에서 들었던 동물들—호저와 나무늘보, 벌새, 아르마딜로—을 보고서 크게 흥분했다. 박물학 애호가에게 그곳은 낙원이었다.

야외 활동을 거의 특권처럼 누리며 살아가던 1676년 6월 초여름날의 어느 멋진 날에 재앙이 닥쳤다. 다른 벌목꾼들이 양지에서 햇볕을 쬐고 있을 때, 댐피어는 바람의 방향이 기묘하게 변한다는 사실을 알아챘다. 바람이 "남쪽으로 살랑거리며 불다가 다시 동쪽으로 방향을 틀었다". 그때, 벌목꾼들은 많은 군함새가 머리 위로 지나가는 걸 보았다. 군함새는 바다에서 해변으로 오는 배를 따라오는 경우가 많았고, 그래서 대다수 사람들은 이 새를 길조로 여겼다. 아마도 보급품을 실은 배가 오나 보다 하고 생각했다. 하지만 댐피어는 얼굴을 찌푸렸다. 그 새들의 크기와 규모는 마치 히치콕의 영화에 나오는 것과 비슷했는데, 새들이 뭔가 위험한 것을 피해 달아나는 것처럼 보였다. 무엇보다 기이한 것은 그 지역의 하천이었다. 캄페체에서 홍수는 다반사로 일어났다. 사람들은 아침에 눈을 뜨고 나서 침대에서 곧장 물웅덩이로 내려와야 할 때도 많았다. 하지만 그날은 불가사의하게도 주요 하천의 물이 마치 누가 거대한 빨대로 빨아들이는 듯이 후퇴하기 시작하더니 정오 무렵에는 거의 말라버렸다.

이러한 전조가 나타난 지 이틀 뒤, 시커먼 구름이 산더미처럼 몰려오더니 온 하늘을 뒤덮었다. 벌목꾼 중에서 이전에 이렇게 강한 폭풍을 상상해본 사람은 아무도 없었다. 빗방울은 말벌의 침처럼 매섭게 살을 찔렀고, 눈앞의 시야를 완전히 가렸으며, 강풍에 오두막이 하나씩 허물어지더니 결국에는 단 한 채만 남았다. 사람들은 서로 목소

해적 생물학자 윌리엄 댐피어. 악당이자 말썽꾸러기였지만, 찰스 다윈에게 큰 영향을 미쳤다.

리를 알아듣기 위해 고함을 지르며 진흙탕 속에서 비틀거리면서 그곳을 향해 걸어가, 말뚝을 박고 밧줄을 나무 그루터기에 친친 감아 마지막 남은 이 피난처를 보강했다. 그 오두막은 간신히 살아남았다. 몸이 흠뻑 젖어 부들부들 떨면서 몇 시간 동안 그 안에서 옹기종기 모여 시간을 보냈다. 나중에 나와서 둘러보았더니 주변이 완전히 딴 세상으로 변해 있었다. 텅 비었던 하천은 단순히 차오르는 데 그치지 않고 주변의 땅으로 넘쳐흘렀다. 뿌리 뽑힌 나무들이 사방에 널려 있었는데, 그 뿌리들이 서로 얽혀 통과할 수 없는 덤불을 이루고 있었다.

댐피어는 몇몇 벌목꾼과 함께 단 한 척만 남은 카누를 타고 노를 저어 캄페체만 쪽으로 건너갔다. 수많은 물고기가 배를 하늘로 향한 채 둥둥 떠 있었다. 몇 시간 전에 만에 정박해 있던 배 여덟 척 중 한 척만 빼고 나머지는 모두 바다로 휩쓸려갔다. 벌목꾼들은 살아남은 배의 선원에게 먹을 것을 구걸했지만, "아주 쌀쌀한 응대만 받았다. 우리는 빵이나 펀치를 전혀 얻지 못했고, 럼주 한 모금조차 얻지 못했다."라고 댐피어는 회상했다.

댐피어가 영화처럼 묘사한 이 폭풍 장면은 허리케인을 기상학적으로 최초로 자세하게 서술한 기록이었고, 이 사건이 계기가 되어 댐피어는 평생 동안 바람과 날씨에 집착하게 되었다. 더 즉각적으로는 이 폭풍은 그의 인생 경로를 확 바꾸어놓았다. 벌목 장비—도끼, 톱, 마체테—가 모두 물에 휩쓸려갔다. 돈도 한 푼 없었는데, 연장이 없으니 돈을 벌 재간도 없었다. 훗날 그는 결국 "나는 호구지책을 위해 이리저리 돌아다니지 않을 수 없었다."라고 썼다. 이것은 완곡한 표현이었다. "이리저리 돌아다녔다는" 것은 곧 부커니어buccaneer가 되었다는 뜻이다.

그 당시 부커니어는 독특한 종류의 해적[1]이었다. 일부 해적선은 '사략선私掠船, privateer'이라고 불렸는데, 이들은 정부로부터 적국의 배를 약탈해도 좋다는 암묵적 승인을 얻었다. 영국의 사략선들은 대개 에스파냐 배들을 표적으로 삼았고, 카리브해의 많은 영국인 가정에는 바르셀로나나 마드리드로 향하던 실크와 백랍제 제품과 윤이 나는 의자가 넘쳐났다. 사략 행위는 존중까지 받지는 않았더라도 용인되었다. 반면에 부커니어는 누구를 약탈해도 괜찮다는 허락을 받지 않았다. 그들은 그저 단순히 범죄자였고, 적국 정부뿐만 아니라 자국 정부로부터도 경멸받았다. 댐피어가 가담했던 해적은 나머지 대다수 해적보다 더 급이 떨어졌는데, 이들은 호화로운 물품을 가득 실은 배를 공격하는 대신에 작은 연안 마을을 습격해 자신들보다 나을 것이 별로 없는 사람들의 재산을 약탈했기 때문이다.

이러한 약탈에서 댐피어가 정확하게 무슨 역할을 했는지는 알 길이 없다. 아마도 창피해서 그랬겠지만 자신의 일기에서 세부 내용을 그다지 자세히 언급하지 않았기 때문이다. 댐피어는 박물학에 한눈을 파는 버릇도 있었다. 예를 들면, 베라크루스 습격 사건을 묘사하면서 동료 십여 명의 죽음을 몇 개의 단어만으로 묘사하고는 곧장 그 습격이 실패로 끝났다고 가볍게 언급했다. 해적이 쳐들어온다는 소식을 듣자마자 주민들이 귀중품을 챙겨 모두 달아나는 바람에 도시에는 약탈할 만한 것이 남아 있지 않았다. 대신에, 댐피어는 우리에 갇혀 남아 있던 앵무 수십 마리를 강조했는데, 그 새들을 진짜 보물인 양 챙겨 배에 실었다. 그는 앵무들이 "노란색과 빨간색이 매우 조잡하게 섞여 있었고, 아주 예쁘게 재잘거렸다."라고 격정적으로 묘사했다. 전리품을 하나도 챙기지 못했더라도 상관없었다. 앵무는 그에게 소중한 전리품으로 손색이 없었다.

댐피어는 1678년 8월에 마침내 영국으로 돌아가 공작 부인의 시녀로 일하던 주디스 Judith 라는 여성과 불가사의한 결혼 생활을 시작했다. 그리고 똑바로 살려고 노력하면서 신부의 지참금으로 상품을 약간 산 뒤, 교역을 위해 1679년 1월에 다시 카리브해로 갔다. 아내에게는 1년 안에 돌아오겠노라고 약속했다. 하지만 그는 그 약속을 어겼다. 도착하고 나서 몇 달 뒤, 댐피어는 일부 선원들과 함께 교역을 위해 니카라과로 갔다. 자메이카의 한 도시에 잠깐 들렀는데, 그곳은 밀

바다 인생들이 아주 좋아하여 자주 들르는 장소였다. 훗날 댐피어는 동료 선원들이 그곳에서 만난 해적들과 운명을 함께하기로 결정하고 해적질에 나서는 바람에 큰 충격을 받았다고 주장했다. 일부 역사학자들은 사실은 댐피어가 자메이카에서 해적을 만나리란 사실을 잘 알고 있었고, 망망대해를 누비겠다는 분명한 목적을 갖고 그곳에 갔다고 생각한다.

그런 결정을 내린 데에는 몇 가지 이유가 있었다. 역사에 등장한 모든 사람과 마찬가지로 댐피어는 부자가 되길 원했고, 자신이 합류한 해적은 금화를 가득 실은 에스파냐 갤리언선을 약탈해 한몫을 챙길 기회가 늘 있었다. 하지만 그것보다 더 큰 이유가 있었는데, 댐피어는 캄페체의 기억—즐거운 숲속 산책, 기이한 식물상과 동물상, 자연에 푹 빠져 지낸 나날들—을 떨칠 수 없었다. 그에게는 해적질이 그 느낌을 되찾아줄 유일한 수단이었다. 물론 해적질은 공격과 살인을 자주 감행해야 하는 더러운 일이었다. 몇 년간 해적 생활을 하면서 댐피어는 해적이 성직자를 칼로 찌르고, 포로를 물속으로 집어던지고, 원주민을 겨냥해 방아쇠를 당기고, 정보를 얻기 위해 그들을 고문하는 광경을 보았다. 댐피어가 그런 행위에 거리를 두거나 가담하길 꺼렸다고 믿을 이유는 전혀 없다. 하지만 캄페체는 마음속에 잠재돼 있던 박물학에 대한 열정을 일깨웠는데, 그 열정은 거의 에로틱한 수준이었다. 댐피어가 가끔 해적질을 후회했다 하더라도, 새로운 해안과 새로운 하늘, 새로운 식물과 동물에 대한 갈망은 너무나도 강했다. 훗날 그는 자신은 어디를 가건 "충분히 만족했는데, 더 멀리 갈수록 내가 무엇보다 중요하게 여기는 지식과 경험을 더 많이 얻으리란 사실을 알았기 때문이다."라고 회상했다.

댐피어는 자메이카 해적에 항해사로 합류했다. 그 후에 이어진 항해는 여러 선원과 배와 함께 정처 없이 이리저리 떠돈 모험이어서 전체 여정을 말쑥하게 요약하기가 어렵다. 그들은 파나마 도시들을 약탈하는 것으로 시작해 버지니아까지 항해했는데, 그곳에서 댐피어는 알 수 없는 이유로 체포당했다. 그는 그 사건을 그저 '곤란한 문제'가 약간 있었다고 언급했다. 그다음에는 갈라파고스 제도를 포함해 남아메리카의 태평양 해안으로 넘어갔다.

　가끔 그들은 꽤 괜찮은 전과를 올렸다. 보석과 실크, 계피나 사향 같은 귀한 상품을 손에 넣었다. 한번은 마멀레이드 8톤을 약탈한 적도 있었다. 하지만 공해에서 갈리온선은 대개 그들을 쉽게 따돌리고 달아났고, 그러면 그들은 슬그머니 뱃머리를 돌려 다른 항구를 노렸다. 그런가 하면, 오랫동안 해안 도시를 포위 공격한 끝에 상륙했더니, 이미 주민들이 귀중품을 챙겨 몰래 다 빠져나가는 바람에 소득이 거의 없는 경우도 있었다.

　남아메리카에서 큰돈은커녕 "우리는 그런 기회를 거의 만나지 못했고 …… 피로와 고난과 인명 손실에 맞닥뜨렸다."라고 댐피어는 회상했다. 때로는 "악취 심한 바위 구멍"에서 나오는 "구리가 섞이거나 명반이 섞인" 물을 마셔야 했고, 야외에서 "차가운 땅을 요로 삼고 수많은 별이 반짝이는 하늘을 이불로 삼아" 많은 밤을 보냈다. 한번은 너무나도 거센 폭풍이 몰아닥치는 바람에 감히 돛을 올릴 엄두도 낼 수 없었는데, 댐피어는 한 동료와 함께 삭구 위로 기어올라 외투를 활짝 펼치고 배를 몸으로 조종해야 했다.

댐피어와 그 일행은 인도네시아로 가는 도중에 심한 폭풍을 만나 하마터면 익사할 뻔했다.

결국 그들은 행운을 바라며 괌으로 향했는데, 여정이 1만 1000km가 넘는 매우 벅찬 여행이었다. 그들은 51일 뒤에 거의 아사 직전 상태에서 비틀거리며 해안에 상륙했다. 나중에 댐피어는 여행이 조금만 더 지연되었더라면, 선원들이 선장과 자신까지 포함해 고급 선원들을 죽여서 먹을 계획을 세웠을 거라는 사실을 알았다.(선장은 이 이야기를 놀랍도록 쾌활하게 받아들였다. 그는 항해사를 쳐다보고 웃으면서 이렇게 말했다. "이봐, 댐피어. 자네는 그들에게 변변치 못한 식사밖에 제공하지 못했을 거야." 댐피어는 "건장하고 살집이 많은 선장과는 대조적으로 나는 비쩍 말랐기 때문이었다."라고 부연 설명했다.) 괌에서 그들은 중국과 베트남으로 갔고, 나중에 댐피어는 오스트레일리아에 상륙한 최초의 영국인이 되었다. 댐피어는 각 장소에서 식물상과 동물상을 연구하는 것 외에 망망대해에서 남는 시간을 활용해 바람과 해류를 연구하면서 일류 항해사로 발전해갔다. 댐피어를 경멸했던 사람들조차 그가 바람과 해류를 파악하고서 수평선 너머 어디쯤에 육지가 있는지 판단하는, 초자연적인 것에 가까운 능력을 가졌다고 인정하지 않을 수 없었다.

이 여행들을 하는 동안 댐피어는 여러 차례 배를 바꾸어 탔고, 그때마다 동료들이 바뀌었다. 때로는 이 변화가 순조롭게 우호적으로 일어났고 어려운 일이 거의 없었다. 댐피어는 단순히 어딘가 새로운 곳으로 가길 원했고, "이전에 한 번도 본 적이 없는 곳을 볼 수 있다는 제안은 나쁘게 들린 적이 전혀 없었다". 하지만 매우 끔찍한 상황에서 폭군 같은 선장을 피해 도망가야 했던 적도 있었는데, 한번은 칠흑 같은 밤에 좁은 현창으로 빠져나와 탈출한 적도 있었다. 그렇게 도망갈 때에는 대개 오직 한 가지만 챙겨서 달아났다. 그것은 그에게 세상에서 그 무엇보다 소중한 것으로, 야외 탐사를 통해 관찰한 박물학 기록이었다.

　남태평양에서 일어난 마지막 탈출은 특히 큰 시련이었다. 고향으로 돌아가고 싶은 마음에 댐피어는 몇몇 동료와 인도네시아인 죄수 4명과 함께 한 섬으로 달아나 그곳에서 카누를 한 척 확보했다. 그러나 자유를 향해 출발하는 순간, 카누가 뒤집히고 말았다. 댐피어는 불 위에서 자신이 기록한 공책을 한 장 한 장 말리느라 사흘을 보냈다. 두 번째 시도에서는 폭풍을 만나 넓은 바다에서 죽어라고 노를 젓고 기도를 하면서 6일을 보냈다. 댐피어는 "바다는 이미 우리 앞에서 하얀 거품을 일으키며 포효했고 …… 파도가 한 번 칠 때마다 우리의 작은 방주는 거기에 집어삼켜질 위험에 처했다."라고 회상했다. 무엇보다 최악이었던 것은, 댐피어는 오랫동안 고해를 하지 않았는데 이름을 밝힐 수 없는 죄 수십 가지가 그의 영혼을 짓눌러오는 것이었다. "나는 아주 뼈저리게 반성을 했고 …… 이전에는 싫어하는 정도였지만 지금은 그것을 떠올리기만 해도 몸서리치는 행동들을 공포와 혐오의 감정에 휩싸인 채 되돌아보았다." 기적적으로 그들은 결국 수마트라섬에 상륙했다. 댐피어는 상륙하자마자 의식을 잃고 쓰러졌으며 건강을 회복하기까지 6주일이 걸렸다. 그리고 여러 배를 갈아타며 마침내 고국을 향해 나아간 끝에 1691년 9월에 런던에 도착했다. 아내에게 12개월 안에 돌아오겠다고 약속했지만, 12년이 지나서야 돌아왔다.

　시녀로 살아가던 주디스는 자신의 삶이 있었고, 악당 같은 남편이 없이도 잘 살아갔다. 하지만 집으로 돌아온 해적은 이제 밥벌이를 해야 했다. 마땅히 할 일이 없자(이력서에 '해적' 경력을 쓸 수는 없으니까), 댐피어는 야외 탐사 기록을 바탕으로 여행기를 쓰기 시작했다. 그의 일기와 기록이 그 여행에서 살아남았다는 것 자체가 기적이나 다름없었다. 여러 번 물에 빠지는 바람에 댐피어는 안전을 위해 대나무통 속에 그것을 집어넣은 적도 있었다. 결국 그런 노력은 보람이 있었다.[2] 1697년에 출판된 『새로운 세계 일주 항해*A New Voyage Round the World*』는 큰 성공을 거두었다. 이 책에는 그때까지 박물학과 인류학 분야에서 기록된 것 중 가장 생생한 구절이 일부 포함되어 있었다.

수마트라섬에서 잠깐 지낸 뒤, 댐피어는 '강가ganga' 또는 '마리화나'의 효능을 처음으로 영어로 기술했다. "이것은 어떤 사람은 잠들게 만들고, 어떤 사람은 즐겁게 만들며, 어떤 사람에게는 참을 수 없는 웃음 발작을 일으키고, 어떤 사람은 미치게 만든다."

댐피어는 필리핀에서 열두 살 아이들이 집단 할례를 받는 장면과 "그 후 2주일 동안 그들이 양 다리를 쩍 벌리고 걸어다니던" 모습을 묘사했다. 폴리네시아의 문신과 중국의 전족도 다루었다.(그는 전족을 남자들이 여자들을 절뚝거리며 걷게 만듦으로써 실내에 가둬두려는 '술책'이라고 비판했다.) 서인도 제도에서는 현지의 전설을 듣고서 절인 배 12개를 한꺼번에 먹고는 정말로 빨간색 오줌이 나오는 것을 보고 매우 즐거워했다. 『옥스퍼드 영어 사전』에 실린 인용문 중 약 1000개는 댐피어의 글에서 유래한 것이며, banana(바나나), posse(민병대, 패거리), smuggler(밀수꾼), tortilla(토르티야), avocado(아보카도), cashew(캐슈), chopsticks(젓가락)을 포함해 그가 도입한 영어 단어도 수십 개나 된다.

과학적 내용도 많았다. 지금도 댐피어는 자연을 순수하게 관찰하고 기술한 연구자로서는 타의 추종을 불허한다. 다른 사람들이 식물상과 동물상을 기술한 내용은 그의 글과 비교하면 맥 빠진 것처럼 보인다. 그것은 마치 뛰어다니며 포효하는 진짜 사자와 유리 눈이 박힌 박제 사자의 차이와 비슷하다. 생동감의 비밀 중 일부는 댐피어가 미각을 포함해 오감을 모두 사용한 데 있었다. 댐피어는 자신이 만난 동물은 반드시 먹어보았다. 그는 홍학 혀는 "뿌리에 큰 혹이 있는데, 맛이 아주 뛰어난 부분이다. 홍학 혀 요리는 대공의 식탁에 어울린다."라고 보고했다. 그는 어린 바다소 고기와 이구아나 수프, 거북 기름 덤플링을 요리하는 법을 즉흥적으로 만들었고, 그 밖에도 기괴한 레시피를 수십 가지 만들었다. 이 모든 이야기에 입 안에 군침이 돈다면, 반대로 댐피어는 순식간에 여러분의 식욕을 싹 가시게 할 수도 있다. 한 역겨운 이야기에서 댐피어는 자기 다리에 생긴 충낭蟲囊(벌레가 주머니 모양으로 만드는 벌레집—옮긴이)을 터뜨려 끈적끈적한 벌레를 하나하나 끄집어냈다. (미리 사과 말씀을 드리지만) 댐피어는 영국 문학 사상 매우 서사시적인 설사 장면 중 하나를 자세히 묘사했다. 그것은 열병 치료제를 찾다가 현지의 약제로 관장을 하라는 조언을 받아들이면서 시작되었다. 그러고 나서 거의 1년 동안 불규칙하게 설사가 계속되었는데, 때로는 한 번에 장운동이 30번이나 일어나는 걸 견뎌야 했고, 결국 나중에는 헛바람만 나오는 지경에 이르렀다. 하기야 야외 탐사 작업이 호사스러운 일이라고 말한 사람이 있었던가?

댐피어의 이야기 중 백미는 앨리게이터의 공격을 받은 이야기이다. 그는 앨리게이터와 크로커다일의 차이를 지적하면서 이야기를 시작했다. 대다수 학자가 고래를 물고기와 같은 집단으로 분류하던 시절에 그렇게 세밀한 구분을 하는 능력은 매우 인상적이고, 오늘날의 파충류학 텍스트와 비교해도 손색이 없다. 그러다가 갑자기 상황이 급변했다. 적절한 이행 과정도 없이 댐피어는 곧장 캄페체에서 야간 사냥에 나선 이야기를 시작했다. 대니얼이라는 아일랜드인이 앨리게이터에게 발이 걸려 넘어지자, 앨리게이터가 몸을 휙 돌려 다리를 콱 물었다. 대니얼은 도와달라고 비명을 질렀다. 하지만 동료들은 "그가 에스파냐인의 손에 들어갔다고 판단하고서" 그냥 그를 포기했다. 대니얼은 어둠 속에 홀로 남아 앨리게이터에게 물어뜯길 판이었다.

놀랍게도 대니얼은 침착한 태도를 유지하면서 위기에서 벗어날 방도를 떠올렸다. 파충류는 포유류와 달리 입술이 없어 씹지를 못한다. 대신에 먹이를 잘라 덩어리를 꿀꺽 삼키는데, 먹이를 안쪽으로 더 밀어넣으려면 입을 벌려야 한다. 그래서 앨리게이터가 턱을 다시 쩍 벌릴 때, 대니얼은 재빨리 몸을 앞으로 내밀면서 다리 대신에 소총을 집어넣었다. 앨리게이터는 이에 속아 소총을 휙 끌어당겨 삼켰고, 그 틈을 타 대니얼은 기어서 그곳을 빠져나왔다.

아드레날린이 넘쳐나는 상태에서 대니얼은 나무 위로 몸을 끌어 올린 뒤, 힘을 모아 다시 도와달라고 소리를 질렀다. 동료들은 에스파냐인이 없다는 사실을 확인하고는 횃불을 들고 돌아와 앨리게이터를 쫓아 보냈다. 그 후 대니얼의 상태는 "매우 참혹한 것으로 드러났다. 두 발로 설 수 없었고, 무릎은 앨리게이터의 이빨에 심하게 찢겨 있었다. 그의 소총은 다음 날 발견되었는데 …… 개머리판 끝부분에 큰 구멍이 양쪽에 하나씩 약 2.5cm 깊이로 뚫려 있었다."라고 댐피어는 보고했다. 이 이야기는 대체로 댐피어의 문체를 전형적으로 보여주는데, 박식하고 세심한 동시에 머리털을 곤두서게 하는 요소까지 갖추고 있다.

일부 역사학자는 『새로운 세계 일주 항해』가 여행기라는 새로운 장르를 열었다고 인정했으며, 댐피어는 런던의 명성 높은 왕립학회로부터 강연 초대를 받았다. 왕립학회는 세계 최고의 과학자 클럽이었다. 해적으로서는 나쁘지 않은 예우였다. 댐피어는 저명한 여러 정치인과도 식사를 했는데, 그중에는 유명한 일기 작가 새뮤얼 피프스Samuel Pepys도 있었다. 명사들은 물론 박물학에 관한 대화를 나누고 싶어 했지만, 일부 사람들은 자신이 실제 해적과 같은 식탁에서 식사를 한다는 사실에 짜릿한 흥분을 느꼈다.

더 많은 것을 원하는 대중의 요구가 빗발치자, 댐피어는 1699년에 『새로운 세계 일주 항해』에 이어 후속작을 냈다. 이 책에는 「바람에 관한 담론Discourse on Winds」이라는 유명한 소론이 포함돼 있는데, 훗날 제임스 쿡James Cook과 허레이쇼 넬슨Horatio Nelson 같은 선장들은 자신들이 읽은 것 중 최고의 실용적 항해 지침으로 꼽았다. 이 소론은 바람과 해류의 과학적 연구도 크게 발전시켰다. 댐피어와 같은 시대에 살았던 아이작 뉴턴Isaac Newton과 에드먼드 핼리Edmond Halley는 그 얼마 전에 조수와 폭풍우의 기원에 관한 논문을 각각 따로 발표했고, 이후에 나온 댐피어의 소론은 바람과 해류가 어떻게 생겨나는지 확실하게 밝혔다. 이 세 과학자는 전 세계의 바다와 물의 순환 운동에 관한 오래된 여러 수수께끼를 단번에 해결했다. 정상적으로 우리는 해적을 핼리나 뉴턴과 같은 반열에 올리지 않지만, 댐피어는 어느 모로 보나 이 분야에서만큼은 그들과 동급이었다.

기묘하게도 댐피어는 자신의 두 번째 책이 출간되기까지 영국에 남아 기다리지 않았다. 사실, 그는 첫 번째 책에서 거머쥔 돈이 아주 적었다. 그 당시에는 저작권법이 없었기 때문에 책 판매로 얻은 수익 중 대부분은 아이러니하게도 출판 해적들이 가져갔다. 댐피어는 여전히 호구지책이 필요했다. 게다가 해적질을 그만두고 존경받는 과학자로 거듭나길 절실히 원했다. 그래서 왕립학회 회장이 댐피어를 해군 장관에게 소개했는데, 해군 장관은 로벅호 함장을 맡아 뉴홀란드(오늘날의 오스트레일리아)로 가는 탐사대를 이끌어달라고 제안했다. 해군에 다시 들어가는 것에 대해 약간의 거리낌이 있었을 테지만, 댐피어는 그 제안을 수락했다. 임무 중에는 남반구에서 상업적 기회를 찾는 것도 포함돼 있었다. 하지만 주요 목표는 과학적인 것이었고, 역사를 통틀어 명시적으로 과학을 목적으로 한 항해는 이것이 처음이었다. 그것은 그때까지 들은 것 중에서 가장 숭고한 계획이었다. 그리고 댐피어가 지휘를 맡는 순간부터 그것은 완전한 실패의 길로 접어든 것이나 다름없었다.

댐피어는 헨리 데이비드 소로Henry David Thoreau와 비슷한 기질이 있었다. 자연에는 환호했지만 동료 인간은 불만스럽게 여기는 괴팍한 사람이었다. 오만한 기질도 있었다. 댐피어가 많은 세월을 보낸 해적선은 놀랍도록 민주적인 방식으로 운영되는 경우가 많았다. 일부 해적선은 심지어 초보적인 건강 보험 제도도 있었는데, 눈과 팔다리 손상에 대해 차등적 보상을 지급했다.[3] 하지만 댐피어는 자신의 과거와 거리를 두고자 했고, 로벅호에 승선하고 나서는 그러한 동지애를 싹 내팽개쳤다. 댐피어는 자신이 과학적인 것을 포함해 모든 문제에서 누구보다도 똑똑하다고 생각했지만, 선원들의 불안을 진정시키는 데 필요한 매력과 정치적 수완은 부족했다.

특히 간부들과의 관계가 좋지 않았다. 부함장 조지 피셔George Fisher

는 댐피어를 해적 쓰레기라고 경멸했다. 그는 로벅호를 지휘하는 댐피어가 공해에 도착하자마자 사략 활동에 나설 것이라고 강하게 주장했다. 로벅호는 1699년 1월에 출항했는데, 첫 번째 목적지(브랜디와 와인을 싣기 위한 카나리아 제도)에 도착하기도 전에 댐피어와 피셔는 언쟁을 벌였다. 한 목격자는 피셔가 수병의 직설적 화법으로 "함장을 질책하는 단어들을 내뱉었고, 자기 엉덩이나 핥으라고 하면서 그를 조금도 좋아하지 않는다고 말했다."라고 보고했다.

이렇게 이어져가던 긴장은 3월 중순에 폭력으로 폭발했다. 인생의 많은 문제처럼 이 사건 역시 맥주통에서 시작되었다. 배가 적도를 처음 넘을 때 맥주통을 여는 전통이 있었는데, 무더운 날씨에 고생하는 사람들을 진정시키려는 의도가 있었다. 그런데 수병들은 조금 일찍 맥주통을 열었고, 목이 아직도 마르다고 불평했다. 그들은 피셔에게 두 번째 맥주통을 열게 해달라고 간청했다. 해군 규정에 따라 댐피어의 의견을 물어야 했지만, 피셔는 독자적인 판단으로 수병들의 청을 수락했다.

이것은 결코 반란이 아니었다. 하지만 댐피어는 이미 신경이 곤두설 대로 곤두서 있었다. 피셔가 댐피어를 배 밖으로 던져 상어 밥으로 만들려 한다는 소문이 나돌던 상황에서 고의적으로 댐피어의 권위를 훼손한 이 사건은 이미 너덜너덜해진 마지막 자제력의 끈을 툭 끊고 말았다. 두 번째 맥주통을 본 순간, 댐피어는 지팡이를 거머쥐었고, 맥주통을 여는 수병의 머리를 내리쳤다. 그러고 나서 피셔를 향해 몸을 홱 돌려 왜 이런 행동을 허락했느냐고 다그쳤다. 피셔가 대답하기도 전에 댐피어는 지팡이로 그를 때렸고, 피투성이가 되도록 계속 두들겨 팼다. 그러고는 족쇄를 채워 선실에 2주일 동안 감금했다. 피셔는 심지어 변소도 사용할 수 없어 자신의 오물 속에서 지내야 했다. 배가 브라질 바이아주에 도착하자, 댐피어는 자신의 부관을 체포해 감옥에 투옥시키고 음식도 못 주게 했다.

만약 댐피어가 이 권력 투쟁에서 이겼다고 생각했다면, 그것은 오산이었다. 감방 문이 닫히는 순간, 피셔는 창문으로 기어올라 거리를 지나가는 사람에게 소리를 지르면서 자신의 감금에 대해 불만을 털어놓고 댐피어를 마구 비방하기 시작했다. 훗날 피셔는 영국의 당국자들에게 해적 과학자의 폭군 행태를 폭로하는 편지를 보냈다. 피셔는 깨어 있는 동안 오로지 댐피어를 파멸시킬 생각만 했다.

이와는 대조적으로 댐피어가 이 문제에 대처한 방법은 박물학에 몰두하는 것이었다. 피셔가 음모를 꾸미는 동안 댐피어는 바이아주 주변의 덤불로 사라져 인디고와 코코넛과 열대 새들에 관한 관찰 기록을 작성했다. 특히 이 여행에서 일어난 한 가지 관찰은 역사적 중요성 때문에 눈길을 끈다. '다리가 긴 새' 무리를 서로 다른 장소에서 관찰한 뒤, 댐피어는 각각의 무리가 독특하긴 하지만 어느 무리도 독자적인 종으로 분류할 만큼 충분히 독특하진 않다는 사실을 깨달았다. 이 무리들 사이에서는 변이들이 연속체를 이루며 나타났다. 그래서 댐피어는 이런 상태를 기술하기 위해 '아종亞種, sub-species'이라는 단어를 만들었다. 이것은 사소한 통찰력처럼 보일 수 있지만, 댐피어는 자신을 존경한 찰스 다윈이 훗날 『종의 기원』에서 사용하게 될 개념(자연에서의 변이와 종들 사이의 관계)을 향해 다가가고 있었다.

그런데 브라질의 가톨릭 종교 재판소 때문에 댐피어는 어쩔 수 없이 도보 여행을 멈추어야 했다. 그들은 신교도 해적이 여기저기 돌아다니면서 모든 것에 대해 기록을 하는 것을 탐탁지 않아 했는데, 교회

측이 그를 체포하거나 심지어 독살할 계획을 세웠다는 소문이 나돌았다. 댐피어는 서둘러 출항했는데, 아마도 부함장 옆에 나란히 사슬로 묶이는 신세가 될까 봐 두려워서 그랬을 것이다. 그러면서 피셔를 영국으로 송환하는 절차를 밟았다. 틀림없이 피셔는 명령 불복종 죄로 굴욕적인 재판에 넘겨질 것이라고 생각했을 것이다. 댐피어의 생각은 절반만 맞았다. 실제로 재판이 일어났고 피고는 큰 치욕을 당했다. 하지만 그 당사자는 피셔가 아니었다.

피셔가 사라지자, 로벅호에서는 긴장이 누그러졌고, 8월 중순에 그들은 웨스턴오스트레일리아에 도착해 눈부시게 하얀 샤크만 해변에 상륙했다. 그들은 딩고와 바다뱀, 혹등고래 등을 관찰하면서 몇 주일을 보냈는데, 과학 원정대로서는 산뜻한 출발이었다.

그러나 행운은 오래 가지 않았다. 웨스턴오스트레일리아는 매우 황량하고 건조한 곳이어서 해안을 샅샅이 뒤져도 민물 공급원을 전혀 찾을 수 없었다. 선원들은 얼마 지나지 않아 갈증에 시달린 나머지 원주민에게 접근하려고 시도했다. 원주민은 물을 찾는 비결을 알고 있으리라고 생각했기 때문이다.(실제로 원주민은 비법을 알았다. 새와 개구리를 따라가거나 나무뿌리를 난도질해 물을 얻었다.) 하지만 그들이 다가갈 때마다 원주민은 뿔뿔이 흩어졌다. 그래서 댐피어는 절박한 심정에서 극단적인 계획을 세웠다. 댐피어는 부하 두 명과 함께 기어서 해변으로 다가간 뒤 모래 언덕 뒤에 매복했다가 원주민을 생포하려고 했다. 그렇게 원주민을 납치해 샘이 있는 곳으로 안내하라고 강요할 작정이었다. 영국인들이 뛰어나오자 원주민들은 또다시 달아났고, 영국인들은 그 뒤를 쫓아갔다—함정 속으로 뛰어들고 있다는 사실을 까마득히 모른 채. 댐피어 일행이 탁 트인 지형에 노출되자마자 원주민들이 방향을 돌려 창으로 공격해왔다. 부하 한 명은 얼굴을 베였고, 댐피어도 하마터면 창에 찔릴 뻔했다. 경고 사격으로도 원주민이 물러서지 않자, 댐피어는 권총으로 조준 사격을 해 한 명에게 부상을 입혔다. 그의 책에서 자신이 폭력 행위를 저질렀다고 인정한 것은 아주 드문 일이었다.[4]

이제 물을 찾을 길이 없다는 사실을 깨달은 댐피어 일행은 불명예스럽게 오스트레일리아를 떠났는데, 거기서부터 일이 더 나쁜 쪽으로 꼬이기 시작했다. 댐피어는 오스트레일리아 다음에 뉴기니에 들러 표본을 채집하면서 항해를 이어가려고 했다. 하지만 영국 해군이 댐피어에게 준 배는 결코 신뢰할 만한 상태가 아니었다. 선체에 물이 샜고, 온갖 벌레가 들끓었으며, 얼마 가지 않아 선체가 삐걱거리기 시작해 할 수 없이 댐피어는 선수를 돌려 영국으로 돌아갔다. 하지만 로벅호는 영국에 도착하지 못했다. 남대서양의 어센션섬 해변에서 치명적인 누수가 발생했다. 배를 침몰시켰다는 비난이 두려웠던 댐피어는 소 옆구리살과 자신의 파자마 등 생각할 수 있는 것을 모두 동원해 구멍을 막으려고 애썼으나, 아무 소용이 없었다. 그들은 어센션섬에서 배를 포기했고, 댐피어는 자신이 수집한 표본을 거의 다 잃었다. 그들은 저 멀리 다른 배들이 유유히 지나가는 것을 지켜보면서 5주일을 보냈고, 마침내 영국 소함대가 도착해 그들을 구조했다.

배는 말할 것도 없고 표본도 없이 런던으로 돌아가는 것만 해도 이미 충분히 나쁜 상황이었다. 설상가상으로 1701년 8월에 런던에 도착한 댐피어는 그동안 조지 피셔가 영국 사회를 선동해 자신에게 등을 돌리게 했다는 사실을 알아차렸다. 해적 출신 함장을 끈질기게 물어뜯은 공격은 매우 효과적이어서 해군 지휘부는 댐피어를 군사 재판에 회부해 선상 재판을 열기로 결정했다.

댐피어는 최선을 다해 변호했고, 피셔가 반란을 도모했다고 증언해줄 증인들을 모았다. 댐피어는 비열한 싸움도 마다하지 않았는데, (이 주장이 얼마나 신빙성이 있는지는 아무도 모르지만) 항해 동안 피셔가 젊은 사환 두 명과 남색 행위를 했다고 고발했다(해적은 동성애를 어느 정도 허용했지만, 해군은 그러지 않았다). 피셔는 댐피어의 성격을 집요하게 물고 늘어지면서 공격했는데, 겁쟁이에다가 악당이라고 비난했다. 또한 댐피어가 불평을 늘어놓는 수병을 선실에 한동안 감금함으로써 죽음에 이르게 했다고 없는 혐의까지 제기했다. 사실, 그 수병은 그 처벌이 끝나고 나서 열 달 후에 죽었다. 명민한 판사들은 그 혐의와 다른 혐의들을 기각했는데, 그중에는 임무 태만으로 로벅호를 침몰시켰다는 혐의도 있었다. 하지만 그들도 동료 간부인 피셔를 지팡이로 때렸다는 사실만큼은 참을 수가 없었고, 부함장을 "매우 힘들고 잔인하게 다룬" 혐의에 대해 유죄를 선고했다. 그 벌로 댐피어는 어떤 영국 배도 지휘하지 못하게 되었고, 3년 치 봉급에 해당하는 벌금형을 받았다.

댐피어는 품위 있게 행동하려고 노력했지만, 그 노력은 그에게 아무런 도움이 되지 않았다. 언제나 그랬던 것처럼 무일푼이 되었고, 정부 내에서 버림받은 신세가 되었다. 이제 남은 선택지는 하나밖에 없었다. 49세의 박물학자는 다시 해적 생활로 돌아갈 수밖에 없었다.

댐피어의 삶과 그 시대는 오늘날의 우리와 거리가 먼 것처럼 보일 수 있지만, 그가 제기한 윤리적 문제는 오늘날에도 여전히 남아 있다. 무엇보다도 과학적 해적 행위는 18세기에 끝나지 않았다. 댐피어가 했던 것과 같은 종류의 야외 조사 활동은 오히려 어떤 면에서 수백 년 전보다 오늘날이 더 위험하다.

  그동안 수많은 박물학자가 야외 조사 활동 도중에 죽음을 맞았다. 대부분은 말라리아와 황열병을 비롯한 질병에 목숨을 잃었지만, 뱀에게 물리거나 질주하는 동물 떼에 깔리거나 퓨마에게 공격받거나 이류泥流에 휩쓸리거나 우연한 중독으로 죽은 사례도 책을 한 권 가득 채울 만큼 많다. 살해당한 과학자들도 있다. 1942년, 우간다에서 혈액과 관련된 질병을 연구하던 영국 생물학자 어니스트 기빈스Ernest Gibbins는 차를 타고 가다가 현지 전사들에게 매복 공격을 받아 사망했다. 그들은 기빈스가 '백인의 마법'을 위해 자신들의 피를 훔친다고 믿었다. 한 경찰관은 그의 시체가 "온몸에 창들이 가득 박혀 피투성이가 된 호저처럼" 보였다고 말했다. 그 후 20세기에 부족 간 전쟁과 종족 간 분쟁이 급증하고 무기 밀거래로 이런 상황이 악화하면서 많은 곳에서 야외 조사 활동의 위험이 더욱 커졌다. 댐피어와 동시대 사람들은 가끔 큰 어려움을 겪기는 했어도, 납치를 당해 몸값을 요구당하는 인질이 되지나 않을까 염려할 일은 전혀 없었다. 1990년대에는 무장 민병대가 콜롬비아에서 벼를 연구하던 과학자를 납치해 몸값 600만 달러를 요구한 사건이 있었다. 이런 이유들 때문에 오늘날 많은 연구소는 그냥 즉흥적으로 하는 과거의 야외 조사 방식을 허락하려 하지 않는다.

과학적 해적 행위는 댐피어 시절 이후에 그 성격이 변했다. 댐피어는 자신의 과학적 집착을 해결하기 위해 다시 해적이 되었다. 먼 땅을 방문하려면 그에게는 다른 방법이 없었다. 이와는 대조적으로 후대 과학자들의 야외 조사 연구는 천연 자원을 훔치는 과정(이른바 생물 해적 행위)을 포함한다는 점에서 연구의 성격 자체가 범죄적이었다.

식민지 시대에 모두가 탐낸 자원 중 하나는 기나나무의 계피색 껍질에서 얻는 약인 키니네(퀴닌)였다. 이것을 가루로 만들어 물과 함께 마시면 인류의 역사에서 가장 치명적인 질병인 말라리아를 치료하는 데 큰 도움이 된다.(일부 추정에 따르면, 지금까지 살았던 1080억 명의 사람들 중 약 절반이 모기가 매개한 질병으로 죽었다고 한다. 그중에서 말라리아가 가장 큰 비중을 차지한다.) 불행하게도 말라리아는 전 세계적인 재앙인 반면(아프리카와 인도, 이탈리아, 동남아시아에서 많은 사람을 죽인다), 기나나무는 남아메리카에서만 자랐다. 그래서 유럽 국가들은 기나나무 씨를 훔치기 위해 식물학자로 위장한 비밀 요원들을 남아메리카로 보내기 시작했다. 이 공작은 결국 헛수고로 끝났다. 키니네를 많이 함유해 가장 소중하게 여긴 종은 안데스산맥의 아주 가파른 산비탈에서 자랐는데, 그곳은 1년 중 3/4은 짙은 안개에 싸여 있었다. 그래서 밀반출 시도는 번번이 실패했고, 그 과정에서 여러 명이 목숨을 잃었다.

마침내 기나나무를 가져오는 데 성공한 사람은 볼리비아의 인디언 마누엘 잉크라 마마니Manuel Incra Mamani였다. 마마니의 생애에 대해서는 알려진 것이 거의 없다. 잉카 왕의 후예라는 이야기는 거짓인 게 거의 확실하지만, 식물에 관한 지식을 소중히 여긴 치료 주술사 가문 출신일 수는 있다. 어쨌든 마마니는 코코아 잎으로만 연명하면서 아마존 지역을 몇 주일 동안 돌아다닐 수 있었고, 끝없이 무성하게 펼쳐진 밀림의 초록색 임관을 훑으면서 작은 진홍색 숲(기나나무 잎 특유의 색)을 찾아내는 비범한 능력이 있었다. 마마니는 1865년에 씨를 몇 자루 수확한 뒤에 얼어붙은 안데스산맥 고원 지대를 넘어 약 1600km를 걸어 그 일을 의뢰한 영국인에게 갖다주었다. 그 대가로 마마니는 500달러와 노새 두 마리, 당나귀 네 마리, 총 한 정을 받았다. 그리고 궐석 재판에서 조국을 배신한 죄로 사형 선고를 받았다. 탐욕스러운 그 영국인은 나중에 씨를 더 구해오라고 마마니를 다시 정글로 보냈다. 이번에는 마마니는 체포되어 밀수 행위로 기소되었다. 감옥으로 끌려간 그는 물과 음식도 제공받지 못하고 심한 구타를 당했다. 2주일 뒤에 풀려나긴 했지만, 심한 신체 손상을 입어 똑바로 서지조차 못했다. 당나귀는 몰수되었고, 마마니는 며칠 뒤에 죽었다.

역사학자들은 아직까지도 마마니의 범죄 행위가 정당했느냐를 놓고 논쟁을 벌인다. 한편으로는 페루와 에콰도르는 필수 의약품을 비축하고서 아주 높은 가격을 부르고 있었다.(즉, 인명을 놓고 폭리를 취했다.) 게다가 그들은 기나나무 재배를 너무 소홀히 관리하여 19세기 중엽에 기나나무는 멸종 직전에 이르렀다. 마마니 이후에 여러 유럽 국가는 밀반출한 씨를 이용해 아시아에 기나나무 조림지를 조성했고, 그럼으로써 전 세계에서 수백만 명의 인명을 구했다.[5] (말이 난 김에 덧붙이자면, 인도에서 영국인 관리들은 기나나무 껍질로 쓴맛이 나는 탄산수를 만들었는데, 그것을 술과 함께 섞어 마셨다. 이렇게 해서 진토닉이 탄생했다.) 다른 한편으로는 아시아의 기나나무 조림지는 남아메리카의 토착 기나나무 산업을 위축시켰고 결국에는 완전히 망하게 해 그곳 주민들을 궁핍하게 만들었다. 한 역사학자는 기나나무의 의약품 가치를 감안하여 그 절도 행위를, 조금 과장하여 "역사상 최대의 탈취 행위"라고 불렀다. 그것은 매우 수탈적인 형태의 식민주의였다. 그렇지만 그것은 아프리카와 아시아에서 수많은 목숨을 구했다.

다른 생물 해적 행위는 정당화하기가 더 힘들어 보인다. 산업화 과정에서 한 핵심 요소는 고무였는데, 아마존 지역에 고유한 특정 나무의 수액에서 그 원료를 얻었다. 고무 타이어가 없었다면 자동차와 자전거가 존재할 수 없었고, 고무 튜브와 밀봉재는 현대 화학과 의학을 가능케 했다. 전선을 감싸는 고무 절연체가 없었더라면 우리는 전기도 마음대로 사용할 수 없었을 것이다. 고무는 원래 특정 지역에서만 나는 특산품이었다. 하지만 영국 탐험가 헨리 위컴Henry Wickham이 1876년에 밀반출한 고무나무 씨 7만 개로 아시아에 더 많은 조림지가 조성되면서 브라질의 독점이 깨지고 말았다. 물론 대다수 세상 사람들이 이를 통해 혜택을 받은 것은 분명하지만, 소비재를 만들기 위해 씨를 훔치는 행위는 의약품을 만들기 위해 씨를 훔치는 것보다 더 비윤리적으로 보인다. 이보다 더 비윤리적으로 보인 밀반출 사례도 많다. 1840년대에 중국에서 한 스코틀랜드 식물학자는 현지인 의상을 차려입고, 앞머리를 밀고 남은 머리를 땋아 변발을 한 뒤, 국가가 운영하는 농장에 잠입해 최상품 차나무 2만 그루를 훔쳐 인도로 가져갔다. 이런 사실을 감안한다면, 얼 그레이 홍차가 탄생한 역사를 인도주의적 이유로 옹호하기가 쉽지 않을 것이다.

생물 해적 행위는 현대에도 계속 일어나고 있다. 중국의 거부들은 코뿔소 뿔이나 특정 동물의 음경을 구해오는 밀렵꾼에게 거액을 지불한다. 제약회사들은 독사의 독과 페리윙클, 그 밖의 열대 자원에서 블록버스터 의약품을 개발하지만, 그렇게 해서 번 돈이 간혹 그 의학적 효능을 먼저 발견한 토착민에게 흘러가는 경우는 드물다. 거부들만 그러는 게 아니다. 전 세계의 많은 일반인도 이국적인 꽃과 애완동물이 거래되는 암시장을 부추기고 있다. 예전처럼 금화와 은화를 쫓는 것은 아니라 하더라도, 댐피어 시대의 해적 정신은 다른 방식으로 이러한 범법자들 사이에 여전히 살아남아 있다.

1703년, 윌리엄 댐피어는 마침내 기회를 잡았다. 에스파냐와 프랑스 사이에 전쟁이 새로 발발하자, 영국은 적을 괴롭힐 사략선이 필요했다. 그래서 댐피어에게 해군 함정의 지휘를 금지했는데도 불구하고, 앤 여왕은 51세의 해적을 불렀다. 댐피어는 지위가 가장 낮은 신하처럼 여왕의 손과 엉덩이에 키스를 했고, 곧 세인트조지호의 지휘를 맡게 되었다.

애석하게도 세인트조지호의 항해는 또 한 번 혼란과 반란에 가까운 분규에 휘말렸다. 부하들은 나포한 외국 선박의 선장들로부터 댐피어가 뇌물(예컨대 은제 식기)을 받았다고 고발했다. 뇌물의 대가로 댐피어는 나포한 배의 짐칸을 수박 겉핥기로 대충 수색하고는 귀중한 보물을 몰수하지 않고 그냥 보내주었다고 한다. 댐피어가 술을 과도하게 마신다는 소문도 있었지만, 그것은 그렇게 탓할 만한 사유가 아니었다. 그는 매일 온 종일 먼 배를 찾아 수평선 부근을 살피면서 이리 갔다 저리 갔다 하며 시간을 보냈다. 그것은 매우 지루한 일이었다. 하지만 해적질을 하던 시절과 달리 댐피어는 임무를 내팽개치고 먼 항구로 갈 수 없었다. 지금은 맡은 임무가 있었다. 과학적 호기심에 몰두할 시간을 낼 수 없어 그 상황이 더욱 비참하게 느껴졌다. (오늘날의 연구에 따르면, IQ는 알코올 의존증과 강한 상관관계가 있다고 한다. 그래서 사람들은 지적으로 부족하다고 느낄 때 술을 많이 마실 수 있다.) 1707년에 항해가 끝났을 때, 댐피어는 선장으로서의 명성이 바닥에 떨어졌고, 다시는 다른 배를 지휘하지 못했다.

비록 선장으로서는 능력이 부족했지만 댐피어는 여전히 훌륭한 항해사였고, 몇 년 뒤에 또 다른 사략선에 승선했는데, 그 배는 문자 그대로 역사를 만들었다. 태평양에서 항해를 할 때 배에 물이 바닥나고 선원들이 괴혈병으로 쓰러지자, 댐피어는 배를 가장 가까운 육지인 칠레 앞바다의 후안페르난데스 제도로 향하게 했다. 섬에 접근할 때, 그들은 해변에서 두 발로 걸어다니는 털북숭이 짐승을 보고서 깜짝 놀랐다. 그 짐승의 정체는 알렉산더 셀커크Alexander Selkirk라는 선원이었는데, 조난을 당해 그곳에 고립된 채 살아가고 있었다. 그는 염소 가죽을 두르고 있었는데, 한 목격자는 그가 "그 염소 가죽의 첫 번째 주인보다 더 야만적으로" 보였다고 기억했다. 4년 4개월 4일 동안 셀커크는 그 섬에서 염소를 사냥하고, 야생 양배추를 씹어먹고, 해변에 밀려온 통을 뜯어 칼과 낚싯바늘을 만들면서 근근이 삶을 이어왔다. 발은 이구아나 가죽처럼 질겼고, 4년 동안 고립된 생활을 하다 보니 목소리가 쉬어 거의 말도 제대로 하지 못했다. 댐피어 일행은 그를 구조해 의기양양하게 영국으로 데려갔다. 대니얼 디포Daniel Defoe는 그의 이야기에 영감을 받아 『로빈슨 크루소』를 썼다.

댐피어의 생애에서 영감을 얻은 사람은 디포뿐만이 아니었다. 조너선 스위프트Jonathan Swift는 『걸리버 여행기』의 영감을 그의 이야기에서 얻었고, 새뮤얼 테일러 콜리지Samuel Taylor Coleridge가 쓴 「늙은 선원의 노래The Rime of the Ancient Mariner」역시 그의 이야기에서 영감을 얻었다. 댐피어의 팬 중에서 후세에 가장 큰 영향력을 떨친 찰스 다윈은 1830년대에 비글호 항해에 나설 때 댐피어의 책들을 사서 가지고 갔다. 다윈은 해적 선배의 외설적인 행동을 읽으면서 킥킥대며 웃었고, 자신이 쓴 메모에서 그를 '올드 댐피어Old Dampier'라고 불렀다. 더 중요하게는 다윈은 댐피어가 기술한 종과 아종을 자세히 연구했고, 갈라파고스 제도 같은 장소들에 대한 기록을 자세히 살피면서 그를 안내자로서 효과적으로 활용했다. 해적 선배가 없었더라면, 다윈은 오늘날 우리가 알고 있는 다윈이 되지 못했을지도 모른다.

하지만 모험 작가들과 과학자들이 항상 댐피어를 용서한 것과 달리, 훗날 조지 피셔와 같은 부류의 사람들은 그를 쉽게 용서하려 하지 않았다. 20세기 초에 댐피어의 고향에서 그를 기리는 명판 제작을 논의했을 때, 한 독실한 신자가 일어서서 그를 "목을 매달았어야 할 해적 악당"이라고 비난했다. 오늘날의 비판자들은 한 걸음 더 나아간다. 이들은 댐피어의 과학이 아무리 획기적인 것이었더라도, 식민주의의 길을 여는 데 일조했고, 따라서 반인류 범죄라고 주장한다.

사실은 양측 다 일리가 있다. 댐피어는 신분이 낮았지만 총명했고, 통찰력이 뛰어났지만 불한당이었다. 댐피어의 연구는 항해학, 동물학, 식물학, 기상학을 포함해 그 당시의 거의 모든 과학 분야에 진전을 가져왔지만, 그러는 와중에 그는 경멸받아 마땅한 짓들을 저질렀다. 한 전기 작가는 이렇게 평했다. "디포와 스위프트, 그리고 그 밖의 모든 사람이 댐피어에게 단순히 하나의 모델 이상으로 훨씬 큰 빚을 졌다. 사실, 그들은 이 한 사람에게 새로운 시대정신 전체를 빚졌다고 말할 수 있다."

애석하게도 새로운 시대는 감안해야 할 나름의 잔학 행위(특히 노예 제도)를 수반했다. 얼핏 생각하면, 과학과 노예 제도는 별로 관계가 없을 것처럼 보인다. 하지만 이 둘은 현대 세계를 빚어낸 기본적인 힘이었고, 역사학자들은 이 둘이 곤혹스러운 방식으로 서로 영향을 미쳤다고 인정하기 시작했다.

2장

노예 무역

흰개미집 연구자의 자금 조달 방법

1771년 10월, 영국인 헨리 스미스먼Henry Smeathman은 시에라리온을 향해 출항하면서 자신의 탐사가 성공할 것이라고 확신했다. 29세, 박물학자로서는 완벽한 나이였다―필요한 경험을 쌓을 만큼 충분히 나이를 먹었고 모험에 나설 만큼 충분히 젊었다. 그리고 그 당시 세계 각지에서 유럽으로 쏟아져 들어오던 온갖 기이한 표본(오랑우탄과 골리앗꽃무지, 파리지옥, 날아다니는 고양이원숭이[즉, 날다람쥐])을 감안할 때, 자신도 아프리카에서 대단한 발견을 하리라고 큰 기대를 품었다.

　　시간을 낭비하고 싶지 않았던 스미스먼은 항해가 시작되자마자 조수와 함께 표본 채집에 나섰다. 갑판 위에 그물을 펼쳐놓고 바람에 실려 바다로 밀려나온 나비와 메뚜기를 붙잡았다. 하지만 채집한 표본 중 대부분은 얼마 지나지 않아 지저분한 배(우연히도 그 배의 이름은 '파리'란 뜻의 플라이호였다)에 타고 있던 개미와 바퀴벌레가 먹어치웠다. 늘 낙관적인 스미스먼은 금방 해결책을 찾아냈다. 술을 따라낸 럼주 통 위에 표본을 놓았다가 그 증기가 해충을 막는다는 사실을 발견한 것이다. 스미스먼은 이 사실을 자신의 일지에 '박물학자에게 유용한 비법'이라는 제목으로 기록했다.

플라이호는 12월 13일에 마침내 아프리카에 도착해, 상아와 목재 교역항이던 로스 제도(기니 앞바다에 있는 제도)에 닻을 내렸다. 스미스먼은 로스 제도를 "나무와 관목이 무성하게 우거지고 산이 많은 작은 섬들"이라고 묘사했다. 그것은 대체로 만족스러운 순간이었을 것이다. 좁고 갑갑한 배에 갇혀 지내던 항해가 끝나고 과학 연구 활동을 본격적으로 시작할 수 있는 순간이었으니까. 하지만 스미스먼은 트랩을 내려오면서 신경이 곤두섰다. 로스 제도는 단순히 사치품만 교역하는 장소가 아니었다. 그곳은 사슬과 채찍이 도처에 널려 있는 장소이기도 했는데, 대서양 노예 무역의 중심지였다.

출발 전에 스미스먼은 노예 제도가 이번 여행의 배경에 자리잡고 있다는 사실을 이미 알고 있었다. 스미스먼은 노예 제도에 극렬하게 반대했고, 후원자들에게 자신의 여행을 홍보할 때 "잘 알려지지 않고 잘못 전해진 이 사람들, 니그로"에 대한 진실을 알리겠다고 약속했다. 하지만 그토록 굳은 의지에도 불구하고, 실제로 본 노예들의 참상 앞에서는 충격을 금치 못했다.

로스 제도에 도착하자마자 스미스먼은 동료 승객들과 함께 노예선인 아프리카호 관람에 나섰다. 하지만 노예들의 고통은 아프리카호에 오르기 전부터 이미 감각을 통해 전달되기 시작했다. 스미스먼은 "멀리서부터 사람 목소리와 절그럭거리는 사슬 소리가 섞여 혼란스러운 소음이 들렸는데 …… 분별 있는 사람이라면 그 소리를 듣고 표현할 수 없는 공포를 느끼게 된다."라고 썼다. 선상에서 남자 노예들은 아마도 건강상의 이유로 발가벗고 있었고, 여자들은 허리에 로인클로스loincloth만 두르고 있었다. 스미스먼은 특히 그 혼란 속에서 아이이게 젖을 먹이는 두 여자를 보고서 큰 고통을 느꼈다. 그는 "사람 얼굴에 이보다 더 강렬하게 나타난" 슬픔을 본 적이 없다고 말했다. 함께 간 나머지 일행은 마치 정원을 둘러보듯이 이리저리 돌아다니면서 잡담을 나누었지만, 스미스먼은 젖을 먹이는 여자들을 계속 돌아보았다. 그는 이렇게 덧붙였다. "만약 동정심에 대한 일말의 기대가 남아 있거나 본성이 이미 고갈되지 않았다면, 그들은 분명히 눈물을 흘렸을 것이다. 나는 수만 가지 우울한 생각에 사로잡혔고, 대화에 거의 끼어들지 않았다."

스미스먼은 아프리카호 선장 존 티틀John Tittle도 만났다. 티틀은 노예 무역상들의 기준에서 보더라도 악랄한 사람이었는데, 그 때문에 결국 몇 년 뒤에 비참한 최후를 맞이했다. 어느 날, 항구에서 모자를 바다에 떨어뜨린 뒤, 티틀은 자신이 고용한 흑인 꼬마에게 물속으로 뛰어들어 모자를 건지라고 명령했다. 소년은 명령을 거부했는데, 상어를 무서워했고 수영을 못 했기 때문이다. 그러자 티틀은 소년을 물속으로 밀어넣었고, 소년은 그대로 익사하고 말았다. 죽은 아이가 노예였더라면, 아무도 감히 티틀에게 맞서려고 하지 않았을 것이다. 하지만 티틀이 죽인 아이는 현지 추장의 아들이었고, 추장은 럼주로 보상해달라고 요구했다. 티틀은 럼주를 여러 통 보냈지만, 그 속에는 럼주가 아니라 "노예들의 목욕통에서 비운 오물"이 들어 있었다. 아마 배설물도 포함돼 있었을 것이다. 분노한 추장은 티틀을 붙잡아 족쇄를 채웠다. 그러고 나서 티틀을 굶기고 죽을 때까지 고문을 가했다. 그러는 동안 현지 주민들(마찬가지로 티틀의 쓰레기 행동에 넌더리가 났던)도 주변에 모여 기쁨의 환성을 질렀다.

티틀의 가학성에 대한 평판에도 불구하고 (아니, 어쩌면 바로 그 때문에) 노예 회사들은 기꺼이 운송 '화물'의 목숨을 그에게 맡겼다. 아프리카호는 실을 수 있는 노예 정원이 350명으로 설계되었지만, 스미스먼이 방문한 지 얼마 지나지 않아 티틀은 짐칸에 466명을 가득 채워넣고 카리브해로 출발했다. 도중에 남자와 여자, 어린이를 합쳐 모두 86명이 죽었다.

스미스먼의 안정을 위해 그의 일행은 곧 로스 제도를 떠나 아프리카 본토에 가까운 번스섬으로 갔다. 하지만 그곳에서도 노예 제도의 참상은 피할 수 없었다. 번스섬은 정신 분열적 성격을 지닌 기묘한 장소였는데, 2홀 골프 코스까지 갖춘 이 섬은 한때 반은 노예 항구, 반은 '전원 사유지'로 묘사되었다. 이곳 요새는 댐피어 같은 해적의 습격에 대비해 4.8m 높이의 장벽과 함께 대포로 무장돼 있었다.

늘 본국의 소식을 궁금해하던 번스섬의 노예 상인들은 스미스먼을 붙들고 온갖 질문을 던졌다. 이들은 전형적인 노예 상인 복장을 할 때면 체크무늬 셔츠를 입고 목이나 허리에 검은색 손수건을 둘렀다. 스미스먼은 즐겁게 몇 분 동안 영국 소식을 전해주었지만, 아프리카를 방문한 이유를 묻는 질문에 답하는 순간 대화는 불쾌하게 흘러갔다. 박물학에 대한 관심을 표시하자마자 그들은 면전에서 그를 비웃었다. 한 노예 상인은 "오래 살수록 배우는 것도 많아지지! 그런데 세상에 나비를 잡고 잡초를 모으려고 이삼천 마일을 여행해서 오는 사람이 다 있다니!"라고 말했다. 어떤 사람들은 대놓고 스미스먼을 조롱했다.

스미스먼은 콧방귀를 뀌고 등을 돌렸다—그들은 여자와 아이를 노예로 팔기 위해 아프리카에 왔지만, 자신은 지식을 발전시키고 인류의 운명을 개선하기 위한 과학자로서 왔다고 스스로를 위로하면서. 자신은 저런 야만인과는 질적으로 다르다고 생각했다.

하지만 그런 우월감은 계속 유지하기 힘들었다. 아프리카로 올 때 젊은 박물학자는 추구하는 것이 있었지만, 떨쳐버리려고 한 것도 있었다. 그것은 바로 이전의 헨리 스미스먼이었다. 이전의 스미스먼은 극빈자이자 아무리 용을 써도 실패만 거듭한 젊은이였는데, 스미스먼은 이전의 자신을 영국에 영영 파묻어버리고 싶었다. 이 탐사는 새로운 스미스먼이 신사 박물학자로 데뷔하는 무대였다. 윌리엄 댐피어와 비슷하게 스미스먼은 과학을 더 나은 인생을 가져다줄 수 있는 최고의 기회로 여겼다. 노예 상인들을 거부함으로써 그는 그들의 도덕 관념과 낮은 신분을 거부한 것이었다.

하지만 결국에는 과학자로 거듭나려는 야망이 그의 도덕심보다 훨씬 강한 동기로 작용했다. 자신의 반대에도 불구하고 노예 제도는 시에라리온의 경제에서 큰 비중을 차지했고, 스미스먼은 곧 보급품과 장비를 얻기 위해 노예 상인들과 거래를 해야 했다. 얼마 지나지 않아 그보다 더 나쁜 일도 했다. 당연한 수순이지만, 그 일에 더 깊이 얽혀들수록 스미스먼은 거래 파트너들(그리고 거기서 더 나아가 자신)을 옹호해야 할 필요를 더 많이 느끼게 되었다. 그것은 전형적인 심리적 방어 기제였다. "나는 좋은 사람이므로 절대로 나쁜 사람들과 어울리지 않을 것이다. 따라서 내가 어울리는 사람들은 그렇게 나쁜 사람일 리가 없다." 하지만 이러한 합리화의 길을 걷기 시작한 그는 그 길이 상상했던 것보다 훨씬 미끄럽다는 사실을 발견하게 된다.

노예 무역에서 광범위하게 자행된 잔혹 행위들을 감안할 때 스미스먼 같은 한 '곤충 채집가'의 타락은 비극적인 이야기로 크게 부각될 가능성이 희박하다.(굳이 언급할 필요도 없겠지만, 이 주제가 얼마나 큰 논란을 불러일으킬 수 있을지를 감안할 때, 이 점은 분명하게 짚고 넘어갈 필요가 있다. 이곳에서 희생자는 아프리카인이었지 백인 유럽인이 아니었다.) 그래도 스미스먼의 생애는 살펴볼 가치가 있는데, 대다수 역사학자들이 간과하는 초기 과학의 한 측면(과학과 노예 제도가 얼마나 밀접하게 얽혀 있는지)을 조명하는 데 도움을 주기 때문이다. 게다가 스미스먼의 이야기는 노예 제도가 성실하고 선의를 가진 사람들의 도덕심조차 얼마나 쉽게 타락시킬 수 있는지 보여준다. 노예 무역은 단순히 하나의 배경에 불과한 게 아니라, 시에라리온에서 보낸 스미스먼의 시간을 지배했다. 그리고 양보와 타협을 할 때마다 조금씩 조금씩 그의 윤리를 비틀어 결국에는 거꾸로 뒤집어놓았다.

노예 제도는 문명 자체만큼이나 그 역사가 오래되었지만, 16세기부터 19세기까지 일어난 대서양 횡단 노예 무역은 예외적일 정도로 잔인했다. 추정치에 따라 차이가 있지만, 전쟁과 습격으로 적어도 1000만 명 이상의 아프리카인이 노예가 되었고, 그중 약 절반이 현지 항구로 끌려가거나 항해를 하는 동안에 죽었다. 그리고 통계 자료만으로는 노예선의 참상을 제대로 알 수 없다. 남자와 여자, 아이를 모두 사슬로 묶어 짐칸에 빽빽하게 실었는데, 그곳 환경은 너무나도 덥고 더러웠고, 몸에서 나는 심한 악취 때문에 그곳으로 들어가는 사람은 구역질을 하기 십상이었다. 가끔 아장아장 걷는 아이가 오물통 속으로 빠져 익사하기도 했다. 당연히 질병이 만연했고, 나머지 사람들을 보호하기 위해 병자를 배 밖으로 던지는 일이 비일비재했다.(그래서 쉬운 먹이를 구하려고 노예선 뒤를 따르는 상어들이 있었다.) 말을 잘 듣지 않는 노예도 상어 밥으로 던져지거나 혹은 더 심한 처벌을 받았다. 1720년대에 노예들의 선상 반란이 실패로 돌아간 뒤, 그 배의 선장은 반란을 선동한 두 사람에게 세 번째 사람을 죽이고 그의 심장과 간을 먹게 했다.

그렇다면 왜 과학자들은 이 끔찍한 여행에 동참했을까? 그것은 바로 접근성 때문이었다. 유럽 정부들은 이따금씩 과학 탐사를 후원했지만, 그 당시에 아프리카와 아메리카를 방문하는 배 중 압도적 다수는 삼각 무역(총과 생산 제품을 유럽에서 아프리카로 싣고 가, 거기서 노예를 싣고 아메리카로 간 뒤, 염료와 의약품 원료와 설탕을 유럽으로 실어가던 형태의 무역)을 하던 민간 선박이었다. 이러한 삼각 무역에 종사하는 배편을 제외하면, 아프리카나 아메리카로 갈 수 있는 교통수단은 전무했다. 그래서 연구를 위해 이곳들을 꼭 방문해야 하는 과학자는 노예선을 타고 갈 수밖에 없었다. 현지에 도착하고 나서도 음식과 보급품, 현지 운송, 우편 등을 노예 상인에게 의존해야 했다.

유럽에 남아 있던 박물학자들[6]도 노예 무역을 활용했다. 그들은 노예선 선원들에게 채집을 대신 해달라고 맡기는 경우가 많았다. 특히 배에 승선한 외과의[7]를 선호했는데, 외과의는 과학적 배경이 어느 정도 있을 뿐만 아니라, 다른 선원들이 노예를 팔고 보급품을 구입하는 일을 하는 동안 해변에서 자유 시간을 많이 누렸기 때문이다. 채집한 표본들—타조 알, 뱀, 나비, 둥지, 나무늘보, 조가비, 아르마딜로—은 노예선에 실려 유럽으로 운송되었고, 마침내 연구소나 개인 컬렉션 보관소로 전달되었다. 분류학의 아버지이자 역사상 가장 큰 영향력을 떨친 생물학자 중 한 명인 칼 폰 린네Carl von Linné는 1735년에 획기적인 저서 『자연의 체계Systema Naturae』(오늘날 우리가 사용하는 티라노사우루스 렉스Tyrannosaurus rex나 호모 사피엔스Homo sapiens처럼 생물의 학명을 속명과 종명으로 나타내는 이명법을 확립한 책)를 쓸 때 그러한 컬렉션들을 기본 자료로 사용했다. 전반적으로 이 컬렉션들은 연구 계획에 꼭 필요한 중앙 지식 보관소 역할을 한 그 시대의 '빅 사이언스'였다. 그리고 이것들은 모두 노예 제도의 인프라와 경제에 기반을 두고 있었다.

하지만 헨리 스미스먼은 이러한 도덕적 수렁을 충분히 헤쳐나갈 수 있다고 생각했다. 스미스먼의 초상화는 오늘날 전하는 게 전혀 없다. 그를 묘사한 기록 중 유일하게 남아 있는 것도 다소 아리송한데, "키가 크고 말랐으며, 활기가 넘치고 아주 재미있지만, 잘생기지는 않았다."라고 묘사했다. 소년 시절에 스미스먼은 조가비와 곤충 채집을 좋아했지만, 정규 교육은 목사보로 일하던 가정교사가 자살하면서 중단되고 말았다. 그 후 스미스먼은 캐비닛 제작, 가구에 천 씌우는 작업, 보험 판매, 주류 유통, 가정교사 같은 일에 손을 대보았지만 모두 실패했고, 이제 인생에서 막다른 길에 이른 것처럼 보였다. 그러다가 1771년 여름에 구명줄이 내려왔는데, 의사이자 식물학자인 존 포더길John Fothergill이 표본 채집을 위해 시에라리온으로 탐사자를 보낼 계획을 발표했다. 포더길은 퀘이커교도였고, 노예 제도에 극렬하게 반대하는 사람이었다. 그래도 과학 연구를 위해 타협책을 받아들여 스미스먼을 노예 식민지로 보내기로 했는데, 시에라리온에는 선택할 만한 정착촌이 달리 없었기 때문이다.

스미스먼 역시 노예 제도에 대해 양심의 가책을 느끼면서도 그 제안을 덥석 받아들였다. 그 당시에 과학은 신사가 될 수 있는 확실한 길이었기 때문이다. 사회적인 동기도 있었다. 일을 제대로 해낸다면, 명성 높은 왕립학회 회원이 될 가능성이 있었다. 경제적 동기도 있었다. 스미스먼의 주요 후원자 세 사람은 이 여행을 후원하기 위해 각자 100파운드(오늘날의 가치로는 1만 2000달러)를 내놓았다. 그 대가로 그들은 스미스먼이 보내는 표본들 중에서 100파운드 가치에 해당하는 것들을 선택하기로 했다. 남은 표본은 스미스먼이 따로 팔아 이익을 챙길 수 있었다. 그 당시에 비천한 집안에서 태어나 과학자가 되길 꿈꾸는 사람들에게 이 같은 계약은 흔했다. 8년 뒤, 자연 선택에 의한 진화 이론의 공동 발견자인 앨프리드 러셀 월리스Alfred Russel Wallace는 말레이시아에서 이와 비슷한 채집 활동을 했다.[8]

아프리카에 도착하고 나서 몇 주 후인 1772년 1월, 스미스먼은 시에라리온 해안 앞바다에 위치한, 2.5개의 모래톱으로 이루어진 바나나 제도를 주요 거점으로 삼았다.(밀물 때에는 섬이 3개이지만, 썰물 때에는 두 섬을 잇는 지협이 드러나기 때문에, 평균적으로는 2.5개였다.) 스미스먼은 바나나 제도에서 말라리아에 걸려 회복하느라 몇 주일을 보냈는데, 그 후에도 말라리아에 여러 차례 걸렸다. 그러고 나서 바나나 제도에서 스스로 왕이 된 제임스 클리블랜드James Cleveland[9]를 만나러 갔다.

스미스먼은 클리블랜드의 허락을 받아 한 섬에 정원까지 갖추어진 영국식 집을 지었다. 클리블랜드는 이 영국인에게 아내까지 구해 주었다. 그 젊은 신부(스미스먼은 열세 살가량으로 추정했다)는 현지 추장의 딸이었다. 이와 같은 혼혈 결혼은 아프리카에서 흔했는데, 스미

스먼은 다른 유럽인과 달리 자신의 아내에게 푹 빠졌다. 그는 한 후원
자에게 "해변에서 100발 이상의 축포가 울리며 우리의 결혼을 축하했
고 …… 축하연을 위해 사방 수십 킬로미터 이내에 딱 한 마리밖에 없
던 황소를 죽였습니다."라고 자랑했다. "곱슬곱슬한 머리를 가진 나의
사랑스러운 브루네타는 침대에서 내 곁에 누워 있습니다……. 오, 이
럴 수가! 나는 사랑에 빠졌다고 믿습니다! 브루네타는 …… 메디치의
베누스[아프로디테]처럼 생겼고, 가슴 위에 아름답게 돌출해 춤추는
두 개의 언덕이 있습니다." 애정에 빠졌다는 사실을 이렇게 인정한 것
은 놀라운 일이다. 대다수 유럽인은 여자에게서 섹스와 음식만 원했
고, 그 이상을 원하는 일이 드물었다.

추장 딸과 결혼한 스미스먼은 추장의 보호와 후원까지 확보했다.
덕분에 현지 아프리카인 자유인을 안내자로 고용해 과학 탐사를 시작
할 수 있었다. 이러한 탐사 작업은 시골 지역을 돌아다니면서 적절한
식물과 동물 표본을 확보한 뒤 배에 실어 영국에 보내는 것이 대부분
이었다. 그러면 그곳에서 생물학자들이 표본을 해부하고 분석한 뒤,
그 당시의 지배적인 패러다임이었던 린네의 분류 체계에 따라 분류했
다. 그런데 스미스먼은 단순한 채집 활동을 넘어서서 생태학과 동물
행동 분야에서 선구적인 연구를 했다. 그중에는 서아프리카에서 전설
적인 흰개미집을 연구한 것도 있었다.

이 흰개미집(현지인들은 '부가벌레 언덕'이라고 불렀다)들은 높이가
최대 3.6m에 이르는 가파른 원뿔 모양으로 아프리카 평원 위에 작은
화산들처럼 우뚝 서 있었다. 흙과 흰개미의 침만으로 만든 것인데도,
어른 다섯 명이 그 위에 올라서도 무너지지 않을 만큼 튼튼했고, 항구
에 들어오는 배들을 감시하기에 아주 좋은 장소로 간주되었다.

현지 자유인 안내자가 가리키며 보여주는 흰개미집의 정교한 내부. 뒤쪽 배경에 여러 사람이 흰개미집 위에 올라서 있는 모습이 보인다. 헨리 스미스먼이 그렸다.

스미스먼은 흰개미집을 연구하기 위해 안내인과 함께 괭이와 곡괭이를 들고 살금살금 다가가 흙벽에 구멍을 뚫었다. 그러고 나서 무너진 흙을 손으로 파내고는 재빨리 그 안을 들여다보았다. 이렇게 서두르지 않으면 안 되었는데, 흙벽을 판 지 몇 초가 지나기 전에 탁탁거리는 소리가 불길하게 들려왔다. 스미스먼은 그 소리가 "시계의 초침 소리보다 더 날카롭고 빨랐다."라고 회상했다. 그것은 경보음이었다. 곧이어 여러 흰개미 부대가 구멍 밖으로 쏟아져 나오면서 공격해 왔다. 흰개미에게 물리면 매우 고통스러운데, 맨발의 안내인들은 울부짖으면서 달아났다. 튼튼한 신발을 신은 유럽인은 처음에는 무사했지만, 결국엔 흰개미가 신발 속으로 기어들어와 마구 물어대는 바람에 흰색 양말이 빨간색 점들로 물들었다.(성실한 과학 연구자였던 스미스먼은 나중에 이 얼룩 자국을 데이터로 사용했는데, 평균적인 흰개미가 한 번 물 때 나오는 피의 양이 그 흰개미의 몸무게와 비슷하다고 추정했다.)

스미스먼은 얼마 지나지 않아 다양한 곤충에게 물리는 고통에 관한 한 이골이 난 전문가가 되었지만, 극도의 인내심을 발휘하며 부가벌레 언덕 내부를 아주 자세히 조사했다. 사실, 흰개미집의 내부를 기술한 스미스먼의 글을 읽으면 마치 건축 입문서를 읽는 듯한 느낌이 드는데, 작은 탑과 쿠폴라(둥근 지붕), 본당 회중석, 카타콤, 플라잉 버트레스(두 벽 사이에 아치식으로 가로지른 지주), 고딕 양식의 아치 같은 용어가 나온다. 그리고 흰개미집의 모양이 신선한 공기를 안으로 끌어들여 내부의 온도를 일정하게 유지하는 데 도움을 주는 풀무 기능을 한다고 (정확하게) 추정했다. 스미스먼은 다소 맹목적 애국주의를 드러내면서, "세인트폴 대성당이 인디언의 오두막을 능가하듯이, 각각의 흰개미집은 인간의 자부심과 야심을 능가하는 표본을 보여준다."라고 열정적으로 주장했다.

스미스먼은 흰개미 자체에도 큰 매력을 느꼈다. 손을 많이 물리는 대가를 치르긴 했지만, 스미스먼은 마침내 흰개미집을 충분히 깊이 파고 들어가 여왕의 거처에 이르렀고, 거기서 기괴하게 생긴 여왕 흰개미[10]를 보았다. 여왕 흰개미는 길이가 7.5cm쯤 되는, 맥동하는 알주머니에 들러붙어 있는 작은 몸통에 지나지 않았다. 알주머니에서는 매일 약 8만 개의 알이 쏟아져 나왔는데, 평균적으로 1초에 하나씩 나오는 셈이었다.(스미스먼은 여왕이 평균적인 흰개미보다 약 3만 배나 무겁다고 추정했다. 사람으로 치면 체중이 200만 kg이나 나가는 임산부인 셈이다.) 다른 흰개미들도 놀랍기는 마찬가지였다. 스미스먼은 한 방에서 흰색의 작은 알갱이들을 발견했는데, 알이겠거니 하고 생각했지만 현미경으로 보았더니 그것의 정체는 작은 버섯이었다. 놀랍게도 흰개

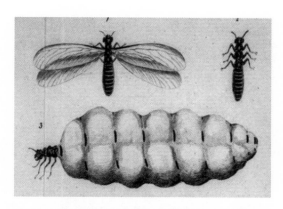

기괴한 모양을 한 여왕 흰개미(3번). 작은 몸통이 알주머니에 붙어 있는데, 여왕 흰개미는 매일 알을 약 8만 개나 쏟아낸다. 스미스먼이 그린 그림이다.

미는 식량을 얻기 위해 작물을 기르고 있었던 것이다. 오늘날의 과학자들은 흰개미 말고도 여러 종의 동물이 같은 일을 한다는 사실을 알고 있지만, 스미스먼은 지구의 역사에서 최초로 농사를 지은 종이 호모 사피엔스가 아니란 사실을 맨 처음 깨달았다.(사실, 개미는 6000만 년 전부터 농사를 지어왔다.)

스미스먼은 이 연구를 하면서 17세기 후반에 수리남에서 획기적인 연구를 하여 한때 '곤충학의 어머니'로 불린 독일 박물학자 마리아 메리안Maria Merian의 뒤를 따라가고 있었다.(부자였던 메리안은 남아메리카 여행에 필요한 비용을 자신이 직접 댔으며, 놀라운 독립적 기질을 보여주었다. 자기 대신에 채집 작업을 하는 노예들을 고용했을 때에는 대다수 박물학자와 달리 적어도 논문에서 그들의 도움을 언급했다.) 메리안은 각 단계에서 먹는 먹이를 포함해 곤충의 전체 생활사를 연구한 초창기 과학자들 중 한 명이었다. 뛰어난 화가이기도 했던 메리안은 일부 끔찍한 장면을 공책에 기록했는데, 빅풋 발바닥만 한 크기의 타란툴라가 벌새를 사냥해 먹는 장면도 있었다.

스미스먼은 그와 동일한 정신으로 흰개미를 알에서부터 성체가 되어 살아갈 때까지 전체 생활사를 연구했고, 흰개미집 그림을 여러 장 그렸는데, 이 그림들은 극적인 묘사 때문에 오늘날에도 그 가치를 높이 인정받는다. 스미스먼은 자신을 이 활동의 중심에 우뚝 선 영웅으로 묘사하는 대신에 아프리카인 안내인들이 부가벌레 언덕을 부수는 장면을 묘사함으로써 그들의 도움을 암묵적으로 인정했다. 역사학자들은 또한 훗날 이 그림들을 베낀 복제화들과 달리 스미스먼의 원본은 유럽인이 생각한 미의 기준에 맞춰 안내인의 특성을 바꾸지 않았다는 사실에도 주목했다. 그가 묘사한 안내인들은 누가 보더라도 명백한 아프리카인이다.

이 모든 것은 스미스먼이 안내인들에게 보여준 전반적인 존중심과 일치한다. 대다수 유럽인이 그들의 박물학 지식을 비웃은 것과 달리, 스미스먼은 그들에게 자신이 잘못 생각한 것이 있으면 바로잡게 했다. 예컨대 안내인들은 날개 달린 흰개미가 별개의 종이 아니라 이미 알려진 종의 생활사 중 한 단계에 불과하다는 사실을 알려주었다.(이 점은 린네 자신도 오해했다.) 더욱 눈길을 끄는 것은 스미스먼이 처음에 느꼈을 수도 있는 혐오감을 억누르고 곤충을 먹는 현지 관습에 탐닉했다는 사실인데, 심지어 오늘날에도 유럽인 사이에 이 편견이 아주 강하다는 사실을 감안하면 아주 놀라운 일이다. 안내인들은 물웅덩이에서 흰개미를 건져 올려 불 위에서 마치 견과를 굽듯이 굽는 방법을 보여주었다. 스미스먼은 이렇게 썼다. "나는 이렇게 요리한 흰개미를 여러 번 먹었는데, 맛있고 영양분이 많고 건강에 좋은 음식이라고 생각한다. 애벌레나 구더기보다 조금 더 달지만, 지방분이 덜 하고 물리지 않는다."

물론 스미스먼도 그 시대의 편견을 약간 갖고 있었다. 편지 중에 아프리카인을 모욕하는 내용도 있는데, 그중에서도 지나치게 "교활" 하고, "매우 나태하며 온갖 악행"을 저지른다고 언급한 부분이 있다. 하지만 유럽인 노예 상인은 더 혹독하게 비난했다. 스미스먼은 그들을 "짐승"과 "괴물", 그리고 "프랑스와 네덜란드, 덴마크, 스웨덴에서 쫓겨난 사람들"이라고 불렀다. 그는 또한 현지 아프리카인의 의학 지식도 존중했다. 그들은 "식물을 사용하는 방법에 관해 소중한 비밀"을 알고 있었다. 심지어 현지 법정에서 재판 과정을 지켜본 뒤에 그들의 웅변 솜씨도 높이 평가했는데, 많은 점에서 영국인 변호사를 능가하는 "검은 피부의 키케로와 데모스테네스"라고 불렀다.

스미스먼은 결국 흰개미집 연구로 유럽의 생물학자들 사이에서 존중받게 되었고, '흰개미 선생Monsieur Termite'이라는 기분 좋은 별명까지 얻었다. 만약 스미스먼의 이야기가 이게 다라면, 그는 역사에서 예리한 과학자이자 포용력이 넓고 멀리 앞날을 내다본 사람으로 기록되었을 것이다. 하지만 불행하게도 이야기가 더 남아 있다. 스미스먼의 안내인들은 대부분 노예가 아니라 현지의 자유인이었다. 그래서 시에라리온에서 보낸 처음 몇 달 동안 스미스먼은 노예 제도와 분리된 채 살아갔고, 자신과 노예 제도의 연관성은 최소한에 그친다고 위안하면서 거래와 운송에만 전념할 수 있었다. 하지만 노예 제도와 거리를 둔 채 살아가는 것은 생각보다 훨씬 힘들었다. 처음에 지원받은 자금이 바닥나자, 더 나은 거래 조건을 확보하려고 노예 상인들과 친하게 지내기 시작했다. 그러다가 점차 너무나도 인간적인 이유로 그들에 대한 경계심을 내려놓기 시작했다. 스미스먼은 너무 외로웠다. 아프리카에 온 지 17개월째 되던 1773년 4월 무렵에는 후원자들에게 보낸 편지에서 고립무원에 빠진 자신의 처지를 공공연하게 한탄하기 시작했다. 그 무렵에는 아내가 세 명이나 있었는데도, 같은 언어를 말하고 같은 신을 믿고 같은 찬송가에 감동하는 동포 친구를 몹시 그리워했다. 그래서 스미스먼은 조금씩 조금씩 노예 상인들이 제공하는 환대를 이용하기 시작했다. 이것은 그저 고독을 달래기 위한 일시적인 처방에 불과하다고 스스로 합리화하면서.

노예 무역에 빚을 진 과학 분야는 박물학뿐만이 아니다. 케이프타운에 세워진 남반구 최초의 주요 천문대는 노예의 노동력으로 건설되었다. 혜성으로 유명한 에드먼드 핼리는 여러 식민지의 노예 상인들에게 달과 별에 관한 데이터를 요청했고, 지질학자들은 그런 장소들에서 암석과 광물을 수집했다. 왕립학회는 관측 자료를 얻기 위한 설문지를 노예 항구들로 보냈고, 또 노예 무역 회사들에 투자하여 많은 수익을 얻었다.

천체역학처럼 고상한 분야도 노예 무역의 혜택을 받았다. 아이작 뉴턴은 대체로 집에서 혼자 연구한 괴짜였다.(뉴턴은 책상 앞에 혼자 앉아 놀라운 방정식을 만들거나 풀었지만, 그 결과를 동료들에게 숨겼다.) 하지만 유명한 중력 법칙이 포함된 『프린키피아』를 쓰면서 뉴턴은 급진적인 예측을 공개했는데, 밀물과 썰물이 달이 지구를 끌어당기는 중력 때문에 일어난다는 것이었다. 이를 입증하려면 전 세계 각지에서 밀물과 썰물이 일어나는 시간과 해수면 높이에 관한 데이터가 필요했는데, 한 중요한 데이터 집단은 프랑스인이 통제하고 있던 마르티니크섬의 노예 무역 항구들에서 나왔다. 천체역학은 문자 그대로 이 세상을 초월한 분야로, 온갖 지저분한 인간사와는 아무 상관이 없는 분야처럼 보인다. 하지만 그 당시 노예 제도는 유럽의 과학에서 매우 기본적인 부분을 차지했고, 『프린키피아』조차 그 그늘에서 벗어날 수 없었다.

그래도 노예 제도에서 가장 큰 혜택을 얻은 분야가 박물학이었다는 사실은 의문의 여지가 없다. 심지어 어떤 경우에는 박물학이 노예 제도의 확대에 도움을 주기까지 했다. 식민지에서 활동하던 상인들은 염료나 향신료 같은 해외의 천연 자원을 손에 넣으려고 애썼는데, 그런 상품을 찾고 재배하는 최선의 방법을 얻기 위해 과학자들에게 자문을 구했다. 게다가 키니네와 여타 의약품 연구는 백인 유럽인이 열대 지역에서 살아남는 데 도움을 주었다. 그리고 식민지가 유럽인에게 더 안전하고 더 큰 이익을 가져다주는 장소가 될수록 노예 무역을 포함해 그곳의 상업 활동이 더 번성했다. 따라서 과학 연구는 단지 식민지의 노예 제도에 의존만 한 것이 아니라, 노예 제도의 새로운 시장을 열었다.

아메리카에서 활동하던 일부 유럽인 박물학자도 노예에게 표본 수집을 맡겼는데, 위험한 장소에서는 특히 그랬다. 그들은 노예에게 높은 나무 위로 기어 올라가거나 얼음장처럼 차가운 웅덩이 속으로 잠수하게 했다. 가시덤불을 헤치고 나아가거나 아주 미끄러워 목숨을 잃을 수도 있는 비탈을 지나가야 할 때도 있었다. 놀랍게도 일부 채집인은 그런 일을 한 노예에게 대가를 지불했다. 표본 상태가 양호하면, 곤충 표본 12개에 반 크라운(오늘날의 가치로는 18달러), 식물 표본 12개에 12페니(오늘날의 가치로는 7달러)를 지불했다. 대다수 채집인은 이보다 더 인색했고, 표본 채집을 도운 아프리카인 중 대다수는 돈은 물론이고 도움에 대한 인정조차 받지 못했다. 이런 활동에 참여한 남녀 노예의 흔적은 마조 비터스Majoe bitters 같은 식물 이름에 일부 남아 있는데, '마조 비터스'는 자메이카에서 증상이 매독과 비슷한 열대 피부병인 요스jaws를 치료하는 데 그 나무껍질을 사용한 회색 머리 여성 노예의 이름에서 딴 것이다.

아프리카인 박물학자 중 가장 유명한 사람은 18세기에 수리남에서 주술사로 활동한 콰시Kwasi였다. 그 자신도 노예였지만 콰시는 아프리카인을 희생시켜가면서까지 백인 유럽인 편을 자주 들어 오늘날에도 논란이 되는 인물로 남아 있다. 한 유럽인 목격자가 지적한 것처럼 콰시는 "조약돌과 조가비, 머리카락, 물고기 뼈, 깃털 등을 실로 묶어 목에 두르는" 부적을 만들었다. 콰시는 자유를 얻기 위해 싸우는 노예들에게 부적의 힘이 그들을 전투에서 무적으로 만들어줄 것이라고 약속하면서 이 부적을 팔았다. 부적은 효험이 없었지만, 그래도 콰시는 부적 판매로 이득을 얻는 행위를 멈추지 않았다. 전해오는 이야기에 따르면, 콰시는 정글에서 탈출한 노예 군대에 침투한 뒤, 그들의 위치를 백인 군인들에게 알려주었다. 이런 배신 행위로 콰시는 자유를 얻었고, 거기다가 값비싼 유럽 의상까지 받았는데, "Quassie, faithful to the whites(백인에게 충성스러운 콰시)"라는 글자가 새겨진 황금 흉갑도 포함돼 있었다. 이에 대한 보복으로 한 탈출 노예 군대는 매복했다가 콰시를 공격해 오른쪽 귀를 잘랐다.

비록 논란의 대상이 되긴 했지만, 콰시는 식물학의 천재로 간주되

데이비드라는 노예는 존 스테드먼John Stedman이라는 주인을 위해 나무 위로 올라가 보아의 껍질을 벗겨와야 했다. 이 그림을 그린 사람은 기묘하게도 영국 시인 윌리엄 블레이크William Blake였다.

었다. 특히 복통과 열을 가라앉히는 뿌리 가루를 조제한 것으로 유명했다. 실제로 많은 백인 유럽인은 의사를 믿기보다는 콰시에게 치료를 받는 쪽을 택했는데,[11] 그만큼 콰시를 깊이 신뢰했다. 콰시는 30년 동안이나 그 뿌리의 정체가 무엇인지 밝히지 않았지만, 마침내 린네의 한 제자를 숲으로 데려가 새빨간 꽃이 핀 관목을 가리켰다. 그 제자는 관목을 스승인 린네에게 가져갔고, 린네는 그 관목의 학명을 콰시아 아마라Quassia amara라고 지었다. 생물 종에 노예의 이름이 붙은 사례는 아주 희귀하다.

백인에게 충성을 바친 콰시가 역사 속에서 잊혀간 수많은 남녀 노예와 대조적으로 유럽인 과학자들을 통해 이렇게 불멸의 존재가 된 것은 우연이 아닐 것이다. 하지만 식물이나 곤충 이름에 붙어 있는 유럽인 이름을 볼 때마다 그 뒤에는 무명인 조력자가 한두 사람 혹은 심지어 십여 명까지 있었다는 사실을 기억할 필요가 있다.

콰시와 달리 스미스먼은 식물학자가 아니었다. 그는 곤충은 잘 알았지만, 시에라리온의 낯선 식물들을 모두 분류하려고 애쓰다가 좌절을 느꼈다. 그러다가 1773년 초에 린네의 제자인 식물학자 안드레아스 베를린Andreas Berlin이 함께 일하기 위해 바나나 제도로 온다는 편지를 받고서 흥분했다. 이제 식물학에 관련된 일을 떠넘길 수 있을 뿐만 아니라, 함께 어울릴 신사 과학자가 생겼으니 그럴 만도 했다.

베를린은 27세밖에 안 되었지만 이미 인상적인 경력을 쌓았는데, 제임스 쿡 선장의 유명한 과학 탐사 항해에 동행하기도 했다. 베를린이 식물학자의 진가를 보여주기까지는 오랜 시간이 필요하지 않았다. 1773년 4월에 스미스먼과 함께 나선 첫 번째 탐사에서 베를린은 15분이 지나기도 전에 유럽 과학계에 알려지지 않은 새 식물을 세 종이나 발견했다. 베를린은 이 성과에 크게 기뻐하여 편지에 이렇게 썼다. "나는 평생 소경으로 살아오다가 막 눈을 뜨고 해를 처음으로 본 사람과 같습니다. 그는 경이로움에 넘쳐 그 자리에 주저앉겠지요……." 하지만 뛰어난 재능에도 불구하고 베를린에게는 큰 결점이 하나 있었으니, 바로 술이었다. 식물학 연구를 하지 않을 때면 늘 술을 마셨는데, 이것을 보고 스미스먼은 격노했다. 다른 조수 역시 주정뱅이여서 더욱 그랬다. 그는 "둘밖에 없는 조수 중에서 술에 취하지 않은 채 살아가는 사람이 한 명도 없다니, 이 얼마나 불행한가!"라고 불평했다.

원주민 조력자들도 스미스먼의 화를 돋우었다. 대부분은 현지 주민이었는데, 하찮은 벌레와 잡초를 채집하는 그를 보고 등 뒤에서 낄낄거리며 조롱했다. 하지만 스미스먼이 표본들을 구해오면 대가를 지불하겠다고 발표하자, 낄낄거림이 딱 멈췄다. 그러고 나자 원주민의 '도움'이 처리하기 힘들 정도로 몰려들었다. "남자, 여자, 어린이가 몰려들어 나를 응시하고 질문을 던지고 팔 것을 가져왔다. 꽃이 달린 모든 식물 …… 가장 흔한 곤충들, 심지어 집 안에 돌아다니는 바퀴와 거미까지 가져왔다." 결국 스미스먼은 몰려온 사람들을 돌려보내기 시작했고, 그러자 그들은 혼란을 느끼는 동시에 불쾌해했다. 어떤 사람들은 눈앞에서 표본을 훔쳐가 값을 두 번 치르게 하는 방법으로 보복을 했다.

갈수록 좌절이 커져간(특히 베를린과의 관계에서) 스미스먼은 몇

안 되는 배출구를 통해 스트레스를 풀기 시작했는데, 그것은 바로 노예 상인들과 어울리는 것이었다.

물론 스미스먼은 노예선에서 일하는 하층 계급 사람들에게 호감을 느낀 적이 전혀 없었다. 그들은 거칠고 입이 험한 사람들이었고, 스미스먼은 그들을 "녹슬고 더럽고 기름 묻은 나이프"로 차를 젓고, 너무 심하게 변질되어 수레바퀴에 칠하는 데에나 적당한 버터를 먹는다고 경멸한 적이 있었다. 그렇지만 스미스먼은 시에라리온 노예 제도 사회에서 귀족에 해당하는 상인들과 선장들에게 다가갔다.

사실은 이 '신사들' 역시 어느 모로 보나 뱃사람들만큼이나 잔인했다. 게다가 이들은 노예 제도에서 실제로 이득을 얻는 자들이었다. 그래도 이들은 어느 정도 세련된 면모가 있었고, 스미스먼은 휘스트(카드 게임의 일종)와 백개먼 게임을 하기 위해 번스섬에 있던 이들의 '전원 사유지'를 방문하기 시작했다. 그곳의 울퉁불퉁한 2홀 코스에서 골프도 쳤다.(스미스먼은 이 게임을 '고프goff'라고 불렀는데, 오늘날의 골프와는 조금 달랐다. 그는 공 크기는 테니스공만 했고, 홀은 "남자 모자 꼭대기 정도의 크기"였다고 말했다.) 단어를 냉정하게 선택하면서 스미스먼은 골프를 "따뜻한 기후에서는 아주 아름다운 운동이다. [스윙 순간에] 한 번 탁 치는 것 말고는 격렬한 것이 전혀 없기 때문이다."라고 묘사했다. 한편, 400m쯤 떨어진 섬 반대편에서는 끔찍한 폭력이 자행되고 있었는데, 노예들이 사슬에 묶여 우리에 갇힌 채 채찍질을 당하고 있었다. 1773년 5월, 스미스먼은 로스 제도로 염소 사냥을 하러 갔다가, 해변에서 벌어진 주연酒宴을 즐기기 위해 음주에 관한 자신의 규칙을 깼다. 이 유흥에 동행한 사람 중 한 명은 다름 아닌 노예선 선장 존 티틀(얼마 후에 모자를 건져오라고 소년을 바다로 던지고 그 아버지에게 배설물 통을 보낸 장본인)이었다. 하지만 적어도 그날만큼은 둘은 죽이 잘 맞는 친구였다.

주연이 끝난 직후, 스미스먼은 티틀의 노예선을 빌려 타고 바나나 제도로 돌아와서는, 배에서 발생한 질병의 참혹한 상황을 묘사한 그림을 그렸다. 한 역사학자는 그 그림을 '단테의 지옥편'을 연상시킨다고 적절하게 묘사했다. 스미스먼은 "매일 열병이나 설사, 홍역, 기생충으로 죽어가는 노예 두세 명을 배 밖으로 던졌다. 배에서 의사는 아픈 부위나 상처, 궤양에 붕대를 감거나 환자에게 약을 쑤셔넣었고, 또 다른 사람은 그들에게 약을 삼키게 하려고 채찍을 들고 옆에 서 있었다."라고 묘사했다.

질병 창궐의 희생자 중에는 안드레아스 베를린도 있었다. 이미 음주로 건강이 망가져 있었지만, 열과 설사로 제대로 거동하지 못하는 상태에서도 베를린은 배에서 매일 배급하는 자기 몫의 술을 요구했다.(그는 파인애플도 많이 먹었는데, 아마도 민간요법의 일환으로 그랬을 것이다.) 스미스먼은 처음에는 술을 주지 않았으나, 얼마 지나지 않아 베를린의 요구에 굴복하고 말았고, 곧 이를 후회했다. 베를린은 얼마 후에 죽었는데, 아프리카 모험에 나선 지 불과 석 달 만이었다.

이런 불행을 겪은 후, 스미스먼은 함께 어울릴 상대로 노예 상인들에게 더 기대게 되었다. 도덕적 추락은 단순하게 또는 직선적으로 일어나지 않았다. 앞서 질병 창궐을 다룬 글에서 볼 수 있듯이, 아기에게 젖을 먹이는 두 흑인 어머니를 보고서 슬픔에 젖었던 사람이 여전히 거기에 있었고, 노예 제도의 해악을 여전히 인식하고 있었다. 하지만 전반적인 추세는 분명히 하향 곡선을 그렸다. 처음에는 오로지 물질적 지원(장비와 식량, 편지) 때문에 노예 상인들에게 의존했다. 그다음에는 더 나은 거래 조건을 확보하기 위해 그들과 친해지려고 했다. 시간이 지나자, 그의 삶을 우울하게 만든 외로움을 떨쳐내기 위해 그들과 어울리면서 의도적인 친분 쌓기가 진짜 우정으로 발전했다. 심리학자라면 충분히 예상할 수 있듯이, 노예 상인들과의 잦은 접촉은 그들의 견해에 점차 동조하고 심지어 그들을 옹호하는 결과를 낳았다.

여기서부터 상황은 계속 악화돼갔다. 탐사 여행에 나선 지 1년 반이 지났지만, 실제로 영국에 도착한 표본은 (일부 곤충을 제외하고는) 거의 없었다. 이것은 스미스먼만의 잘못은 아니었다. 표본은 준비하는 데 시간이 걸렸고, 삼각 무역의 경로는 삼각형에서 늘 한쪽 방향으로만 돌면서 나아갔기 때문에 노예선에 실린 표본 상자는 카리브해를 경유해 영국으로 가느라 몇 달이나 소요되었다. 게다가 넓은 바다를 지나가는 항해는 결코 안전하지 않았다. 표본이 햇빛이나 열, 습기, 큰 파도에 손상되지 않는다 해도, 배에 들끓는 벌레와 개미, 설치류가 표본을 손상시켰다.

그 결과, 빈손이 된 후원자들은 스미스먼에게 투자한 게 잘못된 판단이 아닐까 하고 불평을 하기 시작했다. 한편, 스미스먼도 표본을 더 많이 그리고 빨리 보내지 않으면, 과학자로서의 명성(그리고 신사가 될 가능성)이 와르르 무너지고 말리란 사실을 깨달았다. 그래서 스미스먼은 리버풀을 기반으로 한 노예 상인의 대리인으로 일하기 시작했고, 그러면서 시에라리온에서 그 노예 상인의 사업 성장을 도왔다. 그 대가로 스미스먼은 드물게 아프리카에서 영국으로 직항하는 배에 표본을 실을 공간을 얻을 수 있었다. 그에게는 죽은 곤충과 식물을 보존하는 것이 도덕을 지키는 것보다 더 중요했다.

1773년 중엽에 이르러 스미스먼 자신도 노예 무역에 발을 담그기 시작했다. 경화硬貨는 아프리카에서는 거의 무용지물이었는데, 이곳 사람들은 상품(노예를 포함해) 간의 물물교환을 선호했기 때문이다. 예를 들면, 영국에서 스미스먼에게 화물을 운송한 선장은 그 비용으로 노예를 요구한 적이 있었다. 현지 경제도 노예를 기반으로 돌아갔다. 스미스먼이 편지에서 노예 경제를 합리화하면서 쓴 것처럼 그는 "양초와 설탕, 차, 버터", 신발, 못, 그 밖의 필수품이 늘 부족했다. 스미스먼이 아무리 그 사실을 안타깝게 생각했더라도, 시에라리온에서 노예는 일종의 보편 통화, 즉 어떤 것으로도 바꿀 수 있는 한 가지 '상품'이었다. 그렇게 해서 얻는 것에는 안내인을 얻기 위해 추장에게 지불하는 데 필요한 담배와 럼주 같은 상품도 포함되었다. 현지 안내인의 도움이 없이는 과학 탐사를 진행할 수 없었는데, 그런 상황은 절대로 용납할 수 없었다. 그래서 스미스먼은 필요하면 원하는 것을 얻기 위해 노예 거래를 시작했다.

충분히 예상할 수 있겠지만, 1774년 무렵 스미스먼은 연구 자금을 조달하기 위해 단지 현지에서 노예를 거래하는 것에 그치지 않고, 아메리카의 농장들에 노예를 팔기 시작했다. 편지에서는 노예 무역에 관여한 자신의 행위를 계속 변호했는데, 현지 생활의 경제적 현실이 자신을 그 시장으로 밀어넣었다고 주장했다. 하지만 양심이 고개를 쳐든 부분도 여기저기서 발견된다. 한 구절에서는 "노예 매매에 대한 망설임이 사라졌다."라고 고백했다. 그는 자신이 경멸하던 제도의 일부가 되었다.

이제는 스미스먼 시대의 과학적 죄가 완전히 사라졌다고 믿을 수 있다면 아주 좋을 것이다. 사실, 대서양 횡단 노예 무역은 19세기 초에 끝났다. 하지만 오늘날 우리의 과학적 세계관은 『프린키피아』와 『자연의 체계』 같은 책에 기반을 두고 있고, 이 책들은 노예 제도에 의존해 완성되었다. 게다가 노예 무역을 통해 수집된 표본 중 다수가 아직도 박물관들에 소장돼 있다.

가장 중요한 박물관의 유래는 런던의 의사이자 박물학자인 한스 슬론Hans Sloane[12]으로 거슬러 올라간다. 젊은 시절에 슬론은 자메이카의 농장들에서 채집 활동을 했고, 나중에 노예를 많이 거느린 부유한 집안의 딸과 결혼했다. 슬론은 그 부를 사용해 다른 박물학자들에게서 수집품을 샀고, 결국에는 세상에서 가장 방대한 박물학 컬렉션을 모았는데, 그 수가 수만 점에 이르렀다. 당혹스럽게도 수집품 중에는 사람 표본도 있었다. 개인적으로 기록한 목록을 보면 "빨간 밀랍과 수은을 주입한 흑인 팔 피부", "버지니아 출신 니그로의 태아", "니그로 아프리카인 여자의 질에서 꺼낸 돌" 등의 항목이 있다. 슬론은 이 컬렉션을 발판으로 1727년에 왕립학회 회장이 되었는데, 그 전임자는 다름 아닌 아이작 뉴턴이었다.

슬론은 1753년에 죽으면서 특이한 일을 했다. 슬론은 딸들에게 재정적 도움을 주길 원했지만, 다른 한편으로는 자신의 컬렉션을 경매 시장에 내놓아 여기저기 파는 대신에 온전하게 보존하길 원했다. 그래서 유언장에서 2만 파운드(오늘날의 가치로는 310만 달러)에 전체 컬렉션을 영국 정부에 넘길 테니 박물관을 세워달라고 제안했다. 기금을 마련하기 위해 정부는 한 장에 3파운드(오늘날의 가치로는 470달러)짜리 복권을 발행했고, 약간의 부정이 있긴 했지만(복권을 대량으로 사서 뒷거래를 한 발행 기관 사람들을 포함해) 30만 파운드(오늘날의 가치로는 4700만 달러)의 기금을 조달했다. 정부 관계자들은 그 박물관을 공공의 목적으로 사용하길 원했으므로 그 이름을 대영박물관이라고 지었다. 대영박물관은 곧 세상에서 가장 유명한 박물관 중 하나가 되었다. 나중에 슬론의 수집품 중 대부분은 또 다른 문명의 횃불이라고 부를 수 있는 런던자연사박물관으로 이관되었다. 이렇게 해서 슬론의 표본들(그중 많은 것은 노예 제도와 직접적 관련이 있다)은 세계적으로 유명한 몇몇 문화 시설들에서 창시자 격에 해당하는 컬렉션으로 자리잡았다.

공정하게 말하면, 이 박물관들만이 다가 아니다. 노예 매매와 관련이 있는 표본들은 옥스퍼드와 글래스고, 첼시에서도 발견된다. 사실, 유럽의 주요 도시(파리, 마드리드, 빈, 암스테르담)에 있는 거의 모든 자연사박물관에는 틀림없이 그 유래가 비슷한 표본들이 있을 것이다. 이것들은 단지 진기한 표본에 불과한 게 아니다. 과학자들은 지금도 이 표본들에 의지해 식물이 작물로 순화馴化된 과정과 역사적 기후 변화를 연구한다. 또한 과학자들은 표본에서 DNA를 추출해 오랜 세월에 걸쳐 식물과 동물이 어떻게 진화했는지 연구한다. 하지만 대다수 과학자들은 자신들이 사용하는 표본의 기원을 잘 모른다.

심지어 많은 역사학자도 잘 모른다. 하지만 적어도 일부 사람들은 더 이상 마냥 무시할 수만은 없어 박물관 소장품의 기원을 밝히는 작업에 착수했다. 몇몇 사람들은 심지어 노예 배상과 노예 제도의 문화적 유산에 관한 더 큰 논의에 과학도 참여하길 원한다. 어떤 사람이 지적했듯이, 노예 제도에서 얻은 이득에 관한 논의는 대개 "그저 달러와 센트, 파운드와 페니로 이야기한다. 하지만 [그 이득은] 수집된 표본과 발표된 논문으로도 분명히 측정할 수 있다."

이 유산을 인정하는 것은 과학자들에게 고통스러울 수 있다. 어쨌든 과학은 진보적인 것, 즉 세상에서 선을 구현하기 위한 힘이 아닌가? 분명히 그렇다. 하지만 과학은 인간의 노력으로 이루어지는 것이기도 하다. 그래서 선의를 가졌지만 실수를 범할 수 있는 사람들, 자신의 연구에 집착한 나머지 양심을 무시하는 사람들이 나온다. 바로 헨리 스미스먼 같은 사람들이.

결국 스미스먼은 타협을 통해 자신이 과학에서 원하던 것을 얻었다—어느 정도까지는. 노예 매매에 손을 댄 덕분에 충분한 보급품과 교역품을 확보해 부가벌레 언덕으로 긴 탐사를 여러 차례 떠날 수 있었고, 전반적으로 표본을 너무나도 많이 채집한 나머지 나중에 한 후원자는 넘쳐나는 표본 때문에 "내 집에는 그 절반도 수용할 수 없다."라고 불평했다. 아프리카에서 활동을 한 지 4년이 지난 1775년 후반에 '흰개미 선생'은 그만하면 영국으로 돌아가도 될 만큼 충분한 과학적 평판을 쌓았다는 생각이 들었고, 영국으로 돌아가 영웅으로 환영받는 모습을 상상했다. 그래서 표본들을 챙겨 엘리자베스호라는 노예선에 카리브해까지 승선을 예약했다.

그런데 배에 오르자마자 선장이 곤충과 식물이 담긴 상자들을 몰수하더니 그 속에 든 것을 모두 쏟아버리고 배에 보관된 권총들을 상자에 담았다. 그 상자에는 아주 튼튼한 자물쇠가 달려 있어서 반란이나 노예 폭동이 일어날 경우에 총들을 안전하게 지키는 데 좋아 보였기 때문이다. 하지만 선장은 곧 그보다 더 큰 걱정거리가 생겼는데, 엘리자베스호는 오래된 지붕처럼 물이 줄줄 새어 떠 있으려면 물을 계속 펌프질해 뽑아내야 했다.(결국 서인도 제도에 도착한 지 몇 주일 뒤에 엘리자베스호는 항해가 불가능한 지경에 이르렀다.) 엘리자베스호에 실린 노예 293명 중에서 아메리카로 가는 도중에 사망한 사람은 54명이나 되었다.

스미스먼은 서인도 제도에 도착한 직후에 즉각 영국으로 출발할 계획이었지만, 또다시 말라리아에 걸리는 바람에 기력이 쇠해 여행을 계속할 수 없었다. 대서양 횡단 여행을 하면서 맞닥뜨릴 혹독한 겨울 바람을 견딜 자신도 없었다. 그래서 그곳에서 몇 달 동안 쉬기로 결정했다. 하지만 이제 항해를 해도 되겠다고 느꼈을 때, 미국 독립 전쟁이 일어났고, 미국의 사략선들이 영국 국적 선박을 마구잡이로 나포하기 시작했다. 갑자기 발이 묶인 스미스먼은 결국 토바고섬에 자리를 잡고 4년 동안 여러 섬을 돌아다니며 박물학에 관련된 일을 했다. 가장 주목할 만한 것은 카리브해불개미 연구인데, 이 불개미는 모세조차 파라오에게 내리는 천벌로 주저할 만큼 엄청나게 큰 무리를 지어 여러 섬을 휩쓸고 다녔다. 이 불개미는 섬들에 사는 동물까지 공격해 하룻밤 사이에 말과 소를 뼈만 남겨놓기도 했다. 현지 주민은 불개미 떼를 개미 '폭풍'이라고 불렀다.

하지만 스미스먼은 이 시절 중 대부분을 노예 제도에 대해 곰곰이 생각하면서 보냈다. 서인도 제도는 많은 점에서 목가적인 장소였고(식물이 푸르고 무성하게 자라고 신기한 표본이 넘쳐나는), 스미스먼은 많은 날을 온갖 식물과 동물을 채집하면서 행복하게 보냈다. 하지만 가끔 농장 근처를 지나갈 때면 어김없이 채찍이 공기를 가르는 소리와 비명 소리가 들려왔다. 남녀를 가리지 않고 노예에게 공개 채찍질을 가하는 장면도 목격했는데, 온몸 곳곳에 길게 구불구불 지나간 상처가 자꾸 떠올라 잠을 제대로 자지 못하는 날도 많았다.(노예 주인들은 고통을 더하기 위해 상처에 촛농을 떨어뜨리거나 고추를 문지르기도 했다. 심지어 고추를 노예 눈에 집어넣기도 했다.) 스미스먼은 아프리카에서는 노예 제도의 실상에 어느 정도 거리를 둘 수 있었다. 하지만 이곳에서 농장 생활의 잔혹성을 보고 나서 도덕적 나침반이 제자리를 찾았고, 스미스먼은 또다시 노예 제도를 부정하고 나섰다.

스미스먼은 마침내 삼각 무역의 마지막 구간에 해당하는 여행에 나서 1779년 8월에 영국을 향해 출발했다. 당연히 그가 탄 배는 해적의 습격을 받았고, 해적은 (몇 년간의 노고에 해당하는) 남아 있던 표본을 모조리 물속으로 던져버렸다. 스미스먼은 빈털터리가 되어 영국으로 돌아왔고, 상상했던 영웅의 환대 같은 것도 없었다. 높이 인정받은 흰개미집에 관한 논문을 왕립학회에 제출했지만, 오만한 왕립학회 회장은 스미스먼이 자신들에게 어울리는 신사가 아니라고 판단하고는 그가 왕립학회 회원으로 선출되는 길을 사실상 가로막았다. 스미스먼은 크게 상심했다. 신사 과학자가 되고 싶었던 그의 꿈은 물거품이 되고 말았다.

대신에 스미스먼은 독자적으로 과학 강연자가 되어 매진 사례를 이룬 군중 앞에서 개미와 흰개미 탐사 모험을 들려주는 강연을 했다. 스미스먼은 노예 제도 철폐 운동에도 약간 참여했다. 사실, 과학 강연을 할 때마다 끝에 가서는 노예 제도에 관한 짧은 설교로 마무리지었다. 그는 한 강연에서 노예 제도를 "인류의 한 종[즉, 인종]을 다른 종들 중 극소수의 호사를 위해 모욕하는 악명 높은 정책"이라고 묘사했다.

스미스먼은 시에라리온에 흑인 자유인을 위한 농업 식민지를 세우려고 기금을 모금하기 시작했다. 아마도 자신이 노예 매매에 관여한 과거에 죄책감을 느껴서 그랬을 것이다. 이 식민지에는 미국 독립 전쟁 때 영국 편에 서서 자신의 주인들과 맞서 싸운 노예들도 포함시킬 예정이었다. 수백 명의 남녀가 참여하겠다고 서명했는데, 그중에는 단순히 괴롭힘을 당하지 않는 곳에서 살길 원한 혼혈 부부 수십 쌍도 있었다. 심지어 스미스먼은 벤저민 프랭클린Benjamin Franklin을 만나러 파리까지 가기도 했다. 이 유명한 미국인에게서 이 계획에 대한 지지를 얻기 위해서였다.(1783년에 파리에 갔을 때, 스미스먼은 우연히도 몽골피에 형제가 제공한 호의 덕분에 세계 최초의 기구 비행을 목격했다. 이 대단한 장관을 본 스미스먼은 자신도 독자적으로 기구를 설계했는데, 날개가 달린 시가 모양의 기구였다. 그는 이 기구가 몽골피에 형제의 구형 기구보다 조종하기가 훨씬 수월할 것이라고 생각했다.)

하지만 이주자들이 아프리카로 떠나기 몇 달 전인 1786년 7월, 스미스먼은 또다시 말라리아로 쓰러졌다. 남아메리카 국가들은 그때에도 키니네를 매점매석하고 있었고, 스미스먼은 불과 사흘 뒤(누가 키니네를 조금이라도 구해다주기도 전에) 눈을 감았다. 그래도 400여 명의 이주자들은 그해 후반에 아프리카로 출발했다. 그렇지만 우기가 한창인 시기에 도착했고, 스미스먼의 연줄과 전문 지식이 없는 상태에서 살아남기 위해 먹을 것을 구걸해야 했다. 석 달 동안 그중 3분의 1이 죽었다. 결국 현지 추장이 남은 사람들을 추방하고 그들의 판잣집을 불태움으로써 헨리 스미스먼이 이루고 싶었던 거대한 속죄의 꿈은 재가 되고 말았다.

비록 일찍 세상을 떠나긴 했어도, 스미스먼은 노예 제도 폐지라는 대의를 간접적이지만 실질적으로 진전시키는 데 도움을 주었다. 1786년 초에 스미스먼은 시에라리온 식민지에 대한 자신의 원대한 구상을 소책자로 썼는데, 스웨덴의 광산공학자 칼 바스트룀Carl Wadström과 식물학자 안데르스 스파르만Anders Sparrman이 그것을 읽고 크게 감동받아 1787년 후반에 직접 아프리카를 방문했다. 두 사람은 내륙 깊숙이 여행하려고 어렴풋한 계획만 갖고 갔는데, 세네갈에서 프랑스인이 노예를 수출하던 항구에서 발이 묶이고 말았다. 그리고 그곳에서 몇 달 동안 목격한 참상에 경악했다―그리고 스미스먼과 달리 이들은 분노가 잦아들 때까지 오랫동안 머물지 않았다.

이들은 당장 런던으로 돌아가 "노예 토굴"과 "피범벅 상태로 사슬로 묶인 채 누워 있는" 남녀에 관한 이야기를 사람들에게 마구 전하기 시작했다. 이들은 노예를 값싸게 확보하기 위해 프랑스인이 펼치는 악마 같은 술책도 폭로했다. 프랑스인은 자신의 목숨을 걸고 노예 사냥에 나서는 대신에 두 경쟁 부족에게 무기를 팔고는 양자 사이에 전쟁을 부추겼다. 결국 전쟁 끝에 한 부족이 다른 부족 사람들을 포로로 잡으면, 프랑스인이 재빨리 와서 포로를 사갔다. 바스트룀은 한 전쟁의 결과를 묘사했는데, 승리한 부족이 곧 노예가 될 포로들을 데리고 항구로 행진하면서 노래를 부르고 손뼉을 치고 나팔을 불었다. "한

쪽에서는 비명과 고통의 신음이, 다른 쪽에서는 시끄러운 악기 소리와 함께 고함과 환성이 울려퍼지는 상황에서 이렇게 끔찍한 지옥 같은 장면은 이전에 본 적이 없었다." 더욱 경악할 만한 사실이 있는데, 프랑스인 노예 상인들은 자신들의 영리함에 우쭐해 그런 술책을 자랑하고 다녔다는 점이다. 스파르만과 바스트룀이 프랑스인의 비열한 술책을 파헤치려고 굳이 그렇게 애쓸 필요도 없었다.

두 스웨덴 과학자는 영국 하원과 무역위원회에 출석했고, 이들의 증언은 런던에서 큰 센세이션을 일으켰다―이들이 폭로한 내용과 이들의 신분 때문에. 이때는 계몽주의가 절정에 이른 1780년대였고, 그 당시에 과학자들은 흠잡을 데가 없는 사람들로, 즉 사회에 관한 큰 문제들에서 의심할 여지가 없는 완벽한 증인으로 간주되었다.(지금과는 사뭇 다른 시대였다.) 그 결과, 이전에 노예 제도를 대놓고 비난하길 망설였던 사람들도 갑자기 노예 제도 폐지 쪽으로 의견이 기울었다. 과학자들이 노예 무역이 악이라고 말하는데 누가 거기에 토를 달겠는가?

물론 두 스웨덴인이 대영 제국의 노예 무역을 종식시킨 것은 아니다. 거기에는 아프리카인이 큰 역할을 했다. 올라우다 에퀴아노Olaudah Equiano와 아프리카의 아들들Sons of Africa(노예에서 해방되어 런던에서 살면서 노예 제도 폐지를 위해 노력한 아프리카인―옮긴이) 같은 해방 노예들이 생생한 증언을 했고, 1790년대에 아이티에서 결국 성공한 노예 봉기의 여파로 영국 국민은 자국 정부가 도대체 무엇을 지지하는지 의문을 품게 되었다. 오랫동안 노예 제도 폐지를 위해 외로운 싸움을 벌여온 퀘이커교의 공도 무시할 수 없다. 하지만 지도적인 노예 제도 폐지론자였던 토머스 클라크슨Thomas Clarkson은 이렇게 말했다. 스웨덴 과학자들이 이 문제를 공론화하자마자 "여태껏 우리에게 거세게 맞서던 …… 물결이 이제 우리에게 유리한 쪽으로 돌아서기 시작했다". 바스트룀과 스파르만은 노예 제도에 오랫동안 편승해온 과학이 스스로를 속죄하고, 노예 제도를 종식시키는 데 긍정적인 힘으로 작용하게 만드는 데 도움을 주었다.

　스미스먼은 위엄 있는 왕립학회 회원이 되겠다는 꿈을 이루지 못한 채 죽었다. 그런데 왕립학회가 스미스먼을 거부하고는 매우 의심스러운 평판을 지닌 과학자들을 회원으로 선출했다는 사실을 안다면 분노가 치밀어오르지 않을 수 없을 것이다. 특히 스미스먼과 비슷한 시대에 살았던 한 의사는 과학사를 통틀어 가장 극악한 조직 범죄를 이끌었다. 즉, 해부 목적으로 무덤에서 수백 구의 시신을 훔치는 범죄를 주도했다.

　사실, 의사들은 사악한 과학 연대기에서 따로 특별히 다룰 만한 가치가 있다. 의사들은 사람을 직접 대하면서 일하고 연구하기 때문에, 과학에 인간적 면모의 색채를 더할 때가 많다. 하지만 사람을 대상으로 하는 연구 상황은 새로운 윤리적 딜레마와 새로운 남용 기회를 낳는다.

3장

시신 도굴

해부학자들의 위험한 거래

살인은 큰 악의 없이 시작되었다. 바위산 위의 유명한 에든버러 성 그림자 아래에 아늑하게 자리잡은 석조 하숙집에서 도널드라는 노인이 사경을 헤매고 있었다. 수종水腫으로 폐에 액체가 가득 차 사실상 마른 땅에서 익사하고 있었다. 그러다가 결국 1827년 11월의 어느 날 밤에 숨을 거두었고, 하숙집 주인이던 윌리엄 헤어William Hare는 교회 묘지에 시신을 매장하려고 준비했다.

그러다가 헤어는 머리를 굴리기 시작했다. 교회 측은 당장 시신을 거둬갈 수가 없었는데, 헤어는 이웃이던 윌리엄 버크William Burke에게 시신을 팔았으면 좋겠다고 말했다. 그 당시에 시신을 소유하고 파는 것은 불법이 아니었고, 추악하긴 했지만 시신 거래가 활발하게 이루어졌다. 에든버러의 해부학자들은 해부용 시신이 항상 필요했고, 그 대가로 현금을 지불했다. 버크도 이것이 놓칠 수 없는 기회라는 데 동의했다. 두 사람은 이 절호의 기회를 살리기로 했다. 얼마 후 목수가 와서 도널드를 관 속에 넣고 관을 봉했다. 그리고 두 사람을 남긴 채 가버렸다. 두 사람은 재빨리 끌로 관 뚜껑을 열고는 도널드의 시신을 침대 속에 숨기고 나서 쓰레기로 관 속을 채웠다. 나중에 교회 관계자들이 관을 가지러 왔지만, 아무것도 알아채지 못했다.

이제 두 사람은 시신을 처리해야 했다. 두 사람은 한 의과대학교를 찾아갔지만, 책임 해부학자가 자리에 없었다. 그래서 두 사람은 그 경쟁자인 로버트 녹스Robert Knox를 찾아갔다. 녹스도 자리에 없었지만, 조수들이 두 사람에게 나중에 다시 오라고 말했고, 그래서 두 사람은 그날 밤에 시신을 천으로 둘러싼 뒤 낑낑대면서 녹스에게 가져갔다. 이 유명한 해부학자는 정수리 부분이 대머리였고, 천연두를 앓고 나서 왼쪽 눈이 실명 상태였다. 그는 멋쟁이였지만, 만약 그날 밤에 일을 하고 있었더라면, 필시 피범벅이 된 작업복을 입고 있었을 것이다.

버크와 헤어는 도널드의 시신을 녹스 실험실의 초록색 펠트 해부대 위에 내려놓고는 천을 벗겼다. 그리고 녹스가 시신을 살피는 동안 숨을 죽였다. 그 긴장감은 말할 수 없이 극심했을 것이다. 혹시 훔쳐온 시신으로 의심받는 것은 아닐까?

마침내 녹스가 입을 열었다. "7파운드 10실링 드리겠소."

두 사람은 돈을 챙겨 부리나케 그곳을 떠났다. 버크는 죄책감을 느꼈지만, 다친 사람은 아무도 없었다. 어쨌든 두 사람에게는 그 돈이 필요했다.

하지만 돈이 으레 그렇듯이, 7파운드 10실링은 금방 사라지고 말았다. 몇 달 뒤에 조지프라는 늙은 방앗간 주인이 헤어의 하숙집에 왔는데, 고열로 곧 죽을 것처럼 보였다. 그러자 두 사람은 또다시 머리를 굴리기 시작했다. 헤어는 무슨 일이 있더라도 조지프를 하숙집에

연쇄 살인범 윌리엄 헤어(왼쪽)와 윌리엄 버크(오른쪽).

서 치우고 싶었다. 자신의 하숙집에 병자가 우글거린다는 평판이 나돌길 원치 않았다. 그리고 이 노인은 어쨌든 사실상 이미 죽은 거나 다름없으니 죽음을 조금 앞당긴다고 해도 문제될 것이 없다고 생각했다. 누가 먼저 제안을 했는지, 혹은 그것을 입 밖으로 소리를 내어 제안을 했는지는 아무도 모른다. 하지만 하루가 더 지나기 전에 버크는 베개로 조지프의 얼굴을 눌렀다. 헤어는 방앗간 주인의 가슴 위에 걸터앉아 폐의 작동을 정지시켰다. 이렇게 해서 이들은 팔아넘길 시신을 또 하나 확보했다.

그런데 과연 성공할 수 있을까? 이번에 다시 녹스를 찾아가면서 두 사람은 이전보다 갑절은 더 불안했다. 해부학자라면 살인의 흔적을 쉽사리 찾아낼 가능성이 높았다.

하지만 그런 염려는 기우였다. 살인 사건 추리 소설 팬이라면 잘 알겠지만, 목을 졸라 사람을 살해하면 대개 그곳에 있는 목뿔뼈(설골)가 부러지게 된다. 목뿔뼈는 연약하여 강한 압력을 받으면 쉽게 부서

지기 때문이다. 하지만 이 두 사람처럼 얼굴과 가슴을 짓눌러 질식사시키는 방법(이 방법은 나중에 버크의 이름에서 따 '버킹burking'이라 불리게 된다)을 사용하면, 목뿔뼈가 온전하게 보존된다. 다시 말해서, 두 사람은 우연히도 흔적을 남기지 않고 사람을 질식사시키는 방법을 발견한 것이다.

그 당시 법의학의 수준을 감안할 때, 살인 증거를 발견하려면 결연한 눈이 필요했을 것이다. 하지만 오히려 녹스는 굳이 그런 증거를 찾지 '않기로' 마음먹었다. 그 당시의 모든 해부학자처럼 녹스는 표본의 출처를 묻지 않았다. 결과적으로 버크와 헤어의 시신을 받아들이면서 녹스는 과학사에서 가장 끔찍한 범죄 행각을 부추기는 동기를 제공했다.

유럽의 기독교 교회가 오래전부터 사람의 해부를 금지함으로써 해부학을 지하로 숨게 했다는 전설은 널리 퍼져 있다. 그렇지만 실제로는 이탈리아의 교회들은 마지막 의식이 끝난 뒤에 시신을 보관하기 위해 해부학자들의 도움을 받았다. 심지어 교회 관리들은 성인으로 시성될 사람의 해부를 권장했다. 그렇게 하지 않는다면, 순례자를 끌어들이고 신도석을 가득 채울, 뼈와 심장과 그 밖의 쭈그러든 성유물을 어떻게 얻겠는가? 다른 나라들 역시 이에 못지않게 시신 해부에 관대한 태도를 보였다. 프랑스의 한 극작가는 공개 해부가 너무 많은 관중을 끌어들여 자신의 연극 관객을 빼앗아간다고 불평했다. 17세기에는 유럽 전역에서 과학적 해부가 상당히 흔하게 일어났다.

적어도 유럽 대륙에서는 그랬다. 영국은 해부를 금지했다. 영국인은 사후에 해부를 하면, 하느님이 죽은 자를 되살릴 심판의 날에 신체가 손상된 채 부활할까 봐 두려워했다. 고상한 체하는 영국인은 또한 해부를 수치스럽게 여겼는데, 알몸이 되어 누워 있는 시신을 여기저기 쑤시고 찌르고 하기 때문이었다. 하지만 인체 해부를 금지한 주체는 사제나 주교가 아니라 세속적인 관리들이었다.

그래도 영국 정부는 해부학자들에게 일부 시신을 공급했다. 대개는 처형당한 범죄자의 시신으로, "추가적인 공포와 함께 특별한 오명의 표지"로 "사형과 해부" 선고를 받은 사람들이었다. 하지만 나무를 잘못 잘랐다가 교수형을 당할 수 있는(정말이다!) 시절이었는데도, 처형당하는 사람은 의과대학교의 수요를 충족시킬 만큼 충분히 많지 않았다.(오늘날 의과대학교 기초 해부학 수업에서는 대개 학생 두 명당 시신 한 구가 배정된다. 만약 그 당시에 순전히 합법적으로 기증받은 시신에만 의존했더라면, 학생 수백 명당 시신 한 구가 배정되었을 것이다.) 이러한 공급 부족 때문에 공개 교수형 장소에서는 볼썽사나운 장면이 펼쳐졌는데, 여러 의과대학교에서 온 학생들이 시신을 서로 가져가려고 몸싸움을 벌였다. 급한 마음에 아직 완전히 죽지도 않은 사람을 교수대에서 끌어내리는 사람들도 가끔 있었다. 사형수가 목이 아직 부러지지 않고 산소 부족으로 잠깐 실신한 상태로 끌려갔다가 해부대 위에서 정신이 깨어나는 경우도 있었다. 운이 더 나쁜 사람들도 있었다. 훗날 해부 기록을 조사한 한 결과에 따르면, 해부가 진행된 36건의 사례 중에서 심장이 아직 뛰고 있었던 경우가 10건이나 되었다. 하지만 그 시점에서는 사태를 되돌리기에는 이미 때가 늦었다.

해부를 할 때, 학생들은 나이프로 복부를 갈라서 열고, 그 안에 있는 기관과 조직을 하나씩 끄집어냈다. 주요 혈관이 지나는 곳과 간과 연결된 곳을 파악하고, 신경이 어떻게 근육으로 연결되었는지 등을 살펴보았다. 이를 통해 신체가 어떻게 작동하고 각 부분들이 어떻게 결합되어 있는지 이해할 수 있어 필수적인 의학 교육의 기초를 닦을 수 있었다. 이러한 해부학 지식이 없다면, 의사는 건강한 기관이 어떻게 생겼는지 모르는 상태에서 병든 기관을 확인해야 하는데, 그것은 거의 불가능에 가까운 일이다. 더 심하게는 수술을 하다가 잘 모르고 동맥이나 신경을 절단해 환자를 사망은 아니더라도 마비 상태에 빠뜨릴 수도 있다.

해부용 시신 부족 때문에 영국 해부학자들(그리고 북아메리카의 해부학자들 역시)은 선택의 여지가 없이 무덤에서 시신을 훔치는 수밖에 없다고 생각했다. 직접 시신을 훔친 과학자도 있었지만, 다른 사람들은 마치 시간屍姦을 즐기는 남학생 사교 클럽처럼 침묵을 맹세하게 하면서 시신 도굴을 도와줄 학생을 구했다. 하지만 그 맹세는 별 소용이 없었다. 한 목격자는 "밤중의 어둠 속에서 매우 무분별한 습격에 나선" 학생들은 독한 술을 마시고 교회 묘지로 쳐들어가 신선한 시신을 파냈다고 기록했다. 그들에게 그것은 오싹한 게임이었다.

정부 관리들이 시신 도굴을 눈감아준 이유는 두 가지가 있다. 첫째, 정부 관리들은 대부분 부유하고 권세가 있었다. 해부용 시신은 대부분 극빈층 무덤에서 도굴했고, 자신이 사랑하는 사람들의 시신이 훼손될 염려가 없는 한, 관리들은 시신 도굴을 눈감아줄 수 있었다. 정부 관리들은 또한 의사와 외과의에게 연습을 할(솔직하게 말하면 실수를 저질러도 되는) 시신이 필요하다는 사실도 알고 있었다. 그런 훈련을 받지 않으면, 초보자들은 기회가 닿는 대로 살아 있는 환자의 몸

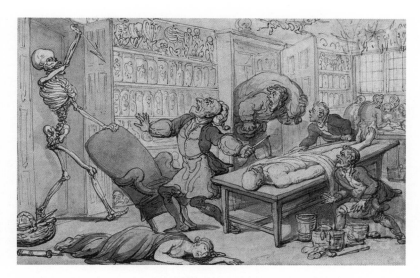

해부실을 패러디한 그림. 시신 도굴꾼이 자루에 넣은 시신을 메고 해부실로 들어오는 모습을 볼 수 있다.

을 갈라 해부학을 배워야 할 테고, 그렇게 환자의 내장 깊숙이 손을 집어넣다가 실수를 저지르는 위험을 감수해야 할 터였다. 이런 이유 때문에 많은 정부 관리는 시신 해부를 합법화하길 원했지만, 여론 때문에 그럴 수가 없었다. 영국 의학계는 시신 확보 문제에서 불안한 휴전 상태에 놓인 셈이었다. 그것은 물어서도 안 되고 이야기해서도 안 되는 문제였다.

그러다가 한 남자의 집착이 마침내 그 평형을 깨뜨렸다. 존 헌터 John Hunter는 해부학계의 윌리엄 댐피어라고 부를 만한 사람이었다. 그의 발견은 존경받을 만한 것이었으나, 그의 방법은 비난받아 마땅했다. 거칠고 입이 험하고 시가에 불을 붙일 수 있을 만큼 시뻘건 머리카락을 가진 헌터는 스코틀랜드의 한 가정에서 10남매의 막내로 태어났다. 형제 중 여섯이 어릴 때 병으로 죽은 것은 헌터가 의사가 되기로 마음먹는 데 어느 정도 영향을 미쳤다. 또한 자신의 형인 윌리엄을 롤 모델로 삼았는데, 런던에서 산과 의사로 일하던 윌리엄은 거물들과 사귄 정부情婦들의 출산을 분별 있게 도움으로써 큰 칭송을(그리고 많은 돈도) 받았다. 윌리엄은 부업으로 해부학도 가르쳤지만, 자신이 직접 시신을 가르는 일은 하고 싶지 않았다. 그래서 1748년, 20세의 헌터는 런던으로 가 형 밑에서 해부 조수로 일했다. 이전에는 시신에 칼을 댄 적이 전혀 없었지만, 일단 칼을 대고 나자 그 뒤로는 멈출 줄을 몰랐다.

헌터의 집착은 두 가지 형태로 나타났다. 첫째, 헌터는 해부학 자체를 좋아했는데, 단지 사람의 해부학만 좋아한 게 아니었다. "참새 고환, 벌 난소, 원숭이 태반"처럼 기괴한 것을 포함해 동물도 수천 마리나 해부했다. 심지어 헨리 스미스먼과 협력해 기괴하게 생긴 여왕 흰개미도 해부했다. 둘째, 헌터는 해부학을 의학을 개혁하는 하나의 방편으로 보았다. 그 시대의 의학은 관찰과 실험 같은 것을 말로만 존중했을 뿐, 실제 치료법은 설사제 사용과 사혈, 담배 연기 관장(말 그대로 항문에 담배 연기를 불어넣는 것) 같은 낡은 처방에 의존했다. 의학을 현대화하길 원했던 헌터는 해부학을 개혁의 기반으로 간주했는데, 병을 치료하려면 의사가 인체에 대한 지식을 쌓아야 했기 때문이다. 그러려면 각 부위들이 서로 어떻게 연결되고 결합돼 있는지 알아야 할 뿐만 아니라, 각 조직의 촉감과 냄새, 심지어 맛까지 알아야 한다고 생각했다. 그는 시신의 위액을 "짭짤하거나 소금기가 있다고" 묘사한 적이 있다. 그리고 더 과감하게는 "입 속에 잠깐 동안 머금은 …… 정액은 향신료와 비슷한 온기가 난다."라고 보고했다. 헌터는 이

집트 미라도 해부하고 맛을 보았다.

이렇게 비정통적인 방법에도 불구하고, 혹은 바로 그 방법 때문에 헌터는 눈물길(누관)과 후각 신경을 포함해 해부학적 발견을 수십 가지나 이루었다. 또한 사람을 대상으로 최초의 인공 수정을 시도했고, 전기(조야한 배터리에서 나오는)를 사용해 심장을 다시 뛰게 하는 방법을 개척했다. 그리고 자궁 속에서 발달하는 아기의 상태를 도표로 작성했고, 치아를 앞니와 송곳니, 작은어금니, 큰어금니로 분류하는 현대적 방식을 예견했다. 이런 연구들[13] 덕분에 헌터는 1767년에 왕립 학회 회원으로 선출되었다. 게다가 숙련된 해부 솜씨와 자세한 해부학 지식 덕분에 헌터는 외과의로서 큰 명성을 떨쳤다. 그리고 나중에는 애덤 스미스Adam Smith, 데이비드 흄David Hume, 윌리엄 피트William Pitt, 요제프 하이든Joseph Haydn 같은 명사들을 환자로 받기 위해 런던에서 정면 외관이 웅장한 저택을 구입했다.

그래도 헌터를 비판하는 사람들이 있었는데, 특히 시신 도굴꾼과 거래한 행위를 맹렬하게 비난했다. 대다수 해부학자들은 시신 도굴꾼을 저속한 악당으로 여기고 경멸했다. 이와는 대조적으로 헌터는 저속한 태도 때문에 시신 도굴꾼들이 선호하는 해부학자였다. 그의 웅장한 저택에는 심지어 두 번째 뒷문이 있었는데, 시신 도굴꾼 전용 통로였다. 그 문은 골목이 내려다보이는 곳에 있었고, 시신 도굴꾼은 새벽 두 시에 살금살금 그 문으로 들어와 그날 밤에 획득한 것을 내려놓았다. 한 학생은 뒷문 뒤에 있던 방들에서 특유의 시체 냄새가 "풍겼다고" 기억했다. 로버트 루이스 스티븐슨Robert Louis Stevenson은 야누스의 두 얼굴을 가진 이 집과 헌터의 전반적인 생애를 모델로 삼아 『지킬 박사와 하이드 씨Dr. Jekyll and Mr. Hyde』를 썼다.

해부학자이자 외과의, 그리고 무덤 도굴꾼의 교사자 존
헌터는 『지킬 박사와 하이드 씨』의 모델이 되었다.

시신 도굴꾼은 대개 팀을 이루어 활동했다. 덜 정교한 도굴꾼은
공동묘지를 털었는데, 구덩이가 극빈자의 시체들로 가득 찰 때까지
지키는 사람도 없이 방치돼 있었다. 솜씨가 뛰어난 시신 도굴꾼은 훨
씬 정교한 방법을 사용했다. 많은 도굴꾼은 여성 스파이(남성에 비해
주의를 덜 끌었으므로)를 고용해 병원과 구빈원에 심어놓고 사람들이
죽기를 기다렸다. 그러고 나서 스파이가 '어둠 the black'(도둑들 사이에서
장례식을 가리키는 은어)에 참여해 매장 위치를 알기 위해 '병원 침대
hospital crib(묘지)'까지 그 뒤를 따라갔다. 스파이는 흙 속에 묻어둔 용수
철 작동식 총이나 건드리면 폭발하는 '어뢰' 관 같은 부비트랩도 유심
히 살폈다. 어떤 가족들은 덜 과격하게 잔가지나 돌, 굴 껍데기 같은

것을 무덤 표면에 특정 형태로 배열했는데, 누가 흙을 건드린 흔적이 있는지 파악하기 위해서였다. 스파이는 원활한 작업 진행을 위해 이 모든 정보를 시신 도굴꾼 일당에게 전달했다.

실제 도굴 작업은 밤중에 진행되었다. 도굴꾼은 아마추어 천문학자가 되어야 했는데, 가장 캄캄한 시간을 알기 위해 달이 뜨고 지는 시간과 달의 위상까지 알아야 했다. 경비원은 별로 염려할 필요가 없었다. 설령 묘지를 지키는 경비원이 있다 하더라도, 뇌물로 구워삶거나 술을 진탕 먹여 의식을 잃게 만들 수 있었다. 그리고 나서 도둑들은 새 무덤으로 살금살금 다가가 혹시라도 설치된 부비트랩이 있으면 그것을 무력화하고 막대와 조가비의 배열 형태를 기억한 뒤, 연하고 소리가 잘 나지 않는 나무삽으로 땅을 파기 시작했다.

관 전체를 끌어내는 경우는 드물었는데, 힘이 너무 많이 들었기 때문이다. 대신에 관 머리 부분만 노출시킨 뒤, 쇠지레를 뚜껑 밑으로 집어넣고 관 위에 쌓인 흙의 무게를 이용해 지레를 홱 젖히면서 관 뚜껑을 부쉈다. 그리고 나서 시신의 팔 아래로 밧줄을 집어넣고 시신을 들어올렸다. 이때 도굴꾼들은 시신을 알아보지 못하도록 얼굴을 훼손하는 경우가 많았다. 떠나기 전에 시신에서 수의를 벗기고 보석을 떼어내 모두 버렸는데, 금이나 옷을 훔치면 이 범죄가 사형 선고를 받을 정도의 중죄로 격상되기 때문이었다. 전문 도굴꾼은 불과 15분 만에 무덤을 비울 수 있었고, 무덤을 아무 일도 없었던 듯이 원상대로 복원하는 능력은 거의 피카소의 솜씨와 맞먹었다. 도굴꾼 일행이 교회 묘지로 가 열심히 땅을 팠다가 텅 빈 관만 발견하는 경우도 있었는데, 더 일찍 다녀간 경쟁자의 소행이었다.[14]

(시신 도굴꾼은 다른 계략을 사용해 돈을 벌기도 했다. 어떤 사람들은

무덤을 파며 궂은일을 하는 대신에 사기를 쳤다. 그들은 구빈원이나 병원을 찾아가 그곳에 안치된 시신 앞에서 옷을 찢어발기고 서럽게 울면서 망자가 자신의 '삼촌'이나 '고모할머니'라고 주장했다. 또 어떤 사기꾼은 시신을 해부학자에게 팔고는 한 시간쯤 뒤에 해부가 시작되기 전에 공범을 보내 문을 두들기게 했다. 공범은 시신의 친척 행세를 하면서 시신을 돌려달라고 요구했고, 그러지 않으면 경찰을 부르겠다고 협박했다. 그렇게 해서 시신을 돌려받은 일당은 다른 해부학자를 찾아가 시신을 다시 팔았다. 더 대담한 수법도 있었는데, 한 일당은 살아 있는 친구를 자루 속에 넣고는 해부학자에게 팔았다. 그들은 해부학자가 그 자루를 하룻밤 동안 방치하길 기대했던 것으로 보인다. 그러면 밤중에 친구가 자루에서 나와 집 안의 물건들을 턴 뒤에 빠져나올 계획이었다. 하지만 해부학자가 '시신'이 살아 있다는 사실을 알아채는 바람에 이 계획은 실패하고 말았다.)

시신 도굴꾼은 어른 시신의 경우에는 정액 요금을 받았는데, 헌터 시절에는 약 2파운드로, 농장 일꾼이 한 계절 동안 버는 돈과 비슷했다. '작은(어린이)' 시신의 경우에는 인치 단위로 값을 매겼다.[15] 희귀한 표본(예컨대 임신 후반기의 여성)은 가격이 20파운드(오늘날의 가치로는 2500달러)까지 치솟았다. 부지런한 한 시신 도굴꾼은 하룻밤 사이에 100파운드를 벌기도 했다.

아무리 수지맞는 장사라고는 해도 이 일에는 큰 위험이 따랐다. 만약 범행이 발각되어 붙잡힌다면, 시신 도굴꾼은 징역을 살거나 식민지로 유배될 수 있었다.[16] 그리고 경찰은 시신 도굴을 눈감아줄 때가 많았지만, 일반 대중은 그러지 않았다. 시신 도굴꾼은 자주 두들겨 맞거나 총을 맞거나 철사 채찍으로 채찍질을 당했다. 한 무리는 아이러니의 극치를 보여주었는데, 붙잡은 시신 도굴꾼을 방금 그가 판 구덩이에 묻으려고 했다. 어떤 해부학자들은 대부처럼 행동하면서 신뢰할 만한 시신 도굴꾼을 보살펴주었는데, 감옥에 갇히면 보석금을 주고 풀려나게 했으며, 징역을 사는 동안 가족을 돌봐주었다. 하지만 만약 해부학자가 시신 도굴꾼을 배신하거나 경쟁자에게서 시신을 산다면, 시신 도굴꾼 무리는 실험실로 난입해 시신들을 난도질해 해부용으로 쓸 수 없게 만드는 짓도 서슴지 않았다. 그것은 전형적인 마피아의 수법과 같았다. "당신에겐 아름답고 작은 시신이 있지요. 만약 그것에 무슨 일이 생긴다면 무척 유감스러울 거요."

하지만 헌터는 시신 도굴꾼의 비위를 거스르는 일이 거의 없었는데, 그럴 수가 없었기 때문이다. 자신이 하는 연구는 모두 그들에게 크게 의존하고 있었다. 말년에 헌터는 형을 위해 일한 12년 동안 약 2000구의 시신을 해부하거나 해부 장면을 지켜보았다고 추정했는데, 그렇다면 시신 해부가 이틀에 한 번꼴로 일어난 셈이다.

그 시신들이 대부분 훔친(때로는 헌터 자신이 직접) 것이란 사실만으로도 충분히 나쁜 일이었다. 하지만 그런 일이 거듭될수록 헌터는 도덕적으로 둔감해졌고, 이전에 인격을 지닌 사람이었던 시신이 그저 뼈 무더기에 불과한 것으로 보였다. 아마도 가장 *부끄러운* 사례는 아일랜드의 거인 찰스 번Charles Byrne에 관한 일화일 것이다.

번은 키가 너무나도 커서(타블로이드 신문에 따르면 키가 무려 250cm나 되었다고 한다) 사람들은 그가 까치발로 서지 않고도 거리의 가스등으로 파이프에 불을 붙일 수 있었다고 증언했다. 그 당시 학자들은 부모가 건초 더미 꼭대기에서 관계를 한 것이 이 엄청난 키의 원인이 되었다고 주장했다. 오늘날의 의사들은 뇌하수체 종양 때문에 성장 호르몬이 과다 분비되었다고 주장한다. 생계를 유지하기 위해 번은 아일랜드와 영국을 돌아다니면서 정기적으로 열리는 농산물 및 가축 품평회에서 주름장식이 달린 거대한 소맷동을 걸치고 중간 돛만 한 크기의 삼각모를 쓴 채 자신을 구경거리로 내놓았다. 영국 왕 조지를 알현한 적도 있었다. 존 헌터는 번을 보자마자 그를 꼭 해부해야겠다는 집착에 사로잡혔다.

그 목적을 달성하기 위해 헌터는 어느 날 런던에서 번에게 다가간 뒤, 번이 죽기 전에 미리 그의 시신을 사겠다고 제안했다. 헌터는 그 제안을 번이 영예로 받아들일 거라고 생각했다. 세계 최고의 해부학자에게 해부를 당하는 영예를 마다할 사람이 있겠는가?(헌터는 위선자가 아니었는데, 훗날 자신이 죽은 뒤에 제자들에게 자신의 시신을 해부하게 했다.) 하지만 자신의 집착에 빠진 헌터는 대다수 사람들이 해부를 혐오스럽게 생각한다는 사실을 간과했고, 그 제안을 들은 번은 사실상 비명을 질렀다. 헌터를 쫓아보내고 나서 번은 친구들을 불러 자기가 죽으면 시신을 해부학자의 손아귀에 들어가지 않도록 반드시 바다에 던지겠다고 하느님 앞에서 맹세하게 했다.

슬프게도 번의 죽음은 예상보다 훨씬 빨리 다가왔다. 뇌하수체 이상은 관절염과 두통의 원인이 되는데, 번은 고통을 잊으려고 술을 마시기 시작했다.(헌터는 여러 술집을 전전하는 거인을 따라다니며 감시하라고 붙여둔 스파이를 통해 이 사실을 알았다.) 번 같은 거구가 만취하려면 상당히 많은 술을 들이켰을 것이고, 결국 간이 크게 손상되었다. 이렇게 번은 과도한 음주로 인해 불과 22세 때인 1783년에 죽음을 맞이했다.

한 신문은 "마치 그린란드의 작살잡이들이 거대한 고래 주위를 빙 둘러싸듯이" 해부학자들이 번의 집을 빙 둘러쌌다고 보도했다. 번의 친구들은 범선만 한 크기의 관을 주문했고, 번이 생전에 자신을 전시했다는 사실에 착안해 그의 시신을 전시하고 표를 팔기 시작했다. 그리고 생전에 번에게 한 약속대로 어느 누구도 그 시신을 가져가지 못했다. 나흘 동안 표를 팔고 전시를 한 뒤에 그들은 사랑하는 친구의 마지막 유언을 들어주기 위해 장의사와 함께 바다까지 120km의 행군에 나섰다.

불행하게도 친구들은 선의는 넘쳤지만 분별력은 좀 모자랐다. 6월의 땡볕 아래에서 거대한 관을 운반하는 것은 쉬운 일이 아니어서 아일랜드 청년들은 몇 킬로미터마다 한 번씩 멈춰서서 술로 목을 축이며 친구에게 건배를 했다. 책임감이 투철했던 청년들은 매번 관을 술집 안으로 들고 들어가 감시를 게을리하지 않았다. 만약 문이 좁아 들여놓을 수가 없으면, 관을 안전하게 지킬 방책을 강구했다. 예를 들면, 한 술집에서 문이 좁아 관이 들어갈 수 없자, 장의사의 제안을 받아들여 장의사가 잘 아는 부근의 헛간에 관을 보관했다. 이렇게 장례 행렬은 유목민처럼 쉬엄쉬엄 나아가 마침내 캔터베리를 지나 바닷가에 도착했고, 청년들은 현지에서 돛단배를 빌려 깊은 바다로 나아갔다. 거기서 그들은 아일랜드 거인의 관을 뱃머리 너머로 밀어 바다로 던졌고, 관이 바닷속 깊숙이 가라앉는 것을 지켜보았다.

그런데 아일랜드 거인의 시신은 런던에 있었다. 장례 행렬이 출발하기 전에 헌터의 스파이가 장의사에게 다가가 뇌물로 50파운드를 건네며 협조를 부탁했다. 상대의 절박한 사정을 눈치챈 장의사는 금액을 500파운드(오늘날의 가치로는 5만 달러)로 올렸다. 헌터는 그 제안을 받아들이기가 힘들었지만, 광기에 가까운 집착 때문에 결국 그러기로 동의했다. 그래서 장의사는 번의 친구들을 문이 좁은 술집으로 안내했는데, 물론 관이 문을 통과할 수 없다는 사실을 사전에 알고 있었다. 그리고 미리 부근의 헛간 주인에게 뇌물을 주고 짚 사이에 연장과 일꾼들을 숨겨두었다. 번의 친구들이 즐겁게 술잔을 기울이고 있을 때, 장의사의 일꾼들이 관 뚜껑을 열고 거인을 꺼내 짚 속에 숨긴 뒤, 정확하게 똑같은 무게의 돌을 관 속에 채워넣었다. 그 후 관과 시신은 정반대 방향으로 나아갔다. 다음 날 새벽녘에 거인의 시신은 헌터의 집 뒷문으로 들어왔다.

그런데 기묘하게도 헌터는 번을 해부하지 않았다. 만약 해부를 했더라면, 숙련된 그의 눈은 뇌하수체 종양을 발견했을 테고, 그것이 거인증의 원인임을 규명했을 텐데, 양자 사이의 연결 고리는 그로부터 100년이 지날 때까지 밝혀지지 않았다.[17] 헌터는 번의 친구들을 두려워한 나머지 해부 계획을 포기했다. 대신에 골격을 보존하기 위해 시신을 졸이는 데 집중했다. 이를 위해 거대한 구리 통에 시신을 넣고 졸이면서 엄청난 양의 지방을 걷어내고 뼈를 골라냈다. 헌터는 훗날 런던에 해부학적 기형 박물관(한 작가는 그것을 '헌터의 인간 고통 컬렉션'이라 불렀다)을 열었는데, 키가 230cm나 되는 골격이 중심에 자리잡고 있었다. 거인의 유언과는 반대로 그의 골격은 지금도 전시되어 있다.

헌터는 서로 모순되는 두 가지 유산을 남겼다. 우리 몸의 작용 방식에 대해 새로운 발견을 수십 가지나 한 헌터가 당대의 최고 과학자 중 한 명이라는 것은 의심의 여지가 없다. 그리고 구체적인 발견을 넘어 헌터는 의학 분야에 새로운 정신을 도입했다. 의학을 사혈과 담배 관장의 영역에서 끌어냈고 관찰과 실험을 강조했는데, 이것은 존중받는 과학적 방법을 향해 내디딘 큰 걸음이었다. 헌터는 또한 많은 학생에게 영감을 주었고(그중 두 명만 꼽는다면 에드워드 제너Edward Jenner와 제임스 파킨슨James Parkinson이 있다), 1793년에 그가 죽고 난 뒤에는 의과대학교에 입학하려는 학생이 급증했다.

그렇긴 하지만, 헌터의 윤리 의식 결핍은 그의 명성을 크게 훼손했다. 오늘날의 도덕 기준에 맞춰 살지 않았다고 과거의 과학자들을 비난하는 것은 불공평하지만, 그 시대 사람들조차 헌터를 경멸했다. 헌터는 시신 도굴꾼과 거래하는 행위에 질색한 귀족 의사들과 그의 연구를 위한 마루타가 되는 것에 분노한 평민 대중 모두를 적으로 만드는 재주가 있었다. 찰스 번의 시신을 훔쳤을 때에는 동료 해부학자들조차 경악을 금치 못했다. 그 행위로 인한 이익을 강조하면서 자신의 죄를 합리화하는 과학자들이 있는데, 헌터가 바로 전형적인 인물이다. 이들은 마치 좋은 것으로 나쁜 것을 상쇄할 수 있다는 식으로 생각하면서 윤리를 도덕적 회계에 불과한 것으로 본다.

하지만 더 나쁜 결과가 남아 있었다. 헌터는 시신 도굴을 학생들의 무분별한 야습에서 시신 거래 산업으로 바꾸어놓는 데 어느 누구보다도 크게 기여했고, 그가 사들인 수많은 시신은 시장을 왜곡시켰다. 의과대학교 입학생이 증가하면서 시신 부족 문제가 더 악화해 시신 가격이 치솟는데, 1780년대에 약 2파운드이던 것이 1810년대에는 일부 장소에서 16파운드(오늘날의 가치로는 약 1000달러)로 올랐다. 평균적인 노동자가 5년 동안 일해야 벌 수 있는 돈이었다. 물론 헌터는 괴물이 아니었다. 비록 매우 유연하긴 했지만, 적어도 그에겐 양심이 있었다. 하지만 시신 가격이 오를수록 아무런 양심의 가책도 느끼지 않고 이 게임에 뛰어들려는 사람들이 늘어났다. 바로 버크와 헤어 같은 사람들이.

노인을 베개로 눌러 죽인 기억은 윌리엄 버크를 괴롭혔다. 그래서 밤에 잠들기 위해 위스키를 마시기 시작했고, 필요할 때 더 마시려고 침대 옆 탁자 위에 위스키 병을 놓아두었다. 윌리엄 헤어는 고통을 덜 느꼈다. 그 노인은 어쨌든 죽을 운명이었으니, 그 때문에 굳이 괴로워할 필요가 없다고 생각했다.

죄책감은 느꼈겠지만, 그들이 처한 상황을 감안하면 어느 누구도 그렇게 버는 돈을 거부할 수 없었다. 그 당시 30대 중반이던 버크는 아일랜드에서 가난하게 자랐고, 젊을 때 한 아이의 아버지가 되었다. 결국에는 가족을 부양하기 위해 혼자서 스코틀랜드로 가 운하 건설과 용접, 제빵 등 밑바닥에서 여러 직업을 전전했다. 아내는 결국 그의 편지에 더 이상 답장을 하지 않았고, 그래서 버크는 다른 여자와 함께 에든버러로 갔다. 헤어의 배경은 대략적인 것만 알려져 있다. 헤어는 버크보다 어렸던 것으로 보이며, 마찬가지로 아일랜드에서 이주해왔을 가능성이 높다. 버크는 둥글고 따뜻한 얼굴을 가진 반면, 헤어는 셰익스피어가 경고한 가느다란 눈과 마르고 굶주린 얼굴을 가지고 있었다. 몇 년 동안 헤어는 아내 마거릿의 하숙집 운영을 도왔지만, 근근이 입에 풀칠만 하고 살았다. 구두 수선공으로 일한 버크도 힘들게 살았다. 그래서 양심의 가책을 느꼈건 느끼지 않았건, 버크가 돈이 다시 떨어졌을 때, 헤어는 한 번 더 살인을 저지르자고 버크를 손쉽게 설득할 수 있었다.

1828년 2월 중순, 애비게일 심프슨Abigail Simpson이라는 나이 많은 여자가 그 하숙집에 묵었다. 두 사람은 심프슨에게 토할 정도로 술을 진탕 먹이고 나서도 포터porter(흑맥주의 일종)와 위스키를 계속 권해 결국 심프슨은 의식을 잃었다. 물론 그 시점에 심프슨은 알코올 중독으로 사망했을 수도 있지만, 확실히 하기 위해 헤어는 심프슨의 가슴을 깔고 앉았고, 버크는 더 이상 움직임이 없을 때까지 입과 콧구멍을 틀어막았다. 심프슨의 시신은 10파운드는 받을 수 있을 것으로 보였다. 비록 그날 밤에 버크는 술을 들이켜긴 했지만, 이번에는 잠들기가 한결 수월했다.

그리고 갈수록 범행을 저지르기가 훨씬 수월해졌다. 버크의 표현처럼 두 사람은 "이왕 벌을 받을 거면 아예 판을 크게 벌이는 편이 낫다."라고 생각했고, 그다음 열 달 동안 역사상 손가락을 꼽을 만큼 많은 연쇄 살인을 저질렀는데, 버킹 수법을 사용해 추가로 14명을 더 죽

버크와 헤어의 살인 장면을 극적으로 묘사한 판화. 하지만 세부 묘사는 매우 부정확하다. 희생자들은 거의 항상 술에 취해 의식을 잃은 상태였고, 두 사람은 힘을 합쳐 그들을 죽였지만, 목을 졸라 죽인 것이 아니라, 한 사람은 가슴 위에 앉고 다른 사람은 입과 콧구멍을 틀어막아 죽였다. 이 방법을 지금은 '버킹burking'이라고 부른다.

였다. 두 사람은 나이 많은 여자와 정신 장애가 있는 손자를 죽였다. 치아가 하나밖에 없는 여자도 죽였고, 그 여자를 찾기 위해 들른 딸도 죽였다. 두 사람은 이 두 희생자의 이름조차 알지 못했다. 처음에 두 사람은 단순히 적절한 대상이 하숙집을 찾아오길 기다렸지만, 결국에는 좀이 쑤셔서 가만있지 못하고 사람들을 유인하기 시작했다. 온화한 얼굴에 수다스러운 버크는 이른 아침에 가까운 술가게 부근에서 서성이다가 해장술을 구하러 온 운 나쁜 주정뱅이를 물색했다. 그리고 그들의 신뢰를 얻은 뒤에 따뜻한 아침과 술을 대접하겠다며 헤어의 집으로 데려갔다. 주정뱅이가 마침내 의식을 잃으면, 두 사람이 행동에 나섰다. 버크는 희생자들이 숨을 거둘 때 "경련을 일으키며 배에서 꼬르륵거리는 소리가 났다."라고 기억했다. 그러고 나서 모든 시신은 해부학자 로버트 녹스의 집으로 운반되었다.

녹스는 비록 존 헌터만큼 총명하진 않았어도 재능 있는 과학자였고, 훨씬 세련된 사람이었다. 강의를 할 때에는 멋진 외투와 레이스 달린 와이셔츠를 입었고, 붉게 물들긴 했어도 손가락에는 다이아몬드 반지들이 끼워져 있었다. 그렇긴 하지만, 녹스도 헌터와 마찬가지로 시신을 구하려는 욕구가 강했고, 매년 수백 명의 의과대학교 신입생이 새로 들어오는 에든버러에서는 해부용 시신을 확보하기 위한 경쟁이 치열했다. 이런 상황을 감안하면, 문을 두드리는 사람이 있으면 이것저것 따지지 않고 시신을 덥석 받으려고 한 행동이 충분히 이해된다. 훗날 세 사람을 주제로 만든 동요에는 이런 구절이 나온다. "버크는 도살자, 헤어는 도둑놈, 그리고 녹스는 소고기를 산 놈.Burke's the butcher, Hare's the thief / And Knox the boy who buys the beef."

틀림없이 녹스의 조수들은 버크와 헤어를 의심했을 것이다. 실제

살인자 버크와 헤어로부터 '소고기를
사' 악명을 떨친 로버트 녹스.

로 한 사람은 버크에게 특정 시신의 출처에 대해 답하기 곤란한 질문을 던진 적이 있었다. 그러자 버크는 "만약 당신이 시신을 어디서 어떻게 구했는지 이렇게 꼬치꼬치 따져 묻는다면, [녹스] 박사에게 이 사실을 고해바치겠소!"라고 쏘아붙였고, 조수는 물러났다. 설령 조수가 녹스에게 그런 사실을 알렸더라도, 녹스는 아무 조치도 취하지 않았을 가능성이 높다. 유능한 해부학자라면 버크와 헤어가 가져온 시신에서 충혈된 눈, 홍조를 띤 얼굴, 입 부근의 선명한 혈흔 등과 같은 질식사의 흔적을 못 보았을 리가 없다. 하지만 목뿔뼈가 온전한 것을 보고 녹스는 애써 그 가능성을 부인하고 싶었을 것이다. 그리고 희생자는 대부분 술 냄새가 심하게 났고, 슬프게도 주정뱅이가 토하다가 질식사하는 일은 흔했다. 요컨대, 녹스는 믿을 만한 공급자의 기분을 상하게 했다가 자신의 연구에 지장이 생길까 봐 문제가 있을 가능성에 애써 눈을 감았다.

녹스가 '소고기'를 더 많이 살수록 버크와 헤어는 점점 더 무모해졌다. 하루는 버크가 두 경찰관이 술 취한 여자를 희롱하는 것을 보고는 정중한 신사인 척 행세하며 다가가 자신이 그 여자를 집까지 데려다주겠다고 제의했다. 그러고는 그 여자를 헤어의 집으로 데려가 질식시켜 죽였다. 가장 대담한 살인의 희생자는 사랑받던 '동네 바보' 대프트 제이미Daft Jamie였다. 제이미는 맨발로 거리를 돌아다녔고, 모두가 그 얼굴을 익히 알고 있었다. 그래도 두 사람은 아랑곳 않고 제이미를 죽여 그 시신을 녹스에게 넘겼다. 그리고 다른 희생자들과 달리 제이미의 옷을 태워 없애는 대신에 친구들에게 주었다. 제이미가 가졌던 여러 가지 물건을 이전 소유자들이 알아보고 의아하게 생각했다. 녹스와 그의 팀이 대프트 제이미를 해부하려고 모였을 때, 한 조수가 그 얼굴을 보고는 아연실색했다. 입이 무거운 녹스는 아무 말도 않고 그들에게 그 시신을 해부할 준비를 하라고 지시했다.

이렇게 아슬아슬하게 위기를 모면한 일은 오히려 버크와 헤어를 더 대담하게 만들었고, 두 사람의 살인 행각은 1828년 핼러윈 무렵에 세 사람을 한꺼번에 죽이려고 한 시도로 절정에 이르렀다. 이번에 손님들─앤 그레이Ann Gray와 제임스 그레이James Gray라는 젊은 부부와 마흔 살가량의 자그마한 아일랜드인 여자 마거릿 도처티Margaret Docherty─은 헤어의 집에 머물지 않고 버크 부부(두 사람은 사실혼 관계였다) 집에 머물렀다.(버크는 식료품 가게에서 자신의 성도 도처티라고 말하면서 도처티를 유인했다.) 도처티를 먼저 처치할 요량으로 버크는 속이 뻔히 보이는 핑계를 여러 가지 대면서 앤과 제임스를 쫓아보냈다. 그러고 나서 헤어가 버크의 집으로 왔다. 언제나처럼 버크와 헤어는 도처티를 취하게 만들었다. 아마도 향수 때문에 그랬을 텐데, 도처티에게 아일랜드 노래를 몇 곡 불러달라고 청했다. 그러고 나서 갑자기 상황이 예상 밖으로 흘러갔다. 밤 11시 무렵에 버크와 헤어는 격렬한 언쟁을 벌였고, 버크가 헤어의 목을 조르기 시작했다. 도처티는 "살인이야! 살인이야!"라고 비명을 질렀고, 위층에 살던 한 이웃이 경찰에 연락을 했다.

하지만 사건 사고가 많은 핼러윈 기간이었기 때문에 경찰은 다른 곳에도 출동할 데가 많았다. 그래서 아무도 오지 않았다. 마침내 싸움을 멈춘 버크와 헤어는 살인 분노를 도처티에게로 돌렸고 그녀를 질식시켜 죽였다. 그러고 나서 빨간색 드레스를 벗기고 시신을 침대 발치에 쌓인 짚더미 밑에 숨겼다.

놀랍게도 버크는 다음 날 오전에 그레이 부부를 다시 자기 집으로 들였는데, 필시 살해할 목적으로 그랬을 것이다. 하지만 앤(이 이야기의 영웅)은 그의 행동에 의심을 품었다. 버크는 마치 무슨 냄새를 가리려는 듯이 위스키를 어설프게 여러 차례 엎질렀고, 앤이 집을 청소하겠다고 제안하자 버크가 완강하게 거부했다. 특히 버크가 한 침대 발치에 놓인 짚더미에 절대로 다가가지 못하게 하자, 앤은 더욱 의심이 커졌다.

결국 만성절萬聖節(하늘에 있는 모든 성인을 흠모하고 찬미하는 축일―옮긴이)인 11월 1일 늦은 시간에 앤은 집 안에 혼자 남게 되자, 곧장 짚더미로 갔다. 앤은 버크와 헤어가 핼러윈에 일종의 강도 짓을 해 그곳에 불법으로 강탈한 물건을 숨겨놓았을 것이라고 의심했다. 하지만 거기에서 앤은 한 팔을 발견했는데, 그 팔은 벌거벗은 여자의 몸통에 붙어 있었고, 그 입술에는 핏자국이 있었다. 앤은 황급히 남편의 팔을 붙잡고 달아났지만, 문간에서 버크의 내연녀인 헬렌을 만났다. 헬렌은 입을 다무는 대가로 돈을 제안했지만, 앤과 제임스는 그녀를 밀치고 곧장 경찰서로 달려갔다.[18]

경찰은 이것이 단순한 사건이 아님을 즉각 알아챘다. 시신이 있는 것은 사실이지만, 버크와 헤어는 도처티가 술에 취해 질식사했다고 주장하면서 빠져나갈 구멍이 있었다. 그래서 경찰은 임기응변을 발휘해 두 사람의 성격을 비교 검토해 헤어가 양심의 가책을 덜 느끼는 성격임을 파악하고는, 그에게 사법 거래를 제안했다. 그것은 마법 같은 효과를 발휘했다. 헤어는 버크에게 불리한 증언을 했고, 그 대가로 모든 혐의에 대해 불기소 처분을 받았다.

버크의 재판은 12월 후반에 시작되어 24시간 동안 계속된 끝에 결국 유죄 평결이 나왔다. 재판관은 교수형을 선고했다. 한편 헤어는 자유의 몸이 되어 법정 밖으로 걸어나왔다. 하지만 변장을 하고 나왔는데, 밖에서 군중이 보복을 벼르며 기다리고 있었기 때문이다. 헤어는 그의 이름처럼 잽싸게 달아났고(Hare는 '토끼'란 뜻임―옮긴이), 다른 도시들에서 아슬아슬한 위기를 몇 번 넘긴 뒤에 결국에는 스코틀랜드를 떠나 사라져버렸다. 그의 말년은 초년만큼이나 수수께끼로 남아있다.

버크는 한 달 뒤 비 내리는 날 오전에 교수형을 당했다. 주변 건물들의 모든 창문에 얼굴들이 가득했다는 것 말고는 교수형 자체는 그다지 특이한 점이 없었다. 그의 시신은 로버트 녹스의 최대 경쟁자에게 넘겨져 해부된 뒤에 박물관에 전시되었다. 그 경쟁자는 섬뜩하게도 버크의 머리뼈에서 나온 피에 깃펜을 적셔 플래카드를 썼다. 거기에는 "이것은 1829년 1월 28일 에든버러에서 교수형을 당한 윌리엄 버크의 피로 쓴 것입니다……"라는 내용이 적혀 있었다.

녹스도 기소당하기 직전까지 갔지만, 증거가 충분하지 않았다. 녹스는 자신은 아무것도 몰랐다고 잡아뗄 수 있었다. 그러자 에든버러의 군중은 "대머리와 모든 것을 그대로 재현한" 녹스 인형을 만들었다. 그러고는 그것을 불태우는 대신에 버킹 수법을 사용해 질식시켰다.

버크와 헤어의 살인(그와 함께 런던에서 일어난 일부 유사 범죄)에 대한 분노가 거세게 일어나자, 영국 관리들은 결국 해부용 시신 부족 사태를 해결하기 위해 뭔가 조치를 취하지 않을 수 없었다. 구체적으로는 그들은 구빈원과 자선 병원에서 생긴 무연고 시신(즉, 찾아가겠다는 가족이나 친구가 없는 시신)을 해부학자들에게 넘겨주는 법을 도입했다. 이 조치는 훈련과 연구에 사용할 수 있는 시신의 수를 크게 늘릴 뿐만 아니라, 시신 거래 암시장을 위축시키고, 과학자들이 도둑과 악당과 시신 도굴꾼과 은밀하게 맺어온 관계를 끊는 데 도움을 줄 것으로 기대되었다.

그러나 이 해결책은 깔끔해 보이긴 했지만, 무연고 시신 사용은 그 나름의 윤리적 문제가 있었다. 특히 가난한 사람들은 이 계획에 불쾌감을 느꼈는데, 시신 공급을 대부분 책임져야 할 사람들이 여전히 자신들이었기 때문이다. 부유하거나 좋은 집안 출신은 구빈원에서 무연고 시신으로 생을 마감할 일이 없었다.

한 정치인은 이런 불평에 대해 극히 냉담한 반응을 보이면서, 연구를 위한 시신 공급은 가난한 사람들이 할 수 있는 최소한의 일이라고 주장했다. 그러면서 그들이 살아가는 동안 누리는 공짜 식사와 의료 혜택 같은 공공 지원을 생각해보라고 말했다.(이에 맞서 경쟁 관계의 정치인은 자신도 공공의 젖줄을 쭉쭉 빨아 소진시키는 사람들의 해부를 지지한다고 말했다. 그러면서 왕족부터 시신 기부를 시작하자고 제안했다.) 이 법을 지지한 일부 사람들은 시신 공급의 불공정한 부담에도 불구하고, 의사들의 수련 과정 개선은 어떤 집단보다도 가난한 사람들에게 더 큰 혜택이 돌아갈 것이라고 지적했다. 무엇보다도 질병에 가장 큰 타격을 받는 사람들은 대개 가난한 사람들이었다. 부자는 경험 많은 의사와 외과의의 도움을 받을 수 있는 반면, 가난한 사람들은 미숙한 의사들이 담당할 수밖에 없는데, 이들은 더듬거리거나 실수를 저지르기 쉬웠다. 이런 현실을 감안하면, 미숙한 의사들이 살아 있는 빈자들보다는 죽은 빈자들을 대상으로 실수를 저지르는 편이 훨씬 나았다. 다시 말해서, 무연고 시신의 해부는 두 가지 악 중에서 차악이고, 전반적으로 가난한 사람들의 고통을 덜어주는 데 도움을 준다는 것이었다.

결국 이런 주장들이 승리를 거두었고, 의회는 1832년에 해부법을 통과시켰다. 그런데 이 법은 영국에서는 긴장을 완화하는 데 도움이 된 반면, 이전부터 사람들이 해부학자를 매우 싫어했고 '해부 폭동anatomy riot'이 일상사처럼 된 미국에서는 불만을 진정시키는 데 별 도움이 되지 않았다. 특히 한 해부학과(미국에서 가장 유명한 하버드대학교의)는 유명한 졸업생이 실종되었다가 있어서는 안 되는 곳에서 정교하게 해부된 조각으로 발견되면서 매우 지저분한 스캔들에 휘말렸다.

4장

살인

하버드의학대학원에서 일어난
엽기적인 사건

전설에 따르면, 미국 최초의 해부 폭동은 터무니없는 농담에서 시작되었다. 1788년 4월의 어느 날 오후, 뉴욕종합병원에서 한 의과대학생이 그곳 실험실에서 한 여자의 시신을 해부하고 있었다. 그러다가 갑자기 그는 그곳에 자기 혼자만 있는 게 아니란 사실을 깨달았다. 거리에서 놀던 꼬마들이 창밖에 서서 실제로 죽은 사람의 시체를 놀란 눈으로 바라보고 있었다.

평온하게 해부를 하고 싶었던 학생은 그것이 몹시 신경에 거슬렸다. 그래서 겁을 주기 위해 송장의 팔을 붙잡고 "어이!"라고 외치며 그들을 향해 흔들었다. 그리고 "이건 네 엄마 팔이야! 내가 방금 파낸 거야!"라고 소리쳤다.

그런데 불행하게도 그중에 실제로 얼마 전에 어머니를 잃은 소년이 있었다. 그 소년은 집으로 달려가 아버지 앞에서 시끄럽게 울어대며 그 이야기를 전했다. 아버지는 삽을 들고 아내의 무덤으로 갔다.

그리고 예상대로 무덤은 텅 비어 있었고, 아버지는 격노했다.

　이런 일을 당한 사람은 그뿐만이 아니었다. 시신 도굴은 늘 부자보다는 가난한 사람의 무덤에서 일어났다. 부자는 시신 도굴을 어렵게 하기 위해 관 주위를 둘러싸는 철제 우리 같은 도난 방지 장치를 설치할 여력이 있었다. 부자는 또한 시신이 너무 부패해 해부에 부적합해질 때까지 1~2주일 동안 사설 경비원을 고용할 수도 있었다. 가난한 사람들은 그런 안전장치를 사용할 여력이 없었고, 미국에서는 아메리카 인디언과 흑인(노예와 자유민을 가리지 않고), 독일인과 아일랜드인 이민자 같은 특정 집단들이 특히 큰 피해를 입었는데, 그래서 소년의 아버지가 무덤에서 돌아와 뉴욕종합병원으로 쳐들어가자고 제안했을 때, 함께 분개하며 나선 이웃들이 많았다.

　수백 명의 군중이 병원에 당도하자, 의사들과 해부학자들은 공포에 사로잡혀 달아났다. 한 사람은 굴뚝 속에 숨었다. 폭도들은 모든 의료 장비를 거리로 끄집어내 때려 부쉈다. 해부학 표본들도 불태웠고, 다양한 부패 상태에 있던 여러 시신을 다시 매장했다.

　하지만 병원 건물을 난장판으로 만들고 나서도 폭도의 분노는 사그라들지 않았다. 하룻밤 사이에 그 수가 더 늘어났고, 다음 날 그들은 컬럼비아대학교에 있던 또 다른 병원 건물로 행진했다. 알렉산더 해밀턴Alexander Hamilton이 계단에 서서 제발 멈춰달라고 애원했다. 그러는 동안 뉴욕 시장은 의학계의 과학자 여러 명을 그들의 안전을 위해 유치장에 구금했다. 폭도(그 무렵에는 5000여 명으로 불어났다)는 아랑곳하지 않고 유치장 앞에 모였다. 그리고 계속 밀고 나아가 창문을 부수고 울타리를 무너뜨리면서 "의사들을 내놓아라!"라고 외쳤다. 해질녘에 시장은 공포에 사로잡혀 주 방위군을 동원했다. 그리고 현지의 정치 지도자들에게도 와서 질서 회복을 도와달라고 호소했다.

아무리 긴박한 상황이었다 하더라도, 그다음에 일어난 사건만 아니었더라면, 사태는 평화적으로 마무리되었을 것이다. 부름을 받은 정치 지도자 중에 나중에 대법원 판사와 뉴욕 주지사를 지낸 존 제이 John Jay가 있었다. 하지만 그의 호소는 아무 소용이 없었다. 누가 "너 같은 명문가 출신이 사랑하는 사람의 무덤이 도굴되는 불행을 어떻게 알겠느냐?"라고 외치면서 던진 돌에 제이는 머리뼈에 금이 갔다.

달려온 또 한 사람의 정치 지도자는 육군 장군이자 미국 독립 전쟁의 영웅인 폰 슈토이벤 남작Baron von Steuben(정식 이름은 프리드리히 빌헬름 폰 슈토이벤Friedrich Wilhelm von Steuben)이었다. 그 또한 벽돌에 머리를 맞았다. 피를 흘리고 비틀거리면서 뒤로 물러서던 폰 슈토이벤은 시장에게 발포 명령을 내리라고 촉구했다고 한다.

그것은 엄밀하게는 정식 명령이 아니었다. 하지만 이미 겁에 질려 있던 군인들은 그 비슷한 말만 들어도 발포할 준비가 되어 있었다. 장군이 '발포'라고 외치는 소리를 듣자마자 그들은 소총을 들어 군중을 향해 발포했다. 사망자 수는 평가에 따라 차이가 있지만, 연기가 걷혔을 때 거리에는 최대 20구의 시체가 널려 있었다. 폭동은 한 구의 시체에서 시작되었다가 훨씬 많은 시체를 남기고 끝났다.

뉴욕의 이 폭동은 일탈적인 사건이 아니었다. 미국에서는 남북 전쟁 이전에 보스턴과 뉴헤이븐, 볼티모어, 필라델피아, 클리블랜드, 세인트루이스를 비롯해 여러 도시에서 해부 폭동이 적어도 17건이나 일어났다. 시신 도굴의 피해는 주로 가난한 사람들에게 돌아갔지만, 그렇다고 부자들이 마냥 안전했던 것만은 아니다. 오하이오주에서는 상원 의원이던 존 스콧 해리슨John Scott Harrison(대통령을 지낸 윌리엄 헨리 해리슨William Henry Harrison의 아들이자 나중에 대통령이 된 벤저민 해리슨 Benjamin Harrison의 아버지)의 시신이 도굴되어 알몸 상태로 해부대 위에 놓였을 때, 가족이 몰려와 그를 구했다.[19]

결국 대다수 주들은 1832년에 영국에서 제정된 법을 본뜬 해부법 (일명 '뼈 법안')을 통과시켰다. 이 법은 병원과 구빈원에서 나오는 무연고 시신을 의과대학교가 사용할 권리를 부여했다. 하지만 이 법은 대서양 건너편에서 일어난 것과 동일한 윤리적 문제를 미국에서도 불러일으켰다. 게다가 무연고 시신 사용은 윤리적으로 불확실할 뿐만 아니라 과학적으로도 미심쩍다는 사실이 곧 밝혀졌다. 터무니없는 소리처럼 들릴지 모르지만, 그 사람의 소득이 그 사람의 해부학적 특징에 영향을 미칠 수 있기 때문이다.

이러한 차이의 기원은 호르몬으로 거슬러 올라간다. 물론 가난한 사람들 사이에서도 개인 간 차이가 많지만, 더 광범위하고 일반적인 관점에서 볼 때 가난한 사람은 중산층이나 상류층보다 만성 스트레스를 겪는 비율이 훨씬 높다. 그 이유는 명백하다. 가난한 사람들은 일반적으로 건강 문제가 더 많지만, 치료할 수단은 더 빈약하다. 오염 물질에 노출될 기회도 더 많은데, 특히 19세기에는 많은 사람이 추방이나 기근에 자주 시달렸다. 인체는 이러한 스트레스 인자에 아드레날린을 비롯해 여러 호르몬을 분비함으로써 대응하는데, 만성 스트레스는 이러한 호르몬을 분비하는 샘들의 크기와 모양에 영향을 미칠수 있다. 일부 호르몬 샘들은 열심히 일하는 근육처럼 크기가 크게 불어난다. 그런가 하면 기진맥진하여 쪼그라드는 샘도 있다. 그 당시에 해부용 시신은 주로 가난한 사람들에게서 나왔으므로, 그것을 바탕으로 해부학을 연구하는 의사들은 이 샘들의 형태에 대해 왜곡된 견해를 갖게 되었다. 즉, 이들의 과학에는 체계적인 오류가 존재했던 것이다.

이것은 단지 학계만의 문제가 아니었다. 이것은 실제로 치명적 결과를 낳았다.

19세기에 수십 명의 아기가 오늘날 영아 돌연사 증후군이라 부르는 증상으로 죽기 시작했다. 자연히 의사들은 그 원인을 알길 원했고, 죽은 아기들을 부검하기 시작했다. 그리고 영아 돌연사 증후군으로 죽은 아기들 대부분이 가슴샘이 아주 크다는 사실을 발견했다. 사실은 이것들은 정상적인 가슴샘이었다. 이것들은 의사들이 가난한 가정의 아기들에게서 발견한 가슴샘에 비해 컸을 뿐이었다. 가난한 아기들은 설사나 영양 결핍 같은 만성 질환이나 스트레스가 심한 질환으로 죽는 경우가 많았다. 이와는 대조적으로 영아 돌연사 증후군으로 죽는 아기는 갑자기 죽어 설사나 영양 결핍으로 가슴샘이 위축될 시간이 없었다. 따라서 이들의 가슴샘은 정상 크기였다.

병리학자들은 이런 사실을 까마득히 모르고 영아 돌연사 증후군의 원인이 가슴샘 비대에 있다고 보았는데, 비대해진 가슴샘이 아기의 기관을 짓눌러 질식시킨다고 생각했다. 그래서 20세기 초에 의사들은 가슴샘의 크기를 줄이기 위해 가슴샘에 방사선을 쬐기 시작했다. 수많은 아기가 화상을 입거나 가슴샘이 위축되었고, 나중에 그 결과로 암까지 생겨 결국 약 1만 명이 때 이르게 죽음을 맞이한 것으로 추정된다. 이것은 비윤리적인 과학 연구 방법이 어떻게 위험한 과학적 결과를 낳을 수 있는지를 보여주는 가슴 아픈 사례이다.

결국 자발적 시신 기증이 일어나면서 무연고 시신을 사용할 필요가 없어졌다. 공리주의를 주창한 철학자 제러미 벤담Jeremy Bentham이

1832년에 역사상 최초로 자신의 시신을 과학에 기증한 사람이 되었는데, 해부에 덧씌워진 오명을 벗기려는 목적도 일부 있었다. 그의 선행은 그 당시에는 많은 사람을 설득하지 못했지만, 20세기 중엽에 이르자 전 세계에서 벤담의 생각에 동조하는 사람들이 많이 나왔다. 오늘날 의과대학교에서 해부되는 시신 중 대다수는 기증된 것이다.

그런데도 오늘날 의과대학교들은 시신을 충분히 확보하는 데 애를 먹고 있다. 2016년의 한 분석에 따르면, 뉴욕시의 의학대학원들은 의학도를 훈련시키는 데 필요한 800구의 시신 중 약 5%에 해당하는 36구가 부족했다. 다른 주들에서는 그 괴리가 40%에 육박한다. 인도와 브라질, 방글라데시 같은 나라에서는 그 격차가 더 크다. 나이지리아는 인구가 약 2억 명이나 되지만, 그곳의 일부 의과대학교들은 1년 동안 기증받는 시신이 단 한 구도 없다. 시신 부족 사태를 메우기 위해 시신 도굴꾼들이 또다시 매장된 시신을 파내거나 화장용 장작더미에서 시신을 빼돌려 '레드 마켓red market'(장기 밀매 시장)에 내다판다.

이제는 시신을 통째로만 파는 게 아니다. 자동차 부품을 털어가는 도둑처럼 시신 도굴꾼은 시신을 분해해 치아와 고막, 각막, 힘줄, 심지어 방광과 피부처럼 각 부위별로 팖으로써 더 많은 돈(최대 20만 달러까지)을 벌 수 있다. 사망자 가족은 이런 일이 일어났다는 사실을 눈치채지 못할 때가 많다. 장례식장에서 시신을 받아오고 나서 뼈가 PVC 관으로 바뀐 것을 발견한 가족도 있다.(그래도 그들은 적어도 전체 시신을 받았다. 2004년, 스태튼아일랜드의 한 장의사는 3만 달러를 받고 시신을 육군에 팔다가 붙잡혔다. 육군은 시신에 방탄 신발을 신겨 지뢰 위로 가져가 신발의 성능을 시험했다.) 물론 이식용 장기(폐, 간, 콩팥)에 관한 국제법은 매우 강력하여 그러한 밀거래를 금지하고 있다. 하지만 다른 한편으로는 한 해부학 교수가 한탄했듯이, "우리는 신체 부위보다는 과일과 채소 [수입]에 훨씬 더 많은 주의를 기울인다". 이번에도 가난한 사람들이 신체를 난도질당할 위험이 더 크지만, 2004년에 오랫동안 〈명작 극장Masterpiece Theater〉의 진행자를 맡은 앨리스테어 쿡Alistair Cooke에게도 그런 일이 일어났다.

이 모든 이야기 때문에 해부학에 역겨움을 느낀다면, 여러분만 그런 것이 아니다. 해부학자들도 서로 다른 관행의 윤리에 대해 계속 논쟁을 벌이고 있고, 심지어 해부학이 정말로 좋은 일을 하는 사례들(예컨대 법의학 분석을 통해 살인 사건의 범인을 밝혀내는 경우처럼)에서도 연구의 밑바탕에는 늘 섬뜩한 측면이 자리잡고 있다. 사실, 법의해부학 중 상당 부분은 1849년에 하버드의학대학원에서 일어난 엽기적인 사건에 그 뿌리를 두고 있다. 많은 점에서 이 사건은 이 분야의 과거와 미래 사이에 벌어진 대결이었다. 미국 의학계에서 가장 우수한 인재들은 이 사건이 그저 시신 도굴꾼의 음험한 거래인지 아니면 훨씬 사악한 사건인지 판단해야 했다.

수위가 그 사건을 살인이라고 생각한 이유는 칠면조 때문이었다. 1849년 추수감사절에 그의 주방 식탁 위에는 먹음직스러운 칠면조가 놓여 있었는데, 상사인 웹스터 박사가 준 선물이었다. 그런데 그는 지금 하버드의학대학원 지하에 있는 화장실에서 벽돌 벽을 파내고 있었다. 집에서 맛있는 만찬을 즐기고 싶은 생각이 간절했지만, 자신의 양심을 쥐어뜯는 이 모든 단서 앞에서 태평하게 식사를 하고 있을 수 없었다.

이 사건에 집착한 사람은 그뿐만이 아니었다. 매사추세츠주 케임브리지에 거주하는 모든 사람은 그해 11월에 딴 이야기는 거의 하지 않았다. 조지 파크먼George Parkman 박사(키가 크고 여윈 체격에 허리를 꼿꼿하게 펴고 뻣뻣하게 걸었는데, 이 때문에 턱을 불가능한 각도로 삐죽 내민 자세로 걸었다)는 어느 금요일 오후에 식료품 가게에 들러 설탕과 6파운드짜리 버터 덩어리를 샀다. 그러고 나서 파크먼은 주인에게 그 물건들과 병약한 딸에게

사라진 조지 파크먼.

줄 간식(11월의 별미인 상추)을 좀 맡아달라고 부탁했다. 파크먼은 약속이 있다면서 나중에 돌아와 물건들을 가져가겠다고 말했다. 그러고 나서 그는 영영 나타나지 않았다.

60세가 가까운 파크먼은 1809년에 하버드의학대학원을 졸업했지만, 진지하게 의사로 활동한 적은 없었다. 대신에 부동산을 사 모으길 좋아했고, 하버드대학교의 3층짜리 의학대학원 건물 부지를 기부했다. 덜 고상한 측면도 있었는데, 파크먼은 빈민가에 공동 주택 건물을 여러 채 소유했고, 월세를 엄격하게 챙기는 사람이었다. 고리 대금업으로도 큰돈을 벌었는데, 빚진 사람을 끈질기게 괴롭히며 돈을 받아냈다(특히 자신의 비위를 거스른 사람에게는 더욱 모질게).

존 화이트 웹스터John White Webster 박사도 그의 비위를 거슬렀다. 56세이던 웹스터는 다소 무법자 기질이 있는 사람이었다. 파크먼보다 몇 년 뒤에 하버드의학대학원을 졸업하고 나서 런던에서 레지던트 과정을 밟았는데, 런던에서는 공개 처형을 구경하러 가길 좋아했다. 그는 낄낄거리며 "8시에는 교수형, 9시에는 아침 식사!"라고 말하곤 했다. 웹스터는 필시 시신도 한두 구 훔쳤을 것이다. 하지만 웹스터는 아조레스 제도에서 한동안 의사로 일한 뒤에 의학을 포기하고 하버드대학교에서 지질학과 화학을 가르쳤다. 그의 실험실은 의학대학원 건물 지하에 있었다. 웹스터는 강의에서 불꽃놀이를 특별히 자주 다루었고, 웃음 가스로 학생들을 유쾌하게 만들길 좋아했다.

비록 웹스터는 의사 일을 그만두었다곤 하지만, 의사로 살아가는 생활 방식에 여전히 중독되어 있었다. 그 당시 전형적인 하버드대학교 교수는 봉급과 무관하게 이미 부유하여 재산이 약 7만 5000달러(오늘날의 가치로는 230만 달러)나 되었다. 교수 중 4분의 3은 상위 1%

살인자로 의심되는 하버드대학교의 화학자 존 화이트 웹스터.

안에 드는 사람들이었고, 아주 호화로운 일부 교수의 대저택은 현지 관광 지도에도 실려 관광객들이 그 부지를 걸어다니면서 구경했다. 이에 비해 웹스터의 봉급은 1200달러로 평균인 1950달러보다도 많이 낮았다. 이러한 궁핍은 단순히 불편한 정도에 그치지 않고 실제로 그의 일자리를 위태롭게 했다. 1840년대 중엽에 하버드대학교에서 일하던 한 이탈리아인 교수는 파산을 한 뒤에 사임을 강요당했다. 하버드의 사회적 기준에 부응하지 못하면 응분의 결과가 따랐다. 그래서 웹스터는 의사로서 누리던 생활 방식을 유지하기로 결정했다. 케임브리지에 침실 6개와 응접실이 2개 딸린 저택을 구입하고, 굴과 와인을 곁들여 손님들을 융숭하게 대접했다. 하지만 하인까지 둘 형편은 못 되었고(아내와 딸들은 창피스럽게도 직접 먼지를 털며 집 안 구석구석을 청소해야 했다), 예금은 거의 바닥이 나 9달러짜리 수표가 부도 처리된 적도 있었다.

웹스터는 절약하며 사는 대신에 1842년에 파크먼에게 접근해 400달러(오늘날의 가치로는 1만 3000달러)를 빌렸다. 1847년에는 2000달러(오늘날의 가치로는 6만 2000달러)를 더 빌렸다. 그다음 2년 동안 웹스터는 빌린 돈을 갚으려고 노력했다. 하지만 경제관념이 부족했던 웹스터는 결국 파크먼에게 아끼던 광물과 보석 소장품을 담보로 맡겨야 했다. 주변 사람들은 웹스터의 빚에 대해 수군거렸고, 이에 웹스터는 격분했다. 한번은 이발을 하다가 한 지인으로부터 "사람이 원숭이를 면도해주는 걸 본 적이 있는가?"라는 농담을 들었다. 그것은 아마도 웹스터의 재정 상황과는 아무 관계가 없는 순수한 농담이었을 것이다. 웹스터는 벌떡 일어나 이발사의 면도칼을 낚아채 그 사람에게 달려들었다. 면도칼은 아슬아슬하게 그 사람을 빗나갔다.

1849년 가을에 파크먼은 웹스터에게 빚을 갚으라고 채근했고, 보안관은 웹스터의 가구를 압류하겠다고 협박했다. 시간을 벌기 위해 웹스터는 파크먼을 속이고 자신이 사랑하던 광물 소장품을 다른 두 채권자에게 저당 잡혔다. 불행하게도 그중 한 사람은 파크먼의 매형인 로버트 쇼Robert Shaw였다. 어느 날, 쇼는 파크먼과 함께 거리를 걸어가다가 웹스터가 지나가는 것을 보았고, 쇼는 파크먼에게 웹스터의 재정 상태를 물어보았다. 파크먼이 왜 그걸 묻느냐고 하자, 쇼는 웹스터가 저당 잡힌 광물에 대해 이야기했다. 잠깐 동안 당혹스러운 대화가 오간 뒤, 두 사람은 웹스터가 동일한 소장품을 두 사람 모두에게 저당 잡혔다는 사실을 알게 되었다.

파크먼은 그 사실을 알고 나서 격노했고, 결국 의학대학원 지하실에서 웹스터를 만났다. 파크먼은 "당장 돈을 갚아. 안 그랬다간……." 하고 협박했다. 두 사람은 이성을 잃었고, 그 건물의 수위는 두 사람이 다투는 소리를 들었다—"험한 꼴을 볼 거야."라는 파크먼의 협박을 포함해. 웹스터는 결국 어떻게든 483달러(오늘날의 가치로는 1만 5000달러)를 긁어모아 추수감사절 직전의 금요일까지 갚기로 약속했다.

금요일이 왔을 때, 파크먼은 식료품 가게에 들러 버터와 설탕을 사고는 그것들과 상추를 맡겨놓고 나왔다. 그리고 턱을 쭉 내민 채 웹스터에게 돈을 받으러 갔다. 나중에 웹스터는 경찰에게 파크먼이 단 한 마디 말도 없이 483달러를 낚아채고는 서둘러 떠났다고 진술했다.

바로 거기서부터 미스터리가 시작되었다. 파크먼은 강박적일 정도로 정해진 습관대로 행동하는 사람이어서, 그날 밤 저녁 식사 시간이 되었는데도 그가 나타나지 않자 가족은 불안을 느끼기 시작했다. 다음 날 아침이 되어도 돌아오지 않자, 가족은 공황 상태에 빠졌다. 조용히 수소문을 하고 난 뒤에 가족은 신문에 결정적 정보를 제공하는 사람에게 3000달러(오늘날의 가치로는 9만 2000달러)의 보상금을 주겠다는 광고를 실었다. 광고를 보고 유감스럽게 생각한 웹스터는 파크먼의 형제에게 전화를 걸어 자신과 만났던 일을 설명했다. 이 이야기를 들은 파크먼의 가족은 억장이 무너지는 느낌이 들었다. 파크먼은 빚을 받은 뒤에 거액의 현금을 가지고 돌아다니는 버릇이 있었다. 이 때문에 전에도 강도를 당한 적이 있었고, 이번에도 필시 그런 것으로 보이는데, 목숨까지 잃었을 가능성이 높았다. 가족은 무거운 마음으로 두 번째 광고를 실었는데, 파크먼의 시신 발견에 1000달러의 보상금을 내걸었다.

경찰은 근처의 찰스강을 수색하기 시작했다. 정보를 얻기 위해 부근의 불량배들도 심문했다. 하지만 확실한 단서는 아무것도 나오지 않았다. 마지막으로 확실하게 목격된 장소는 하버드의학대학원 건물이었다. 파크먼의 개(파크먼이 빚을 받으러 갈 때 자주 데리고 다니던)에 대한 소문도 나돌았는데, 그 건물 근처에서 주인이 돌아오길 기다리는 듯이 머물러 있었다고 한다.

그래서 추수감사절 며칠 전에 경찰은 의학대학원으로 가 수색을 했다. 먼저 그들은 지하실에 있던 수위의 숙소부터 수색했다. 침대 밑까지 살펴보았지만 아무것도 없었다. 그러고 나서야 마지못해(그들은 그토록 유명한 학자에게 실례를 저지르는 걸 싫어했다) 그다음 방으로 가 웹스터의 연구실 문을 두드렸다. 도량이 넓은 웹스터는 모든 것을 이해한다면서 들어와서 자신의 연구실을 수색하도록 허락했다. 혹은 적어도 연구실 대부분을 수색하도록 허락했다. 문이 잠긴 벽장이 하나 있었는데, 한 경찰이 안에 무엇이 있느냐고 묻자 웹스터는 폭발성 물질이 보관돼 있다고 설명했다. 그걸로 수색은 종료되었고, 잠시 후 경찰은 작별 인사를 하고 그곳을 떠나 다시 불량배들을 심문했다. 그들은 훨씬 유력한 용의자가 줄곧 바로 코앞에 있었다는 사실을 꿈에도 몰랐다.

하버드대학교의 수위로 일한 이프레임 리틀필드.

이프레임 리틀필드Ephraim Littlefield는 단순한 수위가 아니었다. 무성한 턱수염과 헤어스타일은 점잖은 퀘이커교도처럼 보였지만, 리틀필드는 해부학 수업에 필요한 시신을 구하는 일에도 관여했다. 리틀필드는 아내와 함께 의학대학원 건물 지하에 있는 방에서 살았기 때문에, 시신 도굴꾼을 늘 만날 수 있었다.

리틀필드는 단순히 보조 역할만 한 게 아니었다. 1년 전에 한 의사가 제2석달째에 접어든 여성의 임신 중절 수술을 하다가 그만 환자를 죽게 했다. 그러고 나서 그 의사는 그 여성과 죽은 태아를 하버드대학교 의사 올리버 웬델 홈스 시니어 Oliver Wendell Holmes Sr.에게 팔려고 시도했다. 하지만 홈스는 그 당시로서는 보기 드문 윤리 의식을 발휘해 제안을 거절했다. 절박한 처지에 내몰린 의사는 리틀필드를 붙잡고 그 시신들을 좀 처리해달라고 부탁했다. 리틀필드는 5달러를 주면 그러겠다고 말했다. 리틀필드는 그 돈을 받았지만, 의사는 범행이 탄로나 체포되고 말았고, 리틀필드가 이 사건에 연루되어 돈을 받았다는 소문 때문에 하버드의학대학원의 명예가 실추되었다.

이 어두운 거래 때문에 리틀필드는 파크먼 실종 사건의 주요 용의자로 의심받았고, 경찰은 실제로 그의 방을 수색했다. 그래서 아마도 결백을 증명하기 위해 리틀필드는 그다음 며칠 동안 자체 조사를 벌이기 시작했는데, 의구심을 품고 있던 자신의 상사 웹스터 박사에게 초점을 맞추었다.

리틀필드의 지하실 방은 웹스터의 연구실 바로 옆에 있었고, 수위가 하는 일 중에는 매일 아침 연구실 노爐에 불을 붙이는 것도 있어서 리틀필드는 언제든지 마음대로 연구실을 들락거릴 수 있었다. 파크먼이 사라지고 나서 웹스터는 갑자기 연구실 문을 잠그기 시작했다. 그런데도 그 안의 노는 계속 타고 있었다. 그것도 그 반대편 벽에 손을 댈 수 없을 정도로 너무나도 뜨겁게 탔고, 리틀필드는 언제라도 연구실에 화재가 날까 봐 불안했다. 더 이상한 것은 바로 칠면조였다. 웹스터는 리틀필드의 조력자 역할을 대개 무시했고, 게다가 빚에 쪼들리는 것으로 알려져 있었다. 그런데도 추수감사절 며칠 전에 웹스터는 리틀필드에게 3.6kg이나 나가는 칠면조를 선물했다. 왜 그랬을까? 그리고 왜 그는 칠면조를 배달시키는 대신에 리틀필드에게 도시 건너편까지 걸어가 그것을 가져오게 했을까? 자신이 방해가 되어 멀리 보내려고 그랬던 것은 아닐까?

의심을 품은 리틀필드는 주변을 조사하기 시작했다. 어느 날, 연구실 문을 두드리는 자신을 웹스터가 무시하자, 리틀필드는 바닥에 엎드려 숨을 참고 문 밑으로 안을 들여다보았다. 간신히 웹스터의 발만 보였는데, 교수는 뭔가를 끌고 노 쪽으로 가는 것처럼 보였다. 나중에 리틀필드는 심지어 열린 창을 통해 연구실 안으로 들어가보기까지 했지만, 다급하게 진행한 수색에서는 수상한 점을 아무것도 발견하지 못했다.

그래서 리틀필드는 벽을 파 조사해보기로 결정했다. 추수감사절 날, 리틀필드는 의학대학원 건물 전체가 텅 빈 것을 확인했다. 3.6kg

짜리 칠면조가 식어가는 동안 리틀필드는 아내에게 망을 보게 하고, 손도끼와 끌을 들고서 지하실 아래의 보관실로 기어들어가 그곳에 있는 변소의 벽돌 벽을 허물기 시작했다. 경찰은 교수의 변소 수색을 포기했지만, 리틀필드는 그렇게 비위가 약하지 않았다.

하지만 리틀필드는 동작이 다소 굼떴다. 벽은 다섯 겹의 벽돌로 이루어져 있었는데, 손도끼는 그것을 해체하기에 적절한 연장이 아니었다. 그래서 리틀필드는 90분 동안 작업한 뒤에 추위와 허기를 못 이기고 그곳을 떠났다. 그날 밤, 아마도 스트레스를 풀기 위해 리틀필드는 아내와 함께 코티용 댄스를 추었고, 오전 4시까지 작업 현장을 떠나 있었다. 다음 날 아침에 리틀필드는 몹시 피곤했고 해야 할 기묘한 일들이 있었지만,[20] 결국에는 지친 몸을 이끌고 가까운 주조 공장으로 가 해머와 더 좋은 끌과 쇠지레를 빌렸다(급수 본관을 새로 설치하는 작업을 해야 한다면서). 그러고 나서 다시 지하 보관실로 내려갔다.

한동안은 작업이 상당히 빨리 진행되었다. 그러다가 바로 위의 바닥에서 망치로 내리치는 소리가 쾅, 쾅, 쾅, 쾅 하고 네 번 들렸다. 웹스터가 오고 있다고 아내가 보낸 신호였다. 리틀필드는 모든 작업을 중단하고 황급히 위로 올라갔지만, 그것은 잘못된 경보였다. 그래도 얼마 지나지 않아 웹스터가 돌아왔고, 리틀필드는 그의 비위를 맞추려고 노력하다가 다시 지하 보관실로 돌아갔다.

몇 시간 뒤, 리틀필드는 마침내 가장 안쪽 벽돌에 구멍을 뚫었다. 랜턴을 들고 그 안쪽의 어둠 속을 들여다보았다. 그런데 갑자기 찬바람이 확 불어오더니 랜턴의 불이 거의 꺼질 뻔했다.(그가 파고 있던 장소를 감안하면, 그 찬바람은 그의 얼굴에 역겨운 냄새도 확 끼었었을 것이다.) 그래도 리틀필드는 구멍을 점점 크게 하면서 다시 안을 들여다보려고 시도했는데, 이번에는 랜턴을 들이밀면서 불어오는 바람을 손으로 막았다. 그것은 에드거 앨런 포Edgar Allan Poe의 작품에서나 나올 법한 장면이었다. 주로 보이는 것은 변소에서 예상되는 것들이었다. 하지만 눈이 어둠에 적응하자, 특별한 것이 눈에 띄었다. 구덩이 한가운데에 칙칙한 흰색으로 빛나는 것이 있었는데, 바로 사람의 골반이었다.

리틀필드는 뛰쳐나가 경찰을 데려왔고, 경찰은 마침내 연구실을 철저하게 수색했다. 그들은 노 안의 재 사이에서 뼈 파편과 틀니를 발견했고, 변소에서 다리뼈를 몇 개 더 발견해 널빤지로 건져 올렸다. 무엇보다 섬뜩한 순간은 한 경찰이 웹스터의 차 상자(웹스터가 이 모든 일의 원인이 된 광물을 보관한 곳)를 뒤졌을 때였다. 바닥 부근에서 전혀 암석 같지 않은 질척한 것이 만져졌다. 그것은 장기를 모두 꺼낸 흉곽이었는데, 그 안에 왼쪽 넙다리가 터덕켄turducken(뼈 없는 칠면조 고기 속을 뼈 없는 오리 고기로 채우고, 또 그 속을 뼈 없는 닭고기로 채운 요리—옮긴이)처럼 들어 있었다.

하버드대학교 존 화이트 웹스터 연구실에서 발견된 조지 파크먼의 유해.

일반 대중은 소스라치게 놀랐다. 하버드에서 살인이 일어나다니? 한 신문은 "거리와 시장을 비롯해 어디서나 사람들은 핼쑥하고 호기심 어린 얼굴로 '과연 그게 사실일까?'라는 말로 서로 인사를 건넸다."라고 표현했다. 하버드대학교에서 이탈리아어를 가르치면서 웹스터와 친구 사이였던 시인 헨리 워즈워스 롱펠로 Henry Wadsworth Longfellow는 억장이 무너졌다. "이 사악한 행위 때문에 모든 사람의 마음이 훼손되었다."

그런데 많은 사람은 당장 웹스터를 교수형에 처하고 싶어 했지만, 현지 검사들은 증거를 살펴보고는 마른침을 삼켰다. 버크와 헤어 사건처럼 범죄 혐의를 소명하기가 쉽지 않을 것 같았다. 물론 시체가 발견되긴 했지만, 그 시체에는 머리가 없었다. 이 사람이 정말로 파크먼이 확실할까? 게다가 의학대학원 건물에는 늘 시신들이 들락거렸다. 설령 그 시체가 파크먼이라 하더라도, 누가 그를 다른 곳에서 죽였다가(혹은 자연사한 그를 누가 발견했다가) 그 시신을 의학대학원에 팔았을 수도 있었다. 게다가 그 시체를 발견한 사람이 누구인가? 더러운 돈 5달러에 어머니와 태아 시체를 처분하려고 한 사람이란 것을 모두가 기억하고 있었다. 어쩌면 그는 파킨슨의 시신에 대한 보상을 기대했거나 일부 시신 도굴꾼과 공모했을지도 몰랐다. 어떤 방식으로 분석하더라도, 합리적으로 의심을 제기할 수 있는 구멍이 도처에 있었다.

이 스캔들에 대한 시중의 관심을 감안하면, 1850년 3월에 열린 웹스터의 재판은 그때까지의 미국 역사상 가장 큰 소송 사건이 될 것 같았다. 실제로 시 공무원들은 법정을 드나드는 방청객의 이동을 통제하기 위해 이동식 탑승교를 설치했다. 11일 동안 무려 6만 명이나 되는 사람들이 그곳을 오갔고, 신문들은 마치 트윗을 날리듯이 매 시간 속보를 보도했다. 이 사건은 보스턴 대도시권 내 계층과 계급의 단층선을 드러냈다. 가난한 보스턴 주민은 웹스터를 사이코패스라고 비난하면서 목을 매달라고 요구했다. 반면에 거만한 케임브리지 주민은 리틀필드를 자신의 상사에게 누명을 씌운 비열한 고자질쟁이라고 조롱했다.(외부 신문들도 편향적 태도를 보였다. 버지니아주의 한 신문은 "모든 두발 동물 중 가장 역겨운 이프레임 리틀필드"라고 호통을 쳤다.) 재판장은 허먼 멜빌Herman Melville의 장인이었다. 그는 또한 하버드대학교 감독이사회 이사도 겸하고 있었는데, 보통 상황에서는 이해 충돌 사유가 될 수 있었다—피고와 살인 피해자가 모두 하버드대학교 졸업생만 아니었더라면. 양측의 선임 변호사와 증인 25명도 모두 하버드대학교 졸업생이었다. 그래서 그것은 재판이기도 했지만, 일종의 동창회이기도 했다.

웹스터의 변호는 단순했다. "나는 하버드 출신이고, 리틀필드는 하버드 출신이 아니다. 따라서 우리 둘 중에 범인이 있다면, 당연히 그가 범인이다." 조금 더 구체적으로 웹스터의 변호인들은 살해 도구가 전혀 발견되지 않았고, 파크먼이 어떻게 죽었는지 전혀 모른다는 점을 지적했다. 그것은 마치 클루 게임Clue game(각자 게임 속의 캐릭터를 맡아 여러 가지 단서를 바탕으로 누가 어떻게 피살자를 죽였는지 알아맞히는 보드 게임—옮긴이)과도 같았다. 검사는 공판 때마다 말을 바꿔가며 큰 망치, 칼, 웹스터의 '손발' 등을 살해 도구로 주장했다. 배심원단은 살해 도구도 없고 시체에 눈에 띄는 상처도 없는 상황에서 피고에게 과연 유죄 평결을 내릴 수 있을까? 특히나 시체가 가득한 건물에서?

그래도 검사 측은 믿는 구석이 하나 있었다. 그 시신은 의학대학원 건물에서 발견되었는데, 거기서 불과 몇 걸음 떨어진 곳에 세계 최고의 해부학 권위자들이 있었다. 인체 분석에 관한 한 최고의 전문가인 이들은 웹스터를 동료로 존중하긴 했지만, 그의 변소에서 발견된 시신은 유죄를 강력하게 시사했다.

먼저, 해부학자들은 그 시신이 파크먼임을 입증했다. 그중 여러 사람은 오래전부터 파크먼과 아는 사이였고, 그들의 예리하고 숙련된 눈은 차 상자에서 발견된 여윈 사다리꼴 몸통의 정체를 쉽게 알아보았다. 또한 파크먼의 치과 의사(그 역시 하버드의 동료)는 노에서 그을린 상태로 발견된 틀니를 알아보았는데, 그것을 만든 사람이 자신이었기 때문이다. 게다가 치과 의사는 그 틀니가 사람 머리 속에 든 채 가열되었다는 사실을 밝혀냈다. 만약 따로 노에서 가열된다면, 틀니는 금방 뜨거워지면서 팝콘처럼 터지고 말 것이라고 지적했다. 하지만 이 틀니는 터지지 않았으므로, 사람 살처럼 수분을 머금은 물질에 둘러싸여 보호받았음을 알려주었다. 이것은 법의치과학의 진면목을 보여주는 증거였다.

단서들은 파크먼을 죽인 범인이 웹스터라고 강력하게 시사했다. 증인들은 시신을 난도질한 사람이 누구이건, 복장뼈(흉골)와 흉곽과 빗장뼈(쇄골)를 그토록 정교하게 분리한 것은 전문가의 솜씨가 분명하다고 지적했다. 가슴의 두꺼운 근육과 힘줄을 감안할 때 복장뼈를 부수지 않고 분리하기는 매우 어려운데, 오직 인체 해부 훈련을 고도로 받은 사람만이 어디를 잘라야 깨끗하게 분리할 수 있는지 알 수 있다. 의사 출신인 웹스터는 바로 그런 요건에 딱 들어맞는 반면, 리틀필드는 비록 시신 거래에 관여하긴 했지만, 수술칼을 손에 쥐어본 적도 없었다.

하지만 웹스터에게 관한 한 불리한 이 모든 증거(정교한 절단, 그을린 틀니, 변소에서 발견된 시신)에도 불구하고, 모든 사람은 케임브리지에 우호적인 배심원단을 감안할 때 그가 무죄 평결을 받고 걸어나가리란 사실을 알고 있었다. 공판은 토요일 오후 8시 직전에 끝났는데, 배심원단은 세 시간 뒤에 평결을 갖고 돌아왔다. 멜빌의 장인은 법정에 정숙을 명령한 뒤, 배심원단에게 평결을 물었다.

웹스터는 재판 내내 아무 감정도 내비치지 않고 침묵을 지켰다. 하지만 '유죄'라는 단어가 들리자마자 웹스터는 한 목격자의 표현에 따르면 "총 맞은 것처럼 놀랐고", 뒤로 자기 의자 위로 풀썩 쓰러졌다. 몇 미터 뒤에 있던 이프레임 리틀필드는 울음을 터뜨렸다.

150년 뒤에 O. J. 심슨O. J. Simpson 재판을 계기로 보통 사람들도 DNA 증거가 무엇인지 잘 알게 된 것처럼, 웹스터의 재판은 매스컴의 대대적인 관심 때문에 미국에서 법의학의 발전을 이끄는 중요한 계기가 되었다. 이에 못지않게 중요한 것은, 100여 년 동안 폭동과 시신 도굴이 이어진 끝에 이 재판이 해부학의 명성을 회복시키는 데 도움을 주었다는 사실이다. 해부학자들은 살인자를 밝히는 데 도움을 주었을 뿐만 아니라, 부유한 교수의 유죄를 입증하고 가난한 수위의 무죄를 밝힘으로써 해부학계에서 통용되던 계급 동맹을 무너뜨렸다. 실제로 한 목격자는 이 재판을 아마도 미국 역사상 가장 공정한 재판일 것이라고 말했다. "이토록 평등하고 정확한 재판 사례는 일찍이 없었다[:] 돈, 영향력 있는 친구, 유능한 변호인, 기도, 청원, 과학적 명성의 위세, [이 모든 것이] 그를 구하는 데 실패했다."

그리고 실제로 웹스터는 파크먼을 살해했다. 웹스터는 교수형을 당하기 며칠 전에 마침내 이 사실을 실토했다. 마지막으로 만났을 때, 파크먼이 자신을 모욕적인 이름으로 부르면서 대학교에서 쫓겨나게 (재정적 파산으로 몰아넣는 마지막 단계) 만들겠다고 위협했다고 한다. 분노가 치밀어오른 웹스터는 가까이 있던 통나무를 가져와 파크먼의 이마를 내리쳤다.(전직 의사였던 웹스터는 어디를 가격해야 할지 알았던 것이 분명하다.) 파크먼은 그대로 쓰러졌고, 공황 상태에 빠진 웹스터

하버드대학교에서 일어난 웹스터의 파크먼 살인 사건을 극적으로 묘사한 그림.

는 그의 시신을 절단하고 태우기 시작했다.

　이 자백은 관용을 구하기 위한 마지막 몸부림이었다. 주지사 사무실에 이야기한 것처럼, 웹스터는 자신이 과실 치사를 저지르긴 했지만 살인을 한 것은 아니라면서 사형이 아니라 징역형을 받아야 마땅하다고 주장했다. 주지사는 그 탄원에 마음이 흔들리지 않았고, 이전의 윌리엄 버크처럼 존 화이트 웹스터는 며칠 뒤에 해부학과 연관된 살인죄로 교수형을 당했다.[21]

　추문으로 얼룩진 해부학의 역사에도 불구하고, 적어도 이렇게는 말할 수 있을 것 같다. 버크와 헤어의 살인 사건을 제외한다면, 시신을 강탈당해 해부를 당한 사람들은 아무것도 느끼지 못했다. 수치스러운 것은 어쩔 수 없었겠지만, 적어도 그들은 고통을 겪지는 않았다.

불행하게도 항상 그랬던 것은 아니다. 대다수 의학 연구는 생체를 대상으로 하며, 이어지는 장들에서 보듯이, 19세기의 해부학자들조차 다음 세기에 일어날 일부 야만적인 실험에는 기겁했을 것이다. 고통을 받은 대상은 사람뿐만이 아니었다. 의학 연구에서는 동물을 목적이 아니라 수단으로 취급하며, 동물의 고통과 괴로움은 부수적 피해로 일축한다. 실험이 유용한 데이터를 제공할 때조차도 이것은 윤리적으로 심각한 문제이다. 하지만 경쟁자의 기술을 부정하기 위해 말과 개를 전기로 고문한 토머스 에디슨Thomas Edison의 경우에는 정말로 범죄를 저지르는 영역으로 들어섰다.

5장

동물 학대

전류 전쟁과 최초의 전기 처형

강당에 모인 청중은 앞으로 무엇을 보게 될지 전혀 짐작도 하지 못했지만, 개가 모습을 드러내자 즉각 긴장했다. 때는 1888년 7월, 장소는 뉴욕시의 컬럼비아대학교였고, 해럴드 브라운Harold Brown이라는 전기 기사가 몸무게 34kg의 뉴펀들랜드 잡종견을 무대로 끌고 나와 전선으로 친친 둘러싸인 목제 우리에 집어넣었다. 청중의 불안을 눈치챈 브라운은 그 개가 "질이 나쁜 잡종견이며, 이미 두 사람을 문 적이 있다."라고 확언했다. 현장에 있던 한 기자는 실제로는 그 개가 아주 온순해 보인다고(그리고 분명히 겁에 질렸다고) 생각했다.

　　개가 겁을 먹고 몸을 웅크리고 있는 동안 브라운은 교류와 직류의 장점을 비교한 논문을 낭독했는데, 교류가 왜 직류보다 훨씬 치명적인지 설명하는 데 초점을 맞춘 논문이었다. 낭독을 끝마친 뒤에 브라운은 모든 청중이 두려워하던 일에 착수했다. 오른쪽 앞다리와 왼쪽 뒷다리 주위를 젖은 솜으로 감고 나서 그 솜에 피복이 없이 드러난 구리 전선을 감았다. 그 전선은 발전기에 연결돼 있었고, 모든 준비가 끝나자 브라운이 스위치를 당겼다.

300볼트의 직류가 개의 몸으로 흘러갔다. 개는 갑자기 경직된 자세로 얼어붙더니 브라운이 전류를 차단할 때까지 계속 그 자세로 있었다. 그리고 나서 브라운은 전압을 높여가면서(400볼트, 500볼트, 700볼트, 1000볼트로) 극적인 실험을 반복했다. 전류를 가하는 과정이 끝날 때마다 개는 울부짖으며 몸을 마구 떨었고, 한번은 우리에 세게 부딪는 바람에 머리가 전선 그물을 뚫고 삐져나왔다. 그 기자는 "그 역겨운 장면을 견디지 못한 청중들이 강당을 떠났다."라고 썼다. "개의 생명력은 너무나도 크게 떨어져 청중은 개가 죽었는지 살았는지 궁금해했다."

그때, 한 사람이 일어서더니 브라운에게 개를 그 불행에서 벗어나게 해달라고 요구했다. 브라운은 능글맞게 개가 "교류를 흘려주면 고통을 덜 겪을 것"이라고 대답했다. 그리고 나서 직류 발전기를 교류 발전기로 교체하고는 개에게 330볼트 이상의 전류를 가했다. 그 시점에서 또 다른 기자는 개는 "일련의 불쌍한 신음 소리를 내면서 여러 차례 경련을 일으키더니 죽었다."라고 썼다.

한 목격자는 그 시범에 비하면 투우는 아이가 동물을 만질 수 있는 동물원처럼 보인다고 말했다. 한편, 브라운은 의기양양했다. 그는 자신의 주장을 증명했다고 믿었다. 즉, 교류는 직류보다 더 낮은 전압에서도 목숨을 앗아간다는 것을 보여주었다고 믿었다. 그리고 뉴펀들랜드 잡종견뿐만 아니라 여러 동물의 고문 실험을 후원한 사람도 이소식에 기뻐할 것이라고 믿었다. 그 사람은 바로 미국에서 영웅으로 칭송받던 토머스 에디슨이었다.

에디슨의 발명 이야기는 누구나 다 안다. 정규 교육을 받은 기간이 3개월도 채 안 되는데도 불구하고, 에디슨은 불굴의 용기와 천재성을 결합해 주식 시세 표시기, 개표기, 영화 카메라, 화재경보기를 비롯해 수십 가지 혁신 기술의 발명(혹은 적어도 발전)에 기여했다. 19세기 사람들은 목소리를 녹음하는 기계인 축음기에 너무나도 놀라 그것이 마술이라고 믿었다. 그리고 에디슨이 전구를 발명한 것은 아니지만, 그의 팀은 희미하고 연약하고 값비싸고 화재 발생 위험이 높은 제품을 온 세상을 환히 밝히는, 값싸고 신뢰할 수 있는 장비로 바꾸어놓았다. 에디슨은 정말로 미국에서 민중의 영웅으로 추앙받을 만한 사람이었다.

그렇긴 하지만, 에디슨은 가끔은 정말로 개망나니 같은 짓을 했다. 에디슨과 조수들은 자정을 넘긴 시간까지 아주 힘들게 일하고 연구소 벽장에서 잠을 자는 생활을 했다. 하지만 발명에 대한 영광은 에디슨이 독차지했다. 에디슨은 상대방의 뒤통수를 치는 사업가이기도 했다. 1870년대에 에디슨은 한 전신 회사로부터 새로운 전기 장비를 개발해달라는 요청과 함께 5000달러(오늘날의 가치로는 11만 달러)를 받았다. 에디슨은 그 장비를 개발했지만, 그 권리를 경쟁 회사에 3만 달러를 받고 팔아넘겼다. 전구의 경우에도 에디슨은 완벽한 제품을 만들었다고 공개 발표하면서 여러 차례 거짓말을 했는데, 자기 회사에 투자를 끌어들이고 천연가스 회사들의 주가를 떨어뜨리기 위해서였다. 한 중역이 에디슨에게는 "양심이 있어야 할 곳에 진공이 있다."라고 조롱한 말에 많은 사람이 동의했다.

토머스 에디슨과 초기의 축음기. 이것은 놀라운 발명품이었지만,
에디슨은 축음기로 큰돈을 벌진 못했다.

하지만 에디슨의 발명품들은 탁월한 우수성에도 불구하고 한 가
지 큰 결점이 있었는데, 별로 돈이 되지 않았다. 축음기조차도 매우
경이롭긴 했지만 대개 장난감으로 사용되었다. 그 당시에는 녹음된
음악을 사고파는 시장이 없었기 때문이다. 안정적인 수입이 없으면,
자신의 진정한 열정인 연구소를 운영할 자금을 확보할 수 없었다. 무
엇보다도 에디슨은 천재로서 세상을 변화시켜야 할 필요성을 느꼈는
데, 여기저기 흩어져 있는 작은 발명품들로는 그 일을 해낼 수 없었다.

결국 1880년대에 에디슨은 획기적인 아이디어를 떠올렸다. 도시들을 전선으로 연결한다는 생각이었다. 그 당시에도 대다수 대도시 주민들은 복잡하게 뒤엉킨 전선 아래로 걸어다녔다. 그것들은 대부분 전신과 아크등에 필요한 전선으로, 한 가지 목적에만 사용할 수 있고 특정 기업만 사용할 수 있었다. 에디슨은 모든 기업과 심지어 모든 가정을 전선으로 연결하자고 제안했다. 게다가 에디슨의 전선은 한 가지 목적에만 국한되지 않고, 전동기와 직기, 전구를 비롯해 모든 것에 에너지를 공급할 수 있다고 주장했다. 에디슨은 발전기에서부터 송전선, 소비자용 전기 기기에 이르기까지 필요한 모든 단계에 대한 특허를 소유했기 때문에, 도시를 전선으로 연결해 나오는 수익은 모두 자신의 호주머니로 들어오게 돼 있었다. 에디슨은 또한 전기가 얼마나 혁명적인 것인지 잘 알고 있었고, 미국에 동력을 공급하는 사람이 되길 원했다. 먼저 맨해튼에서 시작해 그 기술을 완벽하게 만든 뒤, 전국 각지로 확대하기로 계획을 세웠다.

딱 한 가지 문제가 있었다. 에디슨의 특허들은 직류에 의존했다. 직류는 강과 같아서 전자들이 오직 한 방향으로만 흘러간다. 반면에 교류는 흐름이 아주 빠르게 바뀌는 조수와 같다. 전자들은 처음에는 한쪽 방향으로 흐르다가 그다음에는 반대 방향으로 흐르는데, 초당 수십 번이나 방향을 바꾼다. 직류와 교류는 모두 유용한 동력을 공급할 수 있는데, 여러 가지 이유 때문에 소비재(자동차, 전화, 텔레비전, 가전 제품, 컴퓨터)에는 직류가 압도적으로 많이 쓰인다. 이 제품들은 모두 내부 회로에 직류를 사용한다. 하지만 에디슨의 계획에는 전류 '송전'(전선을 통해 발전소에서 가정과 공장으로)도 포함돼 있었다. 그런데 1880년대의 전류 송전에서 교류와 직류는 각각 나름의 장점과 단점이 있었다.

직류의 장점은 전동기 같은 전기 제품이 내부 동력으로 직류를 사용한다는 점이었다. 따라서 공급되는 전기가 직류라면, 플러그를 꽂기 전에 교류를 직류로 바꾸어야 하는 번거로움과 비효율을 피할 수 있었다. 직류의 단점은 막대한 선행 투자 비용이었다. 그 당시에는 직류 송전 기술의 한계 때문에 에디슨은 몇 블록마다(그리고 몇 km마다) 발전소를 하나씩 세워야 했다. 게다가 에디슨은 발전소에서 가정까지 구리선 전선을 사용해 연결해야 했는데, 구리는 비싼 금속이었다. 그리고 에디슨은 전선을 지하에 매설해야 한다고 주장함으로써 스스로 어려움을 가중시켰다. 여러 가지 이유에서 에디슨은 머리 위에 주렁주렁 늘어진 전선을 싫어했다. 보기에도 흉하고 너무 위험하고 끊어질 위험도 컸다. 그의 회사는 대신에 도로를 파 그 아래에 전선을 깔기 시작했다. 에디슨은 그답게 자주 직원들과 함께 구덩이 아래로 내려가 돌을 파내면서 온몸이 진흙투성이가 되곤 했다. 하지만 이 공사는 비용이 많이 들었고, 게다가 교통을 방해하지 않도록 공사는 밤중에만 할 수 있었다.

이와는 대조적으로 교류는 선행 투자 비용이 많이 들지 않았다. 전선을 통해 흘러가는 전기를 관을 통해 흘러가는 물에 비유하면, 그 이유를 쉽게 이해할 수 있다. 관이 두꺼우면 물이 더 많이 흘러갈 수 있지만, 두꺼운 관을 만들려면 돈이 많이 든다. 만약 하루에 일정량의 물만 보내야 하는데 가느다란 관을 사용해야 한다면, 최선의 선택은 수압을 높이는 것이다. 높은 수압은 가느다란 관의 단점을 보완할 수 있다.

전기에도 이와 비슷한 동역학이 작용한다. 두꺼운 구리선은 더 많은 전력을 보낼 수 있지만 비용이 많이 든다. 이 문제를 피하려면, 전선에 흐르는 전류의 '압력'을 높이면 된다. 전류의 압력을 과학자들은 '전압voltage'이라고 부른다.(에디슨 시대에 많은 사람은 'voltage' 대신에 'electrical pressure'라는 용어를 사용했다.) 교류의 최대 장점은 송전을 위해 전압을 높이기가 아주 쉽다는 점이다. 그 결과, 전선이 가늘고 구리를 덜 쓰더라도 교류를 사용하면 송전선을 통해 더 많은 전력을 보낼 수 있었다. 직류는 그렇지 않았다. 그 당시에는 직류의 전압을 높이기가 어려웠다.

요점은 직류는 두껍고 값비싼 구리선이 필요한 반면 교류는 그렇지 않다는 것이었다. 게다가 교류는 전압을 쉽게 높일 수 있어 몇 블록마다 발전소를 하나씩 지을 필요가 없었다. 발전소 하나로 도시 전체에 전력을 공급할 수 있었다. 도시들에 전력망을 깔겠다는 에디슨의 계획은 아주 불리한 상황으로 내몰렸다.

하지만 그 당시 교류에 크게 불리한 점이 한 가지 있었는데, 교류로 돌아가는 전기 기기가 드물었다는 점이다. 에디슨의 회사들은 교류 전동기나 발전기, 송전 장비를 훌륭하고 신뢰할 수 있게 만드는 데 시간과 천재성을 전혀 투입하지 않았다. 에디슨은 자신이 소비재 시장에서 우월한 지위(거기다가 자신의 빛나는 대중적 명성까지 결합해)에 있으므로 발전소 건설과 구리선의 비싼 비용을 극복하고, 시장에서 결정적 우위를 점할 수 있을 것이라고 믿었다. 세르비아 출신의 젊은 이민자 니콜라 테슬라Nikola Tesla가 등장하지 않았더라면, 실제로 그 후의 상황이 그렇게 흘러갔을 수도 있다.

괴짜 과학자라면 니콜라 테슬라를 능가할 사람을 찾기 어려울 것이다. 테슬라는 가끔 화성인과 이야기를 나눈다고 주장했고, 식사를 할 때 자기 앞에 놓인 그릇이나 컵의 부피를 강박적으로 계산했다. "나는 절대로 다른 사람의 머리카락을 만지지 않을 것이다. 총구를 내 머리에 갖다 대지 않는 한."이라고 말한 적도 있으며, 복숭아나 진주를 보면 갑자기 몸이 아팠다. 그 이유는 아무도 몰랐다. 하지만 순전히 지적 능력만 놓고 볼 때 역사를 통틀어 테슬라에 필적할 만한 인물은 얼마 없다. 테슬라는 자신의 발명품을 굳이 시험할 필요조차 없었던 적도 많았다. 그것은 이미 머릿속에서 완성된 상태로 톱니바퀴들이 윙윙거리며 돌아가고 있었다. 한번은 친구와 함께 공원을 걷던 테슬라가 발걸음을 내딛는 도중에 갑자기 얼어붙은 듯이 딱 멈춰 섰다. 그러고는 얼굴이 축 처졌는데, 친구는 테슬라가 발작을 일으키는 줄 알았다. 실은 그의 머릿속에 새로운 종류의 전동기 아이디어가 완전한 형태로 막 떠올랐던 것이다. 다시 정신이 돌아온 테슬라는 그 아이디어를 막대로 흙 위에 그렸고 그 우아함에 기뻐하며 활짝 웃었다. 그 시점에서 실제로 그 기계를 만드는 것은 테슬라에게 불필요한 일이었다. 그는 그것이 제대로 작동하리라는 사실을 알았고 실제로도 그랬다.

테슬라는 유럽에서 전기공학을 공부한 뒤에 28세 때인 1884년에 미국으로 건너왔다. 도착했을 때 수중에는 4센트와 시집 한 권, 에디슨에게 보내는 추천장 하나밖에 없었다.(추천장에는 "나는 위대한 사람을 두 사람 압니다. 한 사람은 당신이고, 또 한 사람은 바로 이 젊은이입니다."라고 적혀 있었다.) 깊은 인상을 받은 37세의 에디슨은 테슬라를 엔지니어로 고용했다. 하지만 두 사람은 얼마 지나지 않아 충돌했다. 갈등 중 일부는 과학적 견해 차이에서 비롯되었다. 에디슨은 직류를 선호한 반면, 테슬라는 전류의 미래는 교류라고 믿었다. 게다가 테슬라

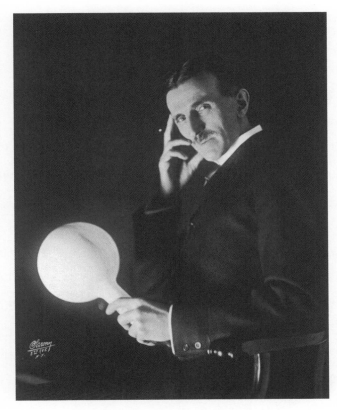

전기공학의 천재이자 에디슨의 경쟁자였던 니콜라 테슬라.

는 약간 엘리트주의에 빠져 있었고, 에디슨의 최대 장점(부단한 노력)을 경멸했다. 에디슨과 조수들은 더 나은 전구 필라멘트를 발명하기 위해 말총과 코르크, 풀, 옥수수수염, 계피, 순무, 생강, 거미줄, 마카로니를 비롯해 수천 가지 물질을 시험하면서 엄청난 노력을 쏟아부었다. 테슬라는 이러한 마구잡이식 접근법에 질색했다. "만약 에디슨이 건초 더미에서 바늘을 찾으려고 한다면, 마침내 그것을 찾아낼 때까지 벌처럼 부지런히 짚을 하나하나 조사하려고 할 것이다……. 나는 그런 노력을 안쓰럽게 여겼는데, 약간의 이론과 계산의 도움을 받으면 그런 노력 중 90%를 절약할 수 있다는 걸 알았기 때문이다." 왜 다른 사람들은 테슬라처럼 굉장한 아이디어를 그냥 환각으로 보듯이 떠올리지 못하는 것일까?

하지만 정말로 갈등에 불을 붙인 것은 두 사람의 성격 차이였다. 테슬라는 청결 강박증이 있었고 우아한 정장 차림을 좋아했다. 반면에 에디슨은 투박하고 단정치 못해 때 묻은 와이셔츠를 입고 더러운 손톱을 하고 다녀 테슬라를 질색하게 만들었다.(한 기자는 에디슨이 "말린 자두를 주문받고서 그것을 준비하느라 서두르는 시골 가게 점원처럼 보였다."라고 말한 적이 있다.) 그리고 테슬라가 웃는 모습은 상상하기가 어려운 반면, 에디슨은 바보 같은 장난을 즐겼다. 에디슨이 즐긴 한 가지 장난은 전지를 금속 싱크대에 연결하고는 크랭크를 돌려 전하를 계속 쌓는 것이었다. 그랬다가 누가 싱크대를 만지고서 고통스러워하며 팔짝팔짝 뛰면, 에디슨은 폭소를 터뜨리며 즐거워했다.

이러한 장난기가 결국 두 사람의 관계를 파국으로 몰고 갔다. 1885년 봄에 에디슨은 어떤 직류 발전기의 설계를 바꾸려고 시도했지만, 좋은 방법을 찾지 못했다. 그 발전기는 효율이 떨어졌고 고장도 잦았는데, 아무리 생각해도 해결 방법이 떠오르지 않았다. 그래서 테슬라에게 만약 그 결함을 해결한다면 5만 달러(오늘날의 가치로는 150만 달러)를 주겠다고 말했다. 테슬라는 거의 탈진할 때까지 노력한 끝에 발전기의 성능을 크게 개선시켰다. 하지만 에디슨에게 가서 보너스를 달라고 하자, 에디슨은 포복절도하며 이렇게 말했다. "테슬라, 자네는 미국인의 유머 감각을 통 이해하지 못하는군." 그러고는 자신이 한 말은 줄곧 농담이었고, 그렇게 터무니없는 금액을 지불할 생각이 없었다고 주장했다(아마도 거짓으로). 테슬라는 크게 분개하여 그 자리에서 즉각 일을 그만두었다. 테슬라는 한동안 입에 풀칠을 하기 위해 도랑 파는 일을 해야 했지만, 거짓말쟁이 밑에서는 일하고 싶지 않았다.

하지만 그 일을 그만둔 것이 결국에는 테슬라에게 전화위복이 되었다. 얼마 후 테슬라는 피츠버그에서 기업가 조지 웨스팅하우스 George Westinghouse와 함께 일하게 되었는데, 웨스팅하우스는 교류 기술에 막대한 돈을 투자하고 있었다. 테슬라처럼 잘 모르는 사람을 고용하는 것은 도박이었지만, 그 후 몇 년 동안 그 도박은 대박을 터뜨렸다. 테슬라는 결국 웨스팅하우스를 위해 교류 장비에 관한 특허를 40개나 얻었고, 교류 기술의 발전을 가로막고 있던 문제를 많이 해결했다. 물론 에디슨과 전구의 경우와 마찬가지로 테슬라도 모든 것을 혼자서 이룬 것은 아니다. 다른 사람들도 장비에 필요한 주요 부품들을 발명했는데, 우월감에 사로잡힌 테슬라는 자신의 아이디어를 실제로 실행에 옮기는 일을 하찮게 여겨 자기 밑에 있는 사람들에게 맡겼다. 어쨌거나 테슬라의 천재성과 웨스팅하우스의 사업 감각이 결합하자, 교류가 갑자기 강력한 기술로 떠올랐다.

때마침 상품 시장에 일어난 일시적 문제가 교류 기술의 확대에 큰 도움을 주었다. 1887년, 일부 탐욕스러운 프랑스 투기꾼들이 전 세계의 구리 공급을 매점해 그 가격을 이전보다 두 배나 비싼 파운드당 20센트(오늘날의 가치로는 3달러)로 올려놓았다. 웨스팅하우스는 구리 가격 상승으로 큰 타격을 입지 않았는데, 그의 회사는 여전히 가느다란 전선을 사용하면서 전압을 더 높이기만 하면 되었기 때문이다. 반면에 에디슨은 파산 위기에 직면했다. 직류 시스템은 전압을 쉽게 올릴 수 없었기 때문에 에디슨은 두꺼운 전선이 필요했는데, 구리 가격 폭등으로 전체 구상이 위기에 봉착했다.

설상가상으로 웨스팅하우스가 공격적으로 사업을 확장하기 시작했다. 1886년 11월에 버펄로에서 최초의 교류 발전소가 가동을 시작했다. 그리고 그로부터 1년이 지나기도 전에 추가로 68개의 발전소가 가동되거나 건설 중에 있었다. 교류는 소도시나 교외 지역에서 특히 인기를 끌었는데, 그 당시에는 전체 미국인 중 대다수가 그곳에서 거주했다. 이 지역들은 낮은 인구 밀도 때문에 몇 블록마다 발전소를 건설해서는 수지가 맞지 않았다. 웨스팅하우스의 교류는 에디슨의 직류에 비해 전체 비용이 훨씬 덜 들었다.

얼마 지나지 않아 에디슨은 막다른 길로 내몰렸다. 그래서 절박한 처지에서 에디슨은 마지막 카드를 꺼냈다. 만약 실력으로 교류를 이길 수 없다면, 홍보를 통해 교류를 꺾으려고 했다. 그는 교류를 공공의 위협으로 선언하고, 자신의 명성을 이용해 사람들의 마음속에서 교류의 신뢰를 무너뜨리려고 했다. 요컨대, 에디슨은 전쟁을 선포한 것이다. 오늘날 역사학자들은 이것을 '전류 전쟁War of the Currents'이라고 부른다.

에디슨 입장에서는 이 전쟁에 걸린 것은 돈이 다가 아니었다. 물론 자신이 애지중지한 연구소를 운영할 자금을 원하긴 했지만, 이 전쟁에는 무엇보다도 전기의 마법사라는 명성이 달려 있었다. 이 분야에서 누구에게 진다는 생각은 그를 분노케 했고 그의 과학적 자아를 위협했다. 에디슨은 또한 전기의 힘으로 미국에 혁명을 일으킬(다만 미국이 자신의 방식대로 굴러간다면) 꿈을 여전히 품고 있었다. 사실, 에디슨은 몇 년 전에 자기 회사의 이사진 전원을 내쫓은 적이 있었는데, 이사진이 미국의 미래 전기 산업에 대한 자신의 구상에 반대했기 때문이었다. 그러고는 자신의 추종자들로 이사진을 채웠는데, 이런 종류의 집단 사고에 결정을 맡기면 윤리적 맹점(혹은 그보다 더 나쁜 결과)을 초래할 위험이 있었다. 어쨌든 에디슨은 승자독식 경쟁에 뛰어든 상황이었고, 패배한다면 자신의 계좌뿐만 아니라 자기감마저 잃을 위험이 있었다. 그 위험은 개인적인 것이었다. 심리학자들은 이런 상황에 처한 사람은 도덕성을 뭉개고 비열한 행동을 저지르기 쉽다고 말하는데, 에디슨이 공개적으로 교류를 비방하고 나섰을 때, 그를 말릴 사람이 주변에 아무도 없었다.

교류가 위험하다는 에디슨의 주장은 어느 정도 근거가 있긴 했다. 높은 전압의 직류가 치명적이라는 사실은 의문의 여지가 없다. 사실, 번개도 직류 전기이다. 하지만 교류는 밀었다 당기고, 왔다 갔다 하는 성질 때문에 신체 조직에 더 큰 손상을 입히며, 같은 전압이라면 교류가 더 치명적이다(대개 심장에 손상을 가하거나 신경을 태움으로써). 거기다가 교류 발전소에서 훨씬 높은 전압으로 전류를 송전한다는 사실까지 감안하면, 실제로 교류는 아주 무시무시해 보였다.

적어도 자세한 내용을 모르는 사람들에게는 그랬다. 교류는 송전선 내부에서는 높은 전압으로 흐르는 반면에 가정으로 들어갈 때에는 훨씬 안전한 수준으로 전압이 낮아진다. 하지만 교류를 악마화하는 데 치중한 에디슨은 늘 자신에게 불리한 진실은 언급하지 않았다. 그 밖의 주장들은 완전한 거짓말이었다. 그는 신문에서 말하길, 교류가 설치된 집에서는 문손잡이, 난간, 조명 기구 등 모든 금속 물체가 사람을 죽일 수 있다고 했다. 그 결과, 교류가 설치된 집에 사는 사람들은 갑자기 초인종을 누르거나 열쇠를 사용하는 것에 두려움을 느끼게 되었다. 또 하나의 엉터리 주장은 전선 매설과 관련된 것이었다. 에디슨의 직원들은 송전선을 도로 아래의 지하에 묻은 반면, 웨스팅하우스 직원들은 전선을 머리 위에다 설치했는데, 전선이 끊어지면 사람들이 전기 충격을 받을 수 있었다. 그런데 에디슨은 설령 웨스팅하우스가 전선을 지하에 매설한다 하더라도, 교류는 하수도 괴물처럼 '맨홀로 솟아올라' 사람들을 공격할 것이라고 주장했다. 에디슨의 이야기에 따르면, 교류는 안전한 수준이 아예 존재할 수 없었다.

공정하게 말하면, 세기말의 미국 자본주의는 이전투구의 도가니였고, 에디슨의 주장은 틀린 것이라 하더라도 거기서 멈추었더라면 충분히 용서받을 수 있었다. 하지만 에디슨은 곧 비방만으로는 충분치 않다고 판단했다. 교류의 위험을 사람들에게 확실하게 보여주어 그들을 기겁하게 만들 필요가 있었다. 요컨대 이전투구의 세계에서 에디슨은 실제로 교류로 개를 죽이는 것이 최선의 방법이라고 판단했다.

⚡

동물을 전기로 죽이는 방법을 선구적으로 도입한 사람은 에디슨이 아니다. 그 영예는 사형의 미래를 놓고 벌어진 싸움에 뛰어든 사람이 차지했다.

1880년대에 뉴욕주는 더 인도적인 처형 방법을 찾고 있었다. 표준적인 방법인 교수형에는 남부에서 횡행한 사적 처형뿐만 아니라, 유럽에서 벌어진 공개 처형의 부작용(술에 취한 난봉꾼들이 몰려들어 희생자를 음흉한 눈으로 노려보는가 하면, 형이 집행된 뒤에 해부학자들이 시신을 서로 차지하려고 다투는 일까지 벌어졌다)까지 나쁜 기억이 너무 많았다. 사형 집행인이 일을 제대로 처리하지 못하는 경우도 많았다. 밧줄을 짧게 하는 바람에 사형수가 공중에 대롱대롱 매달린 채 캑캑거리며 몸부림치는 일도 있었고, 밧줄을 너무 길게 하는 바람에 사형수가 아래로 멀리 떨어지면서 목이 떨어져나가는 경우도 있었다. 사형수가 공중에 매달린 채 토하거나 똥오줌을 지리거나 사정을 하는 경우도 있었다. 전체적으로 보기에 좋은 광경은 아니었다.

1886년, 뉴욕주는 더 나은 방법을 찾기 위해 3인 위원회를 만들었다. 세 사람은 먼저 역사 기록을 샅샅이 뒤져 고려할 만한 사형 방법 40가지를 골라냈는데, 그중에는 십자가형, 독사에게 물리게 하는 방법, 기름에 삶아 죽이기, 아이언 메이든iron maiden(여성의 형태를 한 관 안쪽에 못이 촘촘히 박혀 있는 고문 또는 처형 기구—옮긴이), 창밖으로 내던지기, 사람을 대포에 넣고 발사하기, 두 줄로 선 사람들 사이를 지나가게 하면서 매질하기 등이 포함돼 있었다. 이 방법들은 모두 잔인하다는 이유로 퇴짜를 맞았다. 결국 상당히 현대적인 방법 두 가지로 압축되었는데, 그 두 가지는 독극물 주입과 전기 처형이었다. 이 두 가지 방법은 고통을 덜 주면서 사람을 죽이는 것처럼 보였다. 예를 들면, 1881년 8월에 르뮤얼 스미스Lemuel Smith라는 남자는 친구들과 함께 버펄로의 한 전기 공장에 침입해 접지가 제대로 되지 않은 장비를 만지면서 따끔거리는 느낌을 즐겼다. 그날 밤 늦게 술을 진탕 마신 스미스는 공장으로 다시 돌아와 그 놀이를 더 즐기려고 하다가 그만 감전사하고 말았다. 부검 결과에서 내부 손상은 거의 발견되지 않았고, 이 사건과 그 밖의 유사한 사건들을 통해 의사들은 전기가 고통 없이 즉각 목숨을 앗아간다고 결론 내렸다.

그래도 두 위원은 독극물 주입을 지지했다. 그러자 전기 처형을 지지한 세 번째 위원인 버펄로의 치과 의사 앨프리드 사우스윅Alfred Southwick이 이 문제에 적극 개입하고 나섰다. 버펄로시는 얼마 전부터 떠돌이 개를 개 보호소로 데려오면 한 마리당 25센트를 지급하기 시작했다. 그러자 부랑자들이 개를 마구 잡아오는 바람에 개 보호소 우리들이 금방 개들로 넘쳐났고, 직원들이 감당할 수 없는 수준이 되었다. 그러자 사우스윅이 개를 처리하는 데 도움을 주겠다고 나섰다. 아연 바닥이 깔린 목제 우리를 만든 뒤, 아연 바닥을 전력선에 연결시켰다. 그러고는 우리 바닥에 물을 2.5cm 높이로 채우고 테리어 한 마리를 우리에 집어넣었다. 모든 것이 준비되자, 사우스픽이 레버를 당겨 전기 회로를 연결시켰다. 테리어는 풀썩 쓰러져 죽었다. 추가 실험에서 27마리가 더 죽었는데, 비명을 지르거나 날뛰거나 한 개는 한 마리도 없었고, 어떤 고통의 징후도 보이지 않았다.

　　이 실험을 통해 사우스윅은 전기 처형이 완벽한 사형 방법이라고 확신했다. 그리고 그 주장의 정당성을 확보하기 위해 1887년 11월에 세상에서 가장 유명한 전기 기술자에게 편지를 썼다. 그는 빠르고 쉬운 이 처형 방법에 토머스 에디슨의 지지를 얻길 원했다.

　　에디슨은 퇴짜를 놓았다. 그는 사우스윅에게 사형 제도가 야만적이라고 생각하며, 인도적 이유에서 사형에 반대한다고 말했다.(에디슨은 "모든 사람의 마음에는 경이로운 가능성이 있으며, 쓸모 있게 쓰일 마지막 기회를 없애는 처벌 방법에 동의할 수 없다."라고 말한 적이 있다.) 요컨대 에디슨은 사우스윅의 대의를 절대로 지지할 수 없었다.

　　사우스윅은 비록 유감스럽긴 했지만, 12월에 다시 에디슨에게 편지를 보냈다. 그는 시간이 시작된 이래 모든 나라에서 범죄자를 처형

해왔다고 주장했다. "그런 현실을 감안할 때, 우리는 고통을 최소화하고 더 인도적인 사형 방법을 찾아야 하지 않을까요?"

사우스윅은 또 한 번 호된 꾸지람을 받으리라 예상했을 것이다. 그런데 에디슨의 답장을 받은 사우스윅은 어리둥절했다. 사우스윅은 알 리가 없었지만, 두 사람 간의 서신 교환은 웨스팅하우스가 교류 발전소 건설을 대대적으로 확장하는 와중에 일어났다. 직류 기술은 그로기 상태에 이르렀고, 에디슨의 천재성이 크게 위협받고 있었다. 비록 이런 사정을 편지에서 언급하진 않았지만, 이런 상황을 감안하면 에디슨의 답장은 의심을 사기에 충분하다. 편지에서 에디슨은 만약 할 수만 있다면 당연히 사형 제도를 폐지해야 한다고 썼다. 하지만 그때가 되기 전까지는 국가들이 "사용할 수 있는 것 중에서 가장 인도적인 방법"을 채택하도록 노력해야 한다면서 전기 처형이 그 목적에 딱 부합한다고 말했다. 그러고 나서 그 목적에 적합한 발전기가 여러 종류 있지만, "가장 효과적인 것은 '교류' 기계로 알려져 있으며, 미국에서는 조지 웨스팅하우스가 생산하고 있습니다."라고 조언하듯이 덧붙였다.

크게 들뜬 사우스윅은 모르핀 주입 쪽으로 의견이 기울었던 두 위원에게 에디슨의 편지를 보여주었다. 그 편지를 보고 두 사람은 생각을 바꾸었다. 토머스 에디슨이 전기를 지지한다면, 그것은 자신들의 견해를 바꾸기에 충분한 이유가 되었다. 1888년 6월 초에 그들은 뉴욕주에 전기 처형을 공식적으로 추천했다.

에디슨의 노골적인 암시에도 불구하고, 위원회는 전기 처형에 교류를 사용할지 직류를 사용할지 명시하지 않았고, 그 선택을 장래의 결정으로 미루었다. 하지만 다음 날에 에디슨의 한 지지자가 그들의 결정에 영향을 미치기 위해 신문에 선동적인 편지를 실었다. 그는 교류를 '저주받을' 기술이라고 비난하고는, 뉴욕시 거리들 위에 치렁치렁 늘어져 있는 교류 전선이 "화약 공장에서 촛불을 켜는 것만큼 위험하다."라고 주장했다.

이 편지를 보고서 말썽을 직감한 조지 웨스팅하우스는 며칠 뒤에 에디슨에게 편지를 보내 평화 제안을 했다. 그는 "일부 사람들이 큰 말썽을 일으켜" 그들 사이의 갈등을 악화시키려는 "조직적 시도가 있었다고 생각합니다."라고 썼다. 그러니 그만 문제를 매듭짓자고 했다. 그러면서 평화 제안을 확대했다. 몇 년 전에 에디슨이 그를 위협으로 간주하기 전에 웨스팅하우스는 뉴저지주 멘로파크에 있던 에디슨의 연구소를 둘러보았다. 이번에는 웨스팅하우스가 그 답례로 에디슨에게 피츠버그에 있는 자신의 본사를 방문해달라고 제안하면서 '조화로운 관계'를 수립하자고 했다.

에디슨은 그 제안을 일축했다. 너무 바빠서 여행할 시간이 없다는 핑계를 댔다.

하지만 놀랍게도 에디슨은 웨스팅하우스를 겨냥한 또 다른 음모를 꾸밀 시간은 있었다. 신문에 실린 그 편지 때문에 엔지니어들 사이에 교류가 나은지 직류가 나은지를 놓고 큰 논쟁이 벌어졌고, 한 기자는 6월 중순에 에디슨의 의견을 듣기 위해 전화를 걸었다. 에디슨은 대신에 직접 시범을 보여주겠다면서 자신의 연구소로 오라고 했다. 기자가 그곳에 도착해보니 목에 밧줄을 두른 개가 있었다. 개는 함석판 위에 서 있었고, 함석판은 발전기에 연결돼 있었다. 가까이 있는 물그릇도 발전기에 연결돼 있었다. 에디슨은 개가 물을 마시려고 고개를 숙이면 회로가 완성되어 감전사할 것이라고 설명했다.

하지만 개는 쉽사리 협력하려 하지 않았다. 뭔가 수상한 것을 느끼고 스스로 물을 마시려 하지 않았다. 에디슨의 조수들이 밧줄로 개의 머리를 아래로 끌어당기자, 개는 밧줄을 끊고 달아났다. 조수들이 밧줄과 개를 모두 교체한 뒤에 줄다리기를 다시 시작했다. 마침내 밧줄을 세게 당기자 개가 미끄러지면서 앞발이 물그릇에 들어갔고, 그 순간 1500볼트의 전류가 심장과 뇌를 지나갔다. 개는 한 번 깨갱 하고 비명을 내지르더니 즉사했다. 기자는 깊은 인상을 받고 기사를 작성했다. 그 기사에서 기자는 에디슨이 강조한 핵심(교류를 사용했다는)을 성실하게 옮겨 적었다.

거기서부터 상황이 급격히 나쁜 쪽으로 흘러가기 시작했다. 처음에 신문에 편지를 실었던 사람은 해럴드 브라운이라는 전기 기사였는데, 그는 에디슨을 다소 숭배하는 사람이었다. 하지만 교류가 위험하다는 그의 비평은 여러 엔지니어로부터 맹렬한 비난을 받았다. 그 주장을 뒷받침할 만한 증거가 부족하다는 이유에서였다. 그래서 이전에 에디슨을 한 번도 만난 적이 없는 사이인데도 브라운은 멘로파크의 마법사에게 편지를 보내 증거를 더 확보하기 위해(더 많은 개를 감전사시킴으로써) 그곳 연구소를 좀 사용할 수 없겠느냐고 물었다.

큰 기대를 하지 않고 보낸 편지였지만, 놀랍게도 에디슨은 흔쾌히 동의했다. 사실, 자신의 연구소를 낯선 사람에게 공개하는 것은 특이한 일이 아니었는데, 가끔 에디슨은 아주 관대한 태도를 보였다. 이번에는 심지어 실험을 돕기 위해 브라운에게 자신의 선임 조수를 빌려주기까지 했다. 여기서 특이한 것은 에디슨이 내건 조건이었다. 평소에 에디슨은 동료 간의 협력과 아이디어의 공개적 교환을 장려했는데, 과학적으로 이상적인 태도였다. 하지만 브라운에게 이번 실험에 대해서는 침묵을 지킬 것을 요구했다. 또 주변 사람들이 개가 울부짖는 소리를 듣지 못하도록 야간 실험도 제한했다.

버펄로에서 그랬던 것처럼 에디슨의 연구소 근처에 떠돌이 개를 잡아오면 한 마리당 25센트를 준다는 간판을 내걸자, 현지의 불한당들이 개를 잡아왔다. 브라운은 개를 체계적으로 감전사시키려고 계획했지만, 실제로는 그 일은 마구잡이로 진행되었다. 개들은 크기가 제각각이었고(세터, 테리어, 세인트버나드, 불도그 등), 브라운은 직류와 교류를 가리지 않고 300볼트에서 1400볼트 사이의 전압으로 개들에게 전류를 가했다. 그래도 결과는 한결같았는데, 끝없는 고통의 연속이었다. 브라운은 개들이 펄쩍 뛰고 비명을 지르고 고통을 못 이겨 낑낑거렸으며, 전기 충격을 받지 않은 개들은 "탈출하려고 필사의 노력"을 기울였다고 언급했다. 한 개는 눈에서 피가 나기 시작했다.

그렇게 한 달을 보낸 후, 브라운은 그만하면 충분하다고 판단하고서 이 장 첫머리에서 소개한 시범(컬럼비아대학교에서 뉴펀들랜드 잡종견을 전기로 고문하고 죽인 시범)을 준비했다. 신문 기사들은 분노로 넘쳤다. 정상적인 사람이라면 수치를 느끼고 슬그머니 물러섰을 것이다. 하지만 브라운은 며칠 뒤에 또 다른 시범을 준비했고, 교류로 개 세 마리를 더 죽인 뒤에 의사들에게 부검을 허락했다. 그는 에디슨의 조수에게 그 실험은 대체로 교류의 위험을 알리기에 '아주 훌륭한 시범'이었다고 보고했다.

하지만 다른 사람들의 의견은 달랐다. 그들은 브라운이 잔인할 뿐만 아니라, 그의 실험은 아무것도 증명하지 못했다고 주장했다. 일부 개들은 먼저 직류로 충격을 받음으로써 심신이 크게 약해졌으므로, 각각의 전류가 개의 죽음에 어느 정도 기여했는지 판단하기가 불가능했다. 게다가 개는 작은 동물이다. 만약 사람에게 교류로 충격을 준다면, 개와 똑같은 반응이 나타나리라는 보장이 없었다.

이런 비판에 대응하기 위해 브라운은 1888년 12월에 에디슨의 연구소에서 또 다른 시범을 보여주었다. 이번에는 더 큰 동물들을 대상으로 했고 오직 교류만 사용했다. 무게 56kg의 송아지부터 시작했는데, 양 눈 사이에 전극을 붙이고 전류를 가했다. 송아지는 770볼트의 전압에서 죽었다. 무게 65kg의 두 번째 송아지는 750볼트에서 죽었다. 그러고 나서 모든 의심을 불식시키기 위해 브라운과 에디슨의 조수는 이번에는 15달러에 사들인 무게 540kg의 말을 실험 대상으로 삼았는데, 전류가 심장을 지나가도록 하기 위해 두 발굽에 전극을 붙였다. 그보다 앞서 에디슨은 기자들에게 교류가 1만분의 1초 만에 큰 짐승을 죽일 수 있다고 호언장담했다. 실제로는 그 말은 600볼트의 전류를 5초 동안 가해도 살아남았고, 그다음에는 같은 전압에서 15초 동안 버텼다. 결국 700볼트의 전류를 25초 동안 가한 뒤에야 죽었다. 에디슨은 그 시체를 처리하는 데 5달러를 지불했다.

이 실험들을 하면서 브라운은 자신의 주요 목표를 달성했는데, 그 목표는 사람들에게 교류에 대한 공포를 심어주는 것이었다. 그렇지만 에디슨의 팀은 개와 말에게 고통을 가하는 것은 대중에게 좋은 인상을 주지 못한다는 사실을 알아챘다. 에디슨의 수석 전기 기사는 개인적으로 기록한 공책에서 동물들이 겪는 큰 고통에 진저리를 쳤다. 하지만 얼마 뒤에 나온 잡지 기사에서 그는 동물들의 죽음이 "즉각적이고 고통 없이" 일어났다고 주장했다.

모두가 이 선전에 넘어간 것은 아니었다. 한 비판자는 브라운을 "과학적으로 살해를 조장하는 냉혈한"이라고 깎아내렸다. 에디슨에게

말을 감전사시키는 '실험'을 묘사한 그림. 멀리 뒤쪽에 보이는 개집들에 더 많은 동물 희생자가 기다리고 있었다.

도 불똥이 튀었다. 웨스팅하우스는 이 더러운 일을 맡기기 위해 브라운을 고용했다는 이유로 다소 공개적으로 에디슨을 비난했다. 우스꽝스럽게도 에디슨은 브라운이 완전히 독자적으로 일했다고 주장하면서 이런 비난을 부인했다—연구소 공간과 장비와 조수를 빌려주었는데도 불구하고.

　자신에게 쏟아진 비난에 대응해 브라운은 웨스팅하우스의 사내 다음에 도전장을 내밀었는데, 신문 광고를 통해 전기 결투를 벌이자고 제안했다. 브라운은 만약 웨스팅하우스가 교류가 안전하다고 확신한다면, 둘 다 발전기에 몸을 전선으로 연결하고 목숨을 건 결투를 벌이자고 했다. 자신은 직류에, 웨스팅하우스는 교류에 몸을 연결한 뒤,

100볼트부터 시작해 50볼트씩 전압을 차례로 올려 한쪽이 항복하거나 죽을 때까지 계속하자고 제안했다. 한 역사학자는 "관련 산업계의 많은 사람에게는 유감스럽게도 이 결투는 벌어지지 않았다."라고 지적했다.

에디슨의 팀은 교류의 위험성을 부각시키려는 노력으로 결국 개 44마리, 송아지 6마리, 말 2마리를 죽였다. 에디슨은 심지어 실험 대상으로 쓰려고 서커스 코끼리까지 수배했는데,[22] 이 계획이 무위로 돌아가자 크게 실망했다. 하지만 이런 노력은 아무런 도움이 되지 않았다. 시장에서 에디슨 회사는 웨스팅하우스에 계속 밀려났다. 1888년 말에 에디슨 회사는 연간 4만 4000개의 전구에 전기를 공급할 장비를 생산하고 판매했다. 웨스팅하우스는 1888년 10월에만 4만 8000개의 전구에 전기를 공급할 장비를 판매했다. 에디슨에게는 한 가지 희망이 남아 있었다. 직류를 살리려면 교류와 죽음 사이의 관계를 아무도 부인할 수 없을 만큼 분명하게 입증할 필요가 있었다. 그러려면 사람을 죽일 필요가 있었다.

$$\lightning$$

1889년 3월 29일 오전, 뉴욕주 버펄로에서 술에 절어 살던 과일 장수 윌리엄 켐러William Kemmler가 아내 틸리Tillie를 손도끼의 뭉툭한 날로 때려죽였다. 켐러는 아내가 다른 남자와 바람을 피웠기 때문에 맞아 죽을 짓을 저질렀다고 주장했다. 28세의 켐러는 손에 묻은 피를 닦아낸 뒤, 천천히 거리를 걸어 해장술을 마시러 술집으로 갔고, 그곳에서 경찰에게 체포되었다. 켐러의 변호사조차 그를 '괴물 같은' 사람이라고 불렸고, 켐러도 그런 평가에 동의했다. 그는 "교수형을 받을 준비가 되어 있습니다."라고 말했다. 하지만 켐러가 몰랐던 것이 있었는데, 이제 뉴욕주에서는 교수형이 법으로 금지되었고, 켐러는 역사상 최초로 전기의자에 앉을 사람으로 결정되었다는 사실이었다.

전기의자는 시러큐스 근처의 오번주립교도소에 설치하기로 했다. 그곳 책임자들은 에디슨이라는 이름에 눈이 멀어 그의 추종자인 해럴드 브라운에게 전기의자 제작에 도움을 요청했고, 브라운은 당연히 웨스팅하우스의 발전기를 추천했다. 웨스팅하우스가 그 교도소에는 발전기를 팔지 않겠다고 하자, 브라운은 제3자를 통해 중고 발전기를 입수했고, 그 발전기의 입수 경로를 추적하지 못하도록 일련번호까지 지웠다. 그리고 나서 에디슨의 추종자는 전기의자에 웨스팅하우스의 장비를 사용하기로 했다고 언론에 대대적으로 나팔을 불었다. (훗날 브라운의 책상에서 훔친 편지들에서 전기의자 제작을 위해 에디슨이 브라운에게 5000달러[오늘날의 가치로는 15만 달러]를 지불한 정황 증거가 나왔다. 브라운의 책상에 있던 편지가 어떻게 사라졌는지는 아무도 모른다. 하지만 일부 역사학자들은 에디슨 못지않게 비열한 짓을 서슴지 않았던 웨스팅하우스가 이 절도 사건을 기획했다고 생각한다.)

이에 맞서 웨스팅하우스는 뉴욕주 입법부 의원들을 뇌물로 구워삶아 사형 제도를 폐지하려는 노력을 기울였다. 이 전술이 실패하자, 웨스팅하우스는 이 문제를 법정으로 가져갔다. 개와 말에게 고통을 준 브라운의 전력을 감안할 때, 전기의자가 잔인하고 특이한 처벌이 될 것이라는 의심이 진지하게 제기되었다. 켐러의 거물 변호사 버크 코크런Bourke Cockran은 왜 이 사건을 맡았느냐는 질문을 받았을 때, 불쌍한 개들에 관한 이야기를 듣고서 자기 가족인 개에게 누가 그런 짓을 한다는 것을 참지 못한 아내 때문이라고 설명했다. 그러나 사실은 웨스팅하우스가 남몰래 코크런에게 10만 달러(오늘날의 가치로는 300만 달러)를 지불했다. 그렇지 않았더라면, 켐러가 코크런 같은 거물 변호사의 도움을 받는다는 것은 꿈도 꿀 수 없는 일이었다. 코크런은 전기 처형에 대해 정당한 두려움을 제기했다.

애석하게도 코크런의 이의 제기는 성공할 가망이 전혀 없었다. 잔인하고 특이한 처벌일 수 있다는 문제를 다룬 청문회에서 뉴욕주 법률가들은 이 문제를 판단하는 데 도움을 줄 수 있는 증인으로 가장 똑똑하고 존경할 만한 사람을 불렀는데, 그 사람은 바로 토머스 에디슨이었다. 에디슨은 해부학이나 생리학에 대해서는 아는 것이 아무것도 없다고 유쾌하게 인정했지만, 교류를 사용하기만 한다면 켐러는 전기의자에서 즉각 아무 고통도 없이 죽을 것이라고 맹세했다. 사석에서 에디슨과 브라운은 교류를 '사형 집행인의 전류the executioner's current'라고 부르기까지 했다.

(에디슨 팀이 경쟁자를 비방할 목적으로 악의적인 영어 단어를 사용한 것은 이것뿐만이 아니다. 그 당시 '전기 처형하다' 또는 '감전사시키다'라는 뜻의 영어 단어 electrocute는 아직 정착되지 않아 여러 잡지와 신문은 전기에 의한 죽음을 뭐라고 부르면 좋을지 독자들의 의견을 구했다. 독자들은 electricize, voltacuss, blitzentod, electrostrike, electrothanasia를 비롯해 많은 단어를 제안했다. 에디슨의 변호사가 제안한 단어는 훨씬 신랄한 것이었다. 그는 켐러가 '웨스팅하우스당할westinghoused' 것이라고 말했다.)

켐러는 전기의자 사용 금지를 요청한 소송에서 에디슨 때문에 졌다. 이틀 뒤인 1889년 10월 11일, 세상 사람들은 켐러에게 곧 닥칠 상황의 예고편을 보았다. 그날 정오 직후, 전기 설비를 만지던 수리공이 맨해튼 중심가 위로 거미줄처럼 지나가는 전선에 몸이 엉키면서 전류가 흐르는 전선에 닿고 말았다. 그는 몇 초 만에 죽었을 테지만, 전선에 몸이 엉켜 있었기 때문에 전류가 계속 그의 몸을 지나갔다. 마치 성경에 나오는 악마처럼 그의 입에서는 파란색 불꽃이 뿜어져 나왔고 신발에서는 스파크가 튀었다. 간헐적으로 피도 튀었는데, 그 아래에서는 수천 명의 군중이 모여 멍한 표정으로 그를 쳐다보면서 비명을 질러댔다. 하지만 이 사건도 켐러의 죽음이 잔인하지 않을 것이라는 사람들의 신념을 흔들지는 못했다. 무엇보다도 토머스 에디슨이 그렇게 말하지 않았던가!

켐러의 사형 집행은 마침내 1890년 8월 6일에 동이 튼 직후에 하기로 결정되었다. 켐러는 초자연적일 정도로 평온하게 처형실로 들어왔고, 그곳에 모인 입회인들과 기자들에게 부드러운 말을 몇 마디 던졌다. 켐러는 얼마 전에 이 날을 위해 단정하게 이발을 했지만, 교도관들이 그중 일부를 싹 밀고 머리에 전극을 붙임으로써 헤어스타일을 망쳐놓았다. 그들은 셔츠도 잘라 구멍을 내고 척추에 전극을 붙였다. 그러고 나서 켐러를 의자에 앉혔다.(그 의자는 뻔한 특징들을 제외하면 아주 편안했다고 전한다.) 한 교도관이 팔을 묶을 가죽 끈을 만지면서 서툴게 더듬거리자, 켐러는 "너무 흥분하지 말게, 조."라고 다정하게 속삭였다. 마지막 단계로 그 교도관이 켐러의 얼굴에 가죽 마스크를 씌웠다. 그러고 나서 교도관은 가까이 있던 문을 두드렸다. 옆방에 있던 전기 기사에게 스위치를 당기라는 신호였다.

전류가 흐르자, 켐러의 몸은 갑자기 꼿꼿한 형태로 변했다. 입은 말려서 씩 웃는 표정으로 변했고, 손톱 하나가 손바닥에 너무 깊이 파고 들어가 피가 나기 시작했다. 그것은 17초 뒤에 끝났다. 전기 기사

뉴욕주 오번주립교도소에 설치된 최초의 전기의자.

가 전류를 차단했고, 켐러는 이전에 많은 개가 그랬던 것처럼 털썩 쓰러졌다. 현장에 대기하고 있던 의사들이 손가락으로 켐러의 얼굴을 눌러보고 빨간색과 흰색의 얼룩덜룩한 자국을 가리키면서 틀림없는 사망 징후라고 말했다. 입회인 중에는 개 보호소에서 개들을 죽인 버펄로의 치과 의사 앨프리드 사우스윅도 있었다. 그는 "이것은 10년에 걸친 작업과 연구의 결실입니다. 오늘 우리는 더 발전된 문명 사회에 살고 있습니다."라고 선언했다.

유일한 문제는 켐러가 아직 죽지 않았다는 것이었다. 팔목에서는 여전히 피가 나고 있었고, 한 입회인은 솟구쳐나오는 피의 흐름이 리드미컬하다는 걸 알아챘는데, 그것은 심장이 뛴다는 징후였다. 누가

"오, 맙소사! 살아 있어!"라고 소리쳤다. 마치 그것이 신호이기나 한 듯이 켐러는 부상당한 돼지처럼 신음을 내뱉었고, 마스크를 뚫고 자주색 거품을 뿜어냈다.

방은 아수라장으로 변했다. "전류를 다시 보내!" 누군가 소리쳤다. 불행하게도 두 번째 전류를 보낼 필요성을 사전에 생각한 사람은 아무도 없었고, 전기 기사들이 발전기를 재가동하는 데에는 몇 분이 걸렸다. 그동안 켐러는 계속 신음 소리를 내면서 몸을 부들부들 떨었다.

마침내 전류가 다시 흘렀다. 혼돈 속에서 전류가 몇 초나 흘렀는지 기억하는 사람은 아무도 없었다. 추정치는 사람에 따라 60초에서 4분 30초까지 다양하다. 어쨌든 그것은 켐러를 죽이기에 충분한 시간이었고,[23] 그와 함께 여러 사람에게 큰 고통을 안겨주었다. 머리카락과 살이 타는 냄새가 방 안을 가득 채웠다. 한 입회인은 구토를 했다. 한 사람은 기절했고, 세 번째 사람은 울음을 터뜨렸다.

켐러의 시신은 너무나도 뻣뻣하여 부검하는 동안 탁자 위에 앉은 자세로 있었다. 의사들은 전극이 그의 등을 척추까지 태웠고, 뇌는 대부분 검은 재로 탄화되었다는 사실을 발견했다. 그런데 의사들은 세 시간이 더 지난 뒤에야 켐러가 사망했다고 선언했다. 그 당시 법률상 정의된 사망 시점은 신체에서 더 이상 자체적으로 열을 방출하지 않는 때였다. 켐러의 시신은 전기 처형을 받는 동안 너무 뜨거워졌고 오전 중간 무렵에 이르러서야 충분히 식었다.

참관을 허락받는 조건으로 신문 기자들은 순수한 사실 외에 죽음에 관해서는 어떤 이야기도 발설하지 않겠다고 약속했다. 그러나 이제 약속 따위는 안중에도 없었다. 이것은 그해의 가장 뜨거운 특종이었고, 사실상 고래고래 비명을 지르는 거나 다름없는 헤드라인들이 쏟아졌다. 사우스윅은 이에 굴하지 않고 모든 것이 제대로 진행되었다고 주장했다. 죽음은 부드럽게 일어났다고 말했다. "그 방에 여성들이 입회했어도 문제가 없었을 것이다." 다른 목격자들은 더 솔직했다. 한 사람은 "내가 죽는 날까지 묶인 사람의 모습이 눈앞에 어른거리고 그 소리가 들릴 것 같습니다."라고 말했다. 웨스팅하우스는 그 장면을 목격하지 않았지만, "차라리 도끼를 사용하는 편이 훨씬 나았을 것입니다."라고 그 상황을 적절하게 표현했다.

에디슨은 손봐야 할 문제들이 있다는 점을 인정했지만, 다음번 처형은 "신속하게 진행될 것이며, 오늘 오번에서 일어난 것과 같은 상황은 다시 일어나지 않을 것"이라고 예측했다. 에디슨은 잔인한 사람은 아니었다.(그는 켐러의 고통을 즐기지 않았다.) 하지만 전쟁에서는 모든 것이 정당화되는 법이다. 게다가 교류처럼 위험한 기술에서 딴 결과를 기대할 수 있었겠는가?

그들이 지금과 다른 시대에, 즉 사회가 동물을 제대로 대우하지 않던 시대에 살았다는 이유로 에디슨과 브라운의 행동을 용서하고 싶은 생각이 들 수 있다. 하지만 그 당시에도 많은 사람은 잔인한 과학 연구를 반대했고, 훨씬 이전부터도 그랬다.

볼테르Voltaire는 "[개를] 탁자 위에 못으로 박고 산 채로 해부하는……야만인들"을 조롱했다. 새뮤얼 존슨Samuel Johnson도 이에 동조했고, "자신의 인간성을 버리는 대가로……무엇을 배우는 사람은 아주 값비싼 대가를 치르고 지식을 얻는 셈이다."라고 덧붙였다. 해부학자 존 헌터는 자주 그런 공격의 표적이 되었는데, 비명을 지르는 개와 돼지를 대상으로 새로운 수술 방법을 자주 연습했기 때문이다. 헌터는 식초가 유산을 초래하는지 알아보기 위해 임신한 개의 정맥에 식초를 주입하는 실험도 했다(실제로 그 개는 유산을 했다). 일부 곤충학자들은 살아 있는 곤충을 핀으로 고정시키는 관행에도 반대했다. 그러면 곤충은 고통에 못 이겨 꿈틀댔고, 며칠 동안 계속 그런 상태가 이어지기도 했기 때문이다. 이런 반대들은 고립된 목소리가 아니었다. 큰 영향력을 지닌 허스트의 신문들은 동물을 학대한다는 이유로 생체 해부학자들을 강하게 비난했다. 훗날 에디슨을 옹호한 사람들은 에디슨이 모르고 그런 행동을 했다고 변명할 수가 없다.

에디슨 시대 이후에 상황이 크게 나아지긴 했지만, 동물 실험은 지금도 논란이 되고 있으며, 심지어 일부 과학자들 사이에서도 그렇다. 한 가지 문제는 실험으로 죽는 동물의 수가 너무 많다는 점이다. 20세기 후반에 의학 연구가 폭발적으로 증가했는데, 미국 과학자들만 따져도 2000년까지 그들의 손에 희생된 생쥐와 쥐, 새가 약 5억 마리나 되고, 거기다가 개와 고양이, 원숭이까지 희생되었다. 그 규모는 가히 압도적이다.

이에 대해 당연히 제기되는 반론은 동물 연구가 의약품과 치료법의 개발을 통해 사람의 목숨을 구해준다는 것이다. 이것은 분명히 사실이지만, 주의해야 할 점도 있다. 과거의 동물 연구가 아무리 유용한 것이었다 하더라도, 오늘날의 기준에서 보면 미흡한 경우가 많다. 사람의 발암 물질로 알려진 26가지 물질을 조사한 결과, 설치류에 암을 유발하는 것은 절반도 되지 않았다. 따라서 예측 적중률로 따진다면, 차라리 동전을 던지는 편이 더 낫다. 신약의 경우에는 상황이 더 나쁘다. 2007년, 미국 보건복지부 장관은 "개발 중인 신약 중 10분의 9가 임상 시험에서 실패하는 것은 실험실 연구와 동물 연구만을 바탕으로 그 약이 사람에게서 어떤 효과를 나타낼지 정확하게 예측할 수 없기 때문이다."라고 인정했다. 사실, 이런 실패들은 너무나도 흔해서 거의 일상사가 되다시피 했다. 어떤 치료법이 생쥐를 대상으로 한 실험에서 암이나 심장병, 알츠하이머병을 기적적으로 치료했다는 소식이 나오고 나서 사람을 대상으로 한 임상 시험에서 실패한 사례가 얼마나 많았던가?

이것은 놀라운 일이 아닐 수도 있다. 진화적으로 설치류와 사람은 공룡이 아직 지구를 지배하던 시절인 7000만 년 전에 서로 갈라졌고, 우리의 생리학적 특징은 설치류와 아주 다르다. 페니실린은 실제로는 유명한 실험동물인 기니피그에게 치명적이다. 만약 과학자들이 먼저 기니피그를 대상으로 실험했더라면, 페니실린은 절대로 시장에 나오지 못했을 것이다. 우리와 진화적으로 가까운 사촌들도 생물학적 특징이 우리와 많이 다르다. HIV는 사람의 면역계를 파괴하지만, 침팬지의 몸에서는 느리게 증식하는 무해한 바이러스에 불과하다. 이런 사실들을 고려해 동물 실험에 반대하는 일부 사람들은 아주 준엄한 비판을 쏟아냈다. 한 사람은 동물 실험을 "의학적 현실을 도외시한 채 내부적 자기모순이 없이 돌아가는 우주"라고 불렀다.

물론 동물 연구에서 치료법이 나오는 것은 사실이다. 적어도 사람을 대상으로 임상 시험을 하기 전에 독성 물질을 우선적으로 걸러내는 데 도움을 주는데, 이것은 결코 사소한 일이 아니다. 하지만 지난 수십 년 동안 실험동물의 수를 줄이고 대안을 찾으려는 노력이 일어났다. 가능한 대안으로는 페트리접시에서 배양한 사람 기관 유사체

(오가노이드organoid)를 사용하거나 컴퓨터 프로그램으로 이미 알려진 화합물과 비교함으로써 새로운 화학 물질의 효능을 평가하는 방법이 있다. 일부 동물은 낮은 수준의 법적 권리까지 획득했다. 미국 정부는 더 이상 침팬지를 대상으로 하는 생의학 연구를 지지하지 않으며, 일반적으로 원숭이를 실험에 사용하는 요건도 엄격해졌다. 최근에 미국 환경보호국은 포유류를 대상으로 한 독성 시험을 2035년까지 단계적으로 폐지할 것이며, 조류를 대상으로 한 시험도 크게 줄일 것이라고 발표했다.(양서류와 어류를 대상으로 한 시험은 계속될 것이다.) 아마도 가장 놀라운 사건은 문어의 뛰어난 지능[24]에 주목한 일부 국제단체들이 과학자들에게 문어를 대상으로 한 실험을 할 때 특별한 승인을 받으라고 촉구하고 나선 일이 아닐까 싶다. 이 일이 특별히 중요한 이유는 문어가 우리의 도덕률 적용 대상에서 통상적으로 제외되는 무척추동물이기 때문이다.

전반적으로 오늘날의 실험동물들은 1880년대와 비교하면 삶이 훨씬 나아졌다. 하지만 아직도 전 세계 곳곳의 연구소에서 학대 사례가 터져나오며, 기괴한 실험(예컨대 원숭이 머리 이식)도 끝나지 않았다. 에디슨의 개들이 울부짖는 소리는 지금도 메아리치고 있다.

결국에는 윌리엄 켐러의 고통조차도 교류의 이점을 지울 수 없었다. 1893년의 시카고 세계 박람회 이전에 제너럴일렉트릭은 에디슨의 직류 장비로 박람회장을 환히 밝히겠다는 입찰 제안서를 55만 4000달러(오늘날의 가치로는 1600만 달러)에 제출했다. 웨스팅하우스는 그보다 훨씬 낮은 가격인 15만 5000달러에 입찰했고, 결국 그 계약을 땄다. 그 후로 품질과 비용의 간극은 점점 더 크게 벌어졌다. 1896년에는 나이아가라 폭포 근처에 세운 교류 발전소가 무려 30km나 떨어진 버펄로에 전력을 공급했는데, 직류로는 도저히 보낼 수 없는 거리였다.

나이아가라 발전소가 가동되고 나서 얼마 지나지 않아 에디슨은 전류 전쟁에서 패배를 인정했다.[25] 역사상 과학 기술 분야에서 에디슨만큼 많은 혁신을 이룬 사람은 거의 없지만, 그가 그토록 사랑했던 직류는 20세기에 일어난 값싼 전기 혁명에 거의 아무 역할도 하지 못했다.

일부 역사학자들은 에디슨의 패배가 불가피한 것이 아니었다고 주장했다. 이들은 직류의 단점을 일찍 알아채고 교류로 바꾸기만 했더라면, 에디슨은 자신의 명성만으로도 시장에서 충분히 이겼을 것이라고 주장했다. 하지만 에디슨은 테슬라의 특허를 확보하지 못한 상황에서 매우 불리한 위치에 있었고, 게다가 완고하기까지 했다. 정말로 유감스러운 것은 에디슨이 우아하게 물러나는 대신에 말과 송아지, 개에게 감전사의 고통과 치욕을 안겨주었다는 점이다. 게다가 윌리엄 켐러는 어차피 사형을 당할 운명이긴 했지만, 에디슨은 그에게 사법부 역사상 가장 섬뜩한 죽음 중 하나를 경험하게 했다. 그러고는 훗날의 인터뷰와 회고록에서 동물에게 고통을 준 일이나 전기의자 개발에서 자신이 담당한 역할을 전혀 언급하지 않았다.

에디슨이 웨스팅하우스, 테슬라와 벌인 다툼은 아무리 열띤 것이었다 하더라도, 역사 속에서 일어난 과학의 많은 경쟁 관계 중 하나에 지나지 않는다. 마침 19세기 후반에 미국 과학자들 사이에 벌어진 또 하나의 지저분한 싸움이 절정에 이르고 있었는데, 이번에도 싸움의 중심에 동물들이 있었다. 다행히도 에드워드 드링커 코프Edward Drinker Cope와 오스니얼 찰스 마시Othniel Charles Marsh 사이의 싸움에 연루된 동물들은 이미 오래전에 고통이 끝난 동물들이었다. 두 사람은 고생물학자였고, 공룡 화석을 놓고 경쟁하며 다투었다. 그리고 파괴적인 전류 전쟁과 달리 뼈 전쟁은 고생물학을 한 단계 발전시켰을 뿐만 아니라, 과학사에서 치열하면서도 흥미진진한 대결 중 하나가 되었다.

6장

비열한 경쟁

공룡 뼈 발굴 작전

에드워드 드링커 코프는 크게 흥분했다. 자신의 숙적인 오스니얼 찰스 마시에게 통렬한 일격을 가했는데, 그것도 가장 치욕스러운 방식으로 그랬기 때문이다.

1872년 8월, 코프와 마시가 각각 이끄는 팀들은 와이오밍주 남서부에서 화석을 발굴하고 있었다. 각 팀은 중무장한 채 서로 접촉을 피하려고 노력했지만, 시시때때로 여기저기서 수레가 지나간 자국이나 버려진 연장이 발견되어 적이 그곳을 다녀갔다는 사실을 알려주었다. 하루는 호기심이 발동한 코프가 멀리서 암석을 파고 있던 마시 일행에게 살금살금 다가가 몇 시간 동안 염탐했다.

그들이 연장과 발굴한 것을 챙겨 떠나자, 코프는 몰래 다가가 그 장소를 둘러보았다. 그리고 놀랍게도 그들이 미처 발견하지 못한 머리뼈 조각을 발견했는데, 그 근처에 이빨도 여러 개 널려 있었다. 그 머리뼈와 이빨의 특이한 조합으로 보아 그 화석은 새로운 종의 공룡인 것 같았다. 마시가 이 놀라운 화석을 눈앞에 두고도 놓쳤다는 사실에 신바람이 난 코프는 캠프로 돌아가는 발걸음이 춤을 추었을 것이다.

코프는 사실은 이 모든 일이 자신을 겨냥한 함정이라고는 꿈에도 생각하지 못했다. 코프가 자신들을 염탐한다는 사실을 알아챈 마시 일행은 서로 다른 종의 머리뼈와 이빨을 그 장소에 흩어놓았다. 그들은 코프에게 공개적인 망신을 당하게 하려고 그런 미끼를 던졌는데, 예상대로 코프는 그것을 덥석 물었다. 코프는 얼마 후 자신의 '발견'을 논문으로 발표했다가 결국 나중에 철회하는 굴욕을 당했다.

경쟁 관계는 흥미진진하다. 경쟁자들은 시간과 에너지를 낭비한다. 경쟁은 비열한 본능을 일깨우고 옹졸한 감정에 휘말리게 한다. 하지만 그러면서 경쟁은 사람들을 더 나은 단계로 나아가게 한다. 상대를 앞서려는 분노에서 마시와 코프는 새로운 공룡과 그 밖의 종을 수백 개나 발견했고, 그 표본으로 박물관들을 가득 채웠다. 또한 이들의 연구를 통해 공룡은 그 정체가 모호한 일종의 도마뱀에서 지구 역사상 가장 유명한 동물로 격상되었다. 마치 재 속에서 아름다운 불사조가 나타나는 것처럼, 이들의 증오가 활활 불타고 남은 재 속에서 지구의 역사와 인류의 위치에 대한 완전히 새로운 지식이 나타났다.

기묘하게도 코프와 마시는 서로 기질이 상극인데도 처음에는 친구로 지냈다.

마시는 출발이 좀 늦었다. 나이아가라 폭포 동쪽에 위치한 농장에서 사냥과 낚시를 즐기면서 젊은 시절을 보냈는데, 외삼촌 조지 피바디George Peabody가 아니었더라면 평생을 그렇게 보냈을지도 모른다. 무슨 이유에서인지 부유한 금융업자였던 외삼촌이 조카에게 홀딱 반해 뉴햄프스셔주의 명문 사립 고등학교인 필립스 엑서터 아카데미를 다니는 데 필요한 비용을 전액 지원했다.(급우들은 20세에 입학한 마시를 '아빠Daddy'라고 불렀다.) 학교를 다니면서 마시는 예상치 못하게 박물학에 큰 열정을 느꼈고, 조지 외삼촌은 조카를 예일대학교까지 보냈다. 예일대학교를 다닐 때 마시는 광물과 화석을 너무 많이 수집해 하숙집 다락에 쌓아두는 바람에 아래층에 살던 하숙집 주인은 들보가 무너지지 않도록 천장을 보강해야 했다.

초췌한 얼굴에 반짝이는 눈을 가진 마시는 가정을 꾸리길 갈망했지만, 여자를 유혹하는 솜씨가 몹시 서툴렀다.(마시는 잠재적 구애 대상을 자신이 본 것 중 "가장 예쁜 작은 척추동물"이라고 부른 적도 있다.) 일이 뜻대로 풀리지 않자 마시는 독신으로 살아가기로 마음먹고, 1860년에 예일대학교를 졸업하고 나서 든든한 조지 외삼촌의 돈으로 유럽 여행에 나서서 몇 년 동안 여러 박물관과 대학교에서 공부하면서 지냈다.

코프는 이와는 대조적으로 처음부터 쏜살같이 치고 나갔다. 마시가 거북이라면, 코프는 토끼였다. 코프는 필라델피아 외곽에서 자랐고, 박물학 신동으로 불렸다. 13세 때이던 어느 여름날, 코프는 농장에서 일하다가 길이가 약 60cm나 되는 뱀의 목을 잡고서 쉭쉭거리고 꿈틀대는 그 뱀을 태평스럽게 주인 가족이 있는 곳으로 가지고 갔다. 주인 가족은 대경실색하여 독사라고 비명을 질렀다. 하지만 코프는 뱀이 자신을 물려고 자꾸 시도하는데도 침착하게 뱀의 이빨을 살펴본 뒤, 독을 뿜어내는 송곳니가 없으니 독사가 아니라고 설명했다. 그러

성급한 성질로 유명했던 고생물학자 에드워드 드링커 코프가 자기
사무실에 앉아 있는 모습.

니 염려할 게 전혀 없다고 말했다.

21세까지 코프(씩 웃는 모습이 악마처럼 보이고 화려한 코밑수염을
기른)는 과학 논문을 31편이나 발표했는데, 아주 인상적인 출발이었
다. 그와 동시에 코프는 성급한 성질로도 유명했다. 코프는 퀘이커교
도로 태어나 평화주의자로 자랐지만, 타고난 싸움꾼이었다. 한 친구
는 코프가 "어떤 대가를 치르더라도 전쟁을 치르려는" 자세로 살아갔
다고 말한 적이 있다. 가장 많이 충돌한 사람은 아버지였는데, 상인이
었던 아버지는 아들에게 땅을 사주고는 농사꾼으로 키우려고 했다.
두 사람은 코프의 장래를 놓고 늘 다퉜다. 코프는 다른 과학자들과 다
투는 것도 좋아했다. 한번은 과학 회의장 밖 복도에서 동료와 주먹다

짐을 벌여 둘 다 눈이 멍든 적도 있었다. 싸운 사람은 코프와 가장 친했던 친구였다.

1861년, 코프는 스미스소니언연구소에서 일하기 위해 워싱턴 D.C.로 갔다. 그런데 바람둥이였던 코프는 그곳에서 지저분한 치정 사건에 얽히게 된다. 이 시기에 그가 주고받은 편지는 대부분 사라졌기(혹은 폐기되었기) 때문에 자세한 내용은 수수께끼로 남아 있다. 그의 연인은 파출부였을까, 상속녀였을까, 아니면 원수 집안의 딸이었을까? 그것은 아무도 모른다. 어쨌든 코프의 아버지는 마담 X로부터 떼어놓으려고 코프를 외국으로 보냈는데, 이 여행 덕분에 남북 전쟁이 일어난 그 당시에 북군에 징집되는 것도 피할 수 있었다.

코프와 마시는 해외를 방문한 미국의 두 젊은 박물학자였기에 자연히 유럽에서 맞닥뜨렸는데, 1863년에 베를린에서 만났다. 32세의 마시는 그답게 그곳에서 몇 달 동안 끈기 있게 공부하고 있었던 반면, 23세의 코프는 다양한 박물관을 갑자기 들렀다가 마찬가지로 갑자기 떠나면서 여러 도시를 정신없이 싸돌아다녔다. 마시는 훗날 베를린에서 만난 코프를 반미치광이 같았다고 묘사했는데, 여전히 실연의 슬픔에서 벗어나지 못해 불안정한 햄릿처럼 보였다고 했다. 그래도 마시는 자신보다 어린 동료가 마음에 들었고, 두 사람은 몇 달에 한 번씩 편지를 주고받기 시작했다. 미국으로 돌아온 뒤에 코프는 심지어 새로운 양서류 종에 마시의 이름을 따서 붙였고, 마시도 한 수생 파충류에 코프의 이름을 따서 붙여 호의에 답했다.

하지만 얼마 지나지 않아 두 사람의 관계는 틀어지기 시작했다. 첫 번째 다툼은 뉴저지주에서 발견된 몇몇 공룡 화석지가 그 도화선이 되었다. 공룡은 1817년에 영국에서 처음으로 독특한 동물임이 밝혀졌는데, 초기의 발견 과정에서는 메리 애닝Mary Anning 같은 아마추어 화석 사냥꾼들이 주도적 역할을 했다. 하지만 북아메리카에 공룡이 존재했다는 사실은 1858년에 박물학자 조지프 레이디Joseph Leidy가 뉴저지주의 한 채석장에서 오리주둥이공룡(하드로사우루스Hadrosaurs) 뼈를 발견하면서 세상에 알려졌다.(대개는 채석장 인부들이 작업 과정에서 뼈를 처음 발견하고, 채석장 소유주가 과학자에게 그 사실을 알리면, 그때부터 과학자가 본격적인 발굴과 분석 과정을 진행했다.) 레이디의 허락을 받아 코프는 1866년에 여러 채석장에서 작업을 시작해 한 육식공룡(오늘날 드립토사우루스Dryptosaurs 라고 부르는)의 화석을 발굴했다. 이 발견에 크게 흥분한 코프는 다음 해에 교수직을 그만두고 발굴에 전념하기 위해 새 아내와 딸을 데리고 발굴 장소에 가까운 곳으로 이사함으로써 아버지를 실망시켰다. 화석 발견을 자신들의 명성을 드높일 기회로 활용하기 위해 레이디와 코프는 조각가를 고용해 필라델피아의 한 박물관에 7.9m 길이의 하드로사우루스 복제품을 만들어 전시했는데, 이것은 역사상 최초로 전시된 공룡 골격이었다. 그것은 미술과 과학의 결합[26]으로 탄생한 걸작이었고, 그 소문은 곧 뉴헤이븐에 있던 마시에게도 전해졌다.

얼마 전에 마시도 코프 못지않게 훌륭한 성과를 거두었다. 마시는 조지 외삼촌을 졸라 예일대학교에 자연사박물관을 세우게 했고, 예일대학교 측에 이 거래를 중개한 대가로 모종의 보상을 기대한다고 넌지시 알림으로써 우아한 강탈 솜씨를 보여주었다. 피바디는 결국 15만 달러(오늘날의 가치로는 260만 달러)를 내놓았고, 그 대가로 예일대학교는 마시를 그 박물관의 이사 겸 고생물학 교수로 임명했는데, 고생물학 교수직은 북아메리카에서 처음 생긴 자리였다.

그럼으로써 마시는 직책상으로 미국의 화석 사냥에서 가장 높은 자리에 도달했다. 하지만 과학적으로는 코프와 그의 뉴저지주 표본들이 모든 영광을 독차지하고 있었다. 그래서 마시는 코프에게 편지를 보내 그 채석장들을 방문해도 되겠느냐고 물었다. 코프는 방문을 허락했고, 1868년 3월에 두 사람은 비와 눈 속에서 땅을 파고 탐사를 하며 돌아다니면서 행복한 한 주를 보냈다. 탐사가 끝난 뒤, 마시는 코프가 보여준 관대함에 감사를 표시하고 기차역을 향해 떠났다. 그랬다가 곧장 채석장으로 돌아갔다. 그리고 채석장 소유주들을 뇌물로 구워삶아 코프를 채석장에서 쫓아내고 대신에 최고의 화석들을 자신에게 보내게 했다. 그 후로 양질의 화석은 모두 예일대학교로 갔다.

코프는 마시가 자신의 뒤통수를 친 이 일의 진상을 한참 뒤에야 알았는데, 그때에는 이미 또 다른 사건 때문에 두 사람의 사이가 크게 틀어져 있었다. 몇 년 전에 철도 건설 노동자들이 캔자스주에서 셰일층을 파다가 멸종한 수생 파충류인 수장룡 화석을 발견했다. 이 골격은 결국 코프의 손에 들어갔는데, 코프는 이 종에 엘라스모사우루스 *Elasmosaurus*라는 이름을 붙였다. 이 이름은 '얇은 판 도마뱀'이란 뜻이지만 더 흥미롭게는 '리본 파충류'란 뜻도 되는데, 거의 8m에 이를 정도로 특이하게 긴 꼬리 때문에 붙은 이름이다. 코프는 그 골격을 복원해 필라델피아의 한 박물관에 전시하고는 서둘러 그 해부학적 특징에 관한 논문을 써서 발표했다.

마시가 그 골격을 살펴보기 위해 또다시 코프를 찾아왔는데, 이번에도 질투심에 사로잡혀 속이 부글부글 끓고 있었다. 그런데 찡그린 표정으로 그 골격을 자세히 살펴보던 마시의 얼굴에 미소가 떠올랐다. 그 골격에서 코프의 큰 실수를 발견했던 것이다. 복원을 서두르다가 코프는 그만 척추를 반대로 붙이고 말았다. 즉, 척추 꼭대기를 밑부분으로 착각했고, 그 결과로 머리뼈를 꽁무니에 붙이는 실수를 저질렀다. 사실, 리본 파충류는 꼬리가 엄청나게 긴 게 아니라, 목이 엄청나게 길었다.

훗날 마시는 그때 자신은 아주 부드러운 말로 실수를 지적했다고 말했다. 코프의 말은 달랐다. 마시의 비판이 '신랄하고' 잔인했다고 주장했다. 어쨌든 두 사람은 척추의 방향을 놓고 언쟁을 벌였다. 두 사람은 마침 그 박물관에서 일하고 있던 레이디를 이 논쟁의 중재자로 불렀다. 골격을 찬찬히 살펴본 뒤에 레이디는 머리뼈를 떼어내더니 '꼬리' 끝부분으로 걸어가 그곳에 붙였다.

코프는 굴욕을 느꼈다. 비록 많은 발견을 했다곤 하지만 자신은 아직 젊은 과학자였기에, 이것처럼 세간의 이목을 끄는 실수는 경력을 망칠 수도 있었다. 코프는 엘라스모사우루스 논문이 실린 학술지를 모조리 사들여 없애기 시작했고, 심지어 그 학술지를 가지고 있는 동료들에게 자신에게 반송해달라고 요청하면서 비용은 모두 자기가 부담하겠다고 했다.(그리고 나중에 그 실수를 정정한 개정판을 새로 인쇄했다.) 마시는 코프의 요청대로 자신이 가진 학술지를 보냈다. 하지만 은밀히 두 부를 더 사들여 평생 동안 간직했다. 마시는 이 사건을 아주 재미있게 생각했다. 한편, 코프는 격노했고, 자신을 웃음거리로 만든 마시를 절대로 용서하지 않았다.

설령 마시가 코프를 웃음거리로 만들지 않았다 하더라도, 두 사람은 기질상 결국 갈라설 수밖에 없었을 것이다. 코프는 민첩한 반면, 마시는 느릿느릿했다. 코프는 밖으로 매력을 발산한 반면, 마시는 늘 조심스러운 태도를 유지했다. 마시는 찰스 다윈의 새 진화론을 전폭적으로 믿으면서 미국에서 초기에 진화론을 옹호하고 나선 사람 중한 명이었던 반면, 코프는 창조론자의 주장에 동조하면서 진화를 사실로 받아들이는 데 어려움을 겪었다. 그리고 코프가 마침내 진화를받아들였을 때에도 그 과정에 신이 관여할 여지를 남겨두었는데, 마시는 그런 생각을 비웃었다.

하지만 이렇게 서로에 대한 반감에도 불구하고, 활동 무대가 변하지 않았더라면, 두 사람의 관계가 전면적인 적대 관계로 비화되지 않았을지도 모른다. 동부의 편안한 박물관에서 자리를 잡고 지내는 동안에는 두 사람의 반감은 비교적 유순한 수준에 머물러 있었다. 하지만 활동 무대가 개척 시대의 서부로 바뀌자, 무슨 대가를 치르더라도전쟁을 불사하려는 코프의 기질 때문에 뼈를 둘러싼 전면전은 불가피했다.

오늘날의 북아메리카 내륙 지역은 수천만 년 전에는 아메리카의지중해라고 불릴 만큼 거대한 내해內海를 이루고 있었다. 수많은 생물이 죽어 그 바닥과 연안에 묻혔다가 침식과 지각 융기가 일어나면서마침내 지표면에 그 유해가 드러났다. 그 결과로 역사상 손꼽을 만큼풍부한 화석층이 지표면에 노출되었다. 19세기 중엽에 미국 서부의일부 지역에서는 화석이 너무나도 풍부하여(화석들이 마치 원시 시대의 소풍 흔적처럼 그냥 땅 위에 널려 있었다) 와이오밍주의 한 양치기는집 전체를 그 뼈들로 지었다. 사실상 뼈로 만든 통나무집이었다.

남북 전쟁이 끝난 뒤, 이 노다지에 대한 소문이 동부로 전해졌고,

1870년에 마시는 그곳으로 갈 화석 사냥 탐사대를 조직했는데, 비용 중 일부를 조지 외삼촌이 남긴 유산으로 충당했다. 현장에서 화석 채집을 담당할 주요 인력은 예일대학교의 애송이 젊은이 10여 명이었지만, 미 육군으로부터 중요한 지원을 제공받았다. 그 당시에는 미시시피강 서쪽 지역을 여행하는 것보다는 동해안에서 유럽 여행을 떠나는 것이 훨씬 쉽고 편했다. 마시 일행은 보급품을 미 육군과 변경 요새의 도움에 크게 의존했다. 게다가 인디언 부족들을 그들이 살던 땅에서 쫓아내려고(설령 몰살시키지는 않더라도) 미국 정부가 기울인 노력을 감안할 때, 마시 일행은 군의 보호가 없었더라면 인디언의 매복 공격에 살해될 위험이 컸다. 사실, 마시 일행의 첫 번째 체류지였던 네브래스카주의 한 요새에서 마시는 비틀거리며 걸어오는 영양 사냥꾼을 만났는데, 사냥꾼의 몸에는 하루 전에 맞은 화살이 그대로 꽂혀 있었다.

첫 번째 탐사대는 육군 호위대와 포니족Pawnee 안내인 몇 사람을 포함해 모두 70명으로 구성되었다. 모두 보위 나이프bowie knife(길이 38cm 정도의 사냥용 외날 단도—옮긴이)와 카빈 소총, 6연발 권총으로 무장했다. 일행 중에 훗날 버펄로 빌Buffalo Bill이라는 이름으로 명성을 떨친 윌리엄 코디William Cody도 있었다.(아직 유명해지기 전이었던 빌은 육군을 위해 척후병으로 일했다.) 일행이 출발할 때, 빌은 먼 옛날에 그곳에 거대한 뇌룡이 살았고, 주변의 땅이 모두 물로 덮여 있었다는 마시의 강연을 들었다. 빌은 그저 고개를 끄덕이고, 속으로는 웃으면서 겉으로는 동조하는 척했다. 빌은 살아오면서 과장된 이야기로 허풍을 많이 떨었지만, 마시 앞에서는 두 손을 들 수밖에 없었는데, 그토록 엄청난 허풍은 생각도 해본 적이 없었다!

버펄로 빌은 화석 발굴을 도와달라는 요청을 거절하고 둘째 날에 떠났다. 하지만 마시의 탐사대에 동행한 군인들은 열성적으로 협력했다.(포니족은 별로 내키지 않는 태도를 보였지만, 마시가 먼 옛날의 말 화석을 보여주자 매우 기뻐하면서 태도를 바꾸었다.) 뼈를 찾아 절벽을 살필 때, 발굴자들은 단지 형태뿐만 아니라 질감에도 주의를 기울였다. 뼈는 암석보다 더 부드럽고 더 반짝였고, 내부에 특유의 해면질 구조가 있는 경우가 많았다. 일단 화석이 묻힌 장소를 발견하면, 끌이나 칼, 삽, 곡괭이 등 필요한 도구를 사용해 화석을 파냈다. 발굴자들은 자연적으로 지표면에 드러난 뼛조각이나 이빨을 찾기 위해 무릎을 땅에 대고 코를 흙에 갖다 댄 채 기어다니느라 오랜 시간을 보냈다. 섬세한 구조는 천이나 신문으로 싸 시가 상자나 깡통에 담아 동부로 보냈다. 거대한 넙다리뼈(어떤 것은 무게가 250kg이나 나갔다)는 소석고를 묻힌 삼베로 둘러쌌는데, 의사들이 골절용 깁스를 만드는 데 사용하는 것과 같은 방법이었다.

다음 장소로 이동할 때에는 50℃에 가까운 온도에서 전체 일행이 많게는 14시간 동안 쉬지 않고 계속 행진했다. 음식(들소 스테이크, 토끼고기 스튜, 야채와 과일 통조림 등)은 풍족한 편이었지만, 물이 귀해 폭우가 쏟아질 때 모자에 물을 받았다가 마셔야 할 때도 있었다. 곰과 코요테가 그들을 따라다니며 괴롭혔고, 밤중에는 쥐와 도롱뇽이 천막 안에 들끓었다. 하지만 마시에게 이러한 어려움은 화석 채집의 스릴에 비하면 아무것도 아니었다. 마시 일행은 공룡 외에도 마스토돈 mastodon과 먼 옛날의 낙타와 코뿔소, 멸종한 여러 종의 말 화석도 발굴했다. 유타주에 도착했을 때, 브리검 영Brigham Young이 마시에게 말 화석에 대해 물었다. 사실, 마시는 말 화석 때문에 당혹스러웠는데, 영에게서 말에 관심을 보인 이유를 듣고서 실마리를 찾았다. 모르몬교 교리에서는 말이 유라시아가 아닌 아메리카에서 처음 나타났다고 했고, 영은 그 증거를 찾고 있었다. 그 당시에 이 개념을 지지한 박물학자는 아무도 없었지만, 마시의 발굴 작업으로 영의 생각이 옳다는 것이 마침내 입증되었다.(한편, 예일대학교에서 온 젊은이들은 22명이나 되는 영의 딸들에게 질문을 하는 것에 더 관심을 보였다. 그들은 현지 극장의 칸막이 좌석에서 딸들과 놀아났다.)

12월에 탐사가 끝날 무렵, 마시는 열차의 모든 화차에 화석을 가득 실어 예일대학교로 보냈다. 하지만 마시의 가장 영광스러운 발견은 캔자스주에서 탐사를 하던 마지막 순간에 찾아왔다. 오솔길에서 조금 벗어난 지점에서 일부 암석을 둘러보던 마시는 땅 위에 놓여 있는 절반의 뼛조각을 발견했다. 길이 15cm의 그 뼈는 속이 비어 있어 두꺼운 빨대처럼 보였다. 마시는 그것이 앞발뼈의 새끼발가락 일부로 보았다. 하지만 어떤 종의 뼈인지는 알 수 없었다.

애석하게도 주변이 점점 어두워지고 있었고, 마시는 나머지 절반의 뼈를 찾을 시간이 없었다. 그저 가까이 있던 바위에 십자 표시를 새겨두고 다음 시즌에 다시 돌아와 찾는 수밖에 도리가 없었다.

마시는 그 뼛조각을 생각하면서 겨울을 보냈다. 그 독특한 형태를 바탕으로 그 뼈가 익룡의 발가락이라고 결론 내렸다. 다만 한 가지 문제가 있었는데, 그 당시 알려진 모든 익룡 종은 날개폭이 매와 비슷하거나 그보다 더 작았다. 만약 이 뼈가 정말로 익룡의 새끼발가락이라면, 이 종은 날개폭이 적어도 6m나 되는 골리앗 익룡이어야 했다. 그것은 그야말로 '드래건'이라고 불릴 만한 종이라고 마시는 생각했다.

그것은 그에게 큰 영예를 안겨줄 수 있는 발견이었다. 만약 드래건의 크기에 대한 추측이 맞기만 하다면 말이다. 하지만 만약 나머지 '절반'의 뼈가 실제로는 훨씬 작거나, 이 뼈가 새끼발가락의 일부가 아니라면? 마시는 평소의 신중한 태도를 집어던지고 서둘러 논문을 써서 발표했다. 그러고 나서 불안과 초조 속에서 몇 달을 보냈다. 혹시나 이 논문이 자신에게도 꼬리에 머리뼈를 붙인 것과 같은 순간을 초래하여 코프에게 복수의 곤봉을 휘두를 기회를 주는 것은 아닐까?

마시는 다음 해 봄에 캔자스주의 그 장소를 첫 번째 방문지로 정했다. 천막을 치자마자 그곳으로 달려가 바위에 새겨놓은 십자 표시를 찾았다. 그리고 몇 분 동안 주변을 수색한 끝에 나머지 절반의 뼈를 찾았고, 그 밖에도 암석에 박혀 있는 날개뼈를 여러 개 발견했다. 그 드래건은 자신이 예상했던 것만큼 아주 컸다. 그것은 온 세상의 모든 고생물학자가 부러워할 만큼 획기적인 발견이었다.

솟아오르는 질투심에 누구보다 크게 분개한 사람은 바로 코프였다. 경쟁자가 외삼촌의 돈으로 서부에서 이목을 끄는 발견을 하는 동안 코프는 뉴저지주에 틀어박혀 근근이 명맥을 유지하고 있었다. 무엇보다도 자기 아버지가 돈이 넉넉하다는 사실 때문에 더욱 화가 치밀었다. 아버지는 코프가 뼈를 채집하는 일에 돈을 쓰려고 하지 않았다. 그는 여전히 코프가 신사 농부가 되길 원했다. 몇 년간의 설전 끝에 마침내 코프는 아버지에게 자신의 유산으로 물려줄 땅을 조금 팔게 하는 데 성공했다. 비록 늦긴 했지만, 그래도 거의 마지막 기회를 잡은 셈이었다. 땅을 팔고 나서 얼마 지나지 않아 마시가 새로운 화석에 대한 일련의 논문을 발표하자 코프는 더욱 질투심에 불타 거의 미칠 지경이 되었다.

코프는 화석 발견을 놓고 벌어진 경쟁 말고도 마시가 공룡 연구에 나쁜 영향을 미친다는 이유로 마시를 비난했다. 코프는 공룡을 기묘하게도 자신과 비슷한 존재(빠르고 날렵하고 기민한 동물)로 여겼다. 이와는 다른 의미로 마시도 공룡이 자신과 비슷하다고(대체로 어슬렁거리며 돌아다니는 느리고 꼼꼼한 동물로) 여겼다. 물론 각자는 상대방의 견해를 터무니없다고 일축했지만, 마시는 갑작스럽게 얻은 명성으로 자신의 견해를 고생물학계가 받아들이게 하는 데 더 큰 영향을 미쳤다. 그래서 코프는 땅을 판 돈으로 1871년 9월에 서부로 떠날 화석 발굴 탐사대를 조직했다. 이제 아이아스가 있는 전장에 아킬레스가 뛰어든 셈이었다.

코프의 탐사대 소문은 당연히 마시의 귀에도 들어갔다. 마시가 뉴저지주의 채석장에 틈입한 일을 감안할 때, 마시가 코프의 서부행에 반대한다면 극도의 위선적 행동으로 비쳤을 것이다. 자연히 마시는 끓어오르는 분노로 발작을 일으킬 지경이 되었다. 마시는 자신이 아는 군인들에게 이 침입자가 믿을 수 없는 사람이라는 소문을 퍼뜨렸고, 그 때문에 코프가 변경에 도착했을 때 요새의 많은 군인과 정찰병이 그를 냉대했다. 한 요새에서는 코프에게 건초 더미를 쌓아놓은 마당에서 자라고 강요했다. 코프는 그 모욕을 무시하고 다른 데로 가버렸다.

코프의 탐사대는 마시의 탐사대와 느낌이 달랐다. 마시는 늘 사냥을 좋아해 길을 가다가 눈에 띄는 대로 동물들에게 총질을 해댔다. 평화주의자인 코프는 총을 들고 다니는 것조차 거부했고, 5명의 군인으로 이루어진 호송대의 동행을 마지못해 받아들였다. 마시는 젊은이들과 함께 어울리며 야외 생활을 매우 즐긴 반면, 코프는 매일 밤 모닥불 주변에서 고상한 척 큰 소리로 성경 구절을 낭독했는데, 낭독을 방해하는 젊은이들의 히죽이는 웃음과 눈알 굴리기(지루함이나 불쾌감을 나타내는 제스처—옮긴이)와 트림 소리를 무시하려고 애썼다. 마시와 코프는 둘 다 안장에 앉아 지질학적 특징에 대해 강의를 했지만, 코프는 야생화도 지적했다. 코프는 또한 딸 줄리아에게 감동적인 편지도 썼고(퀘이커교도 특유의 "thees"와 "thous" 같은 단어를 써가며), 가끔 방울뱀을 붙잡아 알코올에 절여 고향에 있는 딸에게 보냈다.

코프 일행은 그 후 몇 년 동안 여러 탐사 여행에서 토네이도, 유사流沙, 염기성이 아주 강해(혹은 아주 더러워) 즉각 설사를 유발하는 물웅덩이, 며칠이 지난 뒤에도 피부에서 모래가 스며나올 정도로 강한 먼지 폭풍, 피부를 베이컨 기름으로 두껍게 바르지 않으면 산 채로 뜯어먹힐 만큼 공격적인 곤충 떼를 비롯해 많은 고난을 겪었다. 하지만 아무리 심한 고난도 코프의 의욕과 흥분을 꺾진 못했다. 물론 그것은 마시도 마찬가지였다. 불과 이틀 만에 새로운 화석 종을 열 종이나 발견하기도 했고, 멸종 동물을 수십 종(족제비, 마스토돈, 어류, 거대한 거북을 포함해)이나 발견했다. 그중에서도 마시의 드래건보다 훨씬 큰 익룡은 크게 자랑할 만한 것이었다. 당연히 이런 작업에는 큰 대가가 따랐다. 하루 종일 먼 옛날에 살았던 짐승들을 생각하다 보면 해가 진 뒤에는 환영 같은 꿈 속에서 그것들이 나타났는데, 그것은 아주 끔찍한 경험이었다. 한 동료는 이렇게 회상했다. "낮에 우리가 그 흔적을 발견한 모든 동물이 밤이 되면 코프를 공중으로 집어던지고 발로 차고 짓밟으면서 가지고 놀았다. 내가 그를 깨우면, 그는 진심으로 고마움을 표시하고 나서는 자리에 누워 다시 괴물들의 습격을 받았다." 하지만 다음 날 아침이 되면, 코프는 여전히 조금도 망설이지 않고 현장으로 달려가 발굴을 시작했다. 화석에 대한 집착이 그토록 강했다.

코프는 모두 합쳐 수 톤에 이르는 화석을 필라델피아로 보냈다. 그리고 토끼처럼 민첩한 기질 덕분에 코프는 곧 공식적 발견에서 경쟁자를 앞지르게 되었다. 마시도 수 톤의 화석을 예일대학교로 보냈지만, 서부에서 작업을 먼저 시작했는데도 불구하고 민첩한 코프가 선수를 치는 경우가 많았다. 코프는 학술지에 많은 논문을 발표하면서, 마시도 채집하긴 했지만 아직 제대로 기술하지 못한 종들에 우선권을 주장했다. 코프는 턱뼈 조각이나 척추 일부만 가지고도 완전히 새로운 종을 만들어내는 대담성도 있었다. 1872년 한 해 동안 코프는 56편의 논문을 발표했는데, 일주일에 한 편 이상씩 쓴 셈이었다.

하지만 시간이 지나면서 마시는 코프가 우위에 선 원인이 단지 속도에만 있는 게 아니라는 의심이 들기 시작했다. 지금까지의 싸움에서 도발을 먼저 한 쪽은 대개 마시였다. 하지만 더 자세히 들여다볼수록 코프가 더러운 싸움을 시작했다는 단서들이 보였다.

예를 들면, 마시와 코프가 같은 종을 거의 동시에 발굴한 사례가 몇 건 있었다. 그런데 마시는 그 화석들에 대한 코프의 논문을 자세히 검토하다가 발견 날짜가 일치하지 않는 곳을 몇 군데 발견했다. 이 단서를 바탕으로 마시는 가능한 것 중 가장 혹독한 결론으로 치달으면서 코프가 우선권을 주장하기 위해 논문들에서 발견 날짜를 실제보다 앞당긴 의혹이 있다고 비난했다.(코프는 그 오류를 인정했지만, 자신의 비서와 출판사의 실수로 돌렸다.) 거의 같은 무렵에 마시는 코프로부터 소포를 받았는데, 그 안에는 화석이 몇 개 들어 있었다. 동봉한 편지에서 코프는 그 뼈를 캔자스주의 기차역에서 선적을 기다리는 마시의 화물 상자에서 우연히 '떨어져나온' 것이라고 설명했다. 그리고 우연의 일치로 이 뼈들이 마시 대신에 자신에게 전달되었다고 했다. 마시는 그 편지를 조롱으로 받아들이며 격노했다. 코프가 그 화물에서 가장 소중한 표본들을 돌려주지 않았기 때문에 특히 그랬다.

이에 대응하기 위해 마시는 강력한 영향력을 지닌 미국철학회에 이런 행위를 저지른 코프를 징계해달라고 요청했다. 또, 전에 그 학술지에 실린 코프의 논문들도 취소해달라고 요청했다. 미국철학회는 그렇게까지 하지는 않았지만, 앞으로 코프의 일부 논문을 차단하기로 동의했다. 미국철학회가 코프의 주요 활동 무대인 필라델피아에 기반을 두고 있었기 때문에, 이러한 제재는 코프의 경력에 심각한 손상을 입힐 수 있었다. 코프는 이 위협을 무력화시키는 수밖에 선택의 여지가 없다고 생각했다. 코프의 아버지는 1875년에 죽으면서 아들에게 25만 달러(오늘날의 가치로는 600만 달러)를 유산으로 남겼는데, 코프가 그 돈으로 한 일 중 하나는 〈아메리칸 내추럴리스트*The American Natu-ralist*〉라는 학술지를 인수한 것이었다. 그 덕분에 코프는 설령 다른 곳에서 퇴짜를 맞더라도 자신의 논문을 자신이 원하는 만큼 빨리 발표할 수 있었다. 그리고 코프는 편집자 자격으로 원하면 언제든지 마시를 비난할 수 있었다. 마시 밑에서 조수로 지낸 사람은 글에서 마시를 "계략을 꾸미는 선동가"라고 부르면서 그가 지닌 "양심의 특이한 탄력성"을 비난했다. 또 다른 조수의 사망 기사에서 코프는 마시가 아랫사람의 아이디어를 몰래 훔쳤다고 그를 비난했다.(나중에 보겠지만, 이것은 어느 정도 근거가 있는 비난이었다.)

싸움이 크게 비화하기까지는 오랜 시간이 걸리지 않았다. 1870년대 중엽에 코프와 마시는 서부의 탐사 작업을 전문 화석 사냥꾼 집단에 하청을 맡기는 경우가 점점 더 늘어났는데, 더 넓은 지역을 탐사하기 위한 것이 한 가지 이유였다. 당연한 일이지만, 이들 '뼈 사냥 전문가'는 자신들에게 일을 맡긴 우두머리의 편견과 교활한 행위까지 답습했다. 코프의 부하들은 가끔 식료품과 잡화를 파는 척 위장하고서 마시의 캠프에 침투하려고 시도했다. 마시의 부하들도 코프의 캠프를 염탐하기 시작했고, 알아낸 정보를 암호로 마시에게 보고했다. 코프는 'B. 존스', 화석을 발견하는 데 따른 행운은 '건강'이었고, 돈이 필요할 때에는 '탄약'을 보내달라고 했다. 발굴 장소에 대한 보안은 아주 철저하여 코프 밑에서 일하던 한 사람은 심지어 부모에게 자신이 여름 동안 지낼 곳이 어디인지 알리기조차 거부했다.

얼마 지나지 않아 몇몇 사람들은 한 진영에서 다른 진영으로 옮겨가면서 더 나은 보수를 받고 흔쾌히 비밀을 팔았다. 다른 사람들은 충성심을 보였는데, 절벽 위로 기어올라가 아래에서 화석을 채집하는 사람들에게 돌을 던지기도 했다. 만약 누가 나중에 다시 찾아올 길을 표시하기 위해 바위에 새겨놓은 흔적(마시의 십자 표시처럼)을 발견하면, 상대 진영의 뼈 사냥꾼들은 그것을 싹 지운 뒤, 나중에 자신들이 그 화석을 찾으려고 그곳으로 돌아왔다. 경쟁자가 나중에 그곳에서 발굴 작업을 하지 못하도록 하기 위해 이미 발굴한 장소에 돌을 채워넣거나 심지어 다이너마이트로 폭파하기도 했다. 가장 지독한 사례는 마시 밑에서 일하던 한 사람이 발굴 장소를 폐쇄할 때, 수십 개의 화석 뼈를 발로 밟아 가루로 만든 것이 아닐까 싶은데, 나중에 코프 일행이 그것을 발견할 기회를 봉쇄하기 위해서였다. 이렇게 심한 압박을 받으며 일하다 보니, 심지어 같은 편 사람들끼리 싸움을 벌이는 경우도 종종 있었다. 마시의 최고 책임자 중 한 명은 다른 책임자에게 총을 겨누고 결투를 청한 적도 있었다.

결국 전쟁이 너무 치열해지자 그것을 견뎌내기 힘들어하는 발굴자들이 나왔다. 한 사람은 일을 그만두고 양을 치는 일로 돌아갔고, 또 한 사람은 학생을 가르치는 일로 돌아갔다. 과학자 동료들도 염증을 느꼈다. 북아메리카에서 최초의 공룡을 발견한 조지프 레이디는 이곳은 더 이상 점잖은 사람이 종사할 분야가 아니라고 판단하고서 공룡 고생물학계를 아예 떠났다.

하지만 가끔 화석이 가루로 변하는 일이 일어났음에도 불구하고, 고생물학계는 이 경쟁에서 큰 혜택을 얻었다. 경쟁자를 의식한 작업자들은 경쟁자가 없을 때보다도 더 열심히 그리고 더 광범위한 지역을 탐사했고, 트리케라톱스와 스테고사우루스, 브론토사우루스[27]를 비롯해 여러 상징적 공룡이 바로 이 시기에 처음 발견되었다. 마시와 코프는 또한 탐사대를 조직하고 표본을 채집하는 계획에 막대한 개인 재산까지 쏟아부었다. 마시는 특별히 훌륭한 브론토사우루스 표본을 전시하기 위해 3만 달러(오늘날의 가치로는 72만 달러)를 썼는데, 그런 공룡 표본은 일찍이 어느 누구도 보지 못한 것이었다. 사실, 이 두 사람의 경쟁 덕분에 미국의 고생물학은 세계 어느 곳보다 확실히 앞서나가게 되었다. 화학이나 물리학, 생물학과 다르게 최고의 연구는 런던이나 파리, 베를린이 아니라 미국에서 일어나고 있었다. 이처럼 비열한 행위를 서슴지 않는 과학도 나름의 긍정적인 측면이 있다.

고생물학 이외의 다른 분야들도 혜택을 받았다. 찰스 다윈은 진화론의 운명이 화석 기록에 달려 있다는 사실을 잘 알고 있었는데, 코프와 함께 특히 마시가 결정적 도움을 제공했다. 마시의 주요 화석 중 하나인 이빨 달린 새는 그 당시 논란이 되던 이론을 입증하는 데 큰 도움이 되었다. 이에 못지않게 중요한 것은 마시가 6000만 년에 걸친 28종의 진화 과정을 조사해 말이 진화한 역사를 추적할 수 있었다는 사실인데, 이를 통해 발가락이 4개 달린 여우만 한 크기의 동물로부터 오늘날의 발굽 달린 큰 동물로 변화해온 과정을 보여주었다. 다윈의 불도그로 불린 토머스 헨리 헉슬리 Thomas Henry Huxley는 말의 진화에 대해 물어보기 위해 마시를 찾아왔다가 가슴 벅찬 감동을 받았다. 살아 있는 동물의 유래를 오래전에 살았던 조상의 형태로부터 변화해온 과정을 이렇게 정확하게 추적한 사람은 일찍이 없었다. 이에 못지않게 매우 인상적인 순간도 있었는데, 헉슬리가 어떤 사실에 대해 이의를 제기하거나 중간종의 형태로 증거를 요구할 때마다 마시는 단순히 조수를 시켜 헉슬리가 원하는 그 증거를 가져오게 했다. 결국 헉슬리는 더듬거리면서 "당신은 마술사 같군요. 내가 원하는 것이 무엇이건 그것을 나타나게 하는군요."라고 말했다. 다윈도 마시를 마술사처럼 여겼고, 이빨 달린 새에 관한 그의 연구를 아주 훌륭하다고 칭찬하는 편지를 보냈다.

하지만 코프와 마시 사이에 벌어진 싸움의 첫 번째 단계가 두 사람 모두와 그들의 분야에 혜택을 가져다주었다면, 마지막 단계는 두 사람 모두에게 크나큰 상처만 남겼다.

비록 서로에게는 비열한 짓을 서슴지 않았지만, 코프와 마시는 각자 나름의 높은 도덕적 기준이 있었다. 코프는 매일 밤 성경을 읽는 평화주의자였다. 마시는 서부에서 아메리카 인디언이 당하는 끔찍한 학대에 맞서 싸우기 위해 자신의 평판이 망가지는 위험마저 감수했다.

인디언의 권리를 옹호하기 위한 마시의 성전聖戰은 오늘날의 사우스다코타주에 위치한 황무지 배들랜즈로 화석 탐사 여행에 나선 직후인 1874년에 시작되었다. 현지 부족들은 처음에는 마시를 그 땅에 들어오지 못하게 막았다. '탐사'는 근처의 블랙힐스에서 금을 훔치려는 핑계에 불과하다고 믿었기 때문이다. 결국 부족 장로들은 마지못해 마시에게 통행을 허락했는데, 마시가 그들이 받는 부당한 대우의 실상을 워싱턴에 전달하겠다고 약속한 뒤에야 허락했다. 마시는 11월에 그곳으로 출발했는데, 날씨가 너무나도 추워서 식사를 하려면 수염에 붙은 고드름을 떼어내야 할 때도 종종 있었다. 마시가 수레에 오래된 뼈만 가득 실어서 돌아와 금을 캐러 온 것이 아니라는 약속을 지키자 인디언들은 놀랐다.

나중에 추장인 붉은 구름이 마시를 한쪽으로 데려가 자신들이 불만을 품은 이유를 보여주었다. 인디언 부족들은 미국에 땅을 넘겨주는 대가로 식량과 보급품을 약속한 조약들에 서명했다. 붉은 구름은 그해에 받은 물품을 보여주었는데, 변질된 돼지고기, 곰팡이 핀 밀가루, 좀먹은 천, 낡아서 올이 다 드러난 담요 등이었다. 분별이 있는 사람이라면 알 수 있듯이, 마시도 인디언에게 물품을 분배하는 대리인이 비리를 저지른다는 사실을 알고 있었다. 하지만 그때까지만 해도 그 비리의 규모가 어느 정도인지는 전혀 몰랐다. 크게 경악한 마시는 이 문제를 워싱턴의 관리들에게, 아니 대통령에게 직접 알리겠다고 약속했다. 붉은 구름은 고개를 끄덕이면서 고맙다고 했지만 크게 기대하지는 않았다. 그때까지 백인이 약속을 저버리는 일을 부지기수로 겪었기 때문이다. 필시 마시라는 이 작자 역시 한통속일 거라고 생각했다.

하지만 마시는 또 한 번 예상을 벗어나는 행동을 보였다. 1875년에 과학 회의에 참석하기 위해 워싱턴으로 간 김에 서부에서 인디언 대리인들이 저지르는 비리를 규탄하는 운동을 벌인 것이다. 특히 아주 탐욕스럽고 부패한 관리들로 이루어진 인디언 링Indian Ring을 표적으로 겨냥했는데, 이들에게는 인디언을 무자비하게 살해한 장군으로 악명 높은 조지 암스트롱 커스터George Armstrong Custer조차 혐오감을 나타냈다. 마시는 개인적으로 인디언 링 사람들을 만났으나, 그들이 자신의 개혁 요구를 묵살하자 연줄을 이용해 영향력 있는 사람들을 만났다. 특히 율리시스 그랜트Ulysses S. Grant 대통령과 면담하는 데 성공했다. 또한 기자들을 설득해 인디언 링의 행태를 폭로하는 기사를 쓰게 했다. 궁지에 몰린 인디언 링은 마시가 주정뱅이이며 서부에서 아마도 예일대학교 젊은이들과 '부적절한 행동'을 저질렀다는 소문을 퍼뜨렸다. 마시는 살아오면서 이번만큼은 처음으로 꾹 참고 대응을 자제했는데, 진흙탕 싸움에 휘말렸다간 인디언을 위해 싸우는 성전의 대의가 손상될 것이 염려되었기 때문이다.

몇 달 동안의 준비 끝에 1875년 후반에 마시는 마침내 인디언 링 추문을 공론화하면서 여러 고위 관리를 물러나게 했다. 물론 그래도 대리인들의 부패를 종식시키지는 못했으며, 인디언의 땅을 침탈하는 행위도 계속됐다. 하지만 붉은 구름은 마시의 노력에 깊은 감명을 받았다. 붉은 구름은 훗날 이렇게 말했다. "나는 그도 모든 백인과 똑같이 행동하고, 이곳을 떠나면 나를 잊을 거라고 생각했다. 하지만 그는 그러지 않았다. 그는 약속대로 위대한 아버지[그랜트 대통령]에게 모든 것을 이야기했다. 나는 내가 본 백인 중 그를 가장 좋은 사람이라고 생각한다."

이 운동으로 마시는 유명 인사가 되었고, 워싱턴에서 많은 사람의

고생물학자 오스니얼 찰스 마시와 인디언 추장 붉은 구름. 붉은 구름은 마시를 "내가 본 백인 중 가장 좋은 사람"이라고 불렀다.

존경을 받았다. 그렇다면 마시는 새로 얻은 명성과 도덕적 지위를 무슨 일을 하는 데 썼을까? 그야 당연히 에드워드 코프를 공격하는 데 썼다.

1870년대에 미국 정부 내의 여러 기관이 내륙 지역의 자세한 지도를 얻기 위해 일련의 지질 탐사를 후원했다. 마시와 코프는 각각 다른 탐사에 참여했고, 거기에 지원된 자금에서 적지 않은 혜택을 받았다.(사실, 코프는 부여받은 임무를 충실히 수행하는 대신에 정해진 경로에서 벗어나 화석 사냥에 나섰다가 반복적으로 질책을 받았다.) 하지만 의회의 구두쇠들은 동시에 네 방면으로 진행하는 탐사 계획을 탐탁지 않게 여겼다. 그것들은 중복되는 것처럼 보였다. 1878년에 그들은 하나의 탐사 계획으로 통합하라고 제안했다.

이 결정을 마시는 절호의 기회라고 여겼다. 이미 마시는 워싱턴에서 자신의 명성을 이용해 미국국립과학원 부회장 자리를 얻었는데, 얼마 후 회장이 사망하자 미국국립과학원을 자신이 좌지우지하게 되었다. 그리고 운 좋게도 의회는 지질 탐사 계획을 통합하는 문제에 대해 미국국립과학원에 자문을 구했다. 마시는 모든 정치적 영향력을 동원해(심지어 러더퍼드 헤이스Rutherford B. Hayes 대통령까지 만나면서) 코프를 지원하던 탐사 계획을 취소시켰다. 그러고 나서 통합 탐사 계획의 총 책임자 자리를 따냈다. 마시는 통합에 대해 공식적으로 언급하면서 "이것은 미국 과학을 위해 아주 좋은 일이다."라고 의기양양하게 외쳤다. 어쩌면 그랬을 수도 있다. 하지만 오스니얼 마시를 위해 아주 좋은 일이었다는 것만큼은 확실하다.

한편, 코프는 좌절했다. 물려받은 유산은 이미 거의 다 소진했는데, 이제 외부에서 수혈되던 주요 자금줄도 사라지고 말았다. 코프는 경솔하게 남은 돈 대부분을 빼내 서부의 채굴 회사들에 투자했는데, 자신의 지질학 지식이 좋은 투자처를 선택하는 데 큰 도움이 될 것이라고 기대했다. 그러나 실제로는 그렇지 않았다. 그 당시 채굴은 기본적으로 합법적 도박이나 다름없었고, 게다가 카지노 측이 승산에 대해 거짓말을 할 수 있다는 불리한 조건까지 있었다. 그곳은 사기와 과대 선전이 넘쳐나는 곳이었고, 1880년대 중엽에 이르러 코프는 거의 돈을 다 날렸다. 펜실베이니아대학교에서 교수로 일하지 않았더라면, 코프는 파산하고 말았을 것이다.

그러다가 최후의 일격이 날아왔다. 1889년, 코프는 수중에 소유한 화석을 모두 워싱턴 D.C.의 스미스소니언협회로 보내라는 편지를 받았다. 그중 많은 표본을 수집하는 데 자신의 돈이 7만 5000달러나 들어갔지만, 지질 탐사 계획에 참여해 일했기 때문에 정부 측은 모든 화석이 정부의 소유라고 주장했다. 그 편지는 내무부 장관이 보낸 것이었지만, 코프는 그 뒤에 마시가 있다고 확신했다.

파멸에 직면한 코프는 이판사판으로 나가기로 결심했다. 마시 밑에서 조수로 일하는 사람은 몇 년 뒤에는 그를 경멸하면서 떠난다는 이야기는 고생물학계에서 공공연한 비밀이었다. 마시는 급여에 인색했고, 아이디어를 훔쳤으며, 조수에게 독립적인 활동을 절대로 허용하지 않았다. 코프는 이미 이러한 불화의 틈을 파고들려고 시도한 적이 있었는데, 어느 해에 뉴헤이븐에서 프린스턴대학교와 예일대학교의 미식축구 경기가 열렸을 때 그곳에 잠입해 마시의 조수들과 만나 은밀히 반란을 조장하려고 했다. 이 계획은 실패했지만(조수들은 코프도 좋아하지 않았다), 그래도 코프는 편지를 통해 마시의 험담을 모으기 시작했다. 그 편지들은 오른쪽 하단 책상 서랍에 보관했다. 코프는 그 편지 뭉치를 '마시아나Marshiana'라고 불렀는데, 자신의 화석을 모두 빼앗아가겠다는 위협을 받자, 경쟁자의 추악한 실상을 세상에 폭로하기로 결정했다.

이를 위해 우선 〈아메리칸 내추럴리스트〉에서 조수로 일했다가 지금은 선정적인 〈뉴욕 헤럴드〉의 기사를 쓰고 있던 윌리엄 호시아 발루William Hosea Ballou에게 접근했다. 이전에 코프는 한 화석의 이름을 발루의 이름에서 따 붙인 적이 있었고, 발루는 그 답례로 코프를 우상화했다. 발루는 코프가 찰스 다윈보다 훨씬 총명하다고 말한 적도 있었다. 궁지에 몰린 코프의 사정을 듣고 나서 발루는 통합 지질 탐사 계획이 얼마나 부패한 것이었는지 까발리는(그리고 그러면서 마시를 비방하는) 이야기를 기꺼이 쓰겠다고 동의했다.

발루는 그 당시의 낮은 취재 윤리 기준마저 어겨가면서 자신이 기자라는 사실을 밝히지도 않은 채 마시 밑에서 조수로 일했던 몇 사람을 면담했다. 대신에 어느 동료에 관한 잡담을 나누길 원하는 동료 과학자인 양 행세했다. 미끼는 제대로 효과를 발휘했고, 이렇게 해서 아주 소중한 증언들을 확보했다. 한 전직 조수는 마시의 연구를 "지금까지 전시된 것 중······가장 괄목할 만한 오류와 무지의 집합체"라고 불렀다. 또 다른 전직 조수는 지질 탐사는 모든 면에서 태머니 홀Tammany Hall(1786년에 설립되어 뉴욕시를 기반으로 활동한 민주당의 정치 결사—옮긴이)만큼이나 부패한 것이었다고 주장했다. 또 다른 사람은 "나는 [마시가] 과학에서 이틀 연속으로 정직한 연구를 하는 것을 본 적이 없다."라고 주장하고는, 마시는 "거짓말로 목적을 달성하는 데 충분하다면 절대로 진실을 말하지 않았다."라고 덧붙였다.

발루는 반박 기회를 주기 위해 출판 전에 그 기사를 마시에게 보여주었다. 또 지질 탐사 책임자에게도 그것을 보여주었다. 탐사 책임자는 즉각 답장을 보냈지만, 마시는 다른 방법으로 대응했다. 그는 펜실베이니아대학교로 가 코프를 교수직에서 해임시켜 재정적 파산 상태로 몰아넣으려고 했다. 대학교 측이 망설이자, 마시는 더 한층 광분해 총장에 대한 추문을 들추기 시작했다. 그 당시 총장은 지저분한 협박 사건에 휘말린 것으로 보였는데, 마시는 만약 자신의 말을 듣지 않으면 언론에 그 추문을 까발리겠다고 위협했다.

마시의 술수에도 불구하고, 발루가 쓴 기사는 1890년 1월 12일에 실렸다. 한 역사학자는 이 기사를 "명예 훼손 관련 법에 대한 무시"를 보여주고, 심지어 "분별력의 절제"마저 결여한 것이었다고 적절하게 평했다. 기사에서 인용된 사람들은 거의 다 그 기사를 비난했다. 하지만 자신들이 마시에 대해 한 이야기를 철회하지는 않았다.(다만 발루의 은밀한 취재와 불공정한 보도 방법에 반대했을 뿐이었다.) 발루는 전혀 개의치 않았다. 오히려 부끄러움도 없이 그들의 반응을 모아 또 다른 기삿거리를 만들었다. 후속 기사에서 발루는 "싸움이 가열되고 있다. 아주 멋진 싸움이 될 것 같다."라고 썼다. 발루의 일자리는 얻을 수만 있다면 아주 좋은 직업이었던 게 분명하다.

마시의 반박(차갑고 정확하고 추잡한)은 일주일 뒤에 나왔다. 코프의 추악한 면모를 이런 식으로 폭로하는 것은 고통스럽지만, 경쟁자가 보여준 행동 때문에 자신도 달리 어쩔 수가 없다고 주장했다. 그는 코프의 주장은 낡고 지겨우며 거짓말로 뒤덮여 있다고 주장했다. "만약 내가 이 문제[코프의 배신 행위]에 관한 모든 증거를 내놓는다면, 〈선데이 헤럴드〉가 증보판까지 다 동원하더라도 그 절반도 싣지 못할 것이다."(마시는 성경 구절을 흉내 낸 문체로 썼는데, 필시 퀘이커교도인 코프의 연설을 비꼬려고 그랬을 것이다.) 가장 악의적인 조롱은 말의 진화에 관한 마시의 연구가 러시아 과학자의 연구를 표절한 것이라는 비난에 답할 때 나왔다. "코발렙스키Kowalevsky는 결국 죄책감에 사로잡혀 자신의 뇌를 날림으로써 불행한 경력을 끝냈다. 하지만 코프는 뉘우치지 않고 아직 살아 있다." 마시는 마지막으로 한 번 더 코프가 20년 전에 수장룡의 머리뼈를 꼬리에 붙였다는 사실을 세상 사람들에게 상기시키면서 마무리를 지었다.

결국 그 기사들은 두 사람 모두에게 치욕을 안겨다주었다. 코프는 한 명의 적을 파멸시키는 대신에 더 많은 적을 만들어냈는데, 이제 아무도 그를 신뢰하지 않았기 때문이다. 마시는 반박을 하면서 옹졸하고 음모를 꾸민다는 인상을 주었고, 곧 지질 탐사 계획에서 고생물학자의 지위를 잃었다. 더 넓은 관점에서 볼 때, 이 추문은 그들의 치열한 경쟁에서 분노를 가라앉히는 역할을 했다. 그 당시 60세가 가까워진 마시는 자신의 나이를 느꼈다. 거의 50세가 다 된 코프는 상황이 더 나빴다. 아내는 경제적 궁핍 때문에 코프를 떠났고, 코프는 밤이 되면 애완 거북 한 마리와 악몽을 유발하는 화석들과 함께 자기 집의 간이침대에서 홀로 잠을 잤다. 그러다가 콩팥에 병이 생겼고, 무분별하게 모르핀과 포르말린(시신에 주입하는 방부제로 쓰이던), 벨라도나를 약으로 주사하기 시작했다. 이러한 민간요법은 아무 효과가 없었고, 코프는 1897년에 신부전(콩팥 기능 상실)으로 사망했다. 한 역사학자가 지적한 것처럼 "그는 자신의 몸에서 독을 배출하지 못한 것이 원인이 되어 죽음을 맞이했다."

코프는 뻔뻔하게도 자신의 뇌와 머리뼈를 천재성의 신경학적 기반을 연구하던 동료에게 기증했다. 전설에 따르면, 코프의 기증은 마시에 대한 사후의 도전이었다. 누구의 뇌가 더 큰지 최종적으로 가리기 위해 자신의 숙적에게도 신체를 과학에 기증하라고 도발했다는 것이다. 이 전설이 사실인지 아닌지는 알 수 없지만, 마시는 미끼를 물지 않았다. 마시는 1899년에 죽었고, 코네티컷주에 매장되었다. 외삼촌의 유산 중에서 남은 것은 186달러뿐이었다. 나머지 모든 재산은 자신이 사랑한 화석에 쏟아부었다.

〈뉴욕 헤럴드〉에 실린 한 기사에서 한 지질학자는 코프에 관한 이야기를 했는데, 그것은 마시와 코프 두 사람 모두에게 해당하는 이야기였다. "만약 유령처럼 자신을 영원히 괴롭힌다고 생각한 원수가 사실은 바로 자신이라는 사실을 깨닫기만 했더라면!"

하지만 온갖 비열한 행위에도 불구하고, 마시와 코프가 박물학에 미친 영향은 결코 무시할 수 없다. 1860년대가 시작될 무렵, 전 세계 과학자들이 알고 있던 공룡은 10여 속屬에 불과했다. 마시는 혼자서 19속, 86종의 공룡을 발견했다. 코프는 거기에 26속, 56종을 추가했고,[28] 쓴 논문은 무려 1200편이나 되었다.(이것은 과학자들 사이에서는 세계 신기록에 해당하는 것인데, 그가 발표한 논문 제목 목록만 해도 145쪽에 이른다.) 그리고 발견한 종의 수는 마시가 더 많았지만, 공룡 생물학에 대한 개념에서는 코프가 경쟁자를 이겼다. 마시는 항상 공룡을 자신을 닮은 파충류로, 즉 느리고 터벅터벅 걷는 거대 동물로 생각했는데, 이 개념은 거의 100년 동안 사람들의 생각을 지배했다. 지금은 코프의 견해(공룡이 자신처럼 빠르고 민첩한 동물이라는)가 더 정확한 것으로 보인다.

더 중요한 것은 코프와 마시가 지구의 생명에 대한 우리의 이해에 코페르니쿠스 혁명에 가까운 변화를 가져왔다는 점이다. 두 사람 덕분에 우리는 처음으로 공룡이 한때 지구를 얼마나 철저히 그리고 오랫동안(호모 사피엔스가 지금까지 존재한 기간보다 600배나 더 긴 약 1억 8000만 년 동안) 지배했는지 알게 되었다. 트리케라톱스와 티라노사우루스처럼 후기에 살았던 공룡들은 1억 5000만 년 전에 멸종한 스테고사우루스처럼 초기에 살았던 공룡들보다는 시간적으로 우리와 더 가까운 시대에 살았다. 이 관점은 또한 약간의 행운과 큰 소행성이 없었더라면, 우리 같은 포유류는 아직도 땅속의 굴에서 살아가는 작은 털북숭이 동물에 불과할지도 모른다는 사실을 일깨워준다.

일반 대중도 두 사람의 경쟁에서 큰 혜택을 얻었다. 마시가 수집한 화석이 얼마나 많았던지 그의 후계자들은 마시가 죽고 난 후 60년이 지난 뒤에도 그 상자들을 계속 열어야 했고, 마시와 코프의 화석들은 미국 전역의 많은 박물관을 가득 채웠다. 뼈 전쟁 이전에는 소수의 학계 인사를 빼고는 공룡이란 단어조차 들어본 사람이 거의 없었다. 코프와 마시는 공룡을 유명한 존재로 만들었다. 공룡은 모든 어린이가 박물관에서 맨 먼저 보고 싶어 하는 동물이 되었다. 두 사람은 단지 땅속에서 오래된 뼈를 발굴하는 것만으로 그런 일을 해낸 것이 아니다. 그 뼈들을 조립해 전시하고, 공룡의 특징을 기술하는 글을 통해 사람들의 상상력을 자극함으로써 그렇게 했다. 코프가 공룡의 친척인 익룡에 대해 쓴 이 글을 한번 보라. "이 기이한 동물은 가죽 같은 날개를 퍼덕이며 파도 위로 날았고, 종종 공중에서 물속으로 뛰어들면서 수상한 낌새를 전혀 채지 못하고 있던 물고기를 많이 사냥했다. 혹은 안전한 거리만큼 떨어져 높이 날면서 더 강한 바다의 거대 파충류들이 서로 장난치거나 싸우는 모습을 지켜보았다. 그리고 어둠이 깔리면, 이들이 해변으로 몰려가 날개에 붙은 발톱 달린 발가락으로 절벽에 매달리는 광경을 우리는 상상할 수 있다." 코프는 꿈이나 상상 속에서 이 동물들을 실제처럼 볼 수 있었고, 진짜 몽상가처럼 자신이 본 것을 전 세계의 나머지 사람들에게 전파했다.

결국 뼈 전쟁의 어떤 측면들은 그들에게 불법 행위의 스릴을 느끼게 했다—사기와 방해 공작, 배신과 암호 등을 통해. 그 과정에서 신체적으로 다친 사람은 없었고, 과학은 아주 큰 혜택을 얻었기 때문에, 오늘날 우리는 마시와 코프가 저지른 죄악을 웃으면서 이야기할 수 있다. 하지만 다음에 소개할 몇 가지 이야기는 그렇지 않은데, 이 이야기들의 무대는 20세기로 넘어간다. 이 이야기들의 피해자는 괴짜 과학자들이 아니라, 환자에게 절대로 해를 가하지 않겠다고 맹세한 의사들을 믿었던(그리고 배신당했던) 환자들이었다.

7장

의사들의
연구 윤리 위반

매독 연구의 희생자들

금연. 유기농. 색소와 보존제가 들어가지 않은 식품. 건강에 좋다는 이 방법들의 공통점은 무엇일까? 이 방법들은 모두 바로 나치 의사들이 개발했다. 물론 이것은 우리가 제3제국의 의학에 대해 흔히 생각하는 것과 다르지만, 이 처방들에 영감을 준 '순수성'에 대한 집착은 나치 의사들에게 악명을 안겨준 야만적 실험들에도 영감을 주었다.

　　나치는 순수성에 집착했고, 담배와 가공 식품, 살충제가 독일 시민의 신체를 오염시킨다고 염려했다. 사악한 나치 친위대(SS)는 심지어 광천수를 병에 담아 판매했다. 나치는 이 순수성 개념을 개인의 신체에서 국가로까지 확대했고, 그러면서 사회에서 독과 같은 사람들, 특히 유대인을 제거하려는 생각에 집착하게 되었다.(부총통 루돌프 헤스Rudolph Hess는 "국가사회주의는 응용 생물학에 지나지 않는다."라고 말한 적이 있다.) 그 결과로 나치 의사들은 비아리아인을 대상으로 한 의학 실험은 허용될 뿐만 아니라 도덕적 의무라고 결론 내렸다. 그러한 '인간 물질'의 죽음은 사회에서 오염 물질을 제거할 것이고, 거기서 얻은 통찰력은 독일 국민의 건강과 안녕에 기여할 것이라고 주장했다.

제3제국에서 자행된 끔찍한 실험의 예로는 사람에게 독 탄환 쏘기, 마취 없이 팔다리 이식하기, 치유 과정 연구를 위해 톱밥과 유리를 상처에 문지르기, 눈 색깔을 변화시키기 위해 사람 눈에 부식성 물질 뿌리기 등이 있다. 이런 실험에서 적어도 1만 5000명이 목숨을 잃었고(3장의 이야기와는 반대로 나치 해부학자들은 시신 부족을 전혀 경험하지 않았다), 40만 명 이상이 불구가 되거나 흉터가 남거나 불임이 되었다. 이 중 많은 실험은 설령 동물을 대상으로 실시하더라도, 나치의 법에 따르면 불법이었을 것이다. 원숭이나 개, 말과 달리 유대인과 정치범은 법적 보호를 전혀 받지 못했다.

믿기 어렵겠지만, 많은 나치 의사는 "환자에게 어떤 해도 가하지 않겠다는" 내용이 포함된 히포크라테스 선서(오늘날 의과대학생들이 하는 것과 똑같은 선서)를 했다. 히포크라테스 선서는 역사상 가장 오래된 의학 윤리 지침 중 하나로, 고대 그리스 의사 히포크라테스Hippocrates에게서 유래했는데, 위에서 언급한 것과 같은 잔학 행위를 분명히 금하는 것처럼 보인다. 그렇다면 나치 의사들은 자신이 이 선서를 어긴다고 생각했을까? 전혀 그렇지 않다. 히포크라테스 선서는 의사의 행동에만 초점을 맞출 뿐, 환자에게 무엇이 가장 좋은 것인지에 대해서는 대체로 침묵한다. 이 선서는 단순히 환자를 돌보는 의사를 신뢰한다. 정상적인 윤리 상황이라면 이것만으로도 모든 것이 충분히 잘 굴러간다. 하지만 1930년대의 독일에서는 집단주의가 사회를 지배했는데, 이 조야한 형태의 공리주의는 개인의 권리를 무시하고 대신에 민족의 '권리'를 옹호했다. 의사들도 여느 사람들과 마찬가지로 이 집단주의에 휩쓸렸다. 한 역사학자는 의사들은 "어떤 전문가 집단보다도 더 일찍 그리고 더 많이 나치당에 가입했다."라고 지적했다. 치료사인 이들은 특히 사회의 병을 '치료'하고 '암적인' 유대인과 집시와 동성애자를 제거해야 한다는 나치의 슬로건이 마음에 들었다. 다시 말해서, 나치 의사들은 히포크라테스 선서의 의미를 단순히 "환자에게 어떤 해도 가하지 않는다."에서 "사회에 어떤 해도 가하지 않는다."로 바꾸고 그에 따라 행동했다. 그들 중 한 사람은 이것을 다음과 같이 직설적으로 표현했다. "나의 히포크라테스 선서는 사람 몸에서 괴저성 막창자꼬리를 잘라내라고 이야기한다. 유대인은 인류의 괴저성 막창자꼬리이다. 그래서 나는 그들을 잘라냈다."

전체 독일인 의사 중 약 절반이 나치당에 가입했고, 그들이 한 일은 오늘날까지 의학에 검은 그림자를 드리우고 있다. 그들이 앗아간 생명 외에 불법적으로 그 지식을 얻은 나치 의사들의 이름을 딴 질병과 증후군이 아직도 여러 가지 남아 있다. 더욱 당혹스러운 사실은 꼼짝없이 재소자가 된 사람들을 대상으로 한 실험에서 얻은 데이터(의문의 여지 없이 더러운 데이터이지만 그래도 오늘날 생명을 구할 수 있는 데이터)의 처리 방안을 놓고 과학자들의 의견이 엇갈린다는 점이다.

당연히 나치의 의학 연구는 대부분 매장하고 잊어버려야 마땅한 것처럼 보인다. 요제프 멩겔레Josef Mengele가 한 실험처럼 일란성 쌍둥이를 꿰매서 붙이는 것은 아무런 의학적 가치도 없다. 그런 연구는 '의학'이라고 부르는 것조차 가당찮아 보인다.[29]

그런데 모든 사례가 그렇게 단순하지만은 않다. 일련의 실험에서 나치 의사들은 재소자들에게 매일 바닷물을 마시게 하면서 얼마나 오래 살아남는지 관찰했다. 이와 연관된 연구에서는 저체온증을 연구하기 위해 곧창자(직장)에 체온계를 꽂아 사람들을 얼음물 욕조 속에 집어넣었다. 또 다른 연구에서는 높은 고도(2100m)가 인체에 미치는 효과를 확인하기 위해 사람들을 저압실에 집어넣고 문을 잠갔다. SS의 최고 지휘관이던 하인리히 힘러Heinrich Himmler가 직접 이런 연구들 중 일부를 요청했는데, 이 연구들이 야만적이었다는 것은 의문의 여지가 없다. 바닷물 실험에서 피험자들은 갈증이 너무 심한 나머지 물을 한 방울이라도 섭취하려고 걸레질을 한 바닥을 핥기까지 했다. 저압 실험에서는 피험자들이 머리뼈 내부의 압력 불균형을 완화하려고, 헛된 노력이긴 했지만 머리카락을 뽑기까지 했다. 얼음물 실험에서 피험자들은 팔다리가 조금씩 얼어가자 고통을 못 이겨 흐느껴 울었고, 어떤 사람들은 그런 상태로 1분을 더 견디느니 차라리 총으로 쏴 죽여달라고 애원했다.

이토록 잔인한데도 의사들이 이런 실험을 강행한 데에는 논리적인 이유가 있었다. 파일럿은 비행 중에 저압 조건에 노출될 때가 많았고, 수병은 민물이 없는 무인도에 발이 묶일 때가 종종 있었으며, 육군 병사들은 겨울에 추위에 노출되어 큰 고통을 자주 겪었다. 의사들은 이 군인들에게 생리적으로 어떤 일이 일어나는지 알고 싶었으며, 특히 그들을 구하는 방법을 알고 싶었다. 예를 들면, 얼음물 욕조 실험에서 그들은 심부 체온이 27℃ 아래로 떨어지자마자 피험자를 소생시키려고 시도했다. 그런 방법으로는 강한 태양등, 엄청나게 뜨거운 음료, 따뜻하게 데운 슬리핑 백, 술 등이 포함되었다. 심지어 혼란에 빠진 피험자를 얼음물 욕조에서 꺼내 매춘부가 기다리는 침대로 밀어넣기도 했는데, 매춘부는 낡은 방법으로 그들의 혈액을 다시 돌게 하려고 시도했다.

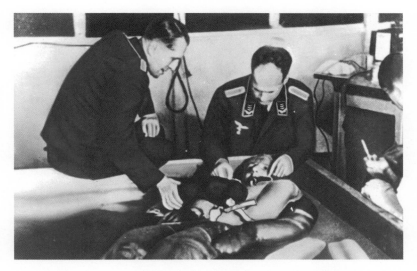

나치 의사들은 저체온증을 연구하기 위한 일련의 야만적인 실험에서 피험자를 얼음물 속에 강제로 담갔다.

그런데 중요한 사실이 있다. 1940년대 이후에는 어느 의사도 이와 비슷한 실험을 하지 않았는데, 그 이유는 명백하다. 예를 들면, 1990년대에 저체온증을 연구한 한 의사는 사람의 심부 체온을 34℃ 아래로 낮추는 것은 윤리적으로 용납될 수 없다고 판단했다. 그 이하로 체온을 낮출 때 일어나는 일은 추측에 의존할 수밖에 없었다. 그 결과로 일부 극한 조건에서 사람을 소생시키는 데 참고할 수 있는 데이터는 나치가 얻은 데이터밖에 없다. 여기서 나치의 데이터가 가끔 의학의 통념을 뒤집는 경우가 있다는 점이 문제가 된다. 저체온증의 경우, 담요 같은 걸로 환자의 몸을 감싸 자신의 체열로 서서히 온도를 올려야 한다는 것이 과거의 지배적인 통념이었다. 의사들은 이렇게 서서히 온도를 올리는 방법이 쇼크나 내출혈을 방지하는 데 도움이 된다고 생각했다. 하지만 나치 의사들은 그런 소극적 방법은 효과가 없다는 사실을 발견했다.[30] 오히려 환자를 뜨거운 물에 담가 빨리 그리고 적극적으로 온도를 높이는 방법이 더 많은 인명을 구했다.

그렇다면 오늘날의 의사들은 데이터의 비윤리적 성격을 이유로 그 발견을 무시해야 할까? 사랑하는 사람(예컨대 당신의 아이)이 강에서 얼음 사이로 빠졌다고 상상해보라. 서둘러 아이를 얼음에서 꺼냈지만, 아이가 거의 숨을 쉬지 않는다. 입술은 파랗게 변했고, 체온은 34℃ 아래로 떨어졌다. 이런 상황이라면 당신은 어떤 소생 방법을 선택하겠는가? 윤리적이긴 하지만 추측에 의존한 이론적 방법을 쓰겠는가? 아니면 더럽긴 하지만 실제 데이터를 바탕으로 한 나치의 방법을 쓰겠는가?

다른 사례들에서도 비슷한 주장을 할 수 있다. 사실, 일부 의사들은 인명을 구하는 것이 피해자의 희생을 의미 있게 만드는 최선의 방법이라고 주장한다. 일부 관계자들은 나치가 얻은 데이터의 질에 의문을 표시하긴 하지만(무엇보다도 그 연구들은 동료 심사를 거치지 않았다), 독일 연구자들은 국제적으로 인정받은 전문가인 경우가 많았고, 자신이 하는 일이 어떤 것인지 정확하게 알고 실험 절차를 신중하게 설계했다. 예를 들면 이런 실험이 있었다. 바닷물을 마시면 안 된다는 것은 상식이다. 독일 과학자들은 피험자에게 바닷물을 마시라고 강요하면 스트레스와 그 밖의 정신 신체 반응을 초래해 실험 결과에 엉뚱한 영향을 미치지 않을까 우려했다. 그래서 그들은 짠맛이 거의 나지 않도록 바닷물의 맛을 가렸다. 이렇게 함으로써 바닷물의 생리적 효과를 따로 분리해 연구할 수 있었다. 그것은 기만적이고 사악한 방법이었지만, 과학적으로는 타당한 방법이었다.

물론 실용적 측면이나 도덕적 측면에서 나치의 데이터 사용을 강하게 반대하는 주장도 있다. 얼음물 연구의 경우, 피험자들은 병약하거나 쇠약한 경우가 많았다. 따라서 그들을 대상으로 체온 회복에 실패한 방법이 건강한 사람에게는 효과가 있을 수도 있다. 게다가 그 데이터를 사용하는 것은 잔학 행위를 암묵적으로 눈감아주는 행동이 될 수도 있다. 이 논리에 따르면, 형사 재판에서 경찰이 부정한 방법으로 얻은 증거를 채택하지 않는 것과 마찬가지로, 부적절하게 얻은 의학 연구 결과 역시 용인해서는 안 된다.

여러 단체 중에서도 미국의학협회는 아무리 그렇다 해도 어떤 상황에서는 그 데이터를 사용하는 것이 윤리적일 수 있다고 주장했다. 다만, 그 방법 말고는 그 정보를 얻을 방법이 없고, 나치의 연구를 인용하는 사람은 그 과정에서 잔학 행위가 일어났다는 사실을 분명히 해야 한다는 조건을 달았다. 잔학 행위를 강조하는 것은 심지어 우리의 기대와 달리 우리 역시 야만적 행위에서 멀찌감치 떨어져 있지 않다는 사실을 상기시키는 데 도움을 줄 수도 있다.

제2차 세계 대전이 끝난 후 열린 뉘른베르크 의사 재판에서 나치 의사 16명이 전쟁 범죄 행위로 유죄 판결을 받았고, 7명이 교수형을 당했다. 재판 과정에서 미국 의사들과 변호사들은 사람을 대상으로 한 연구 윤리 지침 열 가지를 공식화했는데, 이를 뉘른베르크 강령이라 부른다. 히포크라테스 선서와 달리 뉘른베르크 강령은 환자의 권리를 강조한다. 환자는 정확한 정보를 바탕으로 연구에 피험자로 참여하겠다는 사전 동의를 표시해야 하며, 의사는 고통을 최소화하기 위한 조처를 취해야 하고, 발생할 수 있는 부작용과 위험에 대해 충분히 경고해야 한다. 게다가 이 강령은 의사가 실질적인 의학적 필요가 있을 때에만, 그리고 실험이 성공할 것이라고 믿을 만한 근거가 충분할 때에만 사람 피험자를 대상으로 실험을 할 수 있다고 명시하고 있다.

어떤 면에서 뉘른베르크 강령은 의학사에서 큰 지각 변동에 해당하는 사건이었다. 이 강령은 윤리를 의학의 필수적 부분으로 포함시켰고, 75년이 지난 지금도 전 세계 각지에서 일어나는 인간 피험자를 대상으로 한 실험에서 중요한 요소로 간주되고 있다. 하지만 이 강령은 연합국들에 즉각적인 영향을 미치지 못했다. 물론 이 나라들의 의사들은 이 강령에 반대하지 않았지만, 자신들과 별로 상관없는 것이라고 생각했다. 그들은 오직 정신병자만이 그런 비윤리적 행위를 저지를 것이라고 생각했다. 따라서 문명국 의사에게는 그런 강령이 필요 없다고 여겼다.

정말로 그렇다면 얼마나 좋겠는가! 정신병자에 초점을 맞춘 미국 의사들은 전형적인 심리적 함정에 빠진 셈이다. 단지 최악의 사례만큼 타락하지 않았다는 이유로 동료들의 나쁜 행동에 면죄부를 준 것이나 다름없었다. 우리는 나치만큼 나쁘지 않으니 우리의 조금 나쁜 행동은 괜찮다는 식이었다. 사실, 뉘른베르크 의사 재판이 열리고 있던 바로 그 무렵에 일부 나쁜 미국 의사들은 섬뜩한 실험을 하고 있었다. 터스키기와 과테말라에서 일어난 실험에서는 최악의 나치 실험에서 자행된 사디즘은 나타나지 않았지만, 이 실험들은 이른바 문명국 의사들에게도 뉘른베르크 강령이 필요하다는 것을 입증했다.

1932년, 미국 공중보건국에서 일하던 백인 의사 몇 명이 흑인 남성 400명을 대상으로 매독의 후기 단계 진행 과정을 연구하려고 앨라배마주 터스키기로 갔다. 대다수 사람들은 매독을 생식기 질환 정도로 알고 있지만, 치료하지 않고 방치할 경우 코르크 마개뽑이처럼 생긴 매독균이 심장과 뇌를 포함해 인체 내 거의 모든 조직에 침범할 수 있다. 공중보건국 의사들은 이 공격의 장기적 효과를 연구하길 원했다.

공중보건국이 터스키기를 선택한 데에는 몇 이유가 있었다. 첫째, 주변 카운티 지역의 매독 감염률이 놀랍도록 높았는데, 일부 지역에서는 무려 40%에 이르렀다. 둘째, 전체 주민 중 대다수가 흑인이었는데, 이전 연구들은 매독의 발병 양상이 흑인과 백인에게서 서로 다르게 나타난다고 시사했다. 예를 들면, 흑인에게서는 매독과 연관된 심장 질환이 더 많이 나타나는 반면, 신경학적 합병증은 더 적게 나타났다. 공중보건국의 성병 전문의들은 이 결과들이 사실인지 알고 싶었다. 셋째, 사회 개량이라는 이상에 사로잡힌 공중보건국 의사들(그중 많은 사람은 공중 보건에 봉사하기 위해 돈을 많이 벌 수 있는 경력을 포기했다)은 핍박받는 이 지역 사회를 진정으로 돕길 원했다. 그리고 이것은 분명한 사실인데, 지역 사회의 많은 흑인은 이들을 환영했다. 그때는 대공황이 최악의 상황에 이른 시점이었고, 터스키기의 상황은 아주 나빴다. 전해에는 바구미가 창궐해 목화 작황을 망쳤고, 카운티 정부는 얼마 전에 모든 공립학교의 문을 닫았다. 공중 보건을 위한 예산도 없었는데 공중보건국 의사들이 와서 공짜로 신체검사와 X선 촬영과 혈액 검사를 해준다고 하니, 그것은 마치 하늘이 내려준 선물 같았다.

물론 일부 주민은 그 의사들을 불신했다. 한 환자는 '백인도 우리

처럼 병에 걸리긴 마찬가지다.'라고 생각했다고 한다. 왜 공중보건국
은 백인 공동체에서는 병행 연구를 하지 않을까? 어쨌든 대다수 현지
지도자들은 이 연구를 지지했다. 유명한 터스키기대학교는 도움을 주
기 위해 건강 검진을 실시했고, 민권 운동에 적극 참여한 현지의 한
흑인 의사는 "온 세계가 이 연구 결과를 원하게 될 것이다."라고 의기
양양하게 떠들었다.

이 연구는 1932년에 남성 400명을 대상으로 신체검사와 혈액 검
사를 하면서 시작되었다. 그러고 나서 의사들은 몇 년에 한 번씩 다시
돌아와 그들을 추적하면서 후속 연구를 진행했다. 때로는 대상자를
농장에서 차에 실어 병원으로 데려갔다. 때로는 야외에서 검사를 하
기도 했는데, 대상자를 농장 근처의 나무 그늘 아래로 데려가 혈액을
채취했다. 그러고 나서 매독이 건강에 미치는 부담을 평가하기 위해
이 400명의 검사 결과를 비감염자 대조군 200명과 비교했다.

여기서 짚고 넘어가야 할 한 가지 사실은 연구에 참여한 사람들이
공중보건국 의사들이 도착하기 전에 이미 매독에 걸려 있었다는 점이
다. 오늘날 이들이 원래는 건강했는데 의사들이 주사로 매독균을 주
입했다고 믿는 사람들이 많지만, 그것은 사실이 아니다. 하지만 의사
들이 실제로 한 일(때로는 수십 년 동안이나 매독을 치료하지 않고 방치
한 것)은 그에 못지않게 끔찍했다.

1932년에 매독을 치료하지 않고 방치한 행위는 사실 변명할 구
실이 있었다. 그 당시 표준적인 치료법은 비소와 수은이 포함된 약을
사용하는 것이었다.(매독을 "비너스와 하룻밤, 수은과 한평생"이라고 표
현한 속담도 있었다.) 그래서 중금속 중독이라는 실제적 위험을 수반
했다. 게다가 휴면 상태의 매독균을 죽이면, 매독균이 터지면서 독소

를 내뿜는 경우가 많았다(야리슈-헤르크스하이머 반응이라 부르는 현상). 그래서 잠자는 매독균은 그냥 내버려두는 편이 더 나은 경우가 가끔 있었다.

하지만 1940년대에 등장한 페니실린은 이 모든 것을 바꾸어놓았다(혹은 적어도 그래야 했다). 페니실린은 이전의 치료법보다 독성이 훨씬 약했고, 불과 8일 만에 매독을 치료할 수 있었다(비소와 수은으로는 18개월이 걸렸다). 하지만 1950년대에 페니실린이 널리 사용된 이후에도 공중보건국 의사들은 터스키기의 환자들을 페니실린으로 치료하려 하지 않았다. 왜 그랬을까? 애초에 매독의 장기적 효과를 조사하려고 시작한 연구인데, 중간에 피험자가 낫는다면 연구에서 아무 성과도 얻지 못할 게 뻔했다. 그래서 그들은 매독균이 활개를 치도록 방치했다. 한 역사학자가 표현한 것처럼, 그 연구는 "매년 남자들이 죽어가는 가운데 공중보건국은 가만히 지켜보기만 했다는 불길하고 음울한 느낌"을 주었다.

물론 공중보건국 의사들은 그렇게 생각하지 않았다. 그들은 자신들의 연구를 고결한 것으로 여겼다. 터스키기의 일부 남성들이 해를 입을 수 있다는 점은 당연하게 인정했지만, 대다수 일반 대중에게는 이 연구에서 얻은 지식이 혜택으로 돌아갈 것이라고 믿었다. 그들은 피험자의 고통을 고결한 희생으로 포장했다—왜 오직 흑인 남성만 그 희생을 감수해야 하는지는 설명하지 않고서. 한편, 다른 공중보건국 의사들은 매독의 생물학적 수수께끼에 너무 몰입한 나머지 피험자가 같은 인간이라는 사실을 망각했다. 한 피험자가 표현한 것처럼, 그들에게 피험자들은 '기니호그'(미국산 돼지의 한 품종)에 불과했다. 한 의사는 심지어 페니실린의 효과에 관한 논문 발표를 막으려고 시도했

앨라배마주 터스키기의 악명 높은 매독 연구 때 환자의 팔에서 혈액을 채취하는 공중보건국 의사.

는데, 페니실린이 매독을 너무 빨리 치료하는 바람에 그 병의 전체 진행 과정을 관찰할 기회를 박탈하기 때문이었다.(그 의사는 "내가 생각하는 천국은 무한정한 매독과 무한정한 매독 치료 시설이다."라고 말했다.) 그는 매독의 '수수께끼'를 푸는 데 집착한 나머지, 의학 연구가 일부 흥미로운 수수께끼를 탐구하는 데 도움이 될지라도, 의학의 목적은 지적 호기심을 충족시키기 위한 것이 아니라는 사실을 망각했다. 의학의 목적은 병을 치료하는 것이다.

　게다가 공중보건국 의사들은 순조로운 연구 진행을 위해 피험자들에게 거짓말을 반복했다. 때로는 고의적으로 중요한 정보를 숨기기도 했다. 의사들은 피험자들이 다른 곳에서 치료를 받지 못하게 하려고 많은 피험자에게 매독에 걸렸다는 사실을 알려주지 않았다.(잘해야

'나쁜 혈액'을 암시하는 데 그쳤다.) 일부 피험자는 자신이 매독에 걸렸다는 사실을 알았는데, 그러면 의사들은 전형적인 텔레마케팅 각본에 따라 그들을 진료소로 유인했다. 그들은 편지를 통해 지금 당장 서두르지 않으면, "특별히 제공되는 공짜 치료의 마지막 기회"를 잃게 될 것이라고 말했다. 하지만 그들은 치료를 제공하는 대신에 가짜 검사를 하거나 아주 고통스러운 허리 천자(수액을 채취하거나 약액을 주입하기 위해 허리뼈에서 척수막 아래 공간에 긴 바늘을 찔러 넣는 처치—옮긴이)를 시행하면서 약을 주입하는 것이라고 속였다.

이 연구는 거짓말과 방치 문제 외에 과학적으로도 실패한 것이었는데, 이것은 그 자체만으로도 윤리적 문제가 된다. 뜨거운 앨라배마주의 열기 속에서 채취한 혈액은 변질되는 경우가 많았고, 매독을 탐지하는 방법은 너무나도 일관성이 없어서 의사들은 누가 매독에 걸렸는지 걸리지 않았는지 확실하게 말할 수조차 없었다. 게다가 데이터 분석은 용납할 수 없을 정도로 조잡했다. 연구를 시작하고 나서 몇 년이 지나자 대조군에서 매독에 감염된 사람이 다수 나오는가 하면, 매독에 걸린 사람들 중 일부가 외부의 의사를 통해 치료를 받거나 무관한 질병으로 페니실린을 복용해 매독이 낫기도 했다. 하지만 공중보건국 의사들은 이런 사람들을 연구에서 제외하는 대신에 단순히 매독에 걸린 집단과 대조군 사이에서 자리를 바꾸기만 했는데, 절대로 해서는 안 되는 행동이었다. 전체적으로 허접한 연구 과정은 연구 결과를 쓸모없는 것으로 만들었고 그 신뢰성을 추락시켰다.

터스키기에서 일어난 그 모든 고통을 감안하면, 데이터 분석 절차를 계속 문제삼는 것은 번짓수를 잘못 짚은 것처럼 보일 수도 있다. 하지만 많은 생물학자는 의학에서 허접한 과학은 곧 비윤리적인 과학이라고 주장한다. 형편없는 물리학 실험을 설계했다가 진공 펌프 같은 것이 파손되는 일이야 그럴 수 있다고 치고 넘어갈 수 있다. 그 과정에서 실제로 해를 입은 사람은 아무도 없다. 하지만 의학에서는 연구를 위해 고통을 참으라고 피험자에게 요구할 경우 그 실험을 적절하게 설계해야 할 의무가 있다. 그렇지 않다면, 그 데이터는 쓸모가 없고, 그 고통은 헛된 것이 되고 만다. 바로 이 이유 때문에 뉘른베르크 강령 중 일부는 실험 설계의 중요성을 강조한다.

이 모든 것을 감안하면, 터스키기의 연구는 여러 측면에서 비윤리적이라고 말할 수밖에 없다. 희생자는 치료받지 못한 피험자들뿐만이 아니었다. 후기 단계의 매독은 대개 전염성이 없지만, 의학 기록에 따르면 적어도 일부는 전염성이 있었다는 사실이 분명히 드러난다. 그들에게 매독에 걸렸다는 사실을 알려주지 않음으로써(혹은 더 심하게는 그 병이 치료되었다고 거짓말을 함으로써) 의사들은 피험자들이 아내나 섹스 파트너에게 매독을 옮길 위험을 크게 높였다. 이 연구에 관여한 일부 흑인 과학자도 큰 고통을 겪었다. 유니스 리버스Eunice Rivers 사례를 살펴보자.

1900년 무렵에 조지아주 남부에서 태어난 리버스는 인종적 적대감을 경험하면서 자랐다. 어린 소녀 시절에 자기 고장에서 한 흑인이 백인 경찰관을 정당방위로 죽이고 달아났는데, 그 과정에 리버스의 아버지가 도움을 주었다고 전한다. 그러자 백인 자경단원들이 노새를 타고 리버스의 집으로 몰려와 총을 쏴 창문을 박살냈다. 총탄 하나는 리버스를 아슬아슬하게 스치고 지나갔다. 리버스는 1918년에 터스키기대학교에 입학하면서 마침내 그곳을 벗어날 수 있었다. 처음에는 광주리 제작을 배우길 원했지만(그 학교에는 훌륭한 공예 교육 프로그램이 있었다), 아버지가 과학을 배우라고 강력하게 권했다. 리버스는 결국 공중 보건 의식이 강한 간호사 겸 조산원이 되어 가가호호를 방문하면서 임신부에게 위생 수칙(위생적인 출산을 위해 침대에 깨끗한 천이나 신문지를 깔아놓는 것과 같은)을 가르쳤다.

그 일이 아무리 의미 있는 것이라고 해도, 리버스는 인종 분리 정책이 시행되던 앨라배마주를 벗어나길 원했고, 1932년에 뉴욕의 한 병원에서 교대조 책임자로 와달라는 제안을 받자 선뜻 그것을 받아들였다. 그때, 매독 연구에 관한 이야기를 들었다. 백인 의사들은 흑인 공동체와 연결할 사람이 필요했고, 공중보건국은 리버스에게 과학 조수 자리를 제안했다. 진짜 연구에 참여할 기회에 큰 흥미를 느꼈을 뿐만 아니라, 자신의 공동체에서 뭔가 중요한 일을 하고 싶었던 리버스는 뉴욕 병원의 제안을 거절했다.

리버스는 이 연구에서 자신이 할 수 있는 역할이라면 거의 다 했다. 연구가 시작되었을 때, 교회와 학교에서 흑인 남성에게 접근해 대화를 나누면서 지원자를 모집하는 일을 도왔다. 그들의 주소지로 찾아가 지원자로 등록하게 했고, 문이 두 개만 달리고 덜컹거리는 자신의 쉐보레에 피험자를 태워 신체검사 장소까지 실어날랐다.(리버스는 함께 차를 타고 가는 동안 남자들의 외설적인 이야기에 환성을 지르며 즐거워했다. 대신에 남자들은 리버스의 차가 진구렁에 빠질 때면 기꺼이 차를 밀면서 그곳에서 빠져나오도록 도와주었다.) 심지어 리버스는 비번일 때에도 음식과 옷이 담긴 바구니를 그들에게 날라다주면서 자신이 늘 그들을 보살핀다는 인상을 주었다. 대체로 리버스는 이 연구에서 정말로 없어서는 안 되는 사람이었고, 1958년에 미국 정부는 그 보답으로 훈장을 수여했다. 리버스는 이를 매우 자랑스럽게 여겼다. 1953년

간호사 유니스 리버스는 터스키기 매독 연구 동안 흑인 공동체와 접촉하는 핵심 연결 고리 역할을 했는데, 훗날 이 일 때문에 비난을 받았다.

에 리버스는 이 프로젝트의 연구 방법을 요약한 과학 논문의 제1저자로 이름이 실리기도 했는데, 그 당시의 흑인 여성으로서는 보기 드문 업적이었다.

그렇긴 하지만, 리버스는 이 연구를 위해 의심스러운 일도 했다. 음식과 옷이 담긴 바구니는 분명히 그 남자들이 살아가는 데 도움이 되었지만, 그것은 그들을 연구에 붙잡아두기 위한 암묵적인 뇌물이기도 했다. 심지어 한 현지 의사의 기억에 따르면, 리버스는 연구의 온전성을 보존하기 위해 자신이 돌보는 남자들이 다른 곳에서 매독 치료[31]를 받지 못하도록 말렸다고(심지어 아예 차단했다고) 한다. 어떤 면에서 리버스는 실험을 진행한 의사들 못지않게 이 연구 계획에 깊이 가담했다.

　리버스의 노력에도 불구하고, 이 연구를 중단시키려는 시도가 산발적으로 일어났다. 1955년, 한 백인 의사는 공중보건국에 "[이 연구는] 이교도의 기준(히포크라테스의 선서)이나 종교적 기준(마이모니데스Maimonides의 황금률), 직업적 기준(미국의사회의 윤리 강령)을 비롯해 기존의 어떤 도덕적 기준에 비춰보더라도 정당화될 수 없습니다."라고 주장하는 편지를 보냈다. 공중보건국 간부들은 그의 주장을 무시했다. 1969년, 일단의 흑인 의사들이 〈뉴욕 타임스〉와 〈워싱턴 포스트〉에 이 연구를 맹렬히 비난하는 성명을 보냈지만, 두 신문의 편집자들은 신문에 실을 가치가 없다는 이유로 묵살했다. 과학자들도 그다지 신경을 쓰지 않았다. 공중보건국 의사들은 40년에 걸쳐 그 연구에 관한 논문을 13편 발표했고, 자신들이 하는 일을 굳이 숨기려고 하지 않았다. 예를 들면, 리버스의 논문은 첫 문장에서 '치료되지 않은 매독'을 언급한다. 사실 터스키기 매독 연구에서 가장 수치스러운 일은, 그곳에서 일어나는 모든 일을 일반 대중을 비롯해 누구나 볼 수 있었는데도 적절한 권한을 가진 사람 중에서 아무도 그것을 자세히 들여다보려고 하지 않았다는 점이 아닐까 싶다.

　아무것도 숨기지 않았다는 사실을 감안하면, 그 연구가 1972년에 '폭로'되었다고 말하는 것은 정확하지 않다. 하지만 그해에 이 연구를 비난해온 내부 고발자 중 한 명(자유론자인 공화당원이자 전국총기협회 회원)이 마침내 이 문제를 파헤쳐보라고 미국연합통신 기자를 설득하는 데 성공했다. 그리고 몇 달 뒤 그 기사가 실리면서 이 문제가 폭발했다. 수백 개 신문과 텔레비전 방송이 이 문제를 다루었고, 미국 상원은 공중보건국 간부들을 청문회에 불러내 엄중하게 심문했다. 심지어 운동가들은 질병통제센터(공중보건국으로부터 그 연구를 넘겨받은) 소장의 모형을 교수형에 처하기까지 했다.

터스키기 매독 연구에 대한 비난 중 대부분이 연구를 시작하고 환자를 치료하길 거부한 백인 의사들에게 집중된 것은 당연했다. 하지만 유니스 리버스도 큰 비난을 받았다. 자신에게 적대적인 이야기가 처음 소개되었을 때, 리버스는 감정을 주체하지 못하고 흐느껴 울었고, 너무 심한 언론의 관심 때문에 스트레스를 받아 입원하기까지 했다. 한 역사학자가 표현한 것처럼, 많은 사람은 리버스를 "중산층 동족 배신자" 또는 "흑인 대신에 백인 의사를 선택한 것이 자신의 도덕적 자아를 파멸시킨다는 사실을 절대로 이해하지 못하는" 무지몽매한 바보로 여겼다. "백인 의사를 선택"했다는 표현은 의미심장하다. 리버스는 자신이 돌본 남자들에게 해를 끼치길 원치 않았다. 많은 사람은 리버스를 두 번째 어머니로 여겼으며, 리버스가 제공한 여러 가지 도움은 어려운 시기를 헤쳐나가는 데 힘이 되었다. 하지만 앨라배마주 농촌 지역에서 흑인 여성으로 살아간 리버스가 과학 분야에서 쌓을 수 있는 경력은 그 연구의 지속과 공중보건국 의사들에게 접근할 수 있는 기회에 달려 있었다. 만약 리버스가 그들의 윤리에 이의를 제기했더라면, 그들은 틀림없이 리버스를 내쳤을 것이다.

생명윤리학 분야의 사례 연구들은 멜로드라마 형태를 띨 때가 많다. 나치의 의학 연구가 완벽한 예이다. 여기에는 비열한 악당과 무고한 피해자가 등장하고, 우리가 느끼는 분노는 매우 격렬하고 단순하다. 공중보건국 의사들은 나치만큼 악랄하진 않았지만, 이들이 저지른 행위는 분명히 죄악에 가깝다. 리버스의 경우는 재단하기가 조금 더 어렵다. 리버스는 자신의 공동체와 자신의 열망 사이에서 갈피를 잡지 못했고, 죽을 때까지 그리고 그 이후까지도 자신이 한 일 때문에 자신뿐만 아니라 가족까지 고통을 겪었다. 연구를 하는 동안 너스 리버스Nurse Rivers(리버스 간호사)라는 별명으로 널리 알려졌는데, 1952년에 결혼하면서 공식적인 이름이 유니스 버델 리버스 로리Eunice Verdell Rivers Laurie로 바뀌었는데도 불구하고 그랬다. 1986년에 리버스가 죽자, 남편은 아내의 정체를 숨기려고 묘비에 단지 '유니스 V. 로리'라고만 새겼다.

50여 년 전에 터스키기라는 이름은 흑인들에게 자부심을 느끼게 했다. 로자 파크스Rosa Parks가 그곳에서 태어났고, 부커 워싱턴Booker T. Washington이 세운 터스키기대학교에서 조지 워싱턴 카버George Washington Carver가 최고의 연구 업적을 남겼다. 터스키기 항공대원은 제2차 세계대전 때 용맹을 떨친 군인들이었다. 그런데 공중보건국이 들어와 도시의 이름을 더럽혔다. 그리고 비록 공중보건국 의사들이 어떤 사람에게 매독을 감염시켰다는 증거는 전혀 없지만, 지금까지도 많은 아프리카계 미국인 사이에서는 그 믿음이 지속되고 있다.(심지어 이 믿음은 다른 질병들까지 포함하는 쪽으로 변이를 일으켰다. 1990년대에 실시한 여론 조사에 따르면, 흑인 공동체에 집단 학살을 일으키기 위해 미국 정부가 실험실에서 HIV를 만들어냈다는 음모론을 믿는 사람이 전체 흑인 중 1/3 이상이나 되는 것으로 나타났다.) 터스키기 연구가 공중 보건에 악영향을 미친 것은 슬프면서도 충분히 이해할 수 있다. 조사 결과에 따르면, 흑인 공동체의 많은 사람은 의사를 찾아가는 대신에 당뇨병이나 심장병, 그 밖의 질환에 대한 경고 징후를 무시하다가 때를 놓치는 경우가 많은 것으로 드러났다.

그런데 공중보건국 의사들이 의도적으로 사람들에게 성병을 감염시켰다는 주장은 완전히 황당무계한 것만은 아니다. 사실, 터스키기의 의사들 중 한 명인 존 커틀러John Cutler가 바로 그런 일을 했다. 다만, 앨라배마주에서 그랬던 것이 아니라, 훨씬 남쪽인 과테말라에서 그랬다.

───■▬▬───

과테말라로 가기 전에 먼저 존 커틀러와 정확하게 같은 시대에 살았던 한 사람을 비교해 살펴보는 것이 좋을 것 같다. 이 의사는 공중보건의 대의를 위해 한 몸을 바친 사람이었다. 그는 아이티와 인도로가 두 나라에서 여성의 의료 서비스 접근 개선을 위해 지칠 줄 모르고 헌신적으로 노력했다. 그는 개발도상국의 부인과 전문의와 산과 전문의가 미국에서 교육을 받고 고국으로 돌아가 여성의 생명을 구할 수있도록 장학금을 주선했다. 또한 1980년대에 에이즈(AIDS)에 대한도덕적 공황을 비난했고, 동성애자라는 이유로 피해자를 악마화하길거부했다. 우리는 나중에 이 의사 이야기로 다시 돌아올 테지만, 과테말라에서 활동한 존 커틀러와 도덕적으로 대척점에 선 인물로 이 사람을 기억해둘 필요가 있다.

커틀러는 1940년대 초에 클리블랜드에서 의학대학원을 졸업한뒤 공중보건국에 들어가 매우 시급한 현안이던, 군인들 사이에 만연한 성병 문제를 연구하기 시작했다. 성병은 늘 군인들 사이에 만연했지만('음경' 검열은 군 생활에서 일상사였다), 제2차 세계 대전 동안 환자가 급격하게 늘어날 것으로 예상되었다. 이로 인해 상실되는 미군의 노동력은 매년 700만 인일人日(한 사람이 하루 동안 하는 작업량)에

1940년대에 미국 공중보건국을 대표해 악명
높은 과테말라 성병 실험을 진행한 존 커틀러.

이를 것으로 추정되었는데, 이것은 항공모함 10척을 유지하는 노동력
과 맞먹었다. 그 당시에 감염을 예방하는 약이 몇 가지 있긴 했다. 하
지만 그 약제를 요도 안으로 펌프질해 넣어야 했는데, 매우 힘들고 불
편한 절차였다. 많은 미군은 그 처치를 거부하고 그냥 운에 운명을 맡
겼다.

그런데 1943년에 의사들이 두 가지 예방약을 새로 개발했다. 하
나는 삼키는 알약이었고, 다른 하나는 음경 바깥쪽에 바르는 연고였
다. 커틀러는 그 효능을 시험하는 실험을 설계했다. 인디애나주 테르
호트에 수감된 건강한 재소자 241명을 임질에 노출시키면서 알약이
나 연고가 감염을 막아주는지 추적 조사하는 실험이었다. 커틀러가
테르호트를 선택한 것은 그곳이 탄광 지역에 위치한 큰 도시였기 때
문이다. 그래서 새로 임질에 걸린 매춘부가 많아 그 상처 부위에서 고

름을 얻기가 용이했다.

터스키기 실험과 달리 이곳 재소자들은 자신들이 어떤 실험에 참여하는지 완전한 정보를 제공받았다. 이들은 모두 권리 포기 각서에 서명했는데, 그 각서에는 질병에 노출될 위험이 분명히 명시돼 있었다. 그리고 이들은 예방약이 실패할 경우 치료를 약속받았다. 도대체 재소자들이 임질 감염에 왜 동의했는지 의문이 생길 수 있지만, 각자 100달러(오늘날의 가치로는 1500달러)의 보상금을 받았고, 의사들은 가석방 심의 위원회에 이들의 헌신을 치하하는 추천서를 써주었다. 남성성도 한몫했다. 바깥에 있는 동료들과 달리 이들은 군에 입대해 독일군이나 일본군과 직접 싸울 수 없었다. 하지만 커틀러가 교활하게 지적한 것처럼 이 연구에 참여함으로써 군인들의 전투력 유지에 도움을 주는 역할을 할 수 있었다. 오늘날의 윤리 강령은 재소자를 의학 연구에 쓰지 못하게 하는데, 이들이 취약한 인구 집단이기 때문이다. 이들은 외부의 감시에서 벗어나 있어 남용당할 위험이 있으며, 조기 석방이라는 미끼 앞에서 사실상 실험에 참여하도록 강요받아 독자적인 판단으로 사전 동의하는 능력이 심각하게 떨어진다. 하지만 그 당시에는 재소자를 의학 연구의 실험 대상으로 삼는 것이 상식처럼 여겨졌고 전혀 논란이 되지 않았다. 심지어 과학적으로 유리한 점도 있었다. 재소자들은 모두 동일한 환경에서 살아가므로 변이 가능성이 적으며, 후속 연구를 위해 추적하기도 쉽다. 이 모든 것을 감안해 커틀러는 1940년대의 기준에 비춰 윤리적으로 만족할 만한 수준의 연구를 설계했다.

실험이 순조롭게 진행되기만 했더라면, 아무 문제가 없었을 것이다. 커틀러의 연구 계획은 두 단계로 나뉘어 진행되었다. 먼저 커틀러는 예방약을 투여하지 않은 상태에서 신선한 임질 고름을 여러 남자의 음경에 묻히고 임질에 걸리는 비율을 측정하려고 했다. 이것은 기초 감염률을 얻는 데이터가 된다. 두 번째 단계에서는 예방약을 투여받은 남자들에게 고름을 묻히고 나서 이 집단에서 임질에 걸리는 사람의 비율을 측정하려고 했다. 만약 두 번째 집단의 감염률이 기초 감염률보다 현저히 낮다면, 예방약의 효능이 입증되는 셈이다.

불행하게도 커틀러는 첫 번째 단계를 통과하지 못했다. 커틀러는 음경에 임질 고름을 묻히면서 몇 달을 보냈지만(혹시 여러분 중에 자신의 직업에 불만을 느끼는 사람이 있는지?), 그들은 그런 식으로는 좀체 임질에 걸리지 않았다. 기초 감염률조차 알아내지 못했으니, 이 연구의 운명은 끝난 것이나 다름없었다. 열 달 동안의 헛된 노력 끝에 공중보건국은 1944년 중엽에 그 연구를 중단했고, 커틀러는 큰 좌절을 느꼈다.

그래도 군인들 사이에 성병이 만연한 상황이 너무 심각했기 때문에 커틀러에게 두 번째 기회가 찾아왔다. 1946년에 커틀러는 스태튼 아일랜드에 있는 공중보건국 사무소로 옮겨갔는데, 그곳에서 후안 푸네스Juan Funes 박사를 만났다. 푸네스는 원래는 과테말라 공중보건국 소속의 의사였는데, 장학금을 지원받아 그곳에 와서 일하고 있었다. 대화 도중에 푸네스는 테르호트 연구가 중단된 이야기를 듣고는 커틀러에게 과테말라로 가 그곳 재소자들을 대상으로 연구를 계속해달라고 간청했다. 푸네스가 간청한 이유는 딱 한 가지밖에 없었는데, 바로 돈이었다. 과테말라는 얼마 전에 유나이티드 프루트 컴퍼니의 손아귀에서 벗어났는데, 이 회사는 수십 년 동안 과테말라를 개인 식민지처럼 운영하면서(과테말라의 독재자와 결탁해) 문자 그대로 바나나 공화국으로 전락시켰다. 부패한 독재자를 내쫓고 새로 들어선 과테말라 정부는 자립에 큰 어려움을 겪고 있었는데, 터스키기처럼 공중 보건 예산이 빠듯했다. 푸네스는 커틀러를 과테말라로 끌어들이면, 직원들을 교육시킬 미국인 의사들이 올 것이고 장비 구입을 위한 미국 달러도 따라올 것이라고 생각했다.

커틀러도 그 제안이 마음에 들었다. 테르호트 연구에서 한 가지 큰 문제는 인위적인 노출 방법(음경에 고름을 문지르는)이었다. 임질은 보통은 성 행위를 통해 전염되는데, 커틀러는 성 행위에 관련된 어떤 요소가 그 질병을 더 잘 퍼뜨리는 데 도움을 주는 게 틀림없다고 생각했다. 다행히도 과테말라에서는 매춘이 합법이었고, 심지어 재소자를 대상으로 한 매춘도 합법이었다. 여성은 그저 보건소에서 건강 검진을 받기만 하면 되었다. 게다가 푸네스가 그런 보건소 여러 군데를 운영하고 있었다. 푸네스는 자신이 그곳에서 성병에 걸린 여성을 선별하여 연구를 위해 교도소로 보내겠다고 했다. 그러면 커틀러는 테르호트에서 한 것과 동일한 기초 연구를 할 수 있는데, 다만 번거롭게 음경에 고름을 문지를 필요 없이 훨씬 자연스러운 성 행위를 통해 피험자를 감염시킬 수 있었다.

비록 테르호트 연구와 비슷하긴 했지만, 과테말라 연구는 중요한 차이점이 몇 가지 있었다. 무엇보다도 그 시점에서는 페니실린이 널리 쓰였기 때문에, 연구 계획서에 변화가 생겼다. 이번에는 앞서 예방약으로 사용한 연고 대신에 페니실린과 밀랍, 땅콩기름을 섞은 반죽을 음경에 바르기로 했다. 푸네스와 커틀러는 또한 재소자뿐 아니라 과테말라 군인과 정신질환자까지 포함해 피험자 집단을 확대하기로 했다. 또 임질은 물론 매독과 무른궤양도 함께 연구하기로 했다.

하지만 가장 큰(그리고 이 연구를 죄악을 저지르는 과학으로 밀어넣은) 차이점은 의사들이 군인과 재소자와 정신질환자에게 그들이 성병에 걸렸다는 사실을 알리지 않기로 결정한 것이었다. 그러면서 그 연구를 은밀히 진행하기로 했다. 공중보건국의 한 의사는 연구의 기반을 이루는 과학을 설명하려는 시도는 단지 불쌍한 피험자들, 특히 재소자 중 다수를 차지한 원주민 인디언들을 '혼란'에 빠뜨렸을 것이라고 주장했다. 사실, 터스키기에서와 마찬가지로 커틀러와 그 무리는 진실을 감추었을 뿐만 아니라, 다양한 질병에 '치료법'을 제공한다고 적극적으로 거짓말을 함으로써 그들의 협력을 이끌어냈다. 이처럼 두 연구 사이에는 큰 차이가 있었다. 미국 시민을 감염시킬 때에는 커틀러는 그들의 동의를 얻어야 한다는 의무감을 느꼈다. 하지만 과테말라 시민은 동등한 존중을 받지 못했다.

그 실험은 1947년 2월에 과테말라시티에서 시작되었다. 계획대로 푸네스가 감염된 매춘부들을 커틀러에게 데려다주었다. 커틀러는 포주 역할을 하면서 그들을 재소자들과 짝지어주었다. 심지어 성 행위 전에 술을 제공해 분위기를 북돋았다. 말할 필요도 없이 오늘날이라면 피험자에게 술을 먹이는 행위는 용납되지 않겠지만, 커틀러는 술이 야생에서, 즉 술집에서의 만남을 자극함으로써 성 행위를 더 '자연스럽게' 일어나게 할 것이라고 생각했다.

하지만 자연스러움을 추구한 커틀러의 노력은 딱 거기까지였다. 커틀러는 성 행위 도중에 남녀를 관찰한 것으로 보이는데, 각 남자가 몇 분(혹은 몇 초) 동안 성 행위를 지속했는지(노출 시간을 대신할 수 있는 데이터) 자세한 기록을 남겼기 때문이다. 그러고 나서 남자가 행위를 끝마치자마자 커틀러는 방 안으로 불쑥 들어가 그들의 사타구니에 코를 들이대고 정액과 질액을 살폈다. 성 행위가 끝난 후의 애무나 담배 같은 것은 없었다. 효율성을 위해서 매춘부들은 고객을 바꾸는 데 1분도 채 걸리지 않았다. 한 여자는 71분 동안 여덟 남자를 상대해야 했는데, 중간에 씻을 시간조차 없었다. 이 실험에 참여한 피험자 2000명 중 대다수는 어른이었지만, 한 매춘부는 불과 16세였고, 군인 중에는 심지어 10세밖에 안 된 소년도 있었다.

처음에 품었던 기대와 달리 커틀러는 과테말라에서도 테르호트에서 겪었던 것과 동일한 좌절을 맛봤다. 술과 난폭한 성 행위에도 불구하고, 성병에 걸리는 남자들의 비율은 기초 감염률을 정할 수 있을 만큼 충분히 높지 않았다. 그래서 커틀러는 절박한 심정에서 자연스러운 성 행위를 포기하고 손으로 남자들을 감염시키기 시작했다.

그것은 상당히 번잡스러운 과정이었다. 먼저 성병 환자에게서 신선한 고름을 채취한 뒤, 그것을 소 심장 국물(영양분이 풍부한)과 섞었다. 그러고는 남자들을 자기 사무실로 유인해 세 가지 방법 중 하나를 사용해 그들을 이 액체에 노출시켰다. 얕은 노출 방법으로는 작은 솜을 액체에 적신 뒤 남자들의 포피 아래로 밀어넣었다.(이를 위해 커틀러는 포르노 배우 스카우터처럼 포피가 두툼한 남자를 물색해야 했는데, 그래야 포피가 솜을 잘 덮을 수 있기 때문이었다.) 깊은 노출 방법으로는 솜을 액체에 적신 뒤에 그것을 이쑤시개로 남자의 요도 속으로 밀어넣었다. 표피 박탈 방법에서는 주사기 끝부분으로 거의 피가 날 정도로 귀두를 긁은 뒤, 상처에 액체를 부었다. 커틀러는 또한 감염되지 않은 매춘부도 이 액체에 노출시켰는데, 액체에 적신 솜뭉치를 질에 집어넣고, "매우 격렬하게" 휘저었다. 섬뜩한 취향에 도를 더하고 싶었던지 커틀러는 종종 아내를 데려와 사람들의 생식기를 근접 촬영하게 했다.

놀랍게도 일부 피험자는 이러한 '처우'에 저항했다. 한 정신질환자(그 방에서 가장 정신이 멀쩡한 사람이었다고 할 수 있는)는 자신의 음경을 주사기 끝으로 긁도록 내버려두지 않고 침대에서 벌떡 일어나 달아났다. 병원 직원들이 그를 찾기까지는 몇 시간이 걸렸다. 하지만 전체적으로 커틀러는 인위적인 노출 방법에 상당히 만족했는데, 이 방법으로 50~98%의 기초 감염률을 얻을 수 있었다.

커틀러는 충실하게 이 모든 '진행 상황'을 워싱턴의 상사들에게 보고했고, 그들도 이 결과에 깊은 인상을 받았다. 한 사람은 편지에서 "당신의 쇼[!]는 이곳에서 광범위하고 호의적인 관심을 받고 있소."라고 썼다. 또 다른 사람은 미국 공중보건국장과 나눈 대화를 전해주었다. "'알다시피 그런 실험은 이 나라에서는 아예 불가능한 게 아닙니까!'라고 말하는 그의 눈은 환희로 반짝였다오."

공중보건국 의사들 중에는 공중 보건 분야에서 일하기 위해 민간 병원에서 보수가 두둑한 경력을 포기한 경우가 많았고, 군에서 일한 경력이 있는 사람도 많았다. 이러한 공통의 배경과 목표 때문에 공중보건국 내에서는 단결심이 매우 높았다. 건강한 단결심은 정상적으로는 좋은 결과를 낳는다. 하지만 집단 역동group dynamics을 연구한 심리학자들은 응집력이 높고 배경이 균일한 집단은 사고가 다양한 집단에 비해 나쁜 결정을 내리는 경향이 있다는 사실을 발견했다. 특히 동질적인 집단은 자신들의 비윤리적 행동에 이의를 제기하지 않는(더 정확하게는 자신들의 비윤리적 행동을 인식하지 못하는) 경향이 있다. 동질적인 공중보건국 사람들의 관점에 봤을 때, 커틀러는 자신의 일을 아주 잘하고 있었다.

하지만 커틀러는 어느 단계에서는 자신의 실험이 의심스러운 영역으로 접어들고 있다는 사실을 알았다. 상사에게 자신의 성공을 자랑스럽게 보고하면서도 커틀러는 모든 것을 비밀에 부쳐야 할 필요성을 강조했다. 그러한 당부는 〈뉴욕 타임스〉에 짧은 기사가 실린 1947년 4월 이후에 더 강해졌다. 그 기사는 볼티모어와 노스캐롤라이나주에서 토끼를 매독에 노출시킨 뒤 즉각 페니실린을 투여한 실험을 소개했는데, 그 결과는 감염을 막은 것처럼 보였다. 기자는 이 연구가 사람에게도 매우 유망한 결과를 약속한다고 언급했지만, "살아 있는 매독균을 인체에 집어넣는 것"은 "윤리적으로 불가한" 일이 될 것이라고 지적했다. 그런데 커틀러는 과테말라에서 바로 그런 실험을 하고 있었다. 하지만 자신의 연구가 "윤리적으로 불가한" 것으로 간주될 수 있다는 현실 앞에서도 그는 멈추지 않았다. 오히려 공중보건국 밖의 사람들이 문제를 일으킬 수 있다는 의심이 강해졌고, 그래서 무엇보다도 비밀 엄수를 중요시했다.

또 한 가지 눈길을 끄는 사실이 있는데, 역사학자들은 커틀러가 자신을 실험의 피험자로 포함시키지 않았다는 점을 지적했다. 이것은 이상한 비판처럼 들릴 수 있지만, 20세기 중엽에 의학 분야에서 자가 실험은 상당히 흔했다. 예를 들면, 해부학자 존 헌터는 병의 진행 상황을 매일 직접 관찰하기 위해 1767년에 자신의 음경에 고름을 주사함으로써 의도적으로 임질에 걸렸다.[32] 비록 미친 짓처럼 들릴지 몰라도, 헌터는 적어도 과학을 위해 고통을 감수할 용기가 있었다. 커틀러 시대에도 의사들이 여전히 그런 일을 하고 있었다. 사실, 뉘른베르크 강령은 강한 의학적 필요가 있기만 하다면(그리고 의사 자신이 피험자가 된다면) 위험한 연구를 해도 된다는 예외 조항을 두었다. 커틀러의 연구는 분명히 강한 의학적 필요가 있었지만, 그는 다른 사람의 포피를 노출시키면서도 자신의 포피는 안전하게 지켰다.

높은 단결심에도 불구하고, 공중보건국 내 일부 동료들은 과테말라 연구에 약하게나마 의문을 제기했다. 가장 직접적으로 제기된 이의는 정신질환자를 대상으로 한 연구였다. 한 의사는 헌터에게 보낸 편지에서 "나는 다소, 아니 사실은 그보다 조금 더, 정신질환자를 대상으로 한 실험이 미심쩍습니다. 그들은 동의를 할 수도 없고, 무슨 일이 일어나는지 모르며, 만약 정의의 사도인 체하는 단체가 이 연구 소식을 듣는다면 큰 소란을 피울 게 분명합니다."라고 썼다. 분명히 그 사람은 피험자에게 돌아가는 해보다는 나쁜 언론을 더 염려한 것으로 보인다. 하지만 공중보건국 내의 나머지 수백 명과 달리 그 사람은 적어도 이의를 제기하고 커틀러에게 연구를 멈추라고 충고했다.

그 동료의 우려는 옳았다. 과테말라에서 일어난 그 밖의 모든 윤리적 과실을 감안하더라도, 정신질환자 수용소에서 일어난 커틀러의 연구는 그 정도가 심했다. 하잘것없는 보급품(영사기, 냉장고, 일부 약품, 쟁반과 컵)을 받는 대가로 병원장은 커틀러에게 정신질환자 50명을 성병에 노출시키도록 허락했는데, 그중에는 매독균을 척추에 주사한 여성 뇌전증 환자 7명도 포함돼 있었다. 터무니없게도 커틀러는 그 여성들이 "절차에 거의 신경 쓰지 않았으며", 척추 주사를 맞으려고 "매일" 줄을 섰다고 주장했는데, 그들에게 담배를 뇌물로 제공한 것이 한 가지 이유였다.

정신질환자 수용소에서 일어난 가장 비통한 사례는 베르타Bertha라는 여성이 겪은 일이었다. 나이와 감금 이유는 지금은 기록이 사라져 알 수 없지만, 1948년 2월에 커틀러는 베르타의 왼팔에 매독균을

공중보건국이 실시한 실험 동안 의도적으로 성병에 감염시킨 일부 과테말
라 여자들.

주사했다. 베르타는 곧 그곳에 병터와 빨간 혹이 생겼고, 피부 껍질
이 벗겨져나가기 시작했다. 하지만 그래도 커틀러는 석 달 동안 베르
타를 치료하지 않은 채 방치했다. 8월 23일에 베르타는 분명히 죽어
가고 있었다. 이제는 무슨 짓을 해도 괜찮다고 믿었던지 커틀러는 베
르타의 요도와 눈, 곧창자에 임질 고름을 집어넣었고, 게다가 매독균
도 재차 주사했다. 며칠 지나지 않아 베르타는 양 눈에서 고름이 눈물
처럼 쏟아져나왔고 요도에서는 피가 나왔다. 그리고 8월 27일에 숨을
거두었다.

앞에서 말했듯이 우리는 오늘날의 윤리적 기준으로 과거의 사람

들을 판단하면서 우월감을 느끼기가 쉽다. 속담처럼 윤리의 유행은 의상의 유행보다 더 빨리 변하기 때문에, 우리가 의문을 품을 생각조차 하지 않았던 일들 때문에 미래의 사람들이 우리를 비난할지도 모른다는 생각을 해볼 필요가 있다. 하지만 옛날 사람들을 그 시대의 기준으로 판단하는 것은 공정하며, 그 기준에서 보더라도 "윤리적으로 시행해서는 안 될" 커틀러의 연구는 매우 통탄할 만한 것이었다. 만약 커틀러가 베르타에게 한 실험을 독일의 강제 수용소에서 했더라면, 틀림없이 전범으로 재판을 받았을 것이다.

1948년에 예산을 끊을 때까지 공중보건국은 커틀러의 실험에 모두 22만 3000달러(오늘날의 가치로는 260만 달러)를 썼다. 페니실린 알약은 성병 치료 효과가 아주 뛰어나 더 이상 땅콩기름 반죽을 쓸 필요가 없었다. 어쨌든 공중보건국장도 바뀌었는데, 윤리적 과실에 눈이 "환희로 반짝이는" 경향이 덜한 사람이었던 것으로 보인다. 그 결과로 커틀러는 짐을 싸서 과테말라를 떠났다. 성병에 대한 그의 관심을 감안하면, 나중에 앨라배마주의 터스키기 연구에 그가 참여한 것은 아마도 불가피한 일이었을 것이다.

태평스럽게 연구 결과를 발표한 터스키기의 의사들과 달리 커틀러는 과테말라의 연구를 단 한 줄의 논문으로도 발표하지 않았다. 그 연구에서 얻은 새로운 지식이 하나도 없었던 게 한 가지 이유였을 것이다. 공중 보건의 관점에서 볼 때, 그 연구에서는 별 성과가 없었다. 하지만 커틀러가 침묵을 지킨 데에는 더 어두운 이유가 있었던 것으로 보인다. 1960년에 공중보건국을 떠날 때, 커틀러는 과테말라 연구에 관한 자신의 공책과 환자 기록을 모조리 챙겨 가지고 갔다. 그것들은 미국 정부의 재산이었는데도 불구하고 그랬는데, 그처럼 충성스러운 군인으로서는 매우 이례적인 행동이었다. 그가 왜 그것들을 가져 갔는지는 아무도 모르지만, 다른 사람이 그 연구를 알지 못하도록 은 폐하려는 시도가 아니었을까 하는 의심이 든다. 놀랍게도 실제로 그 런 연구가 있었다는 사실을 알아낸 사람은 아무도 없었는데, 2005년 에 역사학자 수전 레버비Susan Reverby가 피츠버그대학교(커틀러가 공중 보건국을 떠난 뒤에 학생들을 가르쳤던 곳)에서 그 공책들을 발견했다. 만약 레버비가 그것들을 발견해 1만 쪽에 이르는 그 기록을 영웅적으 로 훑어보지 않았더라면, 그 사실은 오늘날까지도 여전히 비밀로 묻 혀 있을 가능성이 높다.[33]

커틀러는 자신의 연구가 폭로되는 것을 보지 못하고 2003년에 눈 을 감았다. 그렇다면 커틀러는 과테말라 이후에는 어떤 일을 했을까? 터스키기를 거친 후 그는 아이티와 인도로 가 두 나라에서 여성의 의 료 서비스 접근 개선을 위해 노력했다. 그는 개발도상국의 부인과 전 문의와 산과 전문의가 미국에서 교육을 받고 고국으로 돌아가 여성의 생명을 구할 수 있도록 장학금을 주선했다. 또한 1980년대에 AIDS에 대한 도덕적 공황을 비난했고, 동성애자라는 이유로 피해자를 악마화 하길 거부했다.

데자뷔 같은 느낌이 든다고? 수사학적 장난을 쳐서 미안하지만, 이 장 첫 부분에서 영웅적으로 묘사한 의사(여성과 소수자를 옹호한 의 사)는 바로 과테말라 연구를 이끌었던 사람과 동일인이다. 커틀러에 대해 아는 내용이 과테말라 연구가 폭로되기 전에 실린 그의 사망 기 사뿐이라면, 여러분은 커틀러를 알베르트 슈바이처Albert Schweitzer와 비 슷한 인물로 생각할 것이다.

어떻게 이 두 커틀러가 같은 사람일 수 있을까? 어쩌면 과테말라를 떠난 뒤에 깊이 반성하고 여생을 좋은 일을 위해 바쳤는지도 모른다. 어쩌면 과거의 기억을 모두 묻고, 과거에 나쁜 짓을 했다는 사실을 인정하길 거부했는지도 모른다. 어쩌면 충분히 많은 사람(추상적인 전체 인류)을 도우려고 노력하는 한 그 과정에서 사람들을 희생시켜도 된다는 투박한 종류의 공리주의를 여전히 지지했는지도 모른다.(1990년대까지도 이런 이유로 커틀러는 터스키기 연구를 옹호했다.) 혹은 커틀러 1과 커틀러 2를 조화시키려는 시도는 본질에서 벗어나는 것일지도 모른다. 과테말라의 커틀러를 요제프 멩겔레와 그 밖의 나치 의사들과 동일선상에 놓고 싶은(그를 또 한 사람의 정신병자로 폄훼하고 싶은) 유혹을 느끼기 쉽다. 하지만 그가 훗날에 한 모든 선행을 인정한다면, 그러기가 훨씬 어렵다. 어쩌면 결국에는 두 커틀러를 만족스럽게 조화시키는 방법이 없을지도 모른다.[34]

과테말라 실험이 너무 오랫동안 묻혀 있었기 때문에, 터스키기는 의학에 더 어두운 그림자를 드리우는 결과를 가져왔다. 하지만 연구가 점점 더 국제적으로 변해감에 따라 두 사건의 슬픈 메아리가 전 세계로 퍼져갔다.

한 가지 논란은 말라리아 백신에 관련된 것이다. 대부분의 감염병은 바이러스나 세균이 원인이다. 말라리아는 작지만 복잡한 생활사를 가진 미생물인 원생동물이 옮긴다. 그 복잡성 때문에 백신 개발이 수십 년 동안 지체되면서 세계적으로 가장 큰 건강 문제인 말라리아 발병이 악화되었다. 매년 말라리아에 걸리는 사람은 약 2억 명이나 된다.

2010년대 후반에 유망한 말라리아 백신이 등장했는데, 세계보건기구(WHO)는 말라위와 가나, 케냐에서 임상 시험을 시작했다. 물론 모스퀴릭스Mosquirix라는 이 백신은 완벽한 것이 아니었다. 이 백신은 생후 17개월 이하의 어린이들 사이에서는 말라리아 발병률을 겨우 1/3 정도 낮추는 데 그쳤다. 그리고 대조군에 비해 수막염에 걸릴 위험은 10배나 높아졌고, 불가사의한 이유로 여성의 치명률이 2배로 뛰었다. 그렇지만 이런 위험을 감안한다 하더라도 모스퀴릭스는 매년 아프리카에서만 10만 명 이상의 생명을 구할 잠재력이 있었다.

하지만 막상 백신 접종 계획이 시작되자, 많은 비판자는 뭔가 숨기는 게 있다는 인상을 받았다. WHO는 그 백신 접종 계획을 '연구 활동' 대신에 '예비 도입'으로 분류했는데, 번거로운 요식 절차와 공식 '연구'에 필요한 추가 감독 절차를 피하기 위한 편법으로 보였다. 게다가 담당자들은 부모에게 수막염의 위험이나 여성의 치명률 증가에 대한 정보를 제공하지 않았다. 대신에 부모가 아이와 함께 다른 질병의 백신 접종을 위해 병원을 방문하면, 의사가 단순히 말라리아 백신도 함께 접종하지 않겠느냐고 물었다. 모스퀴릭스가 실험적 백신임을 알려주는 사람도 없었다. WHO는 부모가 원하기만 하면 그 백신을 맞지 않는 쪽을 선택할 수 있기 때문에 그 절차에 아무 문제가 없다고 강변했다. 또한 사전에 지역 사회에 일반적인 백신에 관한 정보를 제공함으로써 '묵시적 동의'를 얻었다고 주장했다. 하지만 비판자들은 묵시적 동의는 대부분의 연구가 요구하는 '사전 동의'에 훨씬 못 미친다고 반박했다. 한 생명윤리학자는 "묵시적 동의는 전혀 동의가 아니다."라고 주장했다.

현재 이 연구(그리고 그것을 둘러싼 논란)는 여전히 진행 중이다. 하지만 이 모든 것이 아무리 의심스러워 보이더라도, 근본적인 논란 은 다음 질문으로 요약할 수 있다. 만약 WHO의 편법이 백신 도입을 앞당겨 매년 10만 명의 인명을 구한다면, 윤리적 속임수는 눈감아줄 수 있지 않을까?

이보다 더 판단하기가 쉽지 않은 사례는 1990년대에 우간다에서 진행된 AIDS 치료제 임상 시험이다.

HIV 양성인 여성은 임신 동안 그 바이러스를 자식에게 전달할 확률이 1/4이다. 일부 약은 그 비율을 크게 낮출 수 있지만, 그 약들 은 대다수 아프리카인에게는 아주 비싸다(1인당 약 800달러). 게다가 치료법도 복잡한데, 알약을 복용하는 동시에 주사를 맞아야 하고, 임 신부뿐만 아니라 태어난 아기도 함께 치료를 받아야 한다. 그래서 국 제 보건 전문가들은 우간다에서 그 치료법을 더 짧고 더 간편한 버전 으로 시험해보기로 했다. 이 연구에 참여한 임신부 중 절반은 치료제 AZT를 짧은 기간 복용하고, 대조군인 나머지 절반은 아무 효과가 없 는 속임약을 복용했다. 그러고 나서 과학자들은 두 집단의 감염률을 비교해 간편 치료법이 효과가 있는지 판단했다.

속임약을 사용한 임상 시험은 의학에서는 황금률이나 다름없다. 이것은 과학적으로 치료법이 효과가 있는지 없는지 판단하는 최선의 방법이다. 하지만 많은 의사와 운동가는 우간다에서 속임약을 사용한 것에 분노했다. 그들은 북아메리카에서는 심지어 임상 시험 동안이라 하더라도 AIDS 환자에게 치료를 제공하지 않는 것은 비윤리적으로 간주된다고 지적했다. 그들은 간편 치료법을 속임약과 비교하기보다 는 부자 나라 사람들이 받는 것과 같은 정상적인 치료법과 비교하길 원했다. 그들은 치료하지 않는 것보다 더 나쁜 것은 이중 기준이며, 그것은 흑인 아이들에게 사형 선고를 내리는 것과 같다고 주장했다.

많은 우간다인을 포함해 연구를 진행하던 과학자들은 이 비난에 분개했다. 그들은 정상적인 치료법은 한정된 예산에 비해 너무 비싸 연구에 참여하는 피험자의 수를 크게 낮춤으로써 연구의 예측 능력을 크게 떨어뜨렸을 것이라고 주장했다. 게다가 그들은 비판자들(주로 선진국의 부유한 백인들)은 아프리카에서 임상 시험을 하는 것이 어떤 것인지 전혀 모르며, 제1세계의 도덕 기준을 복잡한 제3세계의 상황에 적용하는 '윤리적 제국주의'라는 죄를 범하고 있다고 주장했다. 이 임상 시험이 없었더라면, 우간다 여성 중에서 어떤 치료라도 받는 사람은 단 한 명도 없었을 것이다. 그들이 가장 중요하게 내세운 논리는 이것이었는데, 적절한 속임약 대조군을 사용해 세심하게 진행한 과학 연구야말로 어떤 치료법이 효과가 있는지 판단하는 데 가장 빠르고 효율적인 방법이라고 재차 강조했다. 따라서 결국에는 이 방법이 가장 많은 아이를 구할 것이라고 했다.

어느 쪽도 쉽게 물러서려 하지 않았고, 의학적 위기에 직면한 시기에 어떤 조치를 취해야 하느냐를 둘러싼 논쟁은 오늘날까지 계속 이어지고 있다. 최근에는 COVID-19가 창궐한 초기에 많은 사람은 온갖 종류의 실험 약을 시도할 수 있도록 과학자들을 구속하는 고삐를 풀어주길 원했다. 종종 심각한 부작용이 발생해, 그 약을 쓰지 않았더라면 살아남았을 사람들을 죽일 수 있는데도(그리고 실제로 죽였는데도) 불구하고 그랬다. 그렇긴 하지만, 만약 이 약들 중 효과가 있는 것이 나온다면, 수많은 비탄과 고통을 줄일 수 있었다. 앞에서 언급했듯이, 많은 윤리학자는 설계가 잘못된 의학 연구를 설계가 잘못

되었다는 바로 그 이유 때문에 비윤리적인 것으로 간주한다. 하지만 위기 상황에서는 최선으로 설계된 임상 시험도 사람들의 윤리 의식에 반감을 일으킬 수 있다. 윤리가 쉽다고 말한 사람은 아무도 없다.

　　강제 수용소 재소자들을 대상으로 실험을 한 나치 의사들은 모든 시대는 아니더라도 20세기에 가장 큰 비난을 받은 의사들로 남아 있다. 하지만 만약 이들에게 필적할 만한 경쟁자가 있으니, 바로 월터 프리먼Walter Freeman이라는 미국 신경학자이다. 요제프 멩겔레와 달리 프리먼은 일탈자도 정신병자도 아니었다. 오히려 그는 사람들을 매우 돕고 싶어 했다(결국에는 그것이 스스로를 파멸시킨 원인이 되었지만).

　　다음 장에서 보겠지만, 프리먼은 경안와 뇌엽 절개술(혹은 그의 적들의 표현을 빌리면 '얼음송곳 엽 절개술')을 개발했다. 엽 절개술이 역사상 가장 악명 높은 의료 절차 중 하나가 된 이유는 이 절차 자체의 문제점 외에 프리먼의 과도한 야심과 이 '치료법'을 많은 사람에게 강제한 방식에 있다.

8장

명성에 눈이 멀어

얼음송곳으로 뇌를 수술한 의사

에가스 모니스Egas Moniz는 그 이야기에 큰 충격을 받았다. 1935년 8월, 좌절 속에서 한 해를 보내고 있던 신경학자 모니스는 런던의 회의장에 우울한 심정으로 도착했다. 하지만 그 침팬지 이야기를 듣는 순간, 모든 낙담이 싹 사라졌다.

침팬지들의 이름은 베키와 루시였다. 예일대학교 과학자들이 이 침팬지들을 사용해 기억과 문제 해결 능력에 관한 실험을 했다. 실험의 한 예를 들면, 과학자들은 두 컵 중 하나 밑에 먹을 것을 집어넣은 뒤, 그 앞에 칸막이를 쳐서 몇 분 동안 컵을 가렸다. 베키와 루시는 어느 컵에 먹을 것이 들어 있었는지 제대로 기억해야 했는데, 기억하지 못하면 그것을 얻을 수 없었다. 또 다른 테스트에서는 짧은 막대를 사용해 더 긴 막대들을 끌어온 뒤에 가장 긴 막대를 사용해 먹을 것을 손에 넣어야 했다. 루시는 두 가지 과제를 능숙하게 해결했지만, 베키는 먹을 것이 들어 있는 컵을 제대로 기억하지 못했고, 실패하면 몹시 짜증을 냈다(우우 하고 울부짖고, 주먹으로 내리치고, 똥을 던지고, 방귀와 함께 똥오줌을 싸면서).

과학자들은 이런 과제들을 수행하도록 침팬지들을 훈련시킨 뒤, 매우 극단적인 짓을 저질렀다. 침팬지의 뇌 중에서 상당 부분(전두엽 전체)을 수술로 제거한 뒤, 같은 테스트를 다시 하면서 베키와 루시가 얼마나 과제를 잘 수행하는지 관찰했다. 그 결과는 매우 인상적이었다. 예일 과학자 팀이 런던에서 보고한 것처럼 침팬지들은 이제 어느 컵에 먹을 것이 들어 있는지 몇 초 이상 기억하지 못했고, 막대를 끌어오는 과제는 그들의 능력을 벗어나는 것이 되었다. 전두엽을 제거하자 침팬지는 작업 기억이 사라졌고, 문제 해결 능력마저 상실했다.

다소 슬프긴 하지만, 아주 흥미로운 결과였다. 하지만 에가스 모니스의 마음을 사로잡은 것은 기억과 문제 해결 능력에 관한 통찰력이 아니었다. 예일대학교의 한 과학자가 여담처럼 언급한 내용이 있었는데, 수술 뒤에 베키는 실패를 하더라도 더 이상 짜증을 내지 않았다고 했다. 그 과학자는 베키가 '행복을 추구하는 사이비 종교 집단'에 들어간 것처럼 아주 차분한 상태를 유지했다고 묘사했다. 전두엽을 제거하자 베키는 신경증이 싹 사라진 것처럼 보였다.

그런데 이게 다가 아니었다. 그 과학자는 베키가 평온한 상태에 빠진 반면, 루시는 정반대의 행동을 보였다고 언급했다. 수술 뒤에 루시는 차분하고 성숙한 어른에서 으르렁대고 미쳐 날뛰는 새끼로 퇴행했다. 전두엽을 제거하자 루시는 신경증이 생긴 것처럼 보였다.

하지만 청중석에 앉아 있던 모니스는 루시에 관한 이야기는 듣지 못했거나 무시했다. 아주 차분하고 평온한 베키의 환영이 그의 전두엽을 사로잡았다. 질의 시간에 모니스는 자리에서 일어나 사람의 경우에도 뇌 수술이 마찬가지 방식으로 정서 장애를 치료할 가능성이 있느냐고 물었다.

청중은 충격에 빠졌다. 모니스는 정말로 사람의 전두엽을 제거하자고 제안하는 것일까?

그건 아니었다. 하지만 그의 마음속에는 그에 못지않게 어두운 생각이 꿈틀대고 있었다.

걸출한 집안 내력만 아니었더라면, 모니스가 전두엽 절개술에 뛰어드는 일은 없었을 것이다. 모니스는 1870년대에 포르투갈에서 자랐는데, 한 삼촌이 조상에 관한 이야기를 그의 머릿속에 가득 집어넣었다. 조상 중에는 12세기에 침략해온 무어족moors을 격퇴하는 데 큰 공을 세운 전설적인 용사로 자신과 이름이 같은 에가스 모니스도 있었다. 이런 이야기들은 소년의 가슴에 불을 질렀고, 자신도 뛰어난 사람이 되어 유명해지겠다는 욕망을 키웠다. 모니스는 포르투갈에서 의학 대학원에 들어갔다가 파리에서 신경학 부문 레지던트로 일했다. 얼마 후인 26세 때에는 포르투갈 의회 의원으로 선출되었다. 중년에는 에스파냐 대사를 지냈고, 리스본에 대궐 같은 사유지가 있었다. 이곳에는 전설적인 와인 저장실과 많은 하인이 있었는데, 하인들의 제복을 모니스가 직접 디자인했다고 한다.

그런데 실망스럽게도 의학 분야의 명성은 정치 분야의 명성을 전혀 따라가지 못했다. 사실, 리스본의 유명한 대학교에서 신경학 교수로 임명되었을 때, 사람들은 과학적 식견이 아니라 정치적 연줄로 그

명성을 얻으려고 애쓰다가 백질 절단술이라는 수
술법을 발명한 신경학자 에가스 모니스.

자리를 얻었을 거라고 수군댔다. 그런 이야기에 모니스는 마음이 몹
시 아팠다.

　그러다가 건강이 나빠지기 시작했다. 호화로운 생활방식 때문에
오래전부터 양손에 통풍을 앓았는데, 이 격심한 관절 상태 때문에 악
수조차도 몹시 고통스러운 시련으로 변했고, 환자를 돌보는 능력에도
지장을 받았다. 중년이 되자 체중도 크게 불어 애처로운 배불뚝이 중
년 남자처럼 보였다.

　더 이상 환자를 진료할 수 없게 되자, 모니스는 방향을 바꾸어 새
로운 의료 절차 개발이라는 야심찬 목표를 세웠다. 1920년대 당시의
의사들은 X선으로 뼈를 볼 수 있었지만, 부드러운 조직 내부를 볼 수
있는 방법은 없었다. 그래서 프랑스에서 몇몇 과학자들이 혈관 조영
술을 개발했다. 이 방법은 불투명한 액체를 혈관 속으로 집어넣었는

데, 액체에는 녹은 금속 이온이 잔뜩 들어 있었다. 그러고 나서 X선을 쪼여 액체 속의 금속 이온에 반사된 X선을 포착해 촬영함으로써 혈관과 기관의 윤곽을 볼 수 있었다. 유혈이 낭자한 사고를 제외한다면, 이것은 살아 있는 사람의 내부를 들여다본 최초의 일이었고, 의학에 큰 진전을 가져왔다.

모니스도 혈관 조영술 연구를 시작했고, 최초의 뇌 사진을 찍는 경쟁에 뛰어들었다. 모니스는 사체를 대상으로 한 연구부터 시작했다. 그의 조수(모니스의 손 상태 때문에 장비를 다루는 일을 담당한)가 사체를 가져와 뇌에 불투명한 액체를 집어넣었다. 그러고 나서 조수는 머리를 잘라(아마도 톱으로) 운전기사가 모는 모니스의 리무진에 올라탔다. 리무진은 도시를 가로질러 X선 장비가 기다리는 곳으로 머리를 운반했다. 훗날 모니스는 그 당시 몇 주일 동안 혹시 자동차 사고가 일어나지 않을까 하고 전전긍긍했다고 말했다. 잘린 머리가 도로로 굴러나와 자신의 섬뜩한 실험이 세상에 공개되는 장면이 눈앞에 선했다.

사체 연구 뒤에 모니스와 조수는 살아 있는 환자로 방향을 틀었다. 하지만 그들이 주사한 액체(예컨대 브로민화스트론튬, 요오드화나트륨)가 주변 조직으로 새어가 눈꼬리가 처지거나 발작이 일어나는 등 신경학적 문제가 나타나는 경우가 잦았다. 한 환자는 죽기까지 했다. 모니스는 충격을 받긴 했지만 굴하지 않고 용액을 바꾸어 실험을 계속했다. 1927년 6월, 모니스는 마침내 뇌에 연결된 동맥과 정맥을 보여주는 사진을 일부 얻는 데 성공했다. 심지어 혈관들이 뻗어나간 모양을 바탕으로, 한 환자의 뇌하수체 근처에 생긴 종양의 위치를 정확하게 짚어내기까지 했다.

이 사진들은 대단한 업적이었고, 모니스도 그 사실을 알았다. 모니스는 우선권을 인정받으려고 열심히 노력했는데, 1927년과 1928년에 혈관 조영술에 관한 논문을 24편이나 쏟아냈다. 그리고 뻔뻔스럽게도 두 동료에게 자신을 노벨상 후보로 추천해달라고 요구했다. 두 동료는 마지못해 그 요구를 들어주었는데, 정치적 영향력이 대단한 사람의 청을 차마 거부하지 못해서 그랬을 것이다.

하지만 추천만 한다고 해서 다 되는 것은 아니었다. 모니스가 혈관 조영술을 발명한 당사자는 아니어서 다른 과학자들은 그의 연구를 다소 부수적인 것으로 여겼고, 1920년대에서 1930년대로 넘어갈 즈음, 모니스는 자신의 업적을 인정하는 열기가 점점 식어가고 있다는 것을 알아챘다. 그렇다 해도 뇌혈관 조영술이 인명을 구했다는 것은 의문의 여지가 없었고, 동료들은 이제 그를 진정한 과학자로 존중했다. 하지만 조상들의 만신전에 자신의 흉상을 세우기에는 아직 부족했다.

1935년에 런던 회의에 참석할 당시 모니스는 이런 상황에 처해 있었다. 나이는 어느새 60세가 되었고, 통풍 때문에 몸이 힘들었으며, 자신의 변변치 못한 업적 때문에 우울했다. 자신을 홍보하기 위한 마지막 노력으로 모니스는 혈관 조영술에 관한 부스를 설치했지만, 성과는 변변치 않았다. 대신에 모니스는 이웃 부스의 의사와 잡담을 나누면서 대부분의 시간을 보냈는데, 그 의사가 바로 젊고 야심만만한 미국인 신경학자 월터 프리먼이었다. 마침 프리먼도 뇌를 시각화하는 연구에 몰두하고 있었다. 프리먼은 냉담한 성격의 모니스보다 훨씬 나은 쇼맨이었지만(동료들은 프리먼이 다른 회의장에서 마치 카니발의 호객꾼처럼 소리를 지르며 사람들을 끌어모으던 모습을 기억했다), 두 사람은 죽이 잘 맞아 자신들이 하던 연구의 다양한 측면에 대해 프랑스어로 대화를 나누었다. 필시 몹시 따분한 대화였을 것이다.

그런데 회의 중간에 침팬지 베키와 루시에 관한 연구를 듣는 순간, 모니스는 자신의 인생 경로가 확 바뀌는 순간이 왔다고 느꼈다. 그 이야기에서 그런 연관 관계를 떠올린 사람은 거의 없었을 것이다. 하지만 베키의 이야기를 듣는 순간, 모니스는 서양 사회의 가장 골치 아픈 문제 중 하나에 대한 해결책이 떠올랐다. 그 문제는 바로 수치스러운 정신질환자 수용소의 상태였다.

고대와 중세에는 누가 정신이 이상해지면, 가족이 집에서 그들을 돌보았다. 하지만 18세기와 19세기에 산업화의 여파로 가족이 쪼개지자, 정신 이상자를 돌보는 부담이 정부로 전가되었고, 정부는 새로운 피보호자들을 정신질환자 수용소로 몰아넣기 시작했다. 1900년 무렵에는 서양 세계의 모든 대도시에 정신질환자 수용소가 있었는데, 이 시설들은 실망스럽게도 모두 한결같았다. 즉, 시끄럽고 더럽고 과밀했다. 한 역사학자는 이렇게 기록했다. "직원들은 환자들을 때리고 목 조르고 침을 뱉었다. 환자들은 어둡고 눅눅하고 패드를 댄 방에 수용되었고, 구속복으로 행동을 제약받는 경우도 많았다."(심지어 한 정신질환자 수용소에서 한 여성은 구속복을 입은 상태로 아이를 낳아야 했는데, 그것도 혼자 감금된 방에서 낳았다.) 정신질환자 수용소는 잘해야 사람들을 모아놓은 창고였고, 최악의 경우에는 강제 수용소 비슷한 곳이었다.

정신과 의사들은 환자들을 도우려고 노력했지만, 그다지 큰 성과는 없었다. 가장 흔한 치료법은 약물이나 전기 충격으로 발작과 혼수 상태를 유발함으로써 뇌를 리부팅하는 것이었다.[35] 이런 치료법이 도움이 되는 환자도 있었지만(정말로), 그 수는 극소수였다. 그리고 다른 '치료법'들—거세, 말의 피 주입, 얼린 '슬리핑 백'—은 거론하지 않을수록 더 좋았다.

사실, 정신질환자 수용소에서 가장 낙담스러운 것은 어떻게 해도 소용이 없다는 자포자기의 분위기였다. 환자들은 날이면 날마다 신음하고 울고 요동치고 고함을 질러댔으며, 의사들이 무슨 방법을 쓰건 별다른 차도가 없었다. 그 사람들을 환자라고 부르는 것조차 잘못된 것처럼 보였다. 환자란 단어는 치료의 희망이 있다는 것을 의미했기 때문이다. 실제로 그들은 수감자였다. 일부 수감자에게는 침대도 줄 수 없었다. 그것을 부수어 그 조각으로 사람을 찔렀기 때문이다. 어떤 수감자에게는 옷도 입힐 수 없었는데, 옷을 찢어발기거나 배설물로 반복적으로 스스로를 더럽혔기 때문이다. 어떤 면에서 이들은 동물보다 더 상태가 나빴다. 적어도 동물은 만족한 상태로 조용히 지낼 수 있다. 그런데 이들은 바로 자신의 마음 때문에 늘 고통을 받았고, 그 상태는 10년이 지나도 20년이 지나도 변하지 않았다.

그런데 갑자기 모니스의 눈에 그들을 구할 수 있는 방법이 보였다. 베키의 뇌 내부를 만지작거린 것이 베키의 행동에 돌발적인 변화를 가져왔다면, 비슷한 방법으로 곤경에 처한 사람에게 도움을 줄 수 있지 않을까? 그것은 충분히 시도해볼 만한 가치가 있었다. 다만, 모니스는 전두엽을 제거하는 대신에 더 미묘한 방법을 제안했는데, 전두엽과 변연계 사이의 연결 부위를 절단하는 것이었다.

사람의 경우, 전두엽은 반성과 계획, 합리적 사고에 관여한다. 변연계는 원초적인 감정을 처리한다. 이 두 뇌 지역은 신호를 전달하는 신경세포 다발로 연결돼 있다. 모니스는 정신질환자의 뇌에서는 변연

영국의 유명한 베슬렘왕립병원에서 벌어지던 일상적인 풍경. 이 병원은 베드램Bedlam('난리' 또는 '법석'이란 뜻)이란 별명으로 불렸는데, 정신질환자 수용소의 비참한 상태와 동의어가 되었다.

계가 과속 상태로 변해 신호를 과도하게 쏟아냄으로써 전두엽을 압도하는 일이 일어난다고 추측했다.

모니스의 이론이 완전히 터무니없는 것만은 아니었다. 일부 사람들에게서는 혼란스러운 감정이 뇌를 압도하는 일이 일어난다. 하지만 이 이론은 낡은 뇌 모형에 기반을 둔 것이었는데, 그 모형은 뇌를 각 부위들이 전선으로 연결된 일종의 전기적 배전반으로 보았다. 모니스는 정신 이상은 잘못된 배선과 나쁜 연결에서 비롯된다고 생각했다. 따라서 나쁜 연결을 잘라내면 뇌를 평형 상태로 되돌릴 수 있을 것이라고(즉, 칼을 한번 휘두름으로써 정신 이상을 치료할 수 있을 것이라고)

보았다.

불행하게도 모니스는 뇌에서 정보가 양 방향으로 흐른다는 사실을 깨닫지 못한 것으로 보인다. 물론 감정이 전두엽을 압도할 수 있다. 하지만 전두엽 역시 변연계로 신호를 보내 원초적인 감정을 억누름으로써 우리를 진정시킬 수 있다. 사실, 루시와 다른 침팬지가 수술을 받고 나서 통제 불능 상태로 변한 것은 전두엽의 제어 능력 상실이 원인일지 모른다. 전두엽에서 오는 피드백이 끊기자, 루시의 감정이 미쳐 날뛰기 시작했다.

하지만 모니스는 또다시 루시를 무시하고, 대신에 산뜻하고 깨끗한 베키(이전에는 고통을 받았지만 이후에는 평온하게 변한)의 이야기에 집중했다. 그리고 더 나아가 전 세계의 정신질환자 수용소들에서 고통받고 있는 수백만 명의 환자를 상상하면서 그들을 돕겠다고 맹세했다. '다른 의사들이야 발작과 전기 충격을 붙들고 씨름하도록 내버려두자.' 그는 정신외과라는 새로운 분야를 통해 뇌 내부에 있는 정신질환의 뿌리를 '공격'하기로 했다. 그리고 만약 그 과정에서 큰 영예를 얻는다면, 굳이 그것을 거부할 이유도 없었다.

1930년대 중엽에 60대의 모니스는 자신의 업적을 수립할 시간이 얼마 남지 않았다고 느꼈다. 그래서 런던에서 회의가 끝나고 나서 불과 석 달 뒤에 동물을 대상으로 한 안전성 시험을 모두 생략하고 자신의 첫 번째 정신외과 수술(백질 절단술leucotomy이라 이름 붙인)을 진행했다.[36]

모니스에게 백질 절단술을 받은 첫 번째 환자는 수십 년 동안 정신질환자 수용소를 들락거린 63세 여자였다. 이 여자는 발작적인 울음을 터뜨리며 고통받았고, 환각과 함께 독살을 당할지도 모른다는 편집증에 시달렸다. 모니스는 동료 신경외과의에게 이 여자의 머리뼈에 10원짜리 동전보다 작은 구멍을 두 개 뚫게 했다. 그런 다음, 주사기를 전두엽으로 깊이 집어넣고서 순수한 알코올을 소량 주입해 주변 세포들을 탈수시키고 질식시켜 파괴했다.

아무리 다급한 처지에 몰려 있었다 하더라도, 모니스는 오로지 백질 절단술의 효과를 확인하는 데에만 신경을 썼을 뿐, 환자들에게 후속 조치를 취하는 데 놀랍도록 무관심했다. 이 첫 번째 사례에서 모니스는 수술이 끝나고 몇 시간 뒤에 그 여자에게 우스꽝스러운 질문("우유와 부용bouillon[맑은 고기 수프] 중 어떤 것이 더 좋나요?")을 몇 가지 던지고는, 그 여자가 자신의 나이와 지금 있는 곳을 알지 못한다는 사실을 파악했다. 그러고는 며칠 뒤에 그 여자를 정신질환자 수용소로 돌려보냈고, 그곳에서 그 여자는 다시 발작적으로 울기 시작했다. 그런데도 모니스는 1936년 초에 편집증과 망상의 강도가 줄어들었다는 자신의 인상을 바탕으로 그 환자가 치료되었다고 선언했다. 그 무렵에는 이미 다른 환자들로 관심을 옮긴 뒤였는데, 추가로 남녀 7명의 뇌에 알코올을 주입했다. 모니스는 이 사례들에서도 앞서와 비슷한 피상적인 분석을 바탕으로 빛나는 결과를 얻었다고 주장했다.

하지만 모니스는 개인적으로는 알코올이 자신이 원한 것보다 더 많은 뇌세포를 파괴하지나 않을까 염려했다. 그래서 방법을 바꾸어 절단을 하기 시작했다. 개선된 방법이라고 기대했던 이 방법은 가느다란 막대를 전두엽 속으로 깊숙이 밀어넣는 절차를 포함하고 있었다. 그러면 막대에서 철사 고리가 튀어나왔고, 고리를 휘휘 돌리면서 그곳의 조직 일부를 '뽑아낼' 수 있었다. 이 절단 방법은 첫 번째 환자에게서는 효과가 있는 것처럼 보였기 때문에, 모니스는 재빨리 추가로 12명의 환자에게 이 절차를 시행했다. 그리고 그중 한 환자가 불과 11일 뒤에 치료되었다고 선언했는데, 그 성공 여부를 판단하는 것은 말할 것도 없고 뇌 수술에서 회복하기에도 빠듯한 시간이었다. 모니스가 실제로 맞닥뜨린 유일한 애로는 조수가 전두엽 조직을 뽑아내는 도중에 여성 환자가 신음 소리를 냈을 때 일어났다. 그 원인은 필시 모니스가 곧 파악한 것처럼 뇌 속에 깊이 박힌 채 끊어진 철사 고리였을 것이다.

1936년에 모니스는 충분한 데이터를 얻어 백질 절단술에 관한 책을 출판했다. 이 책에서 모니스는 자신의 환자들 중 1/3이 치료되었고, 1/3은 증상이 크게 완화되었으며, 1/3은 이전보다 더 나빠지지 않았다고 선언했다. 정신질환 치료에 백약이 무효했던 그 당시 상황을 감안하면, 이것은 아주 놀라운 결과였다. 그 주장이 사실이기만 하다면.

사실이건 아니건, 사람들은 모니스를 믿고 싶었다. 그만큼 정신질환이 치료되길 간절히 바랐기 때문이다. 전국 곳곳에 지저분한 정신질환자 수용소가 산재해 있던 미국도 사정은 마찬가지였다. 모니스의 책은 런던 회의에서 모니스 옆에 부스를 차렸던, 수다스럽고 카니발에서 고함을 지르던 신경학자 월터 프리먼의 손에 금방 들어갔다. 프리먼은 모니스만큼이나 정신질환자들을 돕길 간절히 원했다. 그리고 그 목적을 달성하려고 하다가 모니스보다 훨씬 무모한 짓을 저지르게 된다.

프리먼은 스스로를 정신외과 분야의 헨리 포드라고 불렀는데, 엽절개술을 대중에게 확대했다는 이유로 그렇게 불렀다.

1936년에 프리먼은 워싱턴 D.C.의 두 직장에서 일했는데, 조지워싱턴대학교와 그 근처의 정신질환자 수용소였다. 프리먼은 조지워싱턴대학교의 일을 좋아했고, 청중을 열광시키는 교수라는 명성을 얻었는데, 일요일 오전에도 강의실을 가득 메울 만큼 인기가 있었다. 안경과 짙은 눈썹에 유행에 어울리지 않는 코밑수염과 염소수염을 기른 그는 그루초 막스Groucho Marx와 비슷한 용모를 지녔는데, 강의도 막스 못지않게 재미있게 했다. 양손을 모두 사용해 칠판에 능숙하게 그림을 그릴 수 있었고, 뇌의 다른 부위 두 군데를 동시에 일필휘지로 그림으로써 학생들의 감탄을 이끌어냈다. 더 불안한 장면을 연출하기도 했는데, 현지 병원들에서 흥미로운 신경병 환자들을 찾아내 학생들 앞에 세워 보여주기도 했다. 예를 들면, 치매에 걸린 한 여성 노인은 사실상 어린이 수준으로 퇴행하여 젖을 빠는 반사 작용이 다시 나타났다. 프리먼은 그 환자에게 먼저 병을 게걸스럽게 빨게 한 뒤 자신의 파이프 대통을 빨게 함으로써 이것을 보여주었다.(그는 편지에서 "그들은 그 장면을 쉽게 잊지 못할 거야."라고 우쭐해했다.) 남자가 대부분이었던 학생들은 그의 강의를 너무나도 좋아한 나머지 가끔 여자 친구를 데려오기까지 했다. 그의 강의가 영화보다 더 재미있고 비용도 덜 들었다.

두 번째 직업인 정신질환자 수용소에서의 일은 학생을 가르치는 일과는 대조적으로 그를 우울하게 만들었다. 수감자에서부터 관리자에 이르기까지 모든 사람이 불쌍해 보였고, 인간의 잠재력이 낭비되는 현실이 역겨웠다. 그래서 에가스 모니스가 백질 절단술에 관한 책을 출판해 그 치료법을 자세히 설명했을 때, 프리먼은 열광했다. 그는 자신의 마음속에서 "미래의 환영이 펼쳐졌다."라고 회상했으며, 그것은 종교적 개종에 가까운 경험이었다고 했다. 프리먼은 만용을 부리는 기질도 있었는데, 이 과감한 새 정신외과 수술은 그의 모험적 기질과도 부합했다. 프리먼은 곧장 조지워싱턴대학교에서 제임스 와츠 James Watts라는 신경외과의를 협력자로 포섭한 뒤, 모험적인 실험에 착수했다.

모니스의 책은 1936년 6월에 나왔는데, 프리먼과 와츠는 9월에 이미 첫 환자들을 수술대 위에 올려놓았다. 신경외과의가 아닌 신경과 의사였던 프리먼은 자신이 직접 수술을 할 자격이 없었다. 하지만 우두머리 기질이 넘친 프리먼은 그냥 뒤로 물러나 앉아 지켜보고 있을 수만은 없었다. 와츠가 머리뼈를 열자마자 프리먼이 끼어들어 수술을 주도하는 일이 많았다.(공정하게 말하면, 프리먼은 뇌해부학 분야에서는 세계적 수준의 전문가여서 그의 지식은 와츠를 능가했다.) 처음에 두 사람은 철사 고리로 뇌 조직을 뽑아내는 모니스의 방법을 그대로 따라했다. 그러다가 결국에는 수술 방법에 변화를 주었는데, 고리를 버리고 대신에 거대한 버터나이프처럼 생긴 도구(날끝은 뭉툭했다)로 조직을 절개했다. 머리뼈에 난 동전만 한 크기의 구멍으로 날을 집어넣은 뒤, 각각 다른 각도에서 그것을 휘저어 전두엽과 감정 중추들 사이의 연결을 절단했다. 두 사람은 새로운 도구와 새로운 기술을 사용했기 때문에, 이 절차에 엽 절개술lobotomy이라는 새 이름을 붙였다.

프리먼과 와츠는 1936년의 마지막 넉 달 동안 일주일에 한 명씩 엽 절개술을 실시했고, 그 결과에 크게 고무되었다. 전체 환자 중 약 절반은 충분히 평온한 상태를 회복해 가족의 품으로 돌아갈 수 있었는데, 두 사람은 그러는 편이 정신질환자 수용소에서 살아가는 것보다 훨씬 낫다고 생각했다. 게다가 정신질환자 수용소에 남은 사람들도 이전보다 훨씬 온순해졌다. 다소 다른 맥락에서 한 말이긴 하지만, 훗날 프리먼은 "병동의 소음 수준이 낮아졌고, '사건'이 줄어들었으며, 협력이 개선되었고, 커튼과 꽃병이 더 이상 무기로 사용될 위험이 없어지면서 병동을 더 밝게 만들었다."라고 묘사했다.

물론 실패도 있었다. 나이프를 휘젓다가 프리먼은 가끔 혈관을 베었는데, 이 때문에 초기의 환자 중 한 명은 과다 출혈로 사망했다. 환자들이 늘 좋아지기만 한 것도 아니었다. 1936년 크리스마스이브에 한 알코올 중독 환자가 침대에서 비틀거리며 내려와 수술 붕대 위에 모자를 쓰고는 병원 정문을 통과해 밖으로 나갔다. 오랜 수색 끝에 프리먼과 와츠는 한 술집에서 거룩한 휴일을 축하하고 있는 그를 발견했다. 그 사람은 너무나도 취해 제대로 걷지도 못했다. 이 불의의 사고 때문에 프리먼은 아들의 탄생을 놓쳤다. 하지만 프리먼은 일에 차질이 생겼다고 해서 물러서는 사람이 아니었다. 엽 절개술을 받은 환자의 재수술 계획을 잡는 경우가 많았는데, 첫 번째 수술에서 조직을 충분히 제거하지 못한 게 분명하다고 생각했기 때문이다.

프리먼은 그답게 모니스보다 훨씬 충실하게 환자의 후속 경과를 추적했고, 지적으로도 충분히 정직하여(적어도 처음에는) 엽 절개술의 한계를 인정했다. 프리먼은 이 수술이 조현병 환자와 알코올 중독자, 범죄적 도착이 있는 사람에게는 별 도움이 되지 않는다는 결론을 내렸다.(사실, 때로는 도착이 더 심해졌는데, 수술 뒤에 환자가 수치심을 전혀 느끼지 않았다. 프리먼은 관음증 환자에게 엽 절개술을 하면, 그 사람은 창문으로 엿보는 대신에 정문으로 곧장 걸어들어갈 것이라고 농담조로 말했다.) 엽 절개술은 심한 우울증이나 그 밖의 정서 장애가 있는 사람에게 더 효과가 있는 것으로 드러났는데, 어두운 날을 무디게 하고 기분을 고양시켰다. 아마도 이것이 한 가지 이유가 되어 초기에 엽 절개술을 받은 사람들은 대부분 여성이었다. 여성은 우울증과 정서 장애를 앓는(혹은 적어도 그렇게 진단을 받은) 비율이 남성보다 훨씬 높았기 때문이다.

프리먼은 또한 엽 절개술의 부작용도 솔직하게 털어놓았다. 그의 환자들 중에서 침을 질질 흘리고 뇌가 죽은 식물 상태로 변한 사람은 아무도 없었다. 그것은 할리우드가 만들어낸 고정관념이다. 하지만 많은 사람은 포크와 나이프를 사용하는 식사법과 변기 사용법 같은 기본적인 기술을 다시 배워야 했다. 더욱 우려스러운 점이 있었는데, 프리먼은 많은 환자가 '생기'를 잃어버렸다고 인정했다. 즉, 개성이 무뎌지고 주도성이 사라졌다. 만약 누가 어떤 행동을 하자고 제안하면, 이들은 어깨를 으쓱하면서 따르긴 했지만 열정이 전혀 없었다. 그리고 어떤 일을 하라고 시키지 않으면, 몇 시간이고 하염없이 가만히 앉아 있었다. 또한 전두엽의 제어 능력 상실로 식욕이 대책 없이 왕성해졌다. 앞에 놓인 것이 무엇이건 엄청난 양의 음식을 집어삼켰고, 토하고 와서는 다시 먹기 시작했다. 성욕이 넘쳐나는 경우도 있었는데, 수술 후 일주일 동안 배우자에게 하루에 최대 여섯 번까지 관계를 요구하기도 했다.(한 작가는 "나이프는……햄릿을 무디게 만들었지만 로미오는 그렇게 만들지 못했다."라고 묘사했다.) 가장 우려스러운 것은 자기 인식과 사회적 품위 상실이었다. 한 남자는 교회에서 설교가 끝난 후에 마치 재미있는 공연을 보기라도 한 듯이 고함을 지르고 박수를 치기 시작했다. 몸단장과 씻기를 멈춘 사람들도 있었다. 프리먼(그는 단어를 잘 구사했다)이 말했듯이, 그의 환자들은 "보이 스카우트의 미덕을 거꾸로" 보여주었는데, 청결과 공손함, 복종, 존경 등의 감각이 절대적으로 부족했다.

프리먼의 실패 중 가장 유명한 것은 1941년에 일어났다. 정치적 거물인 조지프 케네디Joseph Kennedy가 프리먼을 설득해 기분 급변과 분노 폭발 증상을 보이던 자신의 딸 로즈메리Rosemary에게 엽 절개술을 하게 했다. 이 수술의 결과로 23세의 로즈메리는 처음에는 말도 못 하고 걷지도 못했으며 모든 활력을 잃어버렸다. 비록 자신이 수술을 해 달라고 강하게 부탁하긴 했지만, 케네디는 프리먼에게 크게 화가 났다. 딸의 상태에 큰 충격을 받고 수치심을 느낀 케네디는 딸을 평생 동안 보호 시설에 가두어버렸다.[37]

'치료된' 환자조차도 심각한 부작용을 겪었다는 사실을 감안하면, 엽 절개술이 혹독한 비판을 받은 것은 당연한 일이었다. 한 의사는 "이것은 수술이 아니라 신체 절단이다."라고 선언했다. 다른 의사는 "'정신이 없는' 환자가 병든 정신을 가진 환자보다 더 행복하다고 판단하는 정신외과의는 정말로 위험한 길을 걷고 있다."라고 말했다. 많은 의사는 또한 정신이 혼란하거나 미친 사람이 극단적이고 실험적인 수술에 정말로 동의할 수 있는지 의문을 제기했다. 프리먼의 한 아들조차 "성공적인 엽 절개술에 대해 이야기하는 것은 성공적인 자동차 사고에 대해 이야기하는 것과 같다."라고 말했다.

프리먼은 그러한 비판을 듣고 가만히 있지 않았다. 싸우는 것을 좋아한 그는 기꺼이 비판자들에게 반격을 가했는데, 그들을 실제로 남을 돕는 대신에 윤리나 붙들고 늘어지는 나약한 사람들로 여겼다. 그의 생각에는 일리가 있었다. 그를 비방하는 사람들조차 엽 절개술에서 혜택을 받은 사람이 많다는 사실을 인정하지 않을 수 없었다(지금은 이상하게 들리겠지만). 그 당시에는 정신질환을 실제로 치료하는 방법이 거의 없었는데, 엽 절개술은 적어도 가장 심한 증상을 보이는 환자들을 진정시켰다. 이제 그들은 가까이 다가오는 사람을 물거나 피투성이가 되어 의식을 잃을 때까지 머리를 벽에 부딪치는 대신에 다른 사람들과 함께 식사를 하거나 밖으로 나가 햇볕을 쬐는 것처럼 간단하지만 사람다운 일을 할 수 있었다. 프리먼의 판단으로는 만약 그 절차가 "환자를 침대 밑이 아니라 침대 위에서 잠자게 할 수 있다면, 그것은 충분히 가치 있는 일"이었다. 이 사람들을 치료할 수는 없었지만, 정신외과 수술은 이들에게 정상 상태와 비슷한 것을 선물했다. 이런 이유 때문에 여러 저명한 신경학자가 프리먼을 옹호했고, 그의 연구는 〈뉴잉글랜드의학저널*The New England Journal of Medicine*〉 같은 학술지에서 권위가 실린 지지를 얻었다.

요컨대, 엽 절개술은 최후의 치료 수단으로 20세기 중엽의 의학에서 중요한 자리를 차지할 수도 있었다. 만약 월터 프리먼이 한계를 받아들일 만큼 충분히 겸손하기만 했더라면 그랬을 것이다.

1940년대 중엽에 프리먼은 전두엽 절개술에 의문을 품기 시작했다. 머리뼈를 여는 것은 너무 침습적인 방법이었고, 그러지 않아도 이미 환자의 상태를 쇠약하게 만드는 그 절차의 효과를 증폭시켰다. 게다가 표준적인 엽 절개술은 정신질환자 수용소 문제를 실질적으로 해결하는 방법이 될 수 없었다. 미국의 정신질환자는 수십만 명이나 되었지만, 프리먼이 수술할 수 있는 환자는 일주일에 겨우 한 명이었다. 그 수술법을 다른 사람들에게 가르친다 하더라도, 그 절차를 실시하는 동안 마취과 의사와 신경외과의가 곁에 있어야 했다. 이 모든 비용을 감당할 수 있는 정신질환자 수용소는 거의 없었고, 그래서 프리먼은 1945년에 더 저렴하고 쉬운 수술법을 찾기 시작했다. 그리고 곧 문자 그대로 새로운 공격 각도를 찾아냈다.

프리먼은 머리뼈 꼭대기에 구멍을 뚫는 대신에 안와(눈확)을 통해 전두엽에 도달하는 방법을 연구했다. 눈 뒤쪽의 안와뼈는 비교적 얇은데, 길이가 20cm쯤 되는 가느다란 막대를 눈 뒤쪽으로 쑤셔넣고 안와에 구멍을 뚫은 뒤 계속 밀어넣으면 뇌에 도달할 수 있다는 사실을 프리먼이 발견했다. 그러고 나서 막대를 앞뒤로 휘저어 변연계와 전두엽의 연결을 아래쪽에서 절단할 수 있었다. 접근 지점의 이름을 따 프리먼은 이 절차를 경안와 뇌엽 절개술이라 불렀다.

이제 필요한 것은 적절한 도구였다. 사체를 대상으로 허리 천자 바늘로 실험을 해보았지만, 이 바늘은 너무 약해서 안와뼈를 뚫을 수 없었다. 그러다가 결국 부엌에서 완벽한 도구를 발견했는데, 어느 날 한 서랍을 열었다가 길고 날카롭고 단단한 얼음송곳이 눈에 들어왔다. 사체를 대상으로 실험을 몇 차례 한 끝에 자신의 직감이 옳다는 확신을 얻었다. 적절한 도구를 손에 넣은 프리먼은 이제 환자를 물색하기 시작했다.

하지만 프리먼은 이 실험을 은밀하게 진행했는데, 파트너인 제임스 와츠가 새로운 절차에 반대했기 때문이다. 와츠는 아주 꼼꼼한 외

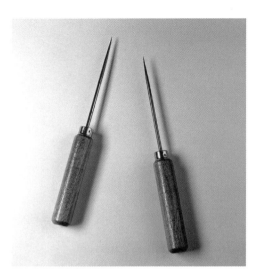

월터 프리먼이 경안와 뇌엽 절개술을 할 때 사용한 탐침. 프리먼이 부엌에서 발견한 얼음송곳을 모델로 삼아 만들었다.

과의였다. 얼음송곳을 맹목적으로 쑤시기보다는 뇌에서 자신이 자르는 것이 무엇인지 정확하게 보길 원했다. 프리먼에게는 성가시게도 두 사람은 워싱턴 D.C.에서 사무실을 함께 쓰고 있었는데, 이 때문에 은밀히 수술을 하기가 다소 힘들었다. 그래도 프리먼은 환자를 위층의 자기 방으로 몰래 데려가 은밀히 경안와 뇌엽 절개술을 하기 시작했다.

그 절차는 다음과 같이 진행되었다. '마취'를 위해 프리먼은 엽궐련 갑만 한 크기의 전기 충격 기계를 가져와 전극을 환자의 머리뼈에 붙였다. 몇 차례 전기 충격을 가하면, 환자가 감각을 잃었다.(사실상 모든 정신질환자 수용소에는 전기 충격기가 있었기 때문에, 프리먼은 이 방법으로 환자를 기절시킬 수 있을 것이라고 확신했다.) 환자가 감각을 잃었을 때, 프리먼은 한쪽 눈꺼풀을 집어 위로 젖힘으로써 축축한 분홍색 조직을 드러냈다. 이제 얼음송곳을 안와에 찔러넣어야 했다. 나중에 한 수술들에서는 주문 제작한 탐침을 사용했는데, 그 탐침이 "사실상 문을 부수거나 구부러뜨리지 않고 경첩에서 들어올릴" 수 있다고 프리먼은 자랑했다. 하지만 자기 사무실에서 한 처음 몇 차례 수술에서는 부엌에서 가져온 얼음송곳을 사용했다. 지렛대의 받침점으로 사용하기 위해 한쪽 무릎을 바닥에 대고 얼음송곳 끝부분을 누관淚管으로 밀어넣었다. 그 뒤에 있는 뼈에 맞닥뜨려 더 나아가지 않으면, 뼈가 '부서지는' 소리가 날 때까지 망치로 얼음송곳을 두드렸다. 얼음송곳이 뇌에 도달하면, 각도를 달리하며 손잡이를 좌우로 흔들어 뇌엽절개술을 완료했다. 그러고 나서 이번에는 반대편 안와를 통해 같은 절차를 반복했다. 수술은 20분 이상 걸리는 일이 드물었고, 환자는 대개 한 시간 이내에 집으로 돌아갔다. 며칠이 지나면, 환자의 얼굴에서 시퍼렇게 멍든 두 눈이 확연하게 나타났다. 모든 것이 순조롭게 진행되었다면, 환자는 그것 말고는 불편이나 통증을 거의 느끼지 않았다.

물론 항상 모든 것이 순조롭게 진행되진 않았다. 전기 충격은 가끔 격렬하게 몸부림치는 발작을 일으켰고, 환자의 팔다리가 부러지는 일을 몇 번 겪은 뒤로는 프리먼은 환자를 제압하는 일을 돕기 위해 비서들을 동원하기도 했다. 수술 자체도 감염을 비롯해 나름의 위험이 있었다. 프리먼은 감염에 대해 "병균에 관한 온갖 허튼소리"라고 부르면서 늘 콧방귀를 뀌었고, 장갑이나 마스크도 없이 수술을 하는 경우가 많았다. 한번은 환자의 뇌 속에서 강철 탐침이 부러져 5cm 길이의 조각이 남는 바람에 서둘러 응급실로 달려간 적도 있었다.

(훗날 이보다 더 심한 위반 행위에 대한 소문들이 나돌았다. 프리먼은

심한 바람둥이였는데, 비록 확실한 증거는 없지만, 동료들은 그가 시시때때로 환자들과 관계를 한다고 의심했다. 자신의 사무실로 난입한 여성 환자의 손에서 권총을 빼앗아야 했던 사건이 두 번이나 있었던 것도 우연의 일치가 아닐 것이다. 프리먼이 전기 충격 요법을 위해 환자를 데려온 뒤, 환자가 의식을 잃었을 때 비밀리에 엽 절개술을 한다는 소문도 있었다. 시퍼렇게 멍든 환자의 눈을 어떻게 설명했는지는 명확하게 밝혀지지 않았다.)

위층에서 일어난 그 모든 혼란을 감안할 때, 파트너인 제임스 와츠가 곧 진상을 알아챈 것은 당연한 일이었다―다만 그 경위를 알아낸 과정에 대해서는 두 사람의 이야기가 엇갈린다. 프리먼은 자신은 정직하고 공개적이었으며, 열 번째 경안와 뇌엽 절개술 현장을 직접 보도록 와츠를 위층으로 초대했다고 주장했다. 와츠는 우연히 프리먼이 수술을 하던 방에 들어가 현장을 목격했다고 주장했다. 와츠는 또한 프리먼이 언제나처럼 뻔뻔하게 현장을 들키고도 그저 어깨만 으쓱하고 그냥 넘어갔다고 말했다. 그러고는 자신이 사진을 찍는 동안 와츠에게 얼음송곳을 좀 들고 있으라고 했다고 한다.

어쨌든 와츠는 분개하여 프리먼에게 자신들의 사무실에서 실험적 뇌 수술을 중단하라고 요구했다. 합당한 요구였는데도 프리먼은 발끈했고, 두 사람은 열띤 설전을 벌였다. 와츠는 그 후 10년 동안 마지막 수단으로 시행하는 수술처럼 절박한 경우에는 정신외과 수술을 계속 옹호했다. 하지만 그는 프리먼의 허술한 엽 절개술을 지지하지 않았으며, 결국 두 사람은 사이가 틀어져 와츠는 공동 사무실에서 나왔다.

늘 싹싹했던 프리먼은 이렇게 결별했다고 해서 와츠를 비난하진 않았다. 사실, 결별은 자신에게는 잘된 일이었다. 이제 공공연하게 수술을 할 수 있게 된 그는 곧 자신의 마스터플랜을 짰는데, 그것은 바로 정신외과 분야의 자니 애플시드Johnny Appleseed(미국의 묘목상으로, 본명은 존 채프먼John Chapman. 미국의 많은 지역에 사과나무를 확산시키는 선구적 활동을 하여 전설적인 인물이 되었다—옮긴이)가 되어 엽 절개술을 전국으로 확산시키는 것이었다.

프리먼은 늘 여름에 장거리 자동차 여행을 하길 좋아했는데, 자동차에 올라타 미국 전역의 샛길을 따라 이리저리 질주했다. 경안와 뇌엽 절개술을 완성한 후, 프리먼은 연례행사인 여행을 일과 결합하기로 결정했다. 그 무렵에 결혼 생활은 거의 와해된 상태였는데, 일중독이 한 가지 원인이었다.(그는 어두워진 뒤에야 집으로 돌아와 주방에서 홀로 쓸쓸한 저녁을 먹고는 금방 잠들기 위해 바르비투르산염을 삼켰다. 그러고는 다음 날 새벽 4시에 일어나 다시 일을 시작했다.) 군이 집에 머물러야 할 이유가 없었으므로, 프리먼은 1946년 여름에 여러 정신질환자 수용소를 옮겨다니면서 다른 의사들에게 엽 절개술을 훈련시키기 시작했다. 프리먼이 이 여행에 타고 다닌 자동차를 '로보토모빌lobotomobile'(엽 절개술을 뜻하는 '로보토미lobotomy'와 자동차를 뜻하는 '오토모빌autobmobile'을 합친 단어—옮긴이)이라고 불렀다는 소문은 전혀 사실이 아니다—하지만 아마도 그 이름을 자신이 생각해낸 것이 아니라는 점에서 사실이 아닐 것이다.[38] 프리먼은 불손한 단어를 사용한 농담을 좋아했는데, 편지에서 이 여행들을 '헤드헌팅(머리 사냥) 원정'이라고 불렀다.

전형적인 하루는 새벽에 어느 캠핑장에서 일어나 자동차를 몰고 서너 시간을 달려 시골 지역의 정신질환자 수용소를 찾아가는 것으로 시작되었다. 병원 구내를 한 바퀴 돌아본 뒤에 강연[39]을 하고 점심을 먹었다. 그러고 나서 쇼가 시작되었다. 그것은 정말로 대단한 쇼였다.

병원 측은 대여섯 명의 환자를 준비했고, 프리먼은 죽 늘어선 침상들을 지나가면서 차례로 한 명씩 엽 절개술을 했다. 프리먼은 양손으로 칠판에 그림을 그리던 시절을 떠올리면서 각 손에 탐침을 하나씩 들고 양손으로 엽 절개술을 하는 방법을 개발했다. 프리먼은 이 양손 수술이 시간을 절약한다고 주장했고 실제로 그랬을 수도 있지만, 의사들과 자신을 따라다니는 기자들이 모인 청중 앞에서 솜씨를 자랑하고 싶은 생각도 있었을 것이다.

프리먼은 심지어 도중에 흘끗 고개를 쳐들고 그루초 막스처럼 활짝 웃으면서 탐침을 장난기 넘치는 눈썹처럼 앞뒤로 흔들기도 했다. 한 목격자는 그 광경을 "나는 서커스를 보고 있다는 생각이 들었다……. 그는 아주 즐겁고 쾌활하고 기분이 고조돼 있었다."라고 회상했다. 그는 또한 사람들을 기절시키길 좋아했다. 나이 많은 한 의사(제1차 세계 대전 때 역사상 가장 참혹한 전쟁터로 꼽히는 곳들에서 위생병으로 일한 경험까지 있던)는 프리먼이 안와를 통해 탐침을 찔러넣는 순간 바로 기절하고 말았다. 프리먼은 고등학교에서도 강연을 했고, 경안와 뇌엽 절개술을 촬영한 영상을 자주 보여주었는데, 전체 학생 중 절반은 그것을 보고 현기증을 느꼈다. 훗날 프리먼은 자신이 프랭크 시나트라Frank Sinatra보다 더 많은 십대를 기절시켰다고 농담했다.

늘 그랬듯이 작은 사고가 끊이지 않았다. 감염이 자주 발생했고, 실수로 혈관을 자르는 일도 잦았는데, 그러면 서둘러 지혈을 해야 했

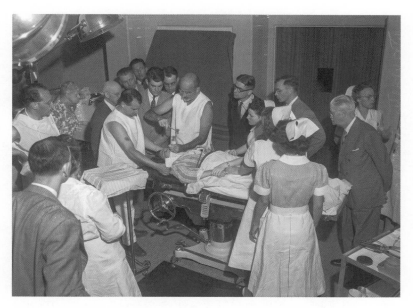

1949년에 청중이 지켜보는 가운데 월터 프리먼이 환자의 안와를 통과하는 경안와 '얼음송곳' 뇌엽 절개술을 하는 장면. 사진에서 보듯이 프리먼은 수술을 하면서 팔과 머리를 가리지 않았으며, 얼굴에는 마스크도 쓰지 않았다.

다. 프리먼은 기록을 남기기 위해 수술 도중에 탐침을 꽂은 채 환자의 사진을 찍는 것도 좋아했다. 하지만 아이오와주에서 수술 도중에 프리먼이 탐침을 손에서 놓자마자 중력의 작용으로 탐침이 아래로 쑥 내려가면서 중간뇌 속으로 깊이 들어가버렸다. 그 남자는 의식을 회복하지 못하고 사망했다.

이렇게 가끔 사망 사고가 일어났는데도 정신질환자 수용소 관리자들은 프리먼을 서로 모시려고 했다. 많은 사람은 분명히 환자를 돕길 원했지만, 그들의 동기를 냉소적인 시선으로 바라보지 않을 수 없는데, 그들이 환자를 집으로 돌려보냄으로써 절약할 수 있는 돈도 공공연히 이야기했기 때문이다. 한 사람은 만약 엽 절개술이 전국으로 확산된다면, 정신질환자 수용소에 수용된 환자 수가 약 10% 줄어 미국 납세자들의 돈을 하루에 100만 달러씩 절약할 수 있을 것이라고 계산했다.

정신질환자 수용소 순회 여행은 프리먼에게 광범위한 명성을 가져다주었다. 여기에는 따라다니면서 알랑거리기 좋아하는 언론 기자들이 큰 몫을 했다. 한 기자는 엽 절개술을 "정신 수술Surgery of Soul"이라고 불렀다. 그 결과로 수술을 원하는 환자들의 편지가 워싱턴에 있는 프리먼의 사무실에 쏟아지기 시작했다. 대부분은 비참하고 불쌍한 사람들이 보낸 것이었는데, 그들은 엽 절개술을 정상 생활로 돌아갈 수 있는 마지막 희망으로 여겼다. 더 기묘한 요청도 있었다. 한 남자는 엽 절개술로 자신의 천식을 치료할 수 있느냐고 물었다. 또 어떤 사람은 자신의 그레이하운드에게 엽 절개술을 해달라고 요청했는데, 사냥감을 추적할 때 겁을 덜 먹도록 하기 위해서였다.

이런 야단법석 속에서도 프리먼은 결코 일을 멈추지 않았다. 하루에 24명에게 엽 절개술을 한 적도 있었다. 밤이 되면 손에 통증을 느끼는 경우도 많았다. 그러면 그는 정신질환자 수용소에 작별을 고하고, 도로를 달리다가 적당한 곳에서 저녁 식사를 한 뒤, 다음번 캠핑장에서 빨리 잠들기 위해 바르비투르산염을 복용했다. 어느 해 여름에는 아래팔이 골절되었지만, 그마저도 그의 작업 속도를 늦추지 못했다. 1950년에는 가벼운 뇌졸중을 겪었지만, 1951년에는 노력을 배가하여 그해 여름에는 약 1만 8000km를 여행했다.(그 당시는 심지어 주간고속도로가 건설되기 이전이었다.) 프리먼은 이 기간에 모두 합쳐 약 3500명에게 엽 절개술을 했는데, "워싱턴에서 시애틀까지 죽 시퍼렇게 멍든 눈들을 줄 세웠다."라고 자랑했다.

그런데 헤드헌팅 원정은 프리먼을 유명하게 만들긴 했지만, 그에게 큰돈을 벌어다주진 못했다. 그는 여행 경비를 모두 자기 돈으로 충당했고, 대다수 정신질환자 수용소에는 환자 한 명당 20달러(오늘날의 가치로는 220달러)만 청구했으며, 공짜로 일할 때도 많았다. 게다가 정말로 소외된 사람들을 돕기 위해 가난한 시골 지역을 방문하려고 많은 노력을 기울였다. 그런 곳에는 가난한 사람들 중에서도 가난한 사람들이 모여 사는 남부의 흑인 공동체도 포함되었다. 그는 오래전부터 흑인 의사들이 전문 의학 집단에 합류할 권리를 옹호했다(심지어 이 문제로 싸우기까지 했다). 섬뜩한 우연의 일치랄까, 프리먼은 앨라배마주 터스키기에서 일부 진보적 의사들을 상대로 그곳 보훈병원에서 다수의 엽 절개술을 시술하게 해달라고 설득했다. 그 근처에서는 흑인 신경과 의사를 찾을 수 없었고, 그곳 환자를 돌보려는 백인 신경과 의사는 아무도 없었기 때문이다. 그 무렵에는 터스키기 매독 연구가 한창 진행 중이었기 때문에, 만약 프리먼이 자신의 바람대로 그곳에서 수술을 했더라면, 20세기에 가장 큰 비난을 받은 두 가지 의료 행위가 이 불운한 도시에서 동시에 일어날 뻔했다. 하지만 프리먼에게는 실망스럽게도, 전국적 규모의 재향군인회가 엽 절개술을 금지하면서 그의 계획을 물거품으로 만들었다.

프리먼은 가난한 사람들에게는 자선을 베풀었지만, 여력이 있는 사람에게는 돈을 많이 뜯어내려고 했다. 시카고에서 시술한 한 엽 절개술에서는 2500달러(오늘날의 가치로는 2만 7000달러)를 청구했다. 한번은 버클리에서 청중이 지켜보는 가운데 수술을 하다가 그만 혈관을 잘라 뇌출혈이 발생하는 사고가 일어났다. 프리먼은 "문제가 생겼어요!"라고 외쳤는데, 실제로 그랬다. 내압이 위험하게 치솟기 시작했고, 재빠른 신경 검사(환자 발바닥을 열쇠로 긁으면서 발가락을 구부리는 반사 반응이 나타나는지 살피는 검사)는 환자의 우반신이 갑자기 마비되었음을 보여주었다. 하지만 프리먼은 환자에게 집중하는 대신에 수술대를 떠났는데, 환자의 남편에게 돈을 갈취하기 위해 대기실로 갔다. 그는 방금 자신이 일으킨 문제를 수습하는 대가로 1000달러를 요구했다. 두둑한 돈을 챙긴 프리먼은 수술대로 돌아와 자신의 가방에서 자전거펌프처럼 보이는 것을 꺼내 안와에 난 구멍을 통해 식염수를 펌프질해 집어넣기 시작했다. 잠시 후, 진홍색 핏덩어리가 줄줄 흘러나오기 시작했다. 프리먼은 펌프질과 핏덩어리 배출을 여러 번 반복했고, 그러면서도 늘 그랬듯이 청중이 입을 떡 벌리고 지켜보는 가운데 유쾌하게 수다를 떨었다. 마침내 흘러나오는 진홍색 물질의 색이 점점 옅어지다가 분홍색으로 변한 뒤 맑아졌다. 프리먼은 응고를 촉진하기 위해 비타민 K를 주입했다. 그리고 마지막 단계로 열쇠로 환자의 발을 여러 번 긁자, 마침내 환자가 발가락을 구부렸다. 전체적으로 환자에게 큰 해는 없었다.

그런 사건들도 충분히 문제가 될 수 있었지만, 이 시기에 프리먼이 저지른 진짜 과학적 죄는 태도 변화와 관련이 있다. 제임스 와츠 같은 신경외과의들은 엽 절개술을 가장 심각한 상태의 환자에 한해 그것도 최후의 수단으로 실시했다.[40] 프리먼도 처음에는 비슷하게 접근했다. 하지만 세월이 지나고 명성이 높아지자, 그 수술을 예방법으로 홍보하기 시작했다. 즉, 정신질환 초기 단계에서, 그러니까 정신질환자 수용소에 들어온 지 불과 몇 달밖에 안 된 사람들에게 엽 절개술을 해야 한다고 주장하기 시작한 것이다. 그 당시에도 의사들은 그런 사람들은 1~2년이 지나면 저절로 증상이 개선되는 경우가 많다는 사실을 알고 있었다. 그들의 예후는 그렇게 나쁜 편이 아니었다. 프리먼은 그런 통계 수치를 무시하고는 정신외과 수술이 그냥 기다리는 것보다 훨씬 안전하다고 주장했다. 초기에 문제의 싹을 잘라 사람들을 되도록 일찍 집으로 돌려보내는 게 좋지 않은가? 프리먼은 심지어 어린이에게도 시술하기 시작했는데, 개중에는 네 살밖에 안 된 아이도 있었다. 최후의 수단이던 수술이 제1방어선이 되었다.

지칠 줄 모르고 의사들을 훈련시킨 프리먼의 노력 덕분에 미국에서 1년 동안 엽 절개술을 시행한 횟수는 1946년에 500명이던 것이 1949년에는 5000명으로 10배나 늘어났다. 그리고 1949년 가을에 나온 예상 밖의 발표 때문에 그 수는 더욱 크게 늘어났다.

1939년, 포르투갈에서 한 정신질환자가 에가스 모니스의 사무실로 불쑥 들어와 그를 향해 총을 다섯 발 쐈다. 모니스는 살아남았지만, 이제 통풍과 나이 때문에 대부분의 연구에서 은퇴하고 프리먼과 다른 의사들이 정신외과 수술을 확산시키는 걸 지켜보는 것에 만족했다. 그렇지만 모니스는 여전히 자신의 공로를 인정받으려고 무던히 노력했고, 1940년대 후반에 또다시 동료들(프리먼을 포함해)에게 자신을 노벨상 후보로 추천해달라고 요청했다. 1949년 한 해에만 9명의 추천을 얻었고, 그해 가을에 마침내 노벨상을 수상했다. 이렇게 해서 역사상 어떤 모니스보다 더 큰 명성을 얻었다.

하지만 돌이켜보면, 이 노벨상은 정신외과가 누린 마지막 영예였다. 비등하던 비판도 더 뜨겁게 달아오르지는 못했다. 적들은 프리먼의 헤드헌팅 원정을 계속 공격했지만, 더 나은 대안 치료법이 없는 상황에서는 비판에 더 힘이 실리기 어려웠다. 불완전하나마 프리먼은 실제 문제를 해결하려고 노력했고, 사람들은 아무것도 하지 않고 가만히 있기보다는 설령 나쁜 것이라 하더라도 해결책을 향해 몰려가는 경향이 있다. 마침내 정신외과의 관에 못을 박은 것은 윤리가 아니라 $C_{17}H_{19}ClN_2S$, 즉 클로르프로마진이라는 화합물이었다.

프랑스 의사들이 쇼크를 치료하기 위해 클로르프로마진을 맨 처음 사용했는데, 1950년 무렵에는 정신질환자 수용소 수감자들에게도 클로르프로마진을 투여하여 기적적인 결과를 얻었다. 수십 년 동안 패드를 댄 방에 갇혀 지내면서 무의미한 말을 횡설수설하던 사람들이 갑자기 자세를 똑바로 하고 앉아 정상적인 대화를 나누기 시작했다. 일부 의사들은 적절한 비유를 찾다가 클로르프로마진을 '화학적 엽절개술'이라고 불렀지만, 실제로는 그 약은 엽 절개술보다 훨씬 나았다. 그것은 최초의 정신질환 치료제였다. 클로르프로마진은 단지 환자의 감각을 마비시키는(바르비투르산염처럼) 데 그치지 않고, 정말로 증상을 완화했다. 요컨대 클로르프로마진은 사람들을 수감자에서 환자로 되돌아오게 했는데, 역사상 이보다 더 큰 사회적 영향을 미친 약은 얼마 없다. 출시되고 나서 처음 10년 동안 약 5000만 명이 클로르프로마진을 복용했고, 리튬 같은 다른 정신질환 치료제도 뒤이어 나왔다. 월터 프리먼은 경안와뇌엽 절개술로 전 세계의 정신질환자 수용소를 비우길 꿈꾸었는데, 클로르프로마진이 실제로 그런 일을 해냈다. 얼마 지나지 않아 서양 사회에서 매우 악명 높은 특징 중 하나(모든 도시를 괴롭힌 베들램)가 거의 사라졌다.

처음에 프리먼은 클로르프로마진을 칭송하면서 환자들에게 처방하기까지 했다. 하지만 이 약이 엽 절개술의 경쟁 상대로 떠오르자, 추잡하게도 프리먼은 태도를 바꾸어 그것을 비판하고 나섰다. 물론 클로르프로마진도 완벽한 치료제는 아니었다. 프리먼이 반복해서 지적한 것처럼 정신질환의 뿌리(즉, 뇌 기능)를 해결하진 못했고, 단지 증상을 완화하는 데 그쳤다. 실제로 많은 사람은 이 약을 복용하면서도 여전히 환청이나 환각을 경험했다. 단지 환청이나 환각이 더 이상 이들을 심란하게 만들지 않았을 뿐이다. 게다가 체중 증가와 황달, 시력 저하, 피부색 변색(옅은 자주색으로), 파킨슨병 증상과 비슷한 몸 떨림처럼 심각한 부작용도 있었다.

가장 통렬한 문제점은 클로르프로마진이 환자가 이후의 삶에 적응해 살아가는 데에는 전혀 도움이 되지 않는다는 점이었다. 정신이 돌아온 환자는 지금이 몇 년인지 모르는 경우가 많았다. 한 남자에게 남아 있던 마지막 기억은 제1차 세계 대전 때 적 참호를 향해 돌진한 것이었는데, 그것은 수십 년 전에 일어난 사건이었다. 그러고 나서 눈을 한 번 깜박이고 정신을 차려보니 자신은 노인이 되어 있었다. 그리고 정신질환자 수용소를 떠나 현실 세계로 돌아오더라도, 배우자는 이미 다른 사람과 재혼했고, 자신이 가진 지식과 기술은 낡은 것이 되어버렸고, 사회는 자신이 알던 세계와는 너무나도 딴판으로 변해 있었다. 지금도 우리는 여전히 이 약들의 후유증을 극복하기 위해 애쓰고 있다. 이 약들이 일부 원인이 되어 정신질환자들을 수용하던 장소들은 인기가 시들해졌고, 이전에 정신질환자 수용소에 감금되었던 사람들은 이제 좋건 나쁘건 교도소에 수감되거나 거리에서 혼자서 살아가야 하게 되었다.

하지만 모든 것을 따져보면, 정신질환 치료제는 해보다 이익을 더 많이 가져다주었는데, 그 약이 아니었더라면 비참하게 죽어갔을 생명을 수백만 명이나 구했다. 이 약들은 사회적으로 큰 영향을 미친 것 외에도 뇌의 작용 방식에 대한 이해에 큰 변화를 가져왔다. 모니스와 여러 과학자가 뇌를 전기 배전반으로 간주하던 시절에는 결함이 있는 '전선'을 엽 절개술로 절단하는 것이 타당해 보였다. 하지만 정신질환 치료제가 나오면서 사람들의 생각도 바뀌게 되었다. 클로르프로마진은 뇌 속에서 메시지를 전달하는 물질인 신경 전달 물질에 영향을 미침으로써 효과를 발휘한다. 그 결과로 과학자들은 뇌를 화학 공장으로 바라보기 시작했고, 정신 건강 치료는 화학적 불균형을 바로잡는 데 치중하게 되었다.

전체적으로 볼 때, 클로르프로마진이 정신의학에 미친 영향은 항생제가 감염병 의학에 미친 영향과 마취제가 수술에 미친 영향만큼 컸다. 이 약은 갑자기 등장했고, 이를 경계로 정신질환 치료법은 이전과 이후로 확연히 갈리게 되었다. 만약 클로르프로마진과 그 비슷한 약들이 발견되지 않았더라면, 우리는 아직도 제한적으로나마 엽 절개술을 하고 있을 것이다(비록 불완전한 것일지라도 해결책을 요구하니까). 하지만 그 약들은 발견되었고, 월터 프리먼을 제외한 대다수 의사에게는 불완전한 약과 얼음송곳 엽 접개술 중에서 한쪽을 선택하는 문제는 전혀 고민거리가 아니었다.

에가스 모니스는 1955년에 자신의 업적이 모니스 가문에서 누가 최고의 위인인지 보여준 동시에 인류에게 큰 혜택을 주었다고 확신하면서 평온하게 세상을 떠났다. 월터 프리먼은 불행하게도 모니스보다 스무 살이나 어렸고, 세상에서 버림받는 신세가 될 때까지 오래 살았다.

클로르프로마진이 등장하자, 수술을 우선시하는 프리먼의 태도는 야만적인 것으로 간주되었고, 성급하고 호전적인 그의 성격은 이전의 동맹조차 등을 돌리게 만들었다. 1950년대 중엽에 프리먼은 새 출발을 기대하면서 워싱턴을 떠나 캘리포니아주 북부로 갔다. 심지어 자신의 상징과도 같던 턱수염과 코밑수염마저 밀어버리고 한동안 맨얼굴로 살아갔다. 하지만 그의 평판 때문에 그곳 정신과 의사들은 환자를 그에게 보내길 꺼렸고, 프리먼은 수술을 할 환자를 찾기가 힘들었다.

대신에 프리먼은 이전 환자들을 추적 조사하는 데 점점 더 많은 시간을 보냈다. 그들과 대화를 나누느라 장거리 전화 요금이 엄청나게 많이 나왔는데, 오스트레일리아와 베네수엘라에 사는 사람까지(가끔은 주 교도소에 수감된 사람까지) 추적했다. 이 대화를 통해 막대한 데이터를 얻었고, 그것을 분류하느라 천공 카드를 사용하던 최신형 IBM 컴퓨터까지 구입했다. 모니스와 달리 프리먼은 추적 조사를 진지하게 생각했다.

하지만 이 모든 것이 과학적으로 들릴지 몰라도, 프리먼의 연구는 너무 무계획적이고 일화적이어서 큰 가치가 없었다. 한 예를 들면, 프리먼은 자신의 연구에 한 번도 대조군(정신질환자 수용소에서 자신의 수술을 받지 않은 환자들)을 포함시키지 않아 실험군의 결과와 비교할 대조군의 결과가 없었다. 대조군이 없는 한 엽 절개술의 이득에 관한 주장은 아무 의미가 없었는데, 수술을 받은 환자들이 엽 절개술을 받지 않았어도 저절로 상태가 호전되었을 가능성이 있기 때문이다. 게다가 데이터를 최대한 유리하게 해석하려는 인간적인 경향을 고려하면, 프리먼 같은 공론가가 과연 자신의 결과를 객관적으로 제시했을까 하는 합리적인 의심을 품을 수 있다.

프리먼이 마지막 엽 절개술을 한 것은 72세 때인 1967년이었다. 그 환자는 사실은 워싱턴의 자기 사무실에서 처음 경안와 뇌엽 절개술을 받았던 열 명의 환자 중 한 명이었다. 이번 수술은 세 번째였는데, 앞서 한 두 번의 수술이 효과가 없었기 때문이다. 슬프게도 프리먼은 또 한 번 혈관을 잘랐고, 그 여성 환자가 출혈로 죽어가는 모습을 지켜보아야 했다. 그가 누리던 수술 특권은 곧 철회되었다.

그러자 프리먼은 모니스처럼 자신의 업적을 공고히 하는 일에 매진했는데, 그 무렵에는 쉽지 않은 작업이었다. 프리먼이 환자들의 추적 조사에 집요하게 매달렸던 한 가지 이유는 비난을 피하는 데 그들을 이용할 수 있었기 때문이다. 프리먼은 강연 도중에 자신의 환자들 중에서 디트로이트관현악단에서 일한 사람을 포함해 변호사나 의사나 음악가로 생산적인 삶으로 돌아간 사람들이 있다는 이야기를 절대로 빼놓지 않았다. 일화로 감동을 주는 데 실패하면 엄포를 놓았다. 결장암(잘록창자암)으로 죽기 11년 전인 1961년에 프리먼은 한 의학 회의에 참석해 어린이를 대상으로 한 엽 절개술을 홍보하려고 연단에 올랐는데, 청중 속 의사들이 그의 기를 꺾는 발언들을 했다. 그러자 분노한 프리먼은 자기 옆에 있던 상자를 들어올리더니 그 속의 내용물을 탁자 위에 쏟았다. 그 상자에는 엽 절개술을 받은 뒤 아직도 그와 연락을 하면서 고마워하는 환자들이 기념일을 축하해 보낸 편지와 카드 500통이 들어 있었다. 프리먼은 "당신은 환자들로부터 크리스마스카드를 몇 장이나 받습니까?"라고 물었다. 그것은 아주 강렬한 효과를 발하는 순간이었다. 하지만 그 상자를 왜 그곳에 갖다놓았을까 하는 의문이 든다. 그 회의의 분위기가 특별히 적대적이 될 것이라고 예상했던 것일까? 아니면 필요할 때 쓰려고 항상 그 상자를 가지고 다녔을까? 그것도 아니면, 위안으로 삼기 위해, 즉 쏟아지는 비난을 막아줄 도덕적 방패로 삼기 위해 가지고 다녔을까? 어쨌든 그 순간은 프리먼의 진수를 보여주는 장면이었다. 끝나는 순간까지 과감하고 극적이고 도전적인 모습을 보여주었다.

터무니없는 소리처럼 들리겠지만, CIA도 1950년대에 프리먼의 연구에 관한 비밀 보고서를 의뢰했다. 엽 절개술이 공산주의자 선동가들의 열정을 위축시키는 데 도움이 되는지 알아보기 위해서였다. 약간의 고심 끝에 CIA는 그 안건에 반대 의견을 냈는데, 성가신 인권 문제 때문에 그런 게 아니라, 그 수술이 의도한 효과를 가져다줄 것 같지 않았기 때문이다.

하지만 다음 두 장에서 보듯이, 냉전 시기에는 양측 모두 과학적 남용이 부지기수로 일어났다. CIA는 심리적 스트레스에 관한 학술적 연구를 비틀어 더 가혹하고 고문에 가까운 심문 기술을 개발했다. 소련도 심리학을 남용했다. 그리고 그와 함께 역사상 가장 치명적인 과학 실험인 원자폭탄에 관한 비밀을 캐내기 위해 스파이도 교묘하게 길들여 조종했다.

9장

간첩 활동

소련에 원자폭탄 설계도를 넘긴 화학자

두 사람은 2인조 버라이어티 쇼 출연자처럼(그것도 서로 희극적인 상대역처럼) 보였다. 한 사람은 홀쭉하고 단정한 외모에 안경을 썼고 머리가 벗겨지고 있었다. 그가 모는 낡은 파란색 뷰익은 굴러갈 때 쩽그랑거리는 소리가 났다. 샌타페이의 접선 장소에 차를 세우자, 통통하고 땅딸막한 파트너가 교회 옆의 어둠 속에서 나타나 조수석에 올라탔다. 차는 즉각 출발해 도시 가장자리로 빠져나가 산 속으로 들어갔다.

1945년 9월의 어느 따뜻한 날 밤이었다. 주차를 한 뒤, 두 사람은 차 안에 앉아 저 아래의 도시 불빛을 내려다보면서 오래된 친구처럼 담소를 나누었다. 마침내 사막의 기온이 차가워지자, 두 사람은 샌타페이로 돌아갔다. 헤어지기 직전에 용모가 단정한 남자가 조수석에 앉은 남자에게 서류 뭉치를 건네주었다. 두 사람은 다정하게 악수를 나누고, 다시 보자는 약속을 했지만, 둘 다 이제 다시는 보지 못하리란 사실을 알고 있었다.

차가 쨍그랑거리는 소리를 내며 떠난 후, 땅딸막한 남자는 버스 정류장으로 느릿느릿 걸어갔다. 그는 평발인 사람처럼 어색한 걸음걸이로 걸었는데, 걸어가면서 주변 사람들을 확인하느라 연신 좌우를 살폈다. 정류장에서는 벤치에 앉아 『위대한 유산』이란 책을 읽으려고 했다. 하지만 손에 꼭 쥐고 있는 서류 뭉치가 계속 마음을 사로잡았다. 그는 또한 때때로 갑자기 일어나 혹시 미행하는 사람이 없나 하고 주변을 살폈다. 이렇게 초조해하는 데에는 다 이유가 있었다. 그는 소련을 위해 일하는 간첩이었고, 서류 뭉치에는 원자폭탄 설계도가 들어 있엇다.

버스를 타고 앨버커키까지 간 뒤, 거기서 비행기를 타고 캔자스시티로 가 기차역으로 갔다. 기차역에서 할머니와 손자가 짐을 기차에 싣느라 낑낑대는 것을 보았다. 다른 사람들이 모두 그냥 지나쳐가는 광경을 보고, 그는 짐을 옮기는 것은 물론이고 두 사람이 자리를 잡는 것까지 도와주었다. 불행하게도 이 친절 때문에 정작 자신은 좌석을 확보하지 못했고, 시카고까지 가는 내내 여행 가방 위에 앉아서 가야 했다.

여러 차례의 지연과 긴 시간이 지체된 뒤 마침내 뉴욕에 도착했지만, 너무 늦는 바람에 자신과 만나기로 한 소련인 조종관을 만나지 못했다. 그것은 아주 큰 타격이었다. 추후 만남은 2주일 뒤로 잡혔는데, 그것은 2주일 동안 서류 뭉치를 잘 간직해야 하고, 추가로 2주일 동안 편집증에 시달려야 한다는 뜻이었다. 하지만 그는 규율을 철저하게 지키는 사람이었다. 14일 동안 서류 뭉치를 절대로 시야에서 벗어나는 곳에 두지 않았고, 심지어 상점에 물건을 사러 갈 때에도 들고 갔다. 2주일 동안 비교적 안전하다는 느낌을 준 장소는 오직 한 군데뿐이었는데, 바로 자신이 일하던 화학 연구소였다.

실험을 하는 동안은 간첩 활동의 스트레스가 약간 진정되었다. 도가니와 시험관을 만지며 정신없이 일하다 보면 경계심을 내려놓을 수 있었다. 2주일 뒤에 마침내 원자폭탄 설계도를 건네주고 나자, 이제 다시 연구소 일에 몰두하면서 그토록 속 썩이던 문제를 마음에서 털어낼 수 있었다. 어떤 사람들은 골치 아픈 문제를 잊으려고 술을 마시지만, 해리 골드Harry Gold는 화학을 했다.

오늘날 골드는 간첩 활동과 비밀 절도 행위로 널리 알려져 있다. 골드는 맨해튼 계획에 참여한 물리학자(홀쭉하고 단정한 클라우스 푹스 Klaus Fuchs)로부터 비밀문서 수십 건을 넘겨받아 소련 첩자에게 전달했다. FBI가 마침내 골드를 붙잡았을 때, 그의 증언은 줄리어스 로젠버그Julius Rosenberg와 에설 로젠버그Ethel Rosenberg를 전기의자에 앉히는 데 큰 역할을 했다. 하지만 누가 골드에게 자신을 어떤 사람이라고 생각하느냐고 물으면, 그 답은 아주 간단했을 것이다. 그는 화학자라고 대답했을 것이다.

골드는 과학에 대한 헌신과 일련의 불운이 겹쳐 간첩 활동에 발을 들여놓게 되었다. 골드는 사우스필라델피아의 우범 지역에서 자랐는데, 그의 가족은 유대인이라는 이유로 차별을 받았다. 폭력배들은 몰려다니면서 유대인 집 창문에 벽돌을 던졌고, 키가 작고 여위고 책을 좋아하는 골드는 도서관에서 집으로 가던 길에 그들을 만나 자주 얼어맞았다.

아버지인 샘슨 골드Samson Gold는 축음기 공장에서 목수로 일했는데, 사정이 더욱 나빴다. 다른 노동자들이 샘슨의 끌을 훔치는가 하면, 그의 연장에 아교를 덕지덕지 발라놓기도 했다. 그의 상사는 특히 그를 싫어해 "이 망할 자식, 반드시 널 그만두게 하고 말 거야."라고 위협한 적도 있었다. 그리고 조립 라인에서 다른 사람들을 모두 나가게 하고는 샘슨에게만 모든 목제 캐비닛을 사포로 문지르는 작업을 시켰다. 샘슨은 미친 듯이 열심히 일해야 했는데, 골드는 손가락 끝이 피로 물든 채 집으로 돌아온 아버지의 모습을 기억했다. 하지만 어린 골드는 절대로 불평을 하지 않고 직장도 그만두지 않은 아버지를 존경했다.

하지만 샘슨은 1931년에 해고를 당했고, 이 때문에 골드는 어려운 처지에 놓였다. 십대 시절에 골드는 부근에 있던 펜실베이니아설탕회사의 과학 연구소에서 일했다. 처음에는 타구唾具(가래나 침을 뱉는 그릇)와 유리 용기를 씻는 일을 하다가 불과 여섯 달 만에 실험실 조수로 승진했다. 그 일이 마음에 든 골드는 화학 학위를 얻기 위한 강좌를 듣기 시작했다. 하지만 아버지가 일자리를 잃자, 골드는 가계를 꾸려나가기 위해 학교를 그만두고 펜실베이니아설탕회사에서 정규직으로 일하기 시작했다. 불행하게도 대공황은 점점 악화되어갔고, 1932년에 골드마저 회사에서 해고되자 가족은 정말로 집을 잃을 위기에 내몰렸다.

몇 달을 절박하게 보내던 그때, 톰 블랙Tom Black이라는 친구가 뉴저지주에 있는 비누 공장에 일자리를 소개해주었다. 주급은 30달러로 꽤 괜찮은 편이었다. 골드는 좋아서 어쩔 줄 모를 정도로 친구에게 고마움을 느꼈다. 하지만 거기에는 함정이 숨어 있었다. 블랙은 열렬한 공산주의자였는데, 골드도 자기를 따라 모임에 참석할 것을 요구했다.

골드는 정치적으로 좌파 쪽으로 기울었다. 하지만 자신이 만난 공산주의자들에게는 염증을 느꼈다. 그들은 뚱뚱한 금권 정치가들이 동전 더미 위에 앉아 시가를 피우는 그림들이 걸려 있는 방에서 새벽 4시까지 지루한 모임을 가졌다. 골드는 그들을 "자유연애를 지껄이는 비루한 보헤미안이자⋯⋯어떤 경제 체제에서도 절대로 일하지 않는 게으른 부랑자⋯⋯긴 단어를 즐겨 사용하는 떠버리"라고 일축했다. 몇 달 뒤, 펜실베이니아설탕회사가 골드를 다시 고용하자, 골드는 뉴저지를 떠났고, 다시는 공산주의자 모임에 참석하지 않았다.

하지만 블랙은 계속 골드를 따라다니면서 공산당에 가입하라고 졸랐다. 결국 블랙의 입을 다물게 하려고 골드도 타협하고 말았다. 블랙은 소련은 산업 기지를 건설하고 인민의 생활수준을 개선할 필요가 있다고 설명했다. 최선의 방법은 과학을 활용하는 것인데, 미국 회사들은 기술 사용을 외국에 허락하는 데 매우 인색하다고 했다. 그러니 골드가 일부 기업 비밀을 빼돌려줄 수 없겠느냐고 물었다.

골드는 망설였다. 펜실베이니아설탕회사는 자신을 잘 대해주었다. 타구를 씻던 사람에게 실험실 조수를 맡기는 회사는 많지 않았다. 펜실베이니아설탕회사는 또한 여러 화학 산업에 자회사를 여럿 거느리고 있어 골드는 자신이 원하는 분야라면 어디서건 일할 수 있었다. 그래도 블랙의 호소에 마음이 흔들렸다. 골드는 자기 가족처럼 굶주리고 비좁은 곳에서 사는 소련 인민의 구원자가 되고 싶었다. 기업 비밀을 훔치는 것은 단순히 데이터와 아이디어를 공유하는 것에

원자 스파이로 활동한 화학자 해리 골드.

불과하며, 그것은 과학 발전에 중요하다고 스스로에게 되뇌었다. 소련 첩자들은 또한 과학을 국경과 정치 투쟁 같은 사소한 세속 문제를 초월하는 국제적 형제애라고 주장했다. 과학자는 세상을 더 나은 장소로 만들어야 할 의무가 있는데, 만약 회사들이 너무 탐욕스러워서 기술 사용권을 허락하지 않는다면, 골드는 그것을 훔칠 의무가 있었다.[41]

골드의 두 번째 동기는 조금 더 개인적인 것이었는데, 바로 반유대주의였다. 그 당시 소련은 고독하게 나치 독일에 맞서는 나라였다. 나치 독일에서는 반유대주의가 하늘을 찌르고 있었다. 이런 독일에 소련이 용감하게 맞서는 것을 보고 골드는 지구상에서 유대인이 진정으로 평등하게 살 수 있는 나라는 소련밖에 없다고 생각했다. 그래서 소련은 단순히 나치의 적이 아니라, 모든 곳에 사는 유대인의 친구라고 여겼다. 실제로는 소련은 다른 곳과 마찬가지로 반유대주의 편견이 강했다. KGB의 공식적인 전신문에서 시온주의자(그리고 일부 출처에 따르면 일반적으로는 유대인)를 가리키는 암호명은 '쥐'였다. 하지만 골드는 다르게 믿고 싶었다. 피로 물든 아버지의 손가락과 창문으로 날아들던 벽돌이 여전히 생각났고, "반유대주의자의 얼굴을 때리는 것보다⋯⋯훨씬 광범위하고 효과적인 규모로" 뭔가를 하고 싶어 몸이 달아올랐다. 소련의 위대한 실험을 지지하는 것은 개인적 반격 기회였다.

이렇게 해서 골드는 간첩 활동을 시작했다. 약간 거들먹거리는 태도로 소련 측은 골드를 '거위'라는 암호명으로 불렀는데, 땅딸막한 체격과 평발로 뒤뚱거리는 걸음걸이에 착안해 붙인 별명이었다. 하지만 그들은 금방 골드의 간첩 기술을 존중하게 되었다. 골드는 처음에는 천천히 시작했는데, 단순히 작업장에 있는 파일 캐비닛을 살펴보면서 여기저기서 문서를 훔쳤다. 몇 달이 지나자 점점 대담해지면서 문서를 훔치는 빈도가 늘어났다. 그다음에는 일이 끝난 뒤 몇 시간을 할애해 문서들을 한 줄 한 줄 베끼기 시작했는데, 밤을 꼴딱 새우는 경우도 있었다. 골드는 펜실베이니아설탕회사의 다양한 자회사로부터 래커와 니스, 용매, 세제, 알코올에 관한 문서도 훔쳤다. 처음에는 그렇게 많은 문서를 빼돌릴 생각이 없었지만, 불법적인 것이건 아니건 일은 항상 철두철미하게 처리했다. 그만두고 싶은 생각이 들 때면, 불쌍한 소비에트 인민을 생각하면서 마음을 다잡고 더 많은 비밀을 훔쳤다. 대체로 그는 "나는 그것들을 거의 완전히 약탈했다."라고 기억했다. 처음에 골드는 약탈한 문서 복사본을 톰 블랙에게 넘겨주었다. 그러다가 결국 자신이 직접 뉴욕까지 가져가 전달했는데, 진짜 소련 첩자를 만나는 그 일에서 스릴을 느꼈다. 사실, 그 흥분이 얼마나 컸던지 삶의 다른 부분들에까지 활력을 불어넣었다. 이 시기에 그는 풀타임으로 일하는 동시에 드렉셀대학교에서 야간 강의를 들으면서 화학 학위를 얻으려고 노력했다. 간첩 활동을 시작하고 나서 성적이 비약적으로 올랐는데, B와 C로 넘쳐나던 성적이 올 A로 변했다.

하지만 뉴욕 여행은 시간이 지날수록 기력을 소진시켰다. 연락원을 만나려면 야간열차를 타고 먼 거리를 여행해야 했고, 혹시 있을지도 모를 미행을 따돌리기 위해 몇 시간이나 도시를 배회해야 했다.(예를 들면, 골드는 영화를 반쯤 보다가 옆문으로 빠져나가거나 지하철을 탔다가 문이 닫히기 직전에 뛰쳐나오기도 했다.) 그리고 인적이 드물고 눈에 잘 띄지 않는 장소에서 연락원을 기다려야 했는데, 눈이나 비가 내리는 가운데에서 기다릴 때도 있었다. 게다가 여행 경비도 만만치 않았다. 모두 합쳐 6000달러(오늘날의 가치로는 11만 달러) 이상을 썼다. 이 여행 때문에 건강도 크게 나빠졌다. 어떤 주일에는 잠을 거의 자지 못했고, 체중은 84kg까지 불어났다.

무엇보다 나빴던 것은 과학을 대하는 소련의 실망스러운 태도였다. 골드 같은 화학 연구자는 늘 화학 과정에서 혁신을, 즉 효율과 생산율을 높이는 방법을 찾으려고 노력했다. 이러한 돌파구를 발견하는 것은 쉬운 일이 아니지만(좌절과 막다른 길에 자주 맞닥뜨리는 것은 불가피했다), 대다수 과학자들은 이러한 좌절을 진보의 비용으로 받아들인다. 이와는 대조적으로 소련인은 탐구적 연구나 심사숙고를 감내하는 인내심이 전혀 없었다. 산업화에 목을 맨 그들은 항상 아주 유망한 잠재적 돌파구 대신에 아무리 낡고 비효율적이더라도 안정적이고 신뢰할 수 있는 과정을 선호했다. 골드는 "내가 아직 완전한 생산 단계에 이르지 못한 연구를 담고 있는 문서를 제출하려고 하면, 손등을 세게 얻어맞았다."라고 기억했다. 과학적 진보를 경멸하는 태도에 크게 실망했지만, 골드는 천성적으로 순종적인 사람이었고, 그를 통제하는 사람들은 그를 협박해 협조하게 만들었다.

환상에서 깨어나고, 갈수록 피곤해진 골드는 뉴욕 여행이 점점 싫어졌다. 그는 "그것은 따분하고 단조로운 일이었다."라고 회상했다. 그리고 가족을 속이는 것에도 양심의 가책을 느꼈다. "임무에 나설 때마다……적어도 대여섯 명에게 거짓말을 해야 했다."(골드의 어머니는 이 거짓말을 알아채고서 아들이 대서양 연안을 따라 오르락내리락하면서 여자 친구들과 놀아나는 난봉꾼이라고 확신했다. 사실은 정반대였다. 일과 학업과 간첩 활동에 치여 안타깝게도 골드는 연애할 시간조차 없었다.) 제정신을 유지하기 위해 골드는 북쪽으로 여행할 땐 과학적 마음을 닫았다가 필라델피아로 돌아오면 그것을 다시 열어 화학자 생활을 재개하는 요령을 터득했다. 하지만 해가 지날수록 정신없이 더 바빠졌고, 골드는 쓰러지기 직전에 이르렀다.

그렇지만 아무리 녹초가 되어도, 골드는 연구소 일을 위해서는 항상 어떻게든 시간을 냈다—설령 그것이 24시간 내내 일하는 것이라 하더라도. 그가 좋아한 한 연구 계획은 열 확산과 관련된 것으로, 온도 차를 이용해 혼합물을 분리하는 방법이었다. 특히 드라이아이스를 만들기 위해 배기가스에서 이산화탄소를 따로 분리하려고 했다. 골드는 자신을 그 연구소의 체계적인 화학자라고 묘사했는데, "한 번에 성공을 거두는 천재"보다는 "정답만 남을 때까지 가능한 오류를 모두 저지르면서 지루한 배제 과정을" 반복하며 꾸준히 노력하는 사람이라고 여겼다. 어느 날 오후에 골드는 도가니 22개를 올려놓은 받침대를 떨어뜨려 일주일 동안의 노동이 물거품으로 변하는 일을 겪었다. "나는 주저앉아 울지 않았다. 비록 그러고 싶긴 했지만, 밖으로 나가 술을 진탕 마시지도 않았다." 대신에 이틀 밤낮을 쉬지 않고 일해 모든 것을 제자리로 돌려놓았다.

골드가 간첩 활동을 막 그만두려고 하던 1938년에 소련 측이 놀라운 제안을 했다. 골드는 늘 학위를 따길 바랐는데, 그의 담당 조종관이 갑자기 신시내티에 있는 제이비어대학교를 다니는 데 필요한 학비를 대주겠다고 했다. 이것은 사심 없는 제스처가 아니었다. 소련 측은 근처의 항공 공장에 첩자를 심어놓았는데, 골드는 대학교를 다니면서 문서 전달 임무를 수행해야 했다. 골드는 그 일에 크게 상관하지 않았다. 대학 생활은 모든 시간이 너무나도 행복했다. 실험실에서 오랜 시간을 보내고, 머스키티어 농구 팀과 미식축구 팀을 열렬히 응원했다. 1940년까지 그곳에서 지냈는데, 훗날 그는 그 시절을 자기 인생에서 가장 행복한 시간이었다고 말했다.

필라델피아로 돌아오면서 목가적인 생활은 끝났고, 골드는 간첩 활동을 재개했다. 왜 그랬는지 그 이유는 확실치 않다. 학비를 대준 소련인에게 빚을 졌다고 느꼈는지도 모른다. 어쩌면 간첩 활동을 하면서 느낀 동료애와 목적의식이 마음에 들었는지도 모른다.(사실, 소련 측은 그의 외로움을 이용하려고 과학자이기도 한 첩자들을 그의 담당 조종관으로 배치했다. 그들은 거짓 동료애를 보여주는 제스처로 골드의 어깨를 툭 치면서 "간첩 활동으로 우리 자신을 타락시키는 현실이 너무나도 안타까워. 우리는 모두 실험실에서 일하고 있어야 하는데 말이야. 그거야말로 진정으로 우리가 행복을 느끼는 일이지."라는 말과 함께 한숨을 쉬었다. 훗날 골드는 공산주의자들이 "매우 약삭빠르게 나를 갖고 놀았다."라고 인정했다.) 게다가 세계사적 사건들이 그에게 간첩 활동을 계속하도록 부추겼다. 나치 독일이 1941년에 소련을 침공한 후, 소련은 방어에 필요한 도움을 절실히 구했는데, 그중에는 기술적 전문 지식도 포함돼 있었다. 골드는 잔인한 제3제국을 증오했고, 그래서 소련의 생존을 돕기 위해 간첩 활동을 더 하기로 마음먹었다.

그렇게 마음을 정한 골드는 산업 스파이 활동에서 군사 스파이 활동으로 전환했다. 국방 연구소에서 일하는 과학자들로부터 문서와 심지어 폭발물 견본을 받기 시작했고, 보고서를 작성하기 위해 그들과 면담까지 했다. 이처럼 정보원들을 관리하는 것은 매우 섬세한 작업인데, 기술적 노하우는 물론 심리학 지식에도 환해야 했다. 골드는 이 모든 것에서 뛰어난 능력을 보여주었다. 그는 소련인이 "잘 훈련받은 운동선수"라고 불렸던 요원이었는데, 냉정하고 믿을 수 있는 스파이라는 뜻이었다. 그래서 1943년 후반에 소련의 과학 스파이 중 최고 서열에 해당하는 사람—독일 출신의 영국 물리학자 클라우스 푹스—이 맨해튼 계획에 참여하기 위해 영국에서 뉴욕으로 왔을 때, 그를 상대할 연락책으로는 당연히 골드가 선택되었다.

1944년 2월 5일, 오후 4시 직전에 두 남자가 맨해튼 동쪽의 한 운동장 근처에 위치한 빈터에서 서로를 향해 다가갔다. 한 사람은 홀쭉하고 용모가 단정했고 트위드 차림에 안경을 걸치고 있었다. 그는 손에 초록색 책과 함께 추운 겨울 날씨인데도 테니스공을 들고 있었다.

키가 작고 턱 아래로 살이 처진 남자(스웨이드 장갑을 끼고서 같은 장갑을 한 켤레 더 손에 들고 있었다)는 공과 책을 보고서 쭈뼛거리며 다가와 차이나타운으로 가는 방향을 물었다.

홀쭉한 남자는 "차이나타운은 5시에 문을 닫는다오."라는 말로 서로를 확인하는 암구호를 완결지었다. 그러고 나서 물리학자 클라우스 푹스와 화학자 해리 골드는 함께 걷기 시작했다.

골드는 자신을 '레이먼드'라고 소개하고 잠깐 걷다가 택시를 잡았다. 몇 블록 가다가 골드는 택시를 세우더니, 혹시 있을지도 모를 미행을 따돌리기 위해 푹스에게 거기서 내려 지하철로 갈아타게 했다. 이렇게 두 사람은 빙빙 돌아서 3번가에 있는 스테이크 하우스에서 다시 만났다. 골드는 이렇게 미행을 따돌리는 술책을 자랑스럽게 여겼지만, 푹스(독일 출신의 냉담한 공산주의자로, 거리에서 나치 폭력배와 치열하게 싸웠던)는 그런 행동을 유치하다고 일축했다. 또한 거리를 걸으면서 미행이 없는지 수시로 좌우를 살피는 골드의 버릇도 나무랐다. 그런 행동은 오히려 주의를 끌 뿐이라고 했다.

이런 의견을 강경하게 피력한 뒤, 푹스는 본론으로 들어갔다. 자신은 유례없는 위력을 가진 원자 폭탄을 만드는 맨해튼 계획에 참여해 일하고 있다고 설명했다. 골드는 그런 용어를 들어본 적이 없었는데, 화학자로서 핵분열을 어렴풋하게만 이해했다. 하지만 그 대화 중 한 부분이 그의 심장을 자

맨해튼 계획에 참여해 일한 물리학자이자
공산주의자 간첩 클라우스 푹스.

극했을 것이다. 소련인은 대부분의 탐구적 연구를 너무 사변적이라고 경멸했다. 하지만 핵분열은 예외였다. 핵폭탄이 실제로 완성될지는 아무도 몰랐지만, 그 가능성은 엄청난 의미를 지닌 것이어서 절대로 무시할 수 없었다. 그렇다면 골드는 이번만큼은 굉장한 최첨단 연구 비밀을 다루게 될 게 분명했다.

이 첫 번째 만남 이후에 몇 달에 걸쳐 몇 번의 만남이 더 있었다(브루클린과 퀸스, 브롱크스, 극장, 술집, 박물관 등지에서). 푹스는 헤어질 때 가끔 골드에게 두꺼운 봉투를 건네주었다. 호기심이 불타오른 골드는 약국으로 몸을 숨긴 뒤 그것을 훑어보았는데, 이 행동은 아주 심각한 보안 규정 위반이었다. 그 종이들에는 다이어그램과 작고 깔끔하게 쓴 수식들이 가득 채워져 있었다. 모두 일급기밀 원자폭탄 연구에 관한 내용이었다.

만났을 때 두 사람은 가끔 잡담을 나누었다—비록 그 내용은 서로 다르게 기억했지만. 푹스는 전문가적 태도(간결한 대화와 엄격한 규율)를 기억했다. 골드는 싹트기 시작한 우정을 기억했다. 스파이 간의 대화 도중에 두 사람은 체스와 클래식에 대한 공동의 관심사를 이야기했고, 자신들이 어떻게 만났는지 설명하기 위해 아주 근사한 거짓 이야기(소련인들이 '전설'이라고 부른)를 만들어냈다. 두 사람은 카네기홀 교향곡 연주회에서 만난 것으로 입을 맞추기로 했다. 푹스는 심지어 매사추세츠주 케임브리지에 사는 자신의 여동생에 관한 이야기도 털어놓았는데, 결혼생활에 문제가 있다고 했다. 그러자 골드도 자신의 두 자녀와 아내 이야기를 했는데, 빨간 머리인 아내는 김벌스백화점을 위해 모델로 일한 적도 있다고 했다. 물론 이것은 순전히 지어낸 이야기(외로운 남자의 환상)였지만, 골드는 자기 친구 앞에서는 그런 생각에 푹 빠져 살았다.

골드는 또한 자신의 과학 지식으로 푹스에게 깊은 인상을 주려고 노력했다. 그것은 뜻대로 잘되지 않았다. 한번은 푹스가 자기 팀이 우라늄을 농축하는 방법을 찾지 못해 어려움을 겪고 있다고 말했다. 우라늄 농축은 원자폭탄의 원료를 만드는 첫 번째 단계였다. 그러자 골드가 끼어들어 자신이 실험실에서 연구하고 있던 열 확산을 시도해보라고 제안했다. 푹스는 그 아이디어를 아마추어 같은 발상이라고 일축했는데, 이에 골드는 기분이 상했다.(푹스는 맨해튼 계획이 실제로는 얼마 전에 열 확산 공장을 가동했다는 사실을 전혀 몰랐다. 이 공장이 없었더라면, 제2차 세계 대전이 끝날 때까지 우라늄 폭탄은 만들어지지 않았을 것이다.)

1944년 7월, 두 사람은 여덟 번째 만남을 브루클린박물관에서 가지기로 약속했다. 그런데 푹스는 나타나지 않았다. 푹스가 항상 얼마나 정확한 사람이었는지 감안할 때, 이것은 매우 걱정스러운 사태였다. 두 사람은 첫 번째 만남이 불발되면 며칠 뒤 센트럴파크 근처에서 두 번째 만남을 가지기로 약속이 되어 있었기 때문에, 그날 골드는 약속 장소로 나갔다.

이번에도 푹스는 나타나지 않았다. 골드는 머릿속에 노상강도 생각이 스쳐 지나갔고, 심란한 마음으로 필라델피아로 돌아갔다. 골드는 푹스가 어디에 사는지, 어떻게 연락을 해야 하는지 몰랐다. 아주 소중한 스파이(그리고 자신의 좋은 친구)가 갑자기 무단이탈한 것이다.

하지만 사실은 전혀 염려할 필요가 없었다. 푹스는 무사했다. 단지 무사한 것에 그치지 않고 영전까지 했다. 윗사람들을 설득한 끝에 맨해튼 계획의 지성소至聖所라고 할 수 있는 로스앨러모스의 무기연구소로 옮겨가게 되었던 것이다.

　푹스가 너무 돌연히 사라지는 바람에 소련 첩자들도 그가 어디 있는지 몰랐다. 뉴욕의 골드 담당 조종관은 비밀스러운 방법을 통해 마침내 이 스파이의 마지막 주소를 추적해 알아냈는데, 미국자연사박물관 근처에 위치한 곳이었다. 그가 이 정보를 골드에게 전하자, 골드는 토마스 만Thomas Mann의 소설『양육자 요셉Joseph the Provider』중고 책을 한 권 구입한 뒤, 그 안에 푹스의 이름과 주소를 적고는, 책을 돌려준다는 핑계로 갈색 사암으로 지은 4층짜리 저택을 찾아갔다. 문이 열려 있어 안으로 들어갔더니, 집 주인인 스칸디나비아인 부부가 나와 그를 가로막았다. 골드는 침착함을 유지하면서 책에 대한 설명을 꺼냈다. 그러자 부부는 태도를 누그러뜨리며, 푹스 가족은 다른 곳으로 이사했고 주소를 전혀 남기지 않았다고 말했다.

　절박한 처지에 내몰린 소련 측은 큰 도박을 감행했는데, 몇 주일 뒤에 푹스의 여동생 크리스텔을 찾아가라고 골드를 케임브리지로 보냈다. 골드는 크리스텔을 위해 책을, 그 자녀들(푹스의 조카들)을 위해 캔디를 선물로 가져갔다. 자신은 그 도시를 방문한 옛 친구인 양 가장했다. 하지만 크리스텔도 오빠가 어디로 갔는지 전혀 몰랐다. 하지만 골드는 포기하지 않았고, 몇 번 더 여행을 한 끝에 마침내 1월의 어느 날 오후에 크리스텔의 집 거실에 앉아 있는 푹스를 발견했다. 아마 골드는 크게 안도의 한숨을 내쉬었을 것이다. 마지막으로 접촉한 지 일곱 달이나 지난 때였다. 하지만 기쁨은 오래가지 않았다. 골드가 문을 두드리자, 크리스텔이 나오더니 푹스가 지금은 만날 수 없다면서 그를 돌려보냈다. 그러면서 이틀 뒤에 다시 오라고 했다. 골드는 영문을 몰라 마음이 상한 채 그곳을 떠났다. 친구를 만나려고 오랫동안 기차 여행에 많은 돈과 시간을 썼고, 이제 또다시 방문할 시간을 내기도 어려웠다.

그럼에도 불구하고, 골드는 이틀 뒤에 다시 그곳을 방문했고, 심지어 조카들을 위해 캔디도 더 사 가지고 갔다. 이번에는 푹스는 밖으로 나와 골드와 함께 산책을 했다. 그러면서 저번에 골드를 돌려보낸 일을 사과했다. 그때에는 크리스텔의 남편이 집에 있어 둘의 만남이 의심을 살 수 있었다고 설명했다. 그러고 나서 두 사람은 비어 있는 크리스텔의 집으로 돌아가 점심을 먹었는데, 거기서 푹스는 평소의 태도로 돌아가 골드가 그곳을 너무 자주 방문해 크리스텔의 안전을 위태롭게 했다고 책망했다. 그래서 다음부터는 샌타페이에서 만나자고 했다.

골드는 신음 소리를 냈다. 그러려면 더 길고 더 비싼 여행을 해야 했기 때문이다. 다른 곳은 없느냐고 묻자, 푹스는 없다고 했다. 자신은 너무나도 중요한 인물이어서 자주 빠져나올 수 없다고 했다. 그러더니 푹스는 샌타페이 지도와 버스 운행 시각표를 꺼냈다. 그리고 한 지점을 가리키며 이곳에서 6월 2일에 보자고 했다.

헤어지기 직전에 푹스는 골드에게 밀봉된 봉투를 건네면서 "아주 중요한 것"이라고 말했다. 그것은 농담이 아니었다. 그 안에는 플루토늄 폭탄의 초기 설계도가 들어 있었다. 골드는 푹스에게 소련인이 보낸 '크리스마스 선물'을 건넸다. 그것은 봉투가 들어 있는 얇은 지갑이었는데, 봉투 속에는 1500달러(오늘날의 가치로는 2만 달러)에 이르는

5달러와 10달러와 20달러 지폐가 가득 들어 있었다. 이 선물에 푹스는 불쾌감을 느꼈다. 골드는 "푹스는 1500달러가 들어 있는 봉투를 마치 더러운 것인 양 만졌다."라고 기억했다. 푹스는 자신은 돈 때문에 간첩 활동을 하는 게 아니라고 내뱉었다. 그 태도에 골드는 기뻐했는데, 푹스도 자신처럼 물질적 이득을 추구하려고 그 일을 하는 게 아님을 확인했기 때문이다. 골드는 푹스를 설득해 지갑을 가지게 했지만, 현금은 소련인에게 돌려주었다.

뉴멕시코주로 여행을 떠나기 직전에 골드는 세부 내용을 논의하기 위해 술집에서 '존'이라는 소련인 조종관을 만났다. 있을지도 모를 감시를 피하기 위해 존은 골드에게 기차와 버스로 캘리포니아주와 덴버, 엘패소에 들르면서 남서부까지 빙 돌아가는 여행 경로를 택하라고 했다. 하지만 이번만큼은 골드도 자기 의견을 강하게 피력했다. 자신은 이미 여행 경비로 충당하려고 펜실베이니아설탕회사에서 500달러를 빌렸고, 휴가도 더 낼 여력이 없다고 했다. 그래서 직행 경로로 여행하겠다고 주장했다.

골드는 이 논쟁에서는 이겼지만, 곧바로 그날의 훨씬 중요한 두 번째 논쟁에서는 졌다. 푹스와 만나는 방법에 관한 세부 내용을 마무리지은 뒤, 존은 놀라운 이야기를 꺼냈다. 소련 측에는 로스앨러모스 내부에 잠입시킨 두 번째 스파이가 있는데, 기계 운전자로 일한다고 했다. 골드가 푹스를 만나러 가는 시기에 이 스파이가 마침 휴가를 얻어 앨버커키에 머물 것이라고 했다. 그러니 골드에게 잠깐 그곳에도 들러 추가로 문서를 받아오라고 했다.

정상적인 사업에 관한 일이었더라면, 이것은 합리적인 요청이었을 것이다. 하지만 간첩 활동이라면 이야기가 달랐는데, 보안상 큰 위험이 따르는 일이었다. 골드는 이 사실을 잘 알았고, 자만심에 넘쳐 또 한 번 자기 의견을 강하게 피력하기로 했다. 그는 그때 "나는……화를 내며 거의 단호하게 거절했다."라고 기억했다.

이번에는 존이 그를 강하게 비난했다. "나는 멍청한 당신을 매 단계마다 일일이 안내를 해왔소! 앨버커키로 가는 이 임무가 얼마나 중요한지 당신은 모르고 있소!"라고 고함을 치면서.

신랄한 비난이 계속 이어지자, 늘 그랬던 것처럼 골드는 물러서서 지시에 복종했다. 존은 얇은 반투명지를 건넸는데, 거기엔 앨버커키의 주소와 그린글래스Greenglass라는 성이 적혀 있었다. 그러고 나서 조종관은 골드에게 퍼즐 조각처럼 찢겨 있는 젤로Jell-O 상자 뚜껑 절반을 주면서 "그린글래스는 쉽게 알아볼 수 있을 거요. 이것과 딱 들어맞는 나머지 절반을 갖고 있을 테니까."라고 말했다.

골드가 탄 버스는 6일 2일 토요일 오후 2시 30분에 샌타페이에 도착했다. 아직 90분의 시간이 남아 골드는 현지 박물관에서 지도를 한 장 얻어 근처 강을 따라 거

해리 골드와 데이비드 그린글래스가 사용한 젤로 상자 뚜껑 인식 신호.

닐었다. 그 강을 보면서 초라하다고 생각했는데, 자기가 사는 곳의 대다수 개천보다 훨씬 작았기 때문이다.

푹스는 쨍그랑거리는 소리가 나는 파란색 뷰익을 몰고 늦게 도착했다. 둘은 차를 몰고 한적한 도로로 가 잠깐 산책을 했다. 푹스는 자신이 참여한 새로운 플루토늄 폭탄에 관한 연구를 이야기했지만, 일본에 사용할 수 있도록 폭탄이 준비되기 전에 전쟁이 끝날 것이라고 틀린 예측을 했다. 그리고 골드에게 문서 꾸러미를 건네고 나서 두 사람은 헤어졌다. 대체로 훌륭하고 산뜻한 만남이었다.

두 번째 만남은 달랐다. 골드는 앨버커키행 버스를 타고 오후 8시 무렵에 도착해 반투명지에 적힌 주소인 하이스트리트 209번지로 곧장 갔다. 푹스에게서 받은 문서 때문에 몹시 불안했고, 되도록 빨리 그 도시를 떠나길 원했다. 하지만 데이비드 그린글래스David Greenglass는 집에 없었다. 그 시간에 그는 아내와 함께 극장에서 영화를 보고 있었다.

낙담한 골드는 호텔 방을 잡으려고 했지만, 들르는 곳마다 비웃음을 받았다. 앨버커키는 주변이 군사 기지로 둘러싸인 도시여서 토요일에는 빈 방이 거의 없었다. 결국 한 경찰관이 이 불쌍한 스파이를 하숙집으로 안내했는데, 그곳에서 골드는 간청 끝에 복도에 놓인 간이침대를 겨우 얻었다. 밤 내내 울린 경찰 사이렌 때문에 거의 잠을 이룰 수 없었다.

다음 날 아침에 골드는 여행 가방을 끌고 하이스트리트 209번지로 터덜터덜 걸어가 또다시 문을 두드렸다. 문이 열렸을 때, 골드는 소스라치게 놀라 계단 아래로 굴러떨어질 뻔했다. 나온 남자는 군복 바지를 입고 있었다. 골드는 미국 군인이 이 일에 연루돼 있으리라곤 전혀 상상도 하지 못했다.

침착을 되찾으려고 노력하면서 골드는 상대방이 그린글래스가 맞느냐고 물었다. 그린글래스가 그렇다고 대답하자, 골드는 "줄리어스가 보내서 왔소."라는 암구호를 말했다.

그러자 그린글래스는 "오!"라고 말하더니, 아내의 지갑에서 젤로 상자 뚜껑을 꺼냈다. 골드가 반쪽을 꺼내 둘을 합치자 딱 들어맞았다. 골드는 얼른 떠나고 싶어 그린글래스에게 물건이 준비되었느냐고 물었다. 그린글래스는 아니라고 대답했다. 그럴 짬이 없었다고 하면서 골드에게 오후에 다시 오라고 했다.

골드는 툴툴거리면서 식당을 찾아 아침을 먹고 기다렸다. 오후에 다시 찾아갔을 때, 골드와 그린글래스는 뜨거운 햇살 아래에서 함께 산책을 하면서 문서를 주고받았다. 그 꾸러미에는 플루토늄 폭탄의 아주 중요한 특징 중 하나인 고폭 렌즈 다이어그램이 포함돼 있었다. 그러자 골드는 그린글래스에게 500달러(그 아파트의 16개월치 월세에 해당하는 금액으로, 기계 운전자에게는 꽤 많은 돈이었다)를 건넸다. 푹스처럼 그린글래스도 그 돈에 불쾌한 표정을 지었지만, 이유는 정반대였다. 그는 더 줄 수 없느냐고 물었다. 골드는 그의 태도에 정이 딱 떨어졌지만, 중얼거리면서 그 요구를 전달하겠다고 했다.

골드는 그날 저녁에 기차를 타고 이틀 동안 동쪽으로 달렸고 마침내 모든 일이 끝났다는 안도감이 들었다. 하지만 골드는 앨버커키로 간 것 때문에 값비싼 대가를 치르게 된다. 데이비드 그린글래스에게는 뉴욕에 사는 에설Ethel이라는 누나가 있었는데, 그 남편의 이름이 줄리어스 로젠버그였다.

공산주의에 물들어 범죄를 저지른 과학자는 골드와 푹스뿐만이 아니었다. 로스앨러모스에서 푹스의 동료로 일하던 18세의 신동 테드 홀Ted Hall도 소련을 위해 간첩 활동을 했고, 한 캐나다인 물리학자는 핵분열성 우라늄 샘플을 소량 빼돌렸다. 하지만 가장 심각한 범죄자는 생물학자 트로핌 리센코Trofim Lysenko일 것이다.

리센코는 1898년에 현재의 우크라이나 지역에서 농부의 아들로 태어나 13세 때까지 문맹 상태로 지냈다. 그래도 러시아 혁명 이후에 여러 농업학교에 입학할 수 있었는데, 그곳에서 길고 혹독한 소련의 겨울 동안 완두콩을 재배하는 새 방법을 연구하기 시작했다. 그의 실험은 설계가 부실했는데도(게다가 실험 결과를 조작했을 가능성도 있다) 그 아이디어의 참신성 덕분에 1927년에 그를 칭찬하는 기사가 국영 신문에 실렸다. 리센코는 가난한 배경(사람들은 그를 '맨발의 과학자'라고 불렀다) 덕분에 농부를 찬미하던 공산당 내에서도 인기가 높았다. 1930년대 중엽에 공산당 간부들은 마침내 리센코를 소련 농업을 책임지는 자리에 앉혀 소련 과학계의 최정상으로 격상시켰다.

유일한 문제점이 있었다면, 리센코가 생각한 과학적 개념이 엉터리였다는 것이다. 특히 그는 유전학을 싫어했다. 그 당시 유전학은 고정된 형질을 강조했다. 식물과 동물에게는 유전자로 암호화된 안정적인 특성이 있으며, 그것을 자손에 물려준다고 보았다. 명목상의 생물학자에 불과한 리센코는 그런 개념을 반동적이라고 비난했다. 소련의 주적인 나치 독일이 지배자 민족 개념을 홍보하는 데 왜곡된 형태의 유전학을 사용한 것이 한 가지 이유였을 것이다. 하지만 우익 광신

도들과 싸우는 과정에서 리센코는 자신의 좌익 광신주의에 빠져 나치에 못지않게 비과학적인 태도를 보였다. 사실, 그는 유전자가 존재한다는 사실조차 부정했다. 대신에 환경이 식물과 동물을 지배한다는 마르크스주의 개념을 옹호했다. 생물을 적절한 환경에서 자라게 하고 적절한 자극에 노출시키면, 거의 무한하게 개조할 수 있다고 주장했다. 본질은 환경이라고 주장한 것이다.

이 목적을 위해 리센코는 소련의 작물을 연중 다른 시기에 싹을 트게 하도록 '교육시키는' 연구 계획을 시작했는데, 여러 가지 방법 중에서도 특히 얼음물에 적시는 방법을 많이 사용했다. 게다가 그는 미래 세대의 작물이 이 환경의 자극을 기억해 직접 그런 처리 과정을 거치지 않더라도 유리한 형질을 물려받을 것이라고 주장했다. 이 개념은 과학으로서는 허튼소리에 불과하다. 이것은 고양이 꼬리를 자르면, 꼬리 없는 새끼 고양이가 태어날 것이라는 주장과 비슷하다. 이 방법이 모든 작물에서 효과가 있었던 것도 아니다. 하지만 리센코는 아랑곳하지 않고 시베리아에서 레몬을 재배하는 계획을 자랑하며 떠벌리기 시작했다. 게다가 전국의 작물 수확량을 증대시키고, 텅 빈 러시아 내륙을 광대한 농토로 바꾸겠다고 약속했다.

이런 주장은 바로 소련 지도자들이 몹시 듣고 싶어 하던 것이었다. 1920년대 후반과 1930년대 전반에 이오시프 스탈린Iosif Stalin은 소련의 농업 '현대화' 계획을 시행하면서 수백만 명을 국영 집단 농장으로 몰아넣었다. 그 결과로 광범위한 흉작과 기근이 발생했다. 하지만 스탈린은 방침을 바꾸길 거부했고, 이 재앙을 수습할 방법을 리센코의 급진적인 새 개념에 일부 의지했다. 예를 들면, 리센코는 농부들에게 씨앗을 터무니없을 정도로 촘촘하게 심으라고 강요했는데, 자신의

'종의 생명 법칙'에 따르면, 같은 '계급'의 식물들은 절대로 서로 경쟁하지 않는다고 보았기 때문이다. 그는 또한 비료와 살충제 사용도 금지했다.

분명히 하자면, 기근에 대한 책임은 스탈린에게 있는데, 기근은 리센코가 농업 책임자로 일하기 전부터 시작되었고, 궁극적인 원인은 정치적 요인에 있었다.(많은 역사학자는 심지어 이 기근을 의도적인 대량 학살이라고 부르는데, 특히 우크라이나와 카자흐스탄에서 일어난 기근이 이에 해당한다.) 하지만 스탈린의 범죄 행위에 뒤이어 리센코가 추진한 농업 정책은 식량 부족 사태를 더 연장시켰다. 아사자는 1932~1933년에 정점에 이르렀지만, 4년 뒤 리센코의 방법을 사용해 경작하는 농경지 면적이 163배나 늘어나자 식량 생산량은 이전보다 더 감소했다. 밀, 호밀, 감자, 비트를 비롯해 그의 방법으로 재배한 작물은 대부분 죽거나 썩었다.

소련의 동맹국들도 리센코주의 때문에 고통을 겪었다. 공산주의 중국은 1950년대 후반에 그의 방법을 채택했다가 훨씬 큰 기근을 겪었다. 농부들은 살아남기 위해 나무껍질과 새똥을 먹어야 했고, 때로는 같은 가족끼리 잡아먹는 사태도 일어났다. 이 시기에 기근으로 사망한 사람은 적어도 3000만 명 이상이었다. 리센코 이론(유전자의 중요성을 부정한)의 필연적 결과로 중국 정부는 근친상간과 친족 결혼을 금지하는 법도 완화했다. 그 결과로 기형아가 크게 늘어났다.

스탈린의 든든한 지원을 받은 리센코는 실패를 하더라도 소련 내에서 그 명성과 지위에 아무 변화가 없었다. 과학 연구소들에는 그의 초상화가 걸렸고, 그가 연설을 할 때마다 합창단이 취주 악단의 연주에 맞춰 그를 위해 만든 노래를 불렀다.[42]

소련 밖의 사람들은 사뭇 다른 노래를 불렀는데, 당연히 신랄한 비판의 노래였다. 한 영국 생물학자는 리센코가 "유전학과 식물생리학의 기본 원리에 완전히 무지하다……. 리센코와 대화를 하는 것은 구구단도 모르는 사람에게 미분을 설명하려는 것과 같다."라고 한탄했다. 이에 대해 리센코는 서양 과학자들을 부르주아 제국주의자라고 비난했다. 그는 특히 미국에서 탄생한 초파리(현대 유전학의 견인차 같은 역할을 한) 연구 관행을 혐오했다. 리센코는 그런 유전학자들을 "파리를 사랑하고 인간을 싫어하는 사람"이라고 불렀는데, 언제나 실용적인 돌파구보다 기초 연구가 선행한다는 사실을 깨닫지 못한 무지에서 그랬을 것이다.

외국의 비판자들 입을 막을 수 없자, 리센코는 대신에 소련 내 반대자들을 모두 제거하려고 시도했다. 그는 러시아 과학자들에게 유전학을 포기하라고 강요했는데, 거부하는 사람들은 비밀경찰의 처분에 운명을 맡겨야 했다. 운이 좋은 사람들은 일자리를 잃고 궁핍하게 살아갔다. 수천 명까지는 아니더라도 운이 나쁜 수백 명은 체포된 뒤 교도소나 정신질환자 수용소로 끌려갔다. 국가의 적으로 사형 선고를 받고 감방에서 굶어죽은 사람도 몇 명 있었다. 1930년대 이전에 소련의 유전학계는 세계 최고 수준을 자랑했다. 그런데 리센코가 그것을 완전히 파괴했고, 일부 평가에 따르면 이 때문에 소련의 생물학 발전을 50년이나 지연시켰다고 한다.

1953년에 스탈린이 죽고 나자, 리센코의 권력도 약화되기 시작했다. 1964년에 그는 소련 생물학의 독재자 자리에서 끌어내려졌고, 1976년에 사망했다. 그의 초상화는 고르바초프 시절에도 일부 연구소에 걸려 있었지만, 1990년대에 이르러 마침내 러시아 사람들은 리센코주의의 공포와 수치에서 벗어났다. 혹은 적어도 그들은 그렇게 생각했다.

2017년, 러시아의 네 과학자가 학술지에 리센코주의의 부활을 경고하는 논문을 발표했다. 그의 유산을 찬양하는 책과 논문이 여럿 나왔고, 그들이 "러시아 우파와 스탈린주의자, 자격이 있는 일부 과학자, 심지어 동방 정교회까지 합쳐진 기묘한 동맹"이라고 부른 집단이 그것을 지지했다.

리센코주의가 부활한 이유는 여러 가지가 있었다. 우선 새로 뜨겁게 떠오른 후성유전학이 리센코와 비슷한 개념을 다시 유행시켰다. 하지만 진짜 이유는 서양의 가치에 대한 반대였다. 네 러시아 과학자는 리센코의 후대 신봉자들이 "유전학이 미 제국주의의 이익을 위한 것이며 러시아의 이익에 반하는 것이라고 비난한다."라고 설명했다. 과학은 결국 서양 문화의 핵심 요소이다. 따라서 서양 과학에 반대한 맨발의 농부 리센코는 러시아의 영웅임이 분명하다. 실제로 소련 시절과, 서방 세계와 대립한 독재자에 대한 향수는 오늘날 러시아 사람들 사이에서 보편적으로 나타난다.(블라디미르 푸틴을 보라.) 2017년에 실시한 여론 조사에서는 러시아인 중 47%가 스탈린의 성격과 '통치 기술'을 괜찮다고 생각했으며, 리센코를 포함해 그의 추종자 역할을 한 여러 사람도 독재자의 후광에 편승해 인기를 되찾고 있는 것으로 나타났다.

한편으로는 이러한 부활은 충격적이다. 유전학이 러시아에서 다시 금지될 가능성은 거의 없으며, 리센코에 대한 지지는 전반적으로 주변부에 위치한 비주류의 움직임으로 남아 있을 것이다. 하지만 비주류 개념이 위험한 결과를 낳을 수 있다. 새로운 리센코주의는 러시아의 역사를 왜곡하고, 동료들을 침묵시키거나 죽이면서 그가 저지른 해악(그의 이론 때문에 작황 실패로 고통받은 수많은 농민은 말할 것도 없고)을 얼버무리고 넘어간다. 러시아에서 일부 과학자마저 리센코를 칭송한다는 사실은 러시아에서 반서방 정서가 얼마가 강한지 보여준다.

말은 그렇지만, 리센코의 부활에는 절망스럽게도 뭔가 낯익은 점이 있다. 서양 세계에서도 이데올로기는 사람들의 과학적 신념을 늘 왜곡시킨다. 미국인 중 약 40%는 진화 없이 하나님이 사람을 현재의 모습으로 창조했다고 믿는다. 공화당원 중 약 60%는 기후 변화가 인간과 상관없는 이유 때문에 일어난다고 생각한다. 두 사람을 도덕적으로 비교할 일은 아니지만, 2008년에 세라 페일린Sarah Palin이 초파리 연구를 조롱했을 때 많은 사람이 리센코의 메아리를 느꼈다. 진보주의자들도 너무 우쭐댈 이유가 없는데, 좌파가 내세우는 여러 가지 대의(유전자 변형 식품에 대한 반감, 인간 본성에 관한 '빈 서판' 이론)는 부활한 리센코주의처럼 들린다.

리센코와 같은 시대에 살았던 해리 골드와 클라우스 푹스는 결국 정신을 차리고 스탈린과 그 휘하의 과학자 심복들이 어떤 괴물(과학뿐만 아니라 인류 전체를 위협하는)인지 깨달았다. 하지만 그 깨달음은 너무 늦게 찾아왔다. 푹스는 "어떤 사람은 열다섯 살에 어른이 되고, 어떤 사람은 서른여덟 살에 어른이 된다. 서른여덟 살에 어른이 되는 것이 훨씬 고통스럽다."라고 말한 적이 있다. 그동안 푹스와 골드는 맨해튼 계획의 성과를 도적질하는 일을 계속했고, 스탈린에게 원자폭탄을 선물하기 위해 자신들이 할 수 있는 일을 다 했다.

푹스와 골드는 1945년 9월에 샌타페이에서 다시 만났다. 이 장 서 두에 나온 만남 장면이 그것이다. 그 무렵에는 제2차 세계 대전이 끝 났지만, 소련은 이미 냉전을 향해 달려가고 있었고, 그 어느 때보다도 원자폭탄에 관한 정보가 절실했다.

  골드는 자신과 로스앨러모스에서 일하던 영국 과학자들이 곧 영 국으로 돌아갈 것이라는 푹스의 말에 크게 놀랐다.(푹스가 접선 장소를 샌타페이로 정한 것은 사실은 영국인들의 환송 파티를 위해 술을 실어가 기 위해서였다. 뷰익이 굴러가면서 쨍그랑 소리가 난 것은 이 때문이었다. 트렁크에는 술병이 가득 실려 있었다.) 골드에 따르면, 두 사람은 골드가 언제 영국을 방문해 푹스를 만날 이야기를 어렴풋하게 나누었다고 한 다. 골드는 늘 워즈워스와 셰익스피어를 좋아했고 그들의 조국을 둘 러보길 원했기 때문이다. 푹스는 아주 좋은 생각이라고 찬성했다. 그 러고 나서 푹스는 골드에게 히로시마와 나가사키의 폭탄에 관한 데이 터가 담긴 꾸러미를 건네주었다.

  이것은 또한 골드가 뉴욕에서 자신의 조종관을 만나는 데 실패한 여행이기도 했다. 이 때문에 골드는 그 서류 뭉치를 2주일 동안 더 보 관하느라 전전긍긍해야 했다. 그 2주일은 그의 진을 빼놓았고, 뉴멕시 코주로 가는 추가 여행에 든 비용과 스트레스 때문에 골드는 또 한 번 이제 간첩 활동을 그만두기로 결심했다.

  하지만 그는 간첩 활동을 그만두지 못했다. 1946년, 펜실베이니아 설탕회사가 골드를 또다시 해고했다. KGB에 열 확산 연구소를 차릴 자금을 지원해달라고 요청했지만, 그 요청이 묵살당하자 골드는 뉴욕으로 가 에이브 브로스먼Abe Brothman이라는 동료 과학자(그는 동료 공산주의자 스파이이기도 했다)와 함께 일할 기회를 모색했다. 그것은 아주 큰 실수였다. FBI가 브로스먼을 감시하고 있었는데, 골드의 조종관들은 브로스먼과 접촉하지 말라고 말했다. 하지만 골드는 일자리를 받아들였다. 그들의 경고를 잊어먹었거나 무시했을 것이다.(골드가 브로스먼과 함께 일한다는 사실을 알아챈 조종관 존은 사람들이 있는 장소에서 골드에게 "이 멍청이! 당신은 11년 동안 공들여 준비한 일을 망치고 말았어!"라고 소리를 질렀다.) 아니나다를까, 브로스먼은 곧 FBI에 체포되었고, 골드까지 간첩 활동에 연루된 혐의로 체포되었다. 두 사람은 1947년 7월에 대배심(배심 제도에서 정식 기소를 결정하기 위해 하는 배심)에 출두해 증언을 해야 했다.

브로스먼은 골드만큼이나 소련 측의 요구에 몹시 지친 상태였고, 소련의 스파이 조직에서 자신이 담당한 역할을 실토해 모두를 함께 파멸시키겠다고 은밀하게 위협하기 시작했다. 하지만 그는 증언석에서 냉정을 되찾고 모든 것을 부인했다. 9일 뒤에 골드가 증언할 차례가 왔다. 전날 밤에 골드는 브로스먼의 아파트에 잠깐 들렀고, 두 사람은 함께 드라이브를 했다. 골드는 브로스먼의 증언과 모순되지 않도록 자신이 증언할 내용에 대해 상의하길 원했다. 하지만 그 주제를 꺼낼 때마다 브로스먼은 자본주의의 죽음에 관해 큰 소리로 떠들기 시작했다. 결국 골드는 포기했고, 두 사람은 오전 4시에 잠시 가게에 들러 수박을 먹었다.

골드는 염려할 필요가 없었다. 그 역시 선서 후에 브로스먼만큼이나 거짓말을 능숙하게 잘 해냈다. 증언석에서 골드는 갈팡질팡하고 얼빠진 화학자 행세를 해 정치가 무엇인지조차 모를 정도로 순진한 사람으로 비쳤다. FBI는 둘 다 믿지 않았지만, 이들의 이야기에서 실질적인 허점을 찾아내지 못했고, 둘 다 무사히 풀려났다.

하지만 브로스먼 덕분에 FBI는 이제 골드에 관한 파일을 얻게 되었다. 게다가 영국 요원들이 유죄 혐의가 훨씬 큰 스파이를 막 체포하려 하고 있었는데, 그 사람은 다름 아닌 클라우스 푹스였다.

브로스먼은 골드에게 월급을 불규칙하게 지급했다.(골드는 브로스먼과 함께 일하던 시절에 대해 "돈이 없을 때에는 나는 동업자였고, 돈이 있을 때에는 피고용인이 되었다."라고 말했다.) 골드는 뉴욕에 있는 동안 가족이 몹시 그리웠는데, 1947년 9월에 어머니가 뇌출혈로 사망한 뒤에는 더욱 그랬다. 그래서 1948년 중엽에 골드는 브로스먼의 회사를 그만두고 필라델피아종합병원의 심장혈관진단과에서 일자리를 얻었다. 골드는 훌륭한 진짜 화학(혈중 전해질 농도를 측정하고, 칼륨이 근육 기능에 어떤 영향을 미치는지 조사하는 일)을 했을 뿐만 아니라 사람의 목숨을 구하는 일도 도왔다. 심지어 병원에서 자기 인생의 사랑도 만났는데, 메리 래닝Mary Lanning이라는 생화학자였다. 훗날 그는 "그때보다 더 행복한 시절은 없었다."라고 말했다.

그다음 1년 반 동안 골드는 래닝에게 두 번이나 프러포즈를 했다. 래닝은 두 번 다 거절했지만, 골드를 사랑하지 않아서 그랬던 것은 아니다. 그보다는 골드가 자신의 과거에 대해 뭔가 큰 비밀을 숨기고 있음을 알아챘기 때문이었다. 예를 들면, 우연히 샌타페이를 방문한 이야기가 나왔을 때, 골드는 펜실베이니아설탕회사가 그곳 코카콜라 공장을 둘러보라고 보냈다는 핑계를 대며 자신의 행적을 숨겼는데, 그것은 명백한 거짓말이었다. 바보가 아니었던 래닝은 골드가 뭔가를 숨기고 있다는 사실을 알아챘지만, 골드는 진실을 털어놓았다가 래닝을 실망시키는 위험을 감수하고 싶지는 않았다. 결국 두 사람의 관계는 깨어지고 말았는데, 골드가 만약 결혼을 했다가 자신의 정체가 드러날 경우, 래닝의 인생까지 망칠까 봐 두려워했던 것이 큰 원인이었다.

그의 두려움은 적중했다. 푹스를 마지막으로 본 지 4년이 지난 1949년 9월의 어느 토요일 밤, 누가 집을 찾아와 나가보았더니 사투리 억양이 강한 남자가 서 있었다. 낯선 사람이어서 골드는 그냥 문을 닫으려고 했다. 하지만 그전에 그 남자(소련 첩보 요원)가 암구호를 말했고, 그것을 듣는 순간 골드는 얼어붙었다. 그는 비협조적인 스파이를 추적해 살해한다는 소문을 들은 바가 있었고, 지금은 아무리 싫더라도 협조하는 게 (자신과 가족을 위해) 안전하다고 판단했다. 주방에서 약간 이야기를 나눈 뒤, 골드는 2주일 뒤에 뉴욕으로 가 그 요원을 다시 만나기로 동의했다. 그들은 폭우가 쏟아지는 가운데 재회했다. 그 요원은 골드에게 동유럽으로 망명하라고 충격적인 말을 했는데, 그 이유는 설명하지 않았다.

그 이유는 몇 달 뒤에 분명하게 드러났다. 1950년 2월 2일, 클라우스 푹스가 영국에서 체포되어 모든 것을 털어놓았다. 미국은 전해 8월에 소련이 핵폭탄 실험을 했다는 소식을 듣고 아직 충격에서 헤어나지 못하고 있었는데, 이때 터져나온 원자 스파이 체포 소식은 전 세계의 뉴스에서 헤드라인을 차지했다. 7일 뒤, 위스콘신주 상원 의원 조지프 매카시Joseph McCarthy는 웨스트버지니아주 휠링에서 연설을 하던 중 종이를 흔들면서 거기에 국무부에 침투한 공산주의자 205명의 명단이 적혀 있다고 주장했다. 그는 몇 달 전부터 공산주의자를 색출해 제거할 대숙청 작업을 전개하려고 별러왔는데, 푹스의 체포가 그에게 황금 같은 기회를 가져다주었다. 해리 트루먼Harry Truman 대통령은 앞서 수소폭탄의 가능성을 연구할 계획을 발표했지만, 푹스의 체포 소식에 수소폭탄을 만들겠다고 천명하고 나섰다.

폭스의 자백 중에서 일반 대중이 특별히 크게 놀란 사실은 그에게 '레이먼드'라는 이름의 미국인 연락책이 있었다는 내용이었다. 솔직하게 말하면, 소련 측은 이 시점에서 골드를 제거하는 게 당연했지만, 무슨 이유에서인지 그들은 망설였다. 사실, 그들이 손을 쓰지 않아도 골드가 직접 그 일을 처리해줄 뻔했다. 푹스가 자백한 후, 골드는 공황 상태에 빠져 수면제로 자살할 생각을 했다. 처음에 그를 간첩 활동으로 끌어들인 옛 친구 톰 블랙이 대화를 통해 그 생각을 포기하게 했다.

한편, FBI는 레이먼드를 찾기 위해 한 요원이 '격노한 수색 괴물'이라고 이름 붙인 작업을 시작했다. FBI는 풀타임으로 이 사건에 매달린 요원 12명에 파트타임으로 일한 요원 60명까지 투입해 용의자 1500명을 조사했다. 레이먼드의 화학 지식 배경을 토대로 1945년에 뉴욕에서 발행한 가연성 물질 사용 허가 7만 5000건에 대한 정보를 요청했다. 심지어 뉴멕시코주 각지의 버스 정류장에 요원들을 보내 5년 전에 봉투를 들고 다녔던 허스키한 목소리의 남자를 기억하는 사람이 없는지 수소문했다.

FBI는 요원들이 (불법적으로) 뉴욕에 있던 에이브 브로스먼의 연구소로 침입해 열 확산에 관한 골드의 논문을 여러 편 발견하면서 마침내 운 좋게 실마리를 잡았다. 이 성과에 그들은 흥분했는데, 푹스가 맨해튼 계획에서 기체 확산을 연구했기 때문이다. 사실, 두 과정은 별로 상관이 없었는데, FBI 요원 중에서 그 사실을 제대로 이해한 사람은 아무도 없었다.(때로는 똑똑한 것보다 운이 좋은 편이 훨씬 낫다.) 그들은 골드의 옛 사건 파일을 열어 다른 단서들을 바탕으로 골드가 바로 레이먼드라고 단정지었다.

5월 15일 오후 5시 무렵에 필라델피아에서 두 요원이 실험실에 있던 골드를 찾아갔다. 골드는 일부 질문에 답하기 위해 그들과 동행해 시내의 모처로 가기로 순순히 동의했다. 그들은 11시까지 골드를 그곳에 붙잡아두었다. 골드는 굴복하지 않았고, 조사가 끝난 뒤 실험을 마치기 위해(그리고 필시 마음을 진정시키기 위해) 실험실로 돌아갔다.

선택의 여지가 없다고 느낀 골드는 주말에 더 오랜 시간 심문에 응했다. 전쟁 동안 뉴멕시코주를 방문한 적이 있느냐는 질문에는 미시시피강 서쪽으로는 가본 적이 없다고 대답했다. 푹스의 사진을 들이밀자, 골드는 고개를 끄덕이며 "영국인 스파이잖아요."라고 말했다. 하지만 그를 잡지에서 본 인물이라고 주장했다. 더 많은 압박을 받은 끝에 마침내 골드는 '문제 해결'을 위해 FBI가 자기 집을 수색하는 데 동의했다. 하지만 동생과 아버지가 집을 비우는 월요일까지 기다렸다가 수색을 하라고 했다. 요원들은 이 제안이 마음에 들지 않았을 텐데, 골드에게 범죄와 관련된 단서를 인멸할 시간을 주기 때문이었다. 하지만 수색 영장을 발부받지 못한 상태에서 그들은 그 조건을 받아들일 수밖에 없었다.

그런데 믿을 수 없게도 골드는 아무것도 없애지 않았다. 대신에 곧장 실험실로 갔다. 그는 체내의 칼륨을 탐지하는 방법에 관한 실험을 몇 가지 하고 있었는데, 그것을 마무리짓지 않은 채 내버려둘 수 없었다. 그러고 나서 일요일 밤에 동생과 아버지와 함께 마지막 저녁 식사를 했다. 그의 표현대로 정상 생활의 "소중한 시간을 조금 더 누리기 위해서"였다.

월요일 오전 5시에야 증거 인멸 작업을 시작했다. 방 안을 뒤지면서 낡은 기차표, 소련 요원들이 보낸 편지, 면담 보고서 초안 등을 발견했다. 일부 물건은 서둘러 변기로 내려보내고, 나머지는 지하실의 쓰레기통에 버렸다.

막 작업을 끝낸 오전 8시 무렵에 FBI 요원 두 명이 문을 두드렸다. 골드는 파자마 차림으로 그들을 자신의 방으로 안내했는데, 두 요원은 서랍을 뒤지고 선반의 물건들을 끌어내리면서 온 방 안을 샅샅이 뒤지기 시작했다. 초등학생 시절에 쓴 공책과 실험 일지, 화학과 물리학 교과서 등도 있었다. 시집도 많이 있었고, 저속한 추리 소설도 몇 권 있었다. 그러다가 토마스 만의 소설을 보고서 골드는 움찔했다. 푹스가 사라졌을 때 그 행방을 찾아내려고 사용했던 바로 그 책이었다. 하지만 '잘 훈련된 운동선수'인 골드는 침착함을 유지한 채 수색 작업을 진행하는 요원들과 잡담을 나누었다.

오전 10시 무렵에 한 요원이 골드가 좋아하는 책 한 권을 끄집어냈다. 손때가 묻은 『화학공학 원리 *Principles of Chemical Engineering*』였다. 그것을 보고 골드는 미소를 지었을 것이다. 전혀 문제 될 게 없는 책이었으니까. 하지만 모든 책 중에서 이 책이 그를 배신했다. 요원이 그 책을 열자, 황갈색의 거리 지도가 튀어나왔는데, '마법의 땅, 뉴멕시코주'라는 제목이 붙어 있었다. 골드가 푹스와 만나기 전에 박물관에서 얻었던 지도였다.

요원은 그 지도를 집어들고서 골드를 바라보았다. "아까 미시시피 강 서쪽으로는 가본 적이 없다고……."

골드는 쓰러지다시피 의자에 풀썩 주저앉았다. 잠깐 생각할 시간을 달라고 하더니, 평소에 싫어하던 담배를 한 대 달라고 했다. 이 시점에서 골드는 잘하면 무사히 빠져나갈 수도 있었다. FBI는 그를 푹스와 연관지을 확실한 증거가 전혀 없었다. 골드는 그 자리에서 그럴듯한 거짓말을 생각해내기까지 했다. 유머를 즐기는 사람으로서 평소에 샌타페이를 배경으로 한 이야기를 자주 지어냈기 때문에, 지도를 참고용으로 주문했다고 주장할 수도 있었다. 하지만 15년 동안 간첩

체포되고 나서 몇 달 후, 화학자이자 원자 스파이였던 해리 골드(가운데)가 수갑을 찬 채 두 요원의 호송을 받으며 뉴욕의 연방 법원을 떠나 교도소로 떠나는 장면.

활동을 해온 터라 그 상태를 더 끌고 가기에는 너무 지쳐 있었다. 거짓말을 하는 것도 지쳤고, 달아나는 것도 지쳤고, 정신적 부담을 이겨내는 것도 지쳤다. 떠오르는 생각이라곤 이 소식을 동생과 아버지에게 어떻게 이야기하느냐 하는 것뿐이었다.

골드는 마침내 요원들에게 몸을 돌려 "내가 바로 푹스에게서 정보를 전달받은 그 사람이오."라고 말했다.

체포된 후에 골드는 동료 스파이를 단 한 명도 배신하지 않으리라고 맹세했다. 남자처럼 자신의 처벌을 받아들이고 입을 다물려고 생각했다. 그때 동생이 구금돼 있던 그를 만나러 왔다. 동생은 "어떻게 그런 바보 같은 짓을 할 수가 있어?"라고 물었다. 골드는 그 순간에 "배신을 막기 위해 내가 세운 정신적 장벽의 산 중 절반 이상이 무너져내렸다."라고 기억했다.

더욱 괴로웠던 것은 나중에 찾아온 아버지의 방문이었다. 샘슨은 늘 해리를 자랑스러워했다. 똑똑한 아들이자 화학자로, 가족이 대공황의 어려움을 헤쳐나가도록 해준 아들이었다. 이제 아버지는 울고 있었는데, 많이 노쇠해 보였고 혼란스러워했다. 그리고 "그래도 심장혈관진단과에서 일하는 데에는 지장이 없겠지?"라고 물었다.

이 말이 골드의 가슴을 찢어놓았다. "남아 있던 나머지 산이 와르르 무너졌다."

골드는 곧 유죄를 인정하고 자신이 아는 것을 모두 실토했다. 자신의 간첩 활동을 자세히 설명한 123쪽짜리 문서도 작성했고, 그 후에 쏟아진 추가 질문에 대답하는 데에도 많은 시간을 썼다. 한 요원은 골드와 면담하는 것을 "레몬을 쥐어짜는 것"에 비유했는데, "항상 남아 있는 한두 방울이 있었기 때문"이라고 했다. 마침내 모든 부담감을 떨쳐낸 골드는 몇 년 만에 처음으로 평온함을 느꼈다. 건강도 다시 좋아졌고, 몸무게도 금방 수십 킬로그램이 빠졌다.[43]

FBI는 골드의 증언을 토대로 그동안 일어난 간첩 활동 사건을 49건 공개했다. 그중에서도 역사에 강렬한 기억으로 남아 있는 것은 로젠버그 사건이다. 골드는 에설 로젠버그의 남동생인 데이비드 그린글래스의 이름을 기억하지 못했지만, 그 아내 이름(루스)과 그 집이 있던 앨버커키의 거리는 기억했다. 그린글래스의 휴가 날짜도 골드가 만났다고 한 시간대와 일치했다. 그린글래스는 체포되자 모든 것을 자백하면서 자신은 에설과 그 남편인 줄리어스 로젠버그 때문에 간첩 활동을 하게 되었다고 주장했다.

결국 로젠버그 부부를 전기의자로 보낸 사람은 그린글래스였고, 언론은 누나를 배신했다는 이유로 그를 맹렬히 비난했다. 하지만 골드의 평판도 큰 타격을 받았는데, 좌파와 우파 양쪽에서 동시에 비난을 받았다. 공산주의자들은 그를 환상적인 이야기를 꾸며내 자신을 부풀린 '병적인 거짓말쟁이'이자 외로운 '약골'이라고 비방했다. 한편, 반공주의자들은 그를 조국을 배신한 꼭두각시라고 비난했다. 그중에는 골드의 재판에 나선 검사도 포함돼 있었는데, 그는 골드의 전폭적인 협력에도 불구하고 25년형을 구형했다. 검사보다 반공에 더 열을 올린 판사는 징역 30년을 선고했다.(이와는 대조적으로 실제로 기밀문서를 훔친 클라우스 푹스는 영국에서 9년만 갇혀 있었으며, 석방된 뒤에 동독으로 강제 추방되었다.[44]) 심지어 루이스버그 교도소의 동료 재소자들도 그를 경멸했다. 도둑과 강간범, 청부 살인자도 그곳에서는 나름대로 존중을 받았다. 하지만 어느 날, 골드가 농구를 함께 하려고 다가오자, 운동을 하고 있던 사람들 모두가 코트를 떠났다. 오히려 험한 일이 벌어지지 않은 것만 해도 운이 좋은 편이었다. 몇 년 뒤에 루이스버그 교도소에서 간첩죄로 들어온 사람을 재소자 세 명이 양말에 싼 벽돌로 때려죽이는 일이 발생했다.

화학이 또 한 번 골드에게 피난처를 제공했다. 루이스버그 교도소에서는 특별한 재소자 건강 프로그램을 운영하고 있었는데, 재소자를 위한 의료 서비스와 생물의학 연구를 결합한 것이었다. 오늘날에는 남용을 방지하기 위해 재소자를 대상으로 의학 연구를 수행하는 것이 금지돼 있다. 하지만 그 당시에는 윤리 규정이 느슨했고, 골드는 실험실로 돌아갈 수 있는 기회를 놓치지 않았다. 골드는 루이스버그에서 당뇨병과 갑상선 질환을 연구했고, 백신 연구를 돕기 위해 간염 바이러스가 포함된 혈액을 자기 몸에 주사하는 실험에 자원하고 나섰다. 골드의 가장 큰 업적은 1960년에 교도소에서 인디고 2술폰산염indigo disulfonate이라는 물질을 사용해 신속한 혈당 검사법을 발명하고 미국 특허를 얻은 것이었다.

골드는 남는 시간에 실험실 옆 병동에서 재소자들이 건강을 회복하도록 간호하는 일을 도왔다. 이런 행동은 재소자들 사이에서 그의 평판을 회복하는 데 큰 도움이 되었다. 사실, 골드는 전반적으로 모범수였고, 1966년 4월에 16년을 복역한 후 가석방되었다. 또 한 번 그의 사건이 전국적인 뉴스가 되었다. 석방되던 날, 그를 데리러 온 변호사는 교도소에 크게 울려퍼지는 함성을 듣고서 공포에 질렸다. 마치 폭동이라도 일어난 것 같았다. 사실은 동료 재소자들이 골드의 석방을 축하하는 소리였다. 다년간 이타적인 헌신을 보인 그에게 동료들이 함성으로 배웅한 것이다.

교도소에서 마지막 몇 달은 밤중에 자기 방에서 과학 교과서들을 공부하면서 보냈는데, 자신이 체포된 이후에 발전한 신기술들을 따라잡기 위해서였다. 운 좋게도 골드는 두 번째 기회의 중요성을 믿는 연구소장을 만났는데, 그 덕분에 필라델피아의 한 병원에서 일하게 되었다. 골드는 혈액학과 미생물학 연구를 하고 자상한 삼촌처럼 젊은 과학자들을 지도하는 일을 하면서 조용히 살아갔다. 이런 겉모습에 균열이 간 순간이 딱 한 번 있었는데, 누가 로젠버그 사건을 언급했을 때였다. 뉴스 방송 도중에 데이비드 그린글래스 사진이 스쳐 지나갔다. 그러자 골드는 갑자기 폭발하면서 텔레비전을 끄라고 소리를 질러 동료들을 깜짝 놀라게 했다.

결국 골드는 약한 심장 때문에 건강이 나빠졌다.(심장에 선천적 결함이 있었는데, 교도소에서 몸에 집어넣었던 간염 바이러스 혈액 때문에 악화되었을 가능성이 있다.) 1972년 8월, 골드는 위험한 판막 교체 수술을 받다가 수술대 위에서 61세의 나이로 눈을 감았다. 그 소식을 듣고 같은 연구소 사람들은 눈물을 흘렸다.

골드는 교도소에서 나온 뒤에 과학자로서 명성을 떨치길 바랐던 적이 있다. "장래에 언젠가 지금까지 내가 한 것보다 훨씬 크게 배상할 수 있을 것이다. 그리고 이 배상은 FBI에 증거를 만들어 제공하는 것이 아니라……의학 연구 분야에서 일어날 것이다." 그것은 또 하나의 환상이었다. 골드는 아직도 화학보다는 간첩 활동으로 널리 알려져 있다. 그는 너무 많은 비밀을 유출했고, 너무 많은 사람을 배신했다. 하지만 대다수 공산주의자 스파이와 달리 골드는 정치보다 더 높은 이상이 있었다. 그의 내면에는 그 무엇보다도 화학자가 자리잡고 있었다. 과학에 너무 몰두한 나머지, 파일과 증거를 인멸하고 자신의 목숨을 건지기보다 하던 실험을 마무리짓는 걸 더 우선시했던 사람이 었다.

불행하게도 다른 과학자들은 냉전의 정치에 휩쓸려 자신의 성실성이 타락하는 것을 방치했다. 푹스나 리센코 같은 공산주의자만 그랬던 게 아니다. 소련의 적색 공포에 대한 두려움이 철의 장막 이편에 있던 과학자들까지 감염시켰다. 특히 CIA와 미군과 협력한 일단의 심리학자들은 가학적인 심문 기술을 개발했는데, 이것은 결국 수십 명의 무고한 사람들을 고문하는 데 쓰였고, 여러 사람을 제명보다 일찍 죽게 했다. 그리고 이런 환경에서 미국 역사상 가장 악명 높은 테러리스트가 나타났다.

10장

심리적 고문

수학 천재는 왜 테러리스트가 되었는가

지금 1960년의 매사추세츠주 케임브리지에 있다고 상상해보라. 두 젊은이가 강렬한 조명이 내리쬐는 실험실에 앉아 있고, 조금 떨어진 곳에서 연구자들이 지켜보고 있다. 한 젊은이는 사악한 웃음을 짓고 있고, 다른 젊은이는 몸을 꼼지락거리면서 시간이 지날수록 점점 더 불안해한다. 이들은 하버드대학교의 동급생으로, 각자의 인생철학에 대해 토론을 벌이고 있다. 십대는 주관을 강하게 내세우는 경우가 많은데, 불안해하는 젊은이(연구자들은 이 학생을 '로풀Lawful[법을 준수하는]'이라는 암호명으로 불렀다)는 특히 귀에 거슬리는 큰 목소리로 이야기한다.

논쟁이 가열되면서 두 사람의 목소리가 높아진다. 로풀의 심장이 고동치기 시작하고, 그는 뜨거운 조명 아래로 눈을 가늘게 뜨고 쳐다본다. 이 연구에 참여하겠다고 자원했을 때, 논쟁은 우호적으로 진행될 것이라고 들었지만, 상대방은 논리적으로 비판하는 대신에 로풀의 주장을 조롱하면서 계속 모욕적인 태도를 보였다. 오늘은 전보다 그 정도가 더 심했다. 그는 로폴을 위아래로 훑어보면서 비웃었다. 게다가 "네 턱수염은 참 바보 같아 보여."와 같은 모욕적인 말까지 했다.

로폴은 놀라서 눈을 깜박였다. 이것은 정상적인 토론 방식이 아니다. 상대방의 주장을 비판해야지 인신공격을 해서는 안 된다. 로폴은 얼굴이 붉게 달아올라 거의 으르렁대듯이 말하고, 아드레날린이 확 솟아올라 몸을 앞으로 구부린다. 그는 지금까지 몇 달 동안 이 '토론'에 참여해왔지만, 그의 가슴에 연결된 심장 박동 측정기 모니터가 이렇게 높은 수치를 기록한 적은 없었다.

진실을 알았더라면 로폴은 더욱 화가 치밀었을 것이다. 그가 상대한 사람은 하버드대학교 학생이 아니었다. 그는 잘 나가는 젊은 변호사로, 사전에 더러운 싸움을 걸고 인신공격을 하라고 지시받았다. 로폴은 심리학 연구의 일환으로 매주 이러한 학대를 당한 22명의 하버드대학교 3학년생 중 한 명이었다. 하지만 나머지 학생들 중에서 이렇게 강렬한 반응을 보인 사람은 아무도 없었다. 변호사가 로폴을 도발하길 즐긴 것은 아마도 이 때문이었을 것이다.

한편, 로폴을 연구하던 과학자는 매직미러 뒤에서 대화 장면을 지켜보고 있었다. 로폴은 토론에 집중했지만, 가끔 거울 뒤에서 흘끗 보이는 수중 생명체처럼 뭔가 어른거리는 움직임을 느꼈다. 그곳에는 심문에 관한 연구로 CIA의 관심을 끈 하버드대학교의 심리학자 헨리 머리Henry Murray가 팔짱을 낀 채 서 있었다.

한 관계자는 머리를 "세련되고 위트가 넘치며 친절한" 사람이지만 그와 동시에 "수상쩍을 정도로 너무 매력적인" 사람이라고 묘사했다. 누아르 작품에 나올 법한 조명과 거울, 심장 박동 측정기를 포함해 이 전체 실험을 설계하고 지휘한 사람이 바로 머리였다. 훗날 이 연구를 다룬 논문에서 머리는 변호사의 공격이 "맹렬하고 철저하고 인신공격에 가까운" 것이었다고 인정했지만, 사실은 그것이 바로 자신이 원한 공격이었다. 그는 로폴이 허물어지는 모습을 보고 싶었다. 머리는 모든 상호 작용을 촬영했다. 그렇게 한 데에는 학생들에게서 좌절의 징후(틱과 찡그림과 얼굴의 주름 등)를 포착하려는 목적도 일부 있었다. 하지만 가끔 학생들에게 그 필름을 보여주기도 했는데, 침을 흘리고 식식거리는 자신의 모습을 보게 하려는 의도였다. 그것은 매 실험 회기마다 수치심을 조금 더 유발하기 위한 방법이었다.

로폴보다 수치심을 더 크게 느낀 사람은 없었다. 로폴은 아주 똑똑했지만(IQ가 167이나 되었다), 연구에 참여한 학생 중에서 가장 소외된 학생이었다. 사실, 머리는 바로 그 이유 때문에 그에게 특별한 관심을 보였고, 매우 완고한 그의 태도를 조롱하듯이 언급하면서 로폴이라는 별명을 붙여주었다. 그의 본명은 시어도어 카진스키Theodore Kaczynski였다. 훗날 세상 사람들에게는 유나바머Unabomber라는 별명으로 널리 알려지게 된다.

머리와 카진스키는 출신 배경이 완전히 달랐다. 한 사람은 블루칼라 집안 출신이고, 한 사람은 귀족 가문 출신이었다.

귀족 가문 출신은 머리였다. 머리는 맨해튼의 우아한 브라운스톤 석조 저택에서 자랐는데, 오늘날 록펠러 플라자가 있는 곳이 바로 그곳이다. 어른이 되었을 때, 머리는 이력서에 자랑스럽게 조상(뉴욕 식민지 초대 총독을 지낸 던모어 백작)의 이름을 적었다.

자연히 머리는 하버드대학교에 들어갔고, 그곳에서 조정 팀 주장을 맡았다. 비록 나중에 자기 세대에서 매우 유명한 심리학자가 되긴 했지만, 머리는 처음에는 이 분야에 별로 흥미를 느끼지 못했다. 하버드대학교에서는 역사학을 전공하고, 심리학 강의는 딱 한 강좌만 수강했는데, 그마저 지루함을 느껴 철회하고 말았다.(훗날 그는 자신이 가르치기 전에는 심리학 강의에 다시는 발을 들여놓은 적이 없다고 농담처럼 말했다.) 그러고 나서 컬럼비아대학교에서 의학 학위를 땄지만, 수술 솜씨가 서툴러서 외과의가 되려는 계획을 포기했다.(어릴 때 받은 수술이 잘못되어 그 부작용으로 한쪽 눈이 제멋대로 움직여 손과 눈의 협응을 방해했다.) 결국 대신에 케임브리지대학교에서 생화학 박사 과정을 시작했지만, 거기서도 별로 빛을 보지 못했다. 한 비평가는 "그가 받은 교육이나……그 후의 의학대학원 과정에서 그가 귀족 사교가의 삶 외에 다른 것에 적합하다고 시사하는 것은 아무것도 없다."라고 평했다.

머리는 30세 때인 1923년에 뉴욕의 중고 서점에서 스위스의 정신분석가 카를 융Carl Jung이 쓴 책을 우연히 보고서 마침내 자신의 천직을 발견했다. 그곳 복도에서 그 책을 읽기 시작하면서 완전히 열광하여 그다음 이틀 동안 일을 걸러가면서 그 책을 독파했다. 그리고 곧 융과 함께 연구하려고 스위스를 방문할 계획을 세웠다.

머리가 융을 찾아간 데에는 개인적인 이유도 있었다. 머리의 아내 조제핀Josephine은 자신의 인생에서 중심을 잡아주는 정서적 주춧돌 같은 존재였다. 불행하게도 조제핀은 머리를 흥분시키지 못했는데, 특히 성적인 면에서 그랬다. 자신을 흥분시킨 여성은 정부였던 화가 크리스티아나 모건Christiana Morgan이었다. 모건이 매우 튀는 성격이고 불안정한데도 불구하고(혹은 바로 그 때문에) 그랬다. 머리는 모건에게 홀딱 반했지만, 차마 조제핀을 버릴 수가 없었고, 어떻게 해야 할지 몰라 갈팡질팡했다. 그래서 그는 이 문제에 대해 융에게 의견을 구했다. 우연히도 융 역시 아내와 정부가 있었고, 그 문제 때문에 고민하는 머리의 이야기를 듣고는 어쩌면 굳이 선택할 필요가 없을지도 모른다고 말했다. 융처럼 두 여자 모두와 관계를 유지하면 된다고 했다. 그들처럼 역동적이고 창조적인 남자가 어떻게 한 여자에게만 매달려 살 수 있단 말인가?

당연히 머리의 아내는 이에 모욕을 느꼈지만(한 역사학자는 조제핀이 융을 '추잡한 바람둥이 늙은이'로 생각했다고 지적했다), 머리는 아내의 감정을 무시하고 융의 조언을 따랐다. 심리학에 끌린 많은 사람처럼 머리가 이 분야에 끌린 이유 중 하나는 그 자신의 마음에도 악마(골치 아픈 연애 생활 외에도 머리는 오랫동안 암페타민 중독자였다)가 있었기 때문인데, 융이 자신의 딜레마를 해결하는 방식에 큰 감명을 받았다. 그에게 심리학은 가장 어려운 문제를 가진 사람들에게 도움을 주는 숭고한 분야로 보였고, 그 순간부터 머리는 마음의 작용 방식을 분석하는 데 일생을 바쳤다.

그 후 수십 년 동안 머리는 심리학 분야에서 새로운 접근법을 개척했다. 그 당시 심리학은 서로 적대적인 두 진영으로 쪼개져 있었다. 한쪽에는 융처럼 광대하고 흐릿한 잠재의식 영역을 탐구하는 정신분석가들이 있었다. 하지만 많은 과학자는 엄밀성이 부족하다는 이유로 정신분석가를 비판했는데, 이 비판은 근거가 없는 것이 아니었다. 한편, 반대 진영은 지나칠 정도로 엄밀성을 추구했다. 이 심리학자들은 동물의 감각계나 신경계 중 일부를 표적으로 삼아 여러 가지 자극을

하버드대학교의 심리학자 헨리 머리. 미래의
유나바머인 시어도어 카진스키를 포함해 여
러 학생에게 가학적인 심리학 실험을 했다.

주면서 스톱워치와 전기 장비로 그 반응을 측정했다. 이들은 반사 작
용을 측정하고 쥐에게 미로를 달리게 했다. 확실한 데이터로 뒷받침
되지 않는 것은 모두 가치 없는 것으로 여겼다.

　　머리는 데이터를 기반으로 한 과학을 중시했지만(생화학을 전공한
배경이 있었으므로), 그보다 더 풍부한 것도 원했다. 그는 개인의 성격
에 흥미를 느꼈고, 소설가가 쓰는 것과 같은 방식으로 온갖 잡다한 세
부 사실을 통해 인간을 연구하고자 했다. 사실, 머리는 결국 롤 모델
로 삼았던 융을 버리고 허먼 멜빌 쪽으로 방향을 틀었는데, 그는 멜빌
이야말로 잠재의식의 진정한 발견자라고 여겼다.(머리는『모비 딕』을
읽고, 자신을 이스마엘이나 퀴퀘그보다는 과대망상증에 빠진 에이허브
선장과 동일시했다.) 결국 머리는 양자를 절충해 새로운 접근법을 택했

고, 데이터에 중점을 두면서 성격을 연구하기로 했다.

물론 이 중도의 길은 어느 진영도 반기지 않았지만, 막대한 부 덕분에 머리는 인습 타파주의자로 내몰려 파멸하는 결과를 피할 수 있었다. 심리학의 양대 주류 진영에 거스르는 길을 걸어가면서도 머리는 연줄을 이용해 하버드대학교에서 교수로 임명되었다. 이에 불만을 품은 동료들이 훗날 머리의 종신 재직권에 반대했으나, 하버드대학교 고위층은 머리를 해고하는 대신에 머리의 구역이라고 할 수 있는 하버드심리학클리닉으로 보냈다. 머리는 그 문에 흰 고래를 그렸다. 이 클리닉이 재정 문제로 곤란을 겪을 때마다 머리는 자신의 수표첩을 꺼내 그 비용을 부담했다.

제2차 세계 대전 동안에도 머리는 연줄을 이용해 CIA의 전신인 전략사무국(OSS)에서 특별한 보직에 임명되었다. 오늘날의 기준으로 보면 여기서 한 일 중 일부는 매우 의심스러워 보인다. 한 계획은 아돌프 히틀러Adolf Hitler의 심리 프로필을 완성해 전쟁 동안 그의 행동을 예측하고 그에게 영향을 미치는 방법을 제시하려고 했다. 머리는 히틀러를 '화가와 갱스터'가 혼합된 인물로, "예컨대 바이런과 알 카포네의 복합체"로 묘사했다. 심지어 그는 히틀러의 애정 행각까지 추측했다. "소문에 따르면, 히틀러의 성 생활은……여성 쪽에 독특한 행동을 요구한다고 하는데, 그 정확한 내용은 국가 기밀이다." 비록 흥미롭긴 하지만, 이 평가는 전혀 근거가 없는 것이었다.

OSS를 위해 한 다른 일은 조금 더 가치가 있었다. OSS에서 일하겠다고 홍수처럼 몰려든 지원자들을 관리하는 일을 돕기 위해 머리는 사람들을 유형별로 분류하고 어떤 일에 적성이 있는지 판단하는 검사법을 고안했다. 성격 테스트를 받아본 사람이라면 이 검사법이 낯설지 않을 것이다. 머리는 또한 심한 압력을 받는 상황에서 지원자가 거짓말을 얼마나 잘하고 다른 사람의 약점을 잘 간파하고 심문에 잘 견디는지 조사하는 시스템을 고안하는 일도 도왔다. 다시 말해서, 머리는 훌륭한 스파이를 찾아내는 시스템을 고안했다.

머리는 전쟁 동안 한 일 중에서 무엇보다도 이 스파이 연구에 큰 흥미를 느꼈는데, 특히 극적 요소가 풍성한 심문자와 포로 사이의 동역학에 큰 흥미를 느꼈다. 그래서 전쟁이 끝난 뒤, 머리는 하버드대학교에서 심문 방법을 체계적으로 연구하기로 결정했다. 우연히도 OSS의 계승 기관인 CIA도 같은 관심을 가졌고, 이 연구를 냉전 동안 유리한 고지에 서는 데 도움이 되는 한 가지 방법으로 여겼다.

1940년대 후반에 전 세계적으로 벌어진 공산주의와 민주주의의 대결은 공산주의가 경쟁자를 궁지로 몰아넣을 것처럼 보였다. 스탈린과 소련은 동유럽 전역을 점령했고, 마오쩌둥毛澤東은 세상에서 인구가 가장 많은 나라인 중국을 손에 넣었다. 베를린을 놓고 유럽에서 전쟁이 일어날 뻔했고, 아시아에서는 한반도에서 전쟁이 일어났다. 핵무기의 위협은 긴장을 더욱 고조시켰다.

아무리 무시무시하더라도 원자폭탄은 외적인 위협에 지나지 않았다. 많은 미국인에게 훨씬 무서웠던 것은 자신의 마음이 침략을 당하는 것이었다(내부로 파고들어 마음을 장악하는 공산주의자에게). 한반도에서 전쟁 포로 수천 명은 자신들이 저지르지 않은 범죄(예컨대 적군에게 세균전을 감행했다는)를 저질렀다고 '자백'하는 성명서에 서명을 했다. 이와 비슷하게 소련이 동유럽에서 벌인 악명 높은 공개 재판에서는 피고들이 터무니없는 짓을 저질렀다고 자백했는데, 불분명한 발음과 좀비처럼 멍한 표정으로 진술했다. 이 증거를 검토한 CIA 분석가들은 비약적인 결론을 내렸다. 그들은 공산주의자 심문자들이 사람을 확실하게 세뇌시키는 방법을 발견한 게 틀림없다고 생각했다. 그것은 사람들의 마음을 열어 그들을 자신이 원하는 대로 조종할 수 있는 '꼭두각시'로 만드는 심리적 슈퍼무기였다.

사실은 공산주의자들은 그런 능력이 없었다. 그들이 사용한 것은 고문이었다.

가끔 공산주의자 심문자는 격리와 수면 박탈 같은 '가벼운' 고문 기술을 사용했다. 그것이 효과가 없으면, 그냥 흠씬 두들겨패거나, 창의성을 조금 발휘해 발작을 일으키는 약물을 주입하거나, 젖은 캔버스 천으로 몸을 둘러싸 천이 마르면서 몸을 조이게 했다. 우리가 아는 고문의 과학과 심리학 지식을 고려하면, 이런 방법들은 제대로 된 정보를 얻어내는 데 별로 도움이 되지 않는다. 고문이 효과가 있는지 없는지 과학적으로 제대로 조사한 연구조차 없었다. 그런 연구를 하려면, 자원자들을 두 집단으로 나누어 한 집단은 내밀한 비밀을 털어놓으라고 고문을 하고, 다른 집단은 인도적인 수단으로 심문을 한 뒤, 두 결과를 비교해보아야 한다. 이 책에서 소개한 다른 사례들과 비교해보아도 이와 같은 연구는 매우 비윤리적인데, 엄밀한 연구가 없는 상황에서 우리는 고문의 효능에 대해 확실한 결론을 내릴 수 없다. 그렇지만 우리가 기댈 수 있는 최선의 과학은 그 신뢰성에 의문을 던진다. 가벼운 스트레스조차 정보를 기억하는 능력에 지장을 초래하는데, 고문보다 더 강한 스트레스를 주는 것은 거의 없다. 게다가 사람들은 강압적인 고문을 받으면, 그저 고통에서 벗어나기 위해 온갖 종류의 터무니없는 이야기를 어떤 것이라도 자백한다는 연구 결과가 반복적으로 나왔다. 밖에서 보면 아무리 말도 안 되는 일처럼 보이더라도, 허위 자백은 항상 일어난다.

신뢰할 만한 정보를 원한다면, 고문보다 더 나은 방법이 있다.[45] 물론 소련과 중국의 공산주의자들이 반드시 신뢰할 만한 정보를 원했던 것은 아니다. 그들은 허위 자백을 원할 때가 많았는데, 그것을 선전으로 이용했다. 그렇게 냉소적인 의미에서는 고문이 '효과'가 있으며, 그것도 아주 큰 효과가 있다.

불행하게도 CIA 분석가들은 그러한 세부 사실을 놓쳤다. 그들은 공산주의자가 심리학 분야의 원자폭탄에 해당하는 것을 발견했다고 두려워했는데, 만약 그렇다면 냉전에서 공산주의 진영이 결정적 우위에 서게 될 게 뻔했다. 그래서 CIA는 '심리 조종 기술의 간극'을 좁히기 위해 1953년에 MK-ULTRA라는 긴급 계획을 세웠다. 'MK'는 이 계획이 CIA의 '기술 서비스 요원'의 범주에 속한다는 것을 나타냈다. 한편, 'ULTRA'는 제2차 세계 대전 때 독일군의 암호를 해독하는 임무를 수행한 ULTRA 계획에서 딴 이름이라고 전한다. 이 영역에서 소련을 이기는 것은 어느 모로 보나 나치의 탱크와 잠수함을 파괴하는 것 못지않게 민주주의의 생존에 중요하다는 의미를 담고 있었다. 우리는 사람의 뇌를 최대한 빨리 해킹할 새 방법을 개발해, 공산주의자가 우리에게 한 것과 똑같이 되갚아주어야 했다.

MK-ULTRA 계획에서는 마음을 탐색하는 방법은 어떤 것이건 정당한 게임으로 간주되었다. 엄숙하고 유머 감각이 없는 CIA 분석가들이 점쟁이와 초능력 연구자와 팀을 이루어, 혹시라도 효과가 있지 않을까 하는 기대를 품고 최면과 텔레파시, 투시를 비롯해 온갖 주술적 힘을 연구했다. 오늘날 MK-ULTRA는 강력한 환각제인 LSD를 무분별하게 사용한 것으로 널리 알려져 있는데, 요원들은 LSD가 진실을 말하게 하는 약물로 효능이 있을 것이라고 기대했다.(육군도 PCP와 메스칼린을 사용해 비슷한 연구를 했다.) 공정하게 말하면, 요원들은 적어도 자신에게 먼저 그 약물을 투여했다. 그들은 파티에서 동료의 와인이나 담배에 몰래 약물을 집어넣고는, '괴물들'(실제로는 옆을 지나가는 자동차들)이 자신을 집어삼키려 한다고 믿고서 미친 듯이 소리를 지르며 도시를 돌아다니는 동료의 뒤를 추적했다. 하지만 얼마 지나지 않아 그들은 낯선 사람에게도 약물을 투여하기 시작했다. 때로는 칵테일을 휘젓는 막대에 약물을 묻혔고, 때로는 마술사를 고용해 필요한 손재주를 가르친 뒤 술집과 사창가에서 음료에 몰래 약물을 집어넣었다.(심지어 한 요원은 샌프란시스코에서 유곽을 운영하면서 LSD에 취해 일어나는 성관계 장면을 매직미러 뒤에서 지켜보았는데, 손에 마르티니를 들고 변기에 앉은 채 지켜보았다.) 사실, 만약 CIA가 그토록 광범위하게 실험을 하지 않았더라면, 오늘날 LSD는 실험실의 흥미로운 물질로 남아 있을지도 모른다. 엄격하고 초보수적인 이 기관이 자기도 모르게 1960년대의 반문화 마약 운동의 씨를 뿌렸다는 것은 20세기의 큰 아이러니 중 하나이다. 그레이트풀 데드Grateful Dead(1965년에 결성된 미국의 록 밴드. 히피들 사이에 LSD 같은 마약 복용을 권장하는 분위기를 조성했다.—옮긴이)는 방사성 낙진 지하 대피소와 마찬가지로 냉전의 산물이기도 하다.

MK-ULTRA는 결국 신통한 결과를 내지 못한 채 종료되었고, 훗날 CIA 국장은 관련 문서를 모두 없애라고 지시했다. 그 결과로 이 계획의 전체 진행 상황은 제대로 알려지지 않은 채 남아 있다. 하지만 86개 연구소에서 적어도 185명의 과학자가 이 계획에 참여했으며, CIA는 윤리 의식이 낮은 심리학자들을 적극적으로 끌어들였다. 한 심리학자의 신상 정보에는 "이 사람은 전폭적으로 협력할 만큼 윤리 의식이 낮다."라고 적혀 있다.

CIA가 후원한 연구 중 많은 것은 스트레스에 초점을 맞췄는데, 스트레스의 원인을 밝히는 것과 함께 사람들이 스트레스에 대처하기 위해 사용하는 전략을 살피는 데 중점을 두었다. 그 자체만 놓고 본다면 이 연구는 가치가 있었다. 이 연구는 사람들이 살아가면서 긴장과 불안에 대처하는 데 도움을 주었다. 하지만 CIA는 거기서 얻은 결과를 왜곡했다. 분석가들이 스트레스의 원인을 알아내자, 그들은 그 연구를 바탕으로 전쟁 포로와 스파이에게 스트레스를 유발함으로써 비밀 정보를 캐내는 방법을 손에 쥐게 되었다. 이와 비슷하게, 만약 분석가가 사람들이 스트레스에 대처하는 법을 알아내면, 그 대처 메커니즘을 방해하여 압력의 수위를 더 끌어올릴 수 있었다. 이 전략은 사악하지만 아주 영리한 것이었다. 연구는 학계의 심리학자들이 진행했고, CIA는 그 결실을 챙겼다.

바로 이 지점에서 CIA의 이해와 헨리 머리의 이해가 수렴했다. 역사학자와 음모론자 사이에서 다양한 추측이 난무하지만, 머리가 MK-ULTRA나 CIA가 진행한 그 밖의 계획에 참여했다는 확실한 증거는 없다. 문서 기록이 없다는 사실만으로 무엇이 증명되는 것도 아니다. 너무 많은 문서가 파기되었고, 애초부터 연구가 극비리에 진행되었기 때문이다. 심문에 대한 CIA의 관심을 머리가 공유했던 게 틀림없다. 머리는 같은 연구 주제로 CIA의 전신 기관을 위해 일했고, 반문화 심리학자 티머시 리어리Timothy Leary(하버드대학교에서 머리의 동료였던)는 머리가 OSS를 위해 세뇌에 관한 군사 실험을 이끌었다고 분명히 말했다. 따라서 설령 CIA에서 돈을 한 푼도 받지 않았다 하더라도, 머리는 그 환경의 일부였으며 그 사고방식을 공유했다.

사실, 심문에 대한 머리의 관심은 분명히 CIA보다 더 어둡고 냉소적이었다. 비록 잘못된 판단이긴 했지만, CIA 분석가들은 고문을 통해 좋은 정보를 얻어내고 그것을 이용해 세계를 구할 수 있다고 진지하게 믿었다. 머리도 틀림없이 그런 결과를 얻도록 돕는 걸 좋아했겠지만, 그가 더 관심을 둔 것은 사람들을 잔인하게 고문할 때 무슨 일이 일어나는지 조사하는 것이었다. 구체적으로는 사람들이 믿는 핵심 가치를 공격하고 그 가치가 의미 없는 것임을 드러냄으로써 그들을 갈피를 못 잡게 만들어 정신을 무너뜨릴 수 있을 것이라고 생각했다. 그렇게 되면 그들을 심리적으로 쉽게 조종할 수 있을 것이라고 믿었다. 이 목적을 위해 머리는 1959년 가을에 카진스키처럼 "머리가 아주 좋은 남자 대학생"을 대상으로 심리적 학대에 관한 연구를 시작했다.

미국 정부가 냉전 기간에 심리학을 남용했다면, 비록 방법은 달랐지만 소련 역시 같은 짓을 했다는 사실을 지적해야 공평할 것이다. 소련인은 세뇌(그들은 이것이 터무니없는 소리임을 알고 있었다)를 추구하는 대신에 심리학을 사용해 정치적 활동가들의 평판을 훼손하고 그들을 재판 없이 구금했다.

그 시스템의 작용 방식은 다음과 같았다. 반체제 인사(인권이나 종교적 자유, 권력 남용에 대한 발언을 자제하지 않는 사람)가 체포될 때마다 KGB 요원은 그 사람을 정신질환자 수용소로 끌고 갔다. 운영진에 KGB 요원이 포함된 정신질환자 수용소가 여러 곳 있었는데, 이곳 정신과 의사들은 KGB의 지시를 충실히 따르면서 반체제 인사를 정신 이상으로 판정하고 감금했다. 가장 흔한 진단은 '완만한 조현병'이었는데, 이것은 서서히 진행되는 가공의 조현병으로, 그 증상으로는 '개혁 망상', '진실을 위한 투쟁', '불굴의 노력', 그리고 기묘하게도 추상주의나 초현실주의 미술을 선호하는 경향 등이 있었다. KGB 입장에서는 반체제 인사를 미쳤다고 선언하면 여러 가지 이점이 있었다. 당국은 거추장스러운 비밀이 드러날지도 모를 재판을 피할 수 있었다. 그리고 반체제 인사를 정신적으로 문제가 있는 사람으로 몰아가면서 그 추종자들 역시 정신이 이상한 사람으로 낙인찍을 수 있었다. 1950년대부터 1980년대까지 수천 명이 소련의 정신질환자 수용소로 끌려가 사라졌는데, 그곳에서는 그들을 유순하게 만들기 위해 가끔 약물도 투여했다.

물론 끌려온 사람들을 측은히 여겨 정신질환자 수용소에 보낸 정신과 의사도 일부 있었다. 만약 미쳤다고 판정하지 않으면, 그 환자는 끌려가 처형될 가능성이 높았기 때문이다. 하지만 대다수 정신과 의사는 KGB를 열렬히 지지했다. 소련 의사들은 히포크라테스 선서 대신에 공산당에 우선 봉사하겠다는 특별 서약을 따르겠다고 맹세했고, 이 서약을 진지하게 지켰다. 한 의사의 표현대로 소련 의사들은 "언제 청진기를 내려놓고 총을 들어야 할지 알고" 있었다. 그들은 또한 소련을 노동자들의 천국이자 세계사에서 가장 위대한 국가로 생각하도록 교육받았다. 따라서 그런 국가에 저항하는 것은 사실상 정신 착란의 징후였다. 미친 사람이 아니고서야 어느 누가 천국에 저항하려고 하겠는가? 소련의 일부 정신과 의사들은 심지어 미하일 고르바초프 Mikhail Gorbachev가 권좌에 오른 것을 유감스럽게 여겼는데, 그들의 눈에는 고르바초프가 명백히 조현병 환자로 보였기 때문이다. 무엇보다도 고르바초프는 정치 개혁을 선동하지 않았는가? 또 인권에 대해서도 끊임없이 지껄이지 않았는가? 소련이 붕괴하고 난 뒤에야 그들은 자신들의 시각이 얼마나 비뚤어져 있었는지 깨달았다.

그런데 정치적 목적을 위해 심리학을 남용한 국가는 소련뿐만이 아니다. 20세기에 각각 시기는 달랐지만, 루마니아와 쿠바, 남아프리카 공화국, 네덜란드도 비슷한 악행으로 비난을 받았다. 오늘날 가장 큰 비난을 받는 국가는 중국인데, 1999년부터 파룬궁法輪功을 "사교邪敎가 조장한 정신 장애"라고 선언하면서 강력하게 탄압했다. 한 여성에 관한 사건 보고서는 "자신이 파룬궁 수련으로 얼마나 큰 이익을 얻는지 모든 사람에게 노골적으로 말했다는" 이유로 그 여성을 맹렬히 비난했다. 이 비슷하게 한 남성 수련자는 "사람들에게 아무 이유 없이 값비싼 선물을 주었다는" 이유로 구금되었다. 이 얼마나 신경질적인 반응인가!

슬프게도 반대자들을 이런 식으로 탄압하는 것은 효과적일 수 있다. 교도소에 수감된 반체제 인사는 순교자가 될 수 있다. 하지만 정신질환자 수용소에 수감된 반체제 인사는 그럴 수가 없다. 사람들은 정신이 이상하다는 사람에게 지지를 보내길 망설인다. 심지어 친구들과 사랑하는 사람들도 미심쩍은 눈으로 바라보기 시작한다. 비록 남용의 정도가 지나치긴 하지만, 이 시스템에는 어떤 논리가 있다.

이와는 대조적으로 미국 정부가 심리학을 남용한 방식은 전혀 논리적이지 않았다. 특히 LSD 실험과 "진실을 실토하게 만드는" 그 밖의 실험들은 설계가 부실했고 일관성마저 없었다. 약물 투여량도 극소량에서부터 마약 복용자가 통상적으로 투여하는 양의 10배 이상에 이르기까지 그 범위가 아주 넓었고, 약물의 정체가 비밀에 싸여 있어 담당 의사조차도 자신이 주사하는 약물이 무엇인지 모르는 경우가 많았다.(한 의사는 "우리는 그것이 개 오줌인지 아니면 다른 것인지 전혀 몰랐다."라고 말했다.) 그리고 그 결과로 사람들은 큰 대가를 치렀다. 약물을 투여받은 한 경찰은 총을 들고 술집을 털었다. 다른 실험들에서는 다른 사람을 죽이거나 자살하는 사례도 나왔다.

하버드대학교의 잔혹한 심문 방법 연구도 이와 비슷하게 사람들의 안녕에 대한 무관심을 드러냈다. 물론 헨리 머리가 카진스키나 아주 똑똑한 남자 대학생에게 해를 가하려고 적극적으로 시도했다는 증거는 없다. 한편, 만약 실제로 그런 시도를 했더라도, 머리는 그것에 크게 신경 쓰지 않았을 것 같긴 하다.

시카고에서 자란 테드 카진스키(테드 또는 테디는 시어도어의 애칭임—옮긴이)는 소년 시절에 지나치게 감수성이 예민한 동시에 지나치게 합리적이었다. 어느 여름날, 아버지가 뒤뜰에서 나무 우리를 덫으로 사용해 새끼 토끼를 붙잡았다. 토끼는 전혀 다치지 않았지만, 카진스키의 동생과 다른 소년들이 구경하려고 몰려들자 자연히 몸을 부들부들 떨기 시작했다. 카진스키는 그 상황을 도저히 견딜 수 없었다. 그곳에 오자마자 카진스키는 토끼를 놓아주라고 고래고래 소리를 지르기 시작했다. "토끼를 놔줘!" 아버지가 토끼를 풀어줄 때까지 그렇게 계속 소리를 질러댔다.

그런가 하면 카진스키는 잔인할 정도로 논리적인 면을 보였다. 어느 날, 동생 데이비드가 친구와 함께 잔디 위에서 야구 카드들을 가지고 놀았는데, 친구가 데이비드에게 가장 좋아하는 선수가 누구냐고 물었다. 데이비드는 야구를 전혀 모른다고 실토하기가 창피해 카드들을 내려다보다가 제일 먼저 눈에 들어오는 선수의 이름을 댔다. 다행히 친구도 그 선수를 좋아했다. 그것은 어린 시절의 무해한 거짓말이었다. 하지만 데이비드가 집으로 가 테드에게 자신이 새로 좋아하게 된 야구 선수 이름을 말하자, 형은 동생을 매섭게 추궁하기 시작했다. 언제부터 그 선수를 좋아했니? 왜 그렇게 좋아하는데? 기가 꺾인 데이비드는 더 이상 말을 할 수 없었다. 훗날 데이비드는 한숨을 쉬며 이렇게 말했다. "테디가 이유를 물을 것이란 사실을 알았어야 했다. 모든 의견은……정당한 근거를 바탕으로 해야 했다." 한번은 데이비드가 테드에게 "우린 정말 행운아인 것 같아. 이렇게 세상에서 가장 좋은 부모를 만났으니까 말이야."라고 말한 적이 있었다. 그러자 카진스키가 "넌 그걸 증명할 수 없어."라고 쏘아붙였다.

그래도 데이비드는 수학과 음악에 뛰어난 재능을 보인 테드를 어느 정도 숭배했다. 데이비드는 "형이 제2의 아인슈타인이 될지 제2의 바흐가 될지 알 수 없었다."라고 말한 적도 있었다.

하지만 부모는 아들의 장래에 대해 덜 낙관적이었다. 테드에게는 뭔가 부족한 구석이 있었다. 어린 시절에 카진스키는 다른 사람을 안길 거부했다. 다른 사람이 자신의 몸에 팔을 두를 때마다 몸서리치며 물러섰다. 친구를 사귀는 데에도 어려움을 겪었다. 어머니가 다른 아이들에게 레모네이드와 쿠키를 주면서 카진스키와 함께 놀아달라고 부탁했을 때에도 정작 카진스키는 별로 흥미를 보이지 않았다. 5학년 때 IQ 검사를 받으면서 상황이 더 악화되었다. IQ가 167이 나오자, 교장은 한 학년 월반을 권유했다. 부모는 그러지 않아도 체격이 작고 대인 관계가 서투른 소년을 나이가 더 많은 급우들 사이에 데려다놓으면 고립 상황이 더욱 악화되리란 사실을 깨닫지 못하고 교장의 권유를 따랐다.

어릴 때 외톨이로 지내던 사람이 건강하게 잘 살아가는 어른으로 성장하는 경우도 많다. 카진스키도 학교에서 친구를 몇 명 사귀었고, 밴드(그는 트롬본을 불었다) 같은 사회 활동에도 참여했다. 그래서 완전한 외톨이는 아니었다. 하지만 부모인 터크Turk와 완다Wanda는 아들이 인기가 없는 것을 늘 염려했고, 심지어 여자를 사귀지 않거나 보이스카우트에 가입하지 않는다는 이유로 '병이' 있다거나 '미성숙'하다거나 '정서적 장애가' 있다는 식으로 말하면서 아들을 괴롭혔다. 테드는 이런 단어들에 상처를 받았다. 그리고 터크와 완다는 테드가 고등학교 때 2학년을 건너뛰도록 함으로써 앞서 저지른 실수를 더 악화시켰다. 카진스키는 생일이 5월이었으므로 이제 대부분의 급우보다 두 살 이상 어렸다.[46]

15세 때 카진스키는 하버드대학교 입학 자격을 얻었다. 그것은 아주 자랑스러운 일이었겠지만, 밴드를 지도하던 교사는 터크에게 카진스키를 하버드에 보내지 말라고 했다. 카진스키는 비록 똑똑하긴 하지만 경쟁의 압박이 극심한 그 학교에서 생활할 만큼 정서적 준비가 되지 않았다고 했다. 또한 사교적으로도 그곳에 어울리지 않을 것이라고 했다. 터크는 시카고의 가축 수용소 근처에 있는 삼촌 가게에서 소시지를 만드는 일을 했는데, 전형적인 하버드대학교 학생(은행가나 상원 의원의 자제)이라면 경멸할 만한 직업이었다. 그 교사는 훌륭한 음악과가 있는 근처의 오벌린칼리지로 가는 게 더 낫다고 조언했다. 터크는 그 조언을 들으려 하지 않았다. 비록 비천한 직업에 종사하긴 했지만, 그는 책을 많이 읽었고 자부심이 강한 사람이었다. 아들에게 최선의 길을 열어주고 싶었는데, 하버드대학교가 바로 그런 곳이었다.

공정하게 말하면, 카진스키를 하버드대학교로 보내기로 결정한 부모는 단지 자신들의 자부심만 염두에 두었던 것은 아니다. 그들은 테드가 고등학교 생활에 제대로 적응하리란 희망을 거의 포기했다. 심리학자들의 연구를 통해 밝혀진 것처럼, 천재의 IQ를 가진 사람은 친구들과 어울리는 데 문제를 겪는 경우가 많은데, 뇌의 작용 방식이 보통 사람과 다르기 때문이다.(카진스키는 이웃 소년들과 함께 놀

훗날 유나바머가 된 시어도어 카진스키의 젊은 시절 모습(왼쪽 사진). 오른쪽 사진은 카진스키와 아버지 터크, 동생 데이비드의 가족 사진이다.

길 거부했는데, 그의 눈에는 그 친구들이 바보처럼 보였던 게 한 가지 이유였다.) 하지만 하버드대학교에서는 마침내 수준이 맞는 사람들을 만날 수 있을 것이라고 부모는 기대했다. 그래서 드디어 제대로 된 친구들을 사귀고 정상적인 삶을 살아갈 수 있을 것이라고 보았다.

그랬더라면 얼마나 좋았을까! 학과장은 선의로 카진스키를 그와 비슷한 학생들이 모인 기숙사에 배치했다. 그들은 하버드대학교에 어울리지 않는 집안 출신의 우등생들이었다. 이론적으로는 공통의 출신 배경 때문에 이들이 서로 좋은 친구가 될 것으로 보인다. 그렇지만 실제로는 그 건물은 사교에 문제가 있는 부적응자들을 모아놓은 곳이었다. 그 기숙사는 한 역사학자가 "공붓벌레들을 위한 게토"라고 부른 곳으로 변해갔다. 카진스키는 하버드대학교에서 몇몇 친구를 사귀었다. 그는 완전한 외톨이는 아니었다. 하지만 1950년대의 하버드대학교는 19세기 중엽의 존 화이트 웹스터 시절과 마찬가지로 가난을 너그럽게 봐주지 않았다. 외모가 중시되었는데, 카진스키는 서투른 태도와 올이 다 드러날 정도로 낡은 옷 때문에 실패자로 간주되었다.

카진스키는 2학년 때 헨리 머리를 처음 알게 되었다. 그 당시 머리는 심리학 강의를 이용해 캠퍼스에서 가학적 심문에 관한 자신의 연구에 피험자로 자원할 사람을 모집하고 있었다. 자신이 내건 모집 공고에서는 그 연구를 "특정 심리학 문제의 해결에 기여할" 기회라고 무미건조하게 표현했다. 카진스키는 그 강의를 수강하지 않았기 때문에, 어떤 경로를 통해 두 사람이 만났는지는 불분명하다. 어쩌면 카진스키가 지나가다가 우연히 모집 공고를 보고 자원했을지도 모른다. 어쩌면 젊은 공붓벌레를 우연히 알게 된 머리가 자원을 권유했을지도 모른다. 어쨌든 예비 선별 과정에서 '로풀'은 코호트 내에서 가장 소외된 젊은이로 확인되었는데, 그 사실에도 머리는 전혀 망설이지 않은 것으로 보인다.

그때 카진스키는 17세로 미성년자였기 때문에, 머리는 시카고에 있는 부모에게 편지를 보내 카진스키를 연구에 참여시키는 데 그들의 허락을 받아야 했다. 가슴 아프게도 완다는 자신이 아들을 어떤 연구로 밀어넣는지 전혀 몰랐다. 완다가 아는 것이라곤 테디가 하버드에서도 여전히 친구를 잘 사귀지 못하고 있다는 것뿐이었고, 편지를 보낸 멋진 심리학자가 아들의 문제를 해결하는 데 도움을 줄지도 모른다고 생각했다. 완다는 즉각 아들의 실험 참여에 동의한다는 편지를 보냈다.

다른 학생들도 각자 동의서에 서명했는데, 그 동의서는 모집 공고만큼이나 기만적인 것이었다. 머리는 먼저 그들에게 자신의 "개인적 인생철학……즉 그것에 따라 살아가거나 살아가길 원하는 인생의 주요 지침"을 적으라고 요구했다. 그러고 나서 이 철학을 놓고 다른 학생과 우호적인 토론을 벌이게 될 거라고 이야기했다. 그러면서 상대 '학생'이 실제로는 자신이 공격적이고 잔인하게 행동하라고 지시한 변호사라는 사실을 숨겼다. 한 학생은 "나는 혹독한 강도의 공격에 충격을 받은 것을 생생하게 기억한다."라고 말했다.

피험자에게 거짓말을 한 것만 해도 이미 윤리적 연구에 관한 뉘른베르크 강령을 어긴 것이었지만, 머리는 그것에 그치지 않았다. 그 실험의 진짜 목적도 숨겼는데, 그것은 당연한 일이었다. 진짜 목표는 큰 충격으로 젊은이들의 마음을 무너뜨리는 것이었기 때문이다. 사실, 뉘른베르크 강령은 연구 동안 고통을 최소화하는 것을 목표로 하는 반면, 머리의 연구는 피험자에게 고통을 유발하는 것이 목표였다.

마지막으로, 머리는 학생들에게 원한다면 연구 도중에 포기해도 된다고 허락했지만, 자신의 매력과 권위를 최대한 활용해 학생들이 실험에 계속 남아 있게 했다— 만약 중도에 빠져나가면 연구를 망치게 될 것이라고 주장함으로써 사실상 실험을 계속하도록 강요했다.

자신의 별명에 걸맞게 로폴은 가장 충실한 피험자 중 한 명이었다. 그는 3년 동안 200시간 이상의 학대를 견뎌냈다. 그중에는 앞에서 상상으로 재현한 장면처럼 변호사가 갓 자란 그의 턱수염을 조롱하면서 무자비하게 그의 심리를 무너뜨린 적도 있었다. 카진스키는 훗날 그 연구를 "내 인생에서 최악의 경험"이라고 말했다. 하지만 매주 다시 실험을 하러 돌아왔는데, 거기에는 여러 가지 이유가 있었다. 하나는 고집 때문이었다. 그는 "그것을 견뎌내고 무너지지 않는다는 걸 증명하고 싶었다."라고 말한 적이 있다. 또 한 가지 이유는 한 역사학자가 추측한 것처럼 머리가 실험 참여자에게 돈을 주었기 때문인데, 블루칼라 출신인 카진스키는 그 돈이 필요했다.

관점에 따라 머리가 카진스키에게 저지른 짓은 고문에 준하는 수준은 아니라고 생각하는 사람도 있을 것이다. 어쨌든 머리는 카진스키에게 손가락 하나도 대지 않았고, 카진스키나 그가 사랑하는 사람을 위협하지도 않았다. 하지만 카진스키가 머리의 손에서 고통을 받았으며, 그것도 끔찍한 고통을 받았다는 사실은 의심의 여지가 없다. 훗날 그가 기억한 것과 그 당시에 보인 반응(예컨대 심장 박동 수 증가) 모두 그 사실을 증언한다. 게다가 고문 피해자의 경험을 바탕으로 카진스키의 경험을 유추해보면, 카진스키가 견뎌낸 종류의 고통은 아주 격심했던 게 틀림없다. 자신이 믿는 대의를 위해 고통을 겪는 사람은 역경이 지난 뒤에 쉽게 원상을 회복하는 경향이 있다. 이것을 잔 다르크 현상Joan of Arc Phenomenon이라고 부른다. 그들이 겪는 고통은 숭고한 것이며, 고문은 그들을 강하게 만든다. 이와는 대조적으로 무작위로 선택되어 학대를 받거나 자신이 선택하지 않은 고초에 휘말린 사람은 더 큰 고통을 받으며, 나중에 회복하는 데에도 더 어려움을 겪는 경향이 있다. 이런 사람들은 스스로에게 들려줄 수 있는 이야기가 전혀 없고, 진통제 역할을 하는 숭고한 대의도 없다. 고문은 이들을 망가뜨린다.

머리의 실험이 카진스키를 유나바머로 '만들었다고' 말하는 것은 환원주의(다양한 현상을 기본적인 한 가지 원리나 요인으로 설명하려는 경향―옮긴이)에 너무 치우친 설명이다. 나머지 21명의 학생들도 동일한 학대를 경험했지만, 몬태나주에 오두막집을 짓고 살면서 사람들에게 우편으로 폭탄을 보내는 짓을 한 사람은 아무도 없다. 아마도 머리가 처음 지적한 것처럼, 모든 개인은 복잡하고 특이하여 인과 관계가 단순하게 성립하는 경우는 드물다. 같은 맥락에서 카진스키가 표출한 폭력성의 원인을 '나쁜 유전자'나 '나쁜 가정'에서 자란 환경에서 찾는 것 역시 너무 단순한 생각이다.

하지만 나쁜 유전자와 나쁜 경험이 결합해 폭력성을 촉발했을 가능성은 있다. 예를 들어 X 염색체에 있는 *MAOA* 유전자를 생각해보라. 이 유전자는 뇌에서 신경 전달 물질의 분해를 돕는 단백질을 만든다. 같은 유전자의 다른 버전들은 각각 신경 전달 물질을 분해하는 속도가 다른데, 각 신경 전달 물질의 존재나 부재는 우리의 생각과 감정과 행동에 영향을 미칠 수 있다. 이 사실은 중요한데, 특정 버전의 *MAOA* 유전자를 갖고 태어난 사람은 폭력적 성향이 강하고 반사회적 행동을 나타낼 가능성이 더 높기 때문이다. 다만 어린 시절에 학대나 방임을 경험했을 경우에만 그렇다. 학대나 방임을 경험하지 않았을 경우에는 정상인으로 자란다. 나쁜 결과가 나타나려면, 나쁜 유전자와 나쁜 경험이 결합되어야 한다.

유전자 검사를 하지 않은 상황에서 우리는 카진스키의 DNA에 대해 추측만 할 수 있을 뿐이다. 하지만 카진스키는 어린 시절에 극도로 예민하고 심지어 신경질적이었다.(토끼 사건을 떠올려보라.) 거기다가 문제가 있는 가정에서 자랐는데, 친구를 잘 사귀지 못한다는 이유로 부모에게서 '병든' 아이라는 말을 들었고, 월등한 학업 성취 능력을 보여주는 동시에 사회적으로도 완벽하게 정상을 유지해야 하는, 조화시키기 어려운 압력을 받으며 살았다. 솔직히 말하면, 카진스키의 천재성도 상황을 악화시켰다. 뛰어난 재능을 가진 사람은 심리적으로 취약한 경우가 많다. 이들은 아주 세심한 주의를 기울여 길러야만 꽃이 피고 부적합한 환경에서는 시들고 마는 난과 같다. 만약 카진스키가 정말로 정신질환에 취약했다면, 가정생활과 학교생활이 그 문제를 더 악화시켰을 가능성이 높다.

그러다가 카진스키는 머리를 만났다. 여기서도 고문 비유에 동의할 수도 있고 동의하지 않을 수도 있지만, 심문을 받는 사람을 가장 효과적으로 무너뜨리는 방법이 무엇인지는 분명하다. 고립 상태에서 스트레스를 주는 상황을 오랫동안 지속시키면 된다. 16세의 카진스키는 하버드에 도착할 때 이미 고립돼 있었는데, 공붓벌레들을 위한 게토에 갇히면서 상황은 더 악화되었다. 그런 상황에서 머리의 연구는 불필요한 스트레스를 추가했고, 고집스러운 카진스키는 그 스트레스를 3년 동안이나 견뎌냈다. 사실, 지속적인 스트레스는 뇌에 영구적 변화를 초래할 수 있는데, 어떤 부분은 위축시키고 어떤 부분(예컨대 분노와 두려움을 처리하는 회로)은 일촉즉발의 상태로 만든다. 그렇다고 해서 어린 시절에 테디와 함께 놀아주지 않은 아이들에게 그 원인을 돌릴 수 없는 것과 마찬가지로, 카진스키가 벌인 살인 범행의 원인을 온전히 머리에게만 돌릴 수는 없다. 하지만 청소년기는 성격 형성에 중요한 시기이며, 몇 년 동안 지속된 머리의 비윤리적 실험은 그러지 않아도 취약했던 카진스키를 낭떠러지 너머로 떠미는 효과를 발휘했을 수 있다.

이 모든 것을 염두에 두고 카진스키를 동생과 비교하면 상황을 이해하는 데 도움이 될 수 있다. 젊은 시절에 데이비드는 테드보다 오히려 더 고립돼 있었다. 둘 다 아이비리그에 진학했고(데이비드는 컬럼비아대학교에 들어갔다), 나중에 사회를 등지고 황야로 갔다. 사실, 데이비드는 몬태나주의 오두막집에서 살아간 테드보다 더 원시적인 방식으로 살아갔다. 테드는 그나마 벽과 제대로 된 지붕이 있는 집에서 살았다. 데이비드는 텍사스주 사막에 무덤 형태의 구멍을 파고는 밤이 되면 그 위에 함석을 덮고 잠을 잤다. 성경에 나오는 은둔자도 이보다는 훨씬 호화롭게 살았다. 하지만 똑같이 사회로부터 고립되고, 동일한 가정환경에서 자라고, 동일한 유전자를 많이 가졌는데도 불구하고, 데이비드라는 난은 살아남았다.(어쩌면 머리의 실험 같은 것을 경험하지 않아서 그랬는지도 모른다.) 8년 뒤, 데이비드는 마침내 텍사스주 사막을 떠나 고등학교 시절에 사랑했던 여자와 결혼했다. 더욱 인상적인 사실은, 테드는 전통적인 도덕을 부르주아의 마인드 컨트롤 도구라고 경멸한 반면, 데이비드는 몇 년 뒤 신문에서 유나바머 선언문을 읽고 난 뒤 형을 고발할 만큼[47] 충분히 강한 도덕적 나침반이 있었다는 점이다.

물론 카진스키 자신은 머리의 연구와 자신의 범행 사이에 연결 관계가 있다는 주장이 너무 단순하고 선정적이라면서 일축했다.(카진스키는 자신에게 생긴 문제의 원인이 부모에게 있다고 주장하는데, 이것 역시 환원주의적 주장으로 보인다.) 하지만 카진스키 자신의 말에서 그 경험이 얼마나 자신의 성격 형성에 중요한 영향을 미쳤는지 드러난다. 지금은 유명해진 그의 선언문은 현대 기술이 인간의 정신을 얼마나 크게 타락시키고 저하시켰는지에 초점을 맞추었다. 글은 "산업 혁명과 그 결과는 인류에게 재앙이었다."라는 문장으로 시작한다. 하지만 그와 동시에 심리학과 심리학자들을 수십 번이나 언급하면서 반복적으로 비판한다. 재판 도중에 카진스키는 자신의 변호사에게 "나는 사람의 마음을 연구하는 과학의 발전에 격렬하게 반대합니다."라고 말했다. 그리고 판사에게 보낸 편지에서 "나는 과학이 마음의 작용을 탐구해서는 안 된다고 믿습니다."라고 썼다. 하버드대학교를 다니던 시절에도 카진스키는 잠을 자는 데 어려움을 겪었는데, 그 후에도 몇 년 동안 심리학자들이 "내가 '병이' 있다고 설득하려 하거나……심리적 기술을 사용해 내 마음을 통제하려고 시도하는" 악몽에 시달렸다고 했다.

다른 사람이 이런 말을 한다면, 마치 은박지 모자(편집증 환자나 음모론 신봉자들 사이에서는 은박지 모자를 쓰면 전자파를 차단해 정부의 감시나 외계인의 정신 통제를 피할 수 있다는 믿음이 있다—옮긴이)에 집착하는 편집증 환자가 하는 소리처럼 들릴 것이다. "여러분, CIA가 내 뇌에 침입했어요!" 하지만 정보 세계와 연줄이 있는 심리학자가 실제로 카진스키에게 실험을 했고, 정말로 그의 마음을 무너뜨리려고 시도했다.

머리-유나바머 사건은 결국에는 피해자가 가해자보다 훨씬 극심한 죄를 저질렀다는 점에서 비윤리적 과학의 역사에서 특이한 사례이다.

범죄를 저지르는 천재에 관한 연구는 얼마 없지만, 문제 가능성을 강하게 시사하는 한 가지 예측 변인은 IQ와 EFexecutive function(집행 기능) 사이의 부조화이다. 집행 기능은 주로 전두엽(침팬지 베키와 루시의 뇌에서 제거했던 바로 그 엽)에 위치한다. 집행 기능은 여러 가지 일 중에서도 충동을 제어하고 결정을 내리고 자기 통제를 실행하는 데 도움을 준다. 한 심리학자는 "IQ는 자동차 엔진의 마력처럼 작동하는 반면, EF는……변속기처럼 작동하면서 동력을" 유용한 목적을 향해 이끈다고 표현했다. 하지만 IQ가 EF를 크게 능가하면, 핸들 없이 드래그레이스drag race(특수 개조한 자동차로 짧은 거리를 달리는 경주—옮긴이)를 펼치는 운전자와 같은 상황에 놓이게 된다. 자동차는 쉽게 통제에서 벗어나 질주하면서 운전자를 허용 가능한 행동의 도로에서 벗어나게 한다. 게다가 천재는 대개 나머지 우리와 동일한 기본적 이유(탐욕과 질투 등)에서 범죄를 저지르지만, 이들의 범죄는 더 복잡하며, 따라서 더 정교한 계획이 필요한 경우가 많다. 카진스키는 폭탄을 설계하고 시험하느라 몇 년을 보냈으며, 각각의 '실험'에 대해 암호로 쓴 메모[48]를 꼼꼼하게 기록했다. 지문을 제거하기 위해 모든 부품을 소금물과 콩기름에 담그는 것처럼 자신의 흔적을 지우는 데에도 정교한 단계를 밟았다.

마지막으로, 범죄를 저지르는 천재는 허무주의(인생이 아무 의미가 없다는 믿음에서 전통적인 도덕을 거부하는 태도)에 빠지는 경향이 특히 강하다. 자신의 논문에서 분명하게 드러나듯이(예컨대 "도덕은 사회가 사람들의 행동을 통제하는 하나의 심리적 도구에 불과하다."라는 구절). 카진스키도 이 사상에 빠진 게 확실하다. 아마도 그의 인생에서 어떤 일이 일어났건 그는 스스로 이 결론에 이르렀을 것이다. 많은 사람이 그런 길을 밟는다. 그런가 하면, 머리의 실험에서 잘나가는 변호사가 학생의 가치를 공격하면서 그것이 무의미한 것임을 보여주라고 특별히 지시를 받은 것은 우연의 일치가 아닐지 모른다. 누군가를 허무주의자로 만들려고 한다면, 이 방법은 상당히 좋은 출발이다.

천재건 아니건 많은 범법자와 마찬가지로 카진스키는 경범죄부터 시작했다. 몬태나주의 오두막집으로 옮겨간 뒤, 그곳이 생각보다 덜 고립된 지역임을 알고는, 근처의 벌목 장비들을 파괴하기 시작했다. 또, 부근의 호화로운 통나무집에 침입해 그곳을 난장판으로 만들고 추가로 오토바이와 스노모빌까지 망가뜨렸다. 얼마 지나지 않아 카진스키는 지나가는 헬리콥터를 향해 총을 쏘거나 지나가는 스노모빌을 걸려 넘어지게 하려고 와이어를 설치하는 등 더 심각한 범죄를 저지르기 시작했다. 그러다가 결국 폭탄을 만들어 낯선 사람에게 우편으로 보내거나 통행량이 많은 공공장소에 놓아두기 시작했다. 그는 표적을 무작위로 선택하지는 않았지만, 깊이 생각하고 선택하지도 않았다. 또, 몇 차례의 폭발로 자신이 경멸한 '심리적 통제'를 일삼는 '시스템' 전체를 무너뜨릴 수 있다는 환상을 품지도 않았다. 그는 그저 분노에 넘쳤고, 그 분노를 사람들을 죽이려는 행동으로 표출했을 뿐이다.

슬프게도 그의 시도는 성공했다. 카진스키는 1978년부터 1995년까지 점점 정교하게 만든 폭탄 16개를 폭발시켰고, 이를 통해 3명이 죽고 여러 사람이 불구자가 되었다. 대학교university와 항공사airline를 주요 표적으로 삼았기 때문에, FBI는 그를 유나바머Unabomber라고 불렀다. 카진스키를 잡기 위한 수사는 FBI 역사를 통틀어 가장 길었고 가장 많은 비용이 들었는데, 해리 골드를 잡기 위해 펼친 격노한 수색 괴물의 노력마저 능가했다.

카진스키는 자신의 악명을 이용해 산업화가 인간의 정신에 미치는 해로운 효과에 대한 이론을 널리 홍보했다. 만약 〈뉴욕 타임스〉나 〈워싱턴 포스트〉, 〈사이언티픽 아메리칸〉이 자신의 선언문을 실어준다면 살인을 멈추겠다고 약속하기까지 했다.(기묘하게도 〈펜트하우스〉도 그것을 발표하겠다고 자원하고 나섰지만, 카진스키는 만약 〈펜트하우스〉에만 실린다면, 잡지의 덜 건강한 명성을 고려해 마지막 한 명을 죽일 권리를 남겨두겠다고 했다.) 〈워싱턴 포스트〉가 선언문을 실었지만, 허무주의자답게 카진스키는 약속을 지킬 생각이 없었다. 체포 직전에 카진스키는 또 다른 폭탄을 만들기 위해 알루미늄 막대를 줄로 갈아 가루로 만들고 있었다.

FBI가 급습했을 때, 카진스키의 오두막집은 그의 단정치 못한 머리와 옷과 달리 아주 깔끔했다. 요원들은 몇 주일 동안 그곳을 감시하다가 1996년 4월 3일 오전에 여러 명이 말라붙은 하천 바닥을 기어가 오두막집에 접근했다. 다른 요원들은 주변의 숲에 잠복했다. 카진스키와 알고 지내던 현지의 삼림 관리인이 민간인으로 위장한 두 요원과 함께 오두막집에 다가가 카진스키가 소유한 땅의 정확한 경계를 놓고 설전을 벌이는 척했다. 그러다가 마침내 관리인이 "어이, 테드! 밖으로 나와 그 경계가 어디인지 좀 보여줄 수 없겠나?"라고 소리쳤다.

몬태나주에서 유나바머가 거주한 오두막집의 내부 모습. 언론에서 보도한 것과 달리 상당히 깨끗하고 깔끔했다.

카진스키가 문 밖으로 머리를 내밀었다. 늘 그랬던 것처럼 그는 경계심을 품었지만, "알았네. 하지만 들어가서 재킷을 걸치고 올게."라고 말했다.

등을 돌리자마자 한 요원이 몸을 날려 카진스키를 덮치면서 팔을 비틀어 수갑을 채웠다. 그러자 숲에서 다른 요원들도 튀어나와 오두막집을 뒤지면서 부비트랩과 그 밖의 위험물을 조심스럽게 수색했다.

놀랍게도 카진스키는 양복과 넥타이를 소유했고, 책장에는 고전문학 작품(셰익스피어, 트웨인, 오웰, 도스토옙스키를 포함해)도 수십 권 꽂혀 있었다. 가슴 아프게도 머리가 아주 좋은 남자 대학생을 대상으로 벌인 가학적 심문에 관한 헨리 머리의 논문도 한 부 있었다. 그 논문은 9쪽밖에 안 되었는데, 머리가 그 실험에 대해 발표한 유일한 보고서였다. 그 논문에는 심오한 결론 같은 것은 없었고, 후회나 사과 같은 감정도 전혀 없었다. 머리가 주로 언급한 것은 피험자의 심장 박동 수였다. 결국 귀족 출신의 머리는 태평스럽게 그 젊은이들과 그들에게 저지른 학대 행위를 싹 잊었다. 하지만 카진스키는 결코 잊을 수 없었다.

체포된 후, 카진스키는 연방 차원에서 기소된 죄목 13건에 대해 유죄를 인정했다. 하버드대학교는 그 화려한 역사를 통틀어 졸업생 중에서 중죄로 처형된 사람이 단 두 명 있었다. 첫 번째는 1692년에 세일럼의 마녀 재판에서 마술을 행했다는 혐의로 처형된 조지 버로스George Burroughs였다. 두 번째는 4장에 나왔던 존 화이트 웹스터로, 1849년에 조지 파크먼을 살해한 죄로 처형당했다. 카진스키는 유죄를 인정하고 양형 거래를 받아들임으로써 가까스로 세 번째 졸업생이 되는 불명예를 피했다.[49]

언론은 카진스키의 행동을 설명하려고 시도하면서 주로 하버드대학교를 졸업한 이후의 생애에 초점을 맞추었다. 카진스키는 박사 학위를 받았고, 버클리의 캘리포니아대학교에서 수학 교수가 되었다. 그때는 급진적 시절이던 1960년대 후반이었고, 버클리는 미국 내에서 가장 급진적인 대학교였다. 폭력과 폭동을 선동하는 구호가 도처에 난무했으니, 언론에 등장한 책상물림 심리학자들의 눈에는 양자 사이의 연결 관계가 명백해보였을 것이다. 그들은 버클리의 혼란스러운 환경이 젊은 천재를 타락시켜 죄악의 길로 나아가게 한 게 분명하다고 주장했다.

하지만 카진스키 자신의 설명에 따르면, 그는 캘리포니아주에 도착할 무렵에 이미 망가져 있었다. 교수 자리를 얻은 것은 돈을 모으기 위한 것이 주목적이었고, 그 돈으로 다른 곳에 땅을 사 오래전에 동부에서 형성된 살인과 복수의 환상을 실행에 옮기려고 했다. 버클리로 간 것은 그저 우연의 일치에 지나지 않았고, 자신의 주변에서 벌어지는 혼란에는 거의 신경도 쓰지 않았다. 진짜 문제는 뒤틀어진 어린 시절과 문에 흰고래가 새겨져 있던 하버드대학교 건물에서 견뎌낸 학대의 시간으로 거슬러 올라간다. 물론 그 뒤에는 CIA와 CIA에 협력했던 과학자들에게 인명의 희생에 비하면 그러한 고통은 충분히 감수할 가치가 있다고 믿게 했던 냉전 시기의 편집증이 있었다.

그런데 지금까지 보았듯이, 과학의 적은 정치계에서 좌파와 우파 양쪽 모두에 있다. 사실, 유나바머 사건은 광란하는 보수적 편견의 위험을 드러낸 한편, 다음에 살펴볼 사건에는 자신의 행복과 결국에는 목숨마저 또 다른 악당 심리학자의 극좌 도그마에 희생된 꼬마 아이가 등장한다.

11장

의료 과실

음경이 훼손된 아이의 불행

아무 이유도 없이 간호사는 아기 침대에 손을 뻗었다가 브라이언 대신에 쌍둥이 형제인 브루스를 들어올렸다. 캐나다 위니펙 출신의 생후 8개월 된 쌍둥이 형제는 모두 포경이었는데, 포피(음경 거풀)가 뒤로 물러나지 않아 소변을 누기가 힘들었다. 1960년대 중엽은 수술을 우선시하던 시절이어서 담당 의사는 문제를 깨끗이 해결하기 위해 포경 수술을 권했다. 라이머Reimer 부부는 의사의 권고를 따랐고, 쌍둥이를 병원에 데려온 그날 오전에 간호사는 브루스를 수술대 위에 내려놓았다.

평소에 포경 수술을 하던 소아과 의사는 마침 휴가여서 이번엔 일반의가 수술을 맡기로 했다. 그는 포피를 잡아당기기 위해 종 모양의 금속 도구를 브루스의 포피 안쪽에 부착하고 금속 클램프를 사용해 포피를 제자리에 고정시켰다. 의사는 칼 대신에 전기 지짐 바늘을 들었다. 그것은 바늘 끝을 통해 전기 펄스를 내보내 절개와 동시에 상처를 봉합함으로써 상처와 출혈을 최소화하는 최신 장비였다. 불행하게도 이 대체 의사는 전기를 금속과 함께 사용할 때 발생할 수 있는 위험을 잘 몰랐다.

바늘이 브루스의 포피에 처음 닿았을 때 아무 일도 일어나지 않았으므로, 의사는 전류를 높였다. 이번에도 아무 일이 일어나지 않자, 그는 전류를 더 높였다. 이번에는 뭔가가 일어났다. 전류가 아주 얇은 포피를 태우고 들어가 그 아래의 금속 종을 가득 채웠다. 그리고 거기서 전류는 음경 전체를 뜨거운 열로 감쌌다. 현장에 있던 마취과 의사는 "불에 그슬리는 스테이크 같은" 소리가 났다고 기억했다. 방 안에는 고기 타는 냄새도 났고, 브루스의 두 다리 사이에서 연기도 피어올랐다. 의사는 바늘을 확 잡아당겼지만, 이미 때가 늦었다. 응급 처치를 위해 비뇨기과 의사가 도착했을 때에는 브루스의 음경은 지나치게 구운 돼지고기처럼 핏기가 전혀 없이 하얗게 변해 있었다. 또, 기묘하게 스펀지 같은 감촉이 느껴졌다.

브루스의 부모인 론 라이머Ron Reimer와 재닛 라이머Janet Reimer는 얼마 후 집에서 전화를 받았다. 병원 측은 정확하게 무슨 문제가 일어났는지 알려주지 않고 그저 서둘러 와야 한다고만 말했다. 4월인데도 위니펙에는 때 아닌 눈보라가 몰아쳐 두 사람은 도로에서 긴 시간 동안 애를 먹은 뒤에야 도착했다. 어쨌든 그들이 할 수 있는 일은 아무것도 없었다. 재닛은 그다음 날에 브루스의 음경 전체가 "까맣게 변했고, 작은 실처럼 보였다."라고 기억했다. 그리고 그것이 말라붙으면서 그다음 며칠에 걸쳐 조금씩 조금씩 떨어져나갔다.

병원 측은 브라이언에게는 포경 수술을 하지 않았는데, 포경 상태는 저절로 나아졌다. 갑자기 불구가 된 아기를 받아들고서 어떻게 해야 할지 갈피를 잡지 못하고 있던 20세의 론과 19세의 재닛에게 이 소식은 그나마 작은 위안이었다.

존 머니John Money는 음경을 "남성의 더러운 성욕을 나타내는 표지"라고 불렀고, "가축뿐만 아니라 남성도 태어나자마자 거세를 한다면, 세상은 여성이 살아가기에 훨씬 좋은 장소가 될 것이다."라고 덧붙였다. 만약 여러분이 이 발언에 놀랐다면, 이 말은 그 목적을 충분히 달성한 셈이다. 그것을 열정적으로 지지하건 식식거리며 증오하건, 존 머니의 발언에 중립적인 태도를 보인 사람은 아무도 없었다. 그의 발언은 항상 어떤 반응을 유발했다.

머니는 1920년대에 뉴질랜드의 엄격한 기독교 공동체에서 자랐다. 아버지는 사소한 잘못에도 그를 때렸고, 어머니는 훨씬 심각한 학대를 겪었다. 어머니와 그 자매들은 자신들의 인생을 힘들게 한 남자들을 증오하게 되었고, 머니는 그들이 자신에게 그러한 편견을 심어주었다고 말했다.

머니는 25세 때 뉴질랜드를 떠나 하버드대학교 심리학과 대학원에 진학했는데, 그곳에서 만난 동료 중에는 헨리 머리도 있었다. 박사 학위 논문은 양성구유(남녀추니라고도 하며, 지금은 인터섹스intersex, 즉 간성間性 또는 중성이란 용어를 많이 사용한다)의 심리적 건강을 다루었다. 머니는 예상과 달리(의학 교과서에서조차 양성구유를 '별종'과 '부적응자' 같은 단어로 표현하는가 하면, 대명사로는 'it'을 쓰는 경우가 많았다) 대다수 양성구유가 완벽히 정상이며, 일반 대중에 비해 심리적 문제가 많지 않다는 사실을 발견했다. 양성구유(양성구유는 전 세계적으로 빨간 머리만큼이나 흔하다)의 지위를 정상인으로 회복시키려는 이 노력 덕분에 머니는 중성 공동체에서 일약 영웅이 되었다.

머니는 곧 볼티모어의 존스홉킨스대학교 교수로 임명되었고, 그곳에서 성심리학에 지속적으로 기여했다. 사람의 경우, 성 정체성에 영향을 미치는 요인은 호르몬과 해부학적 특징, 성적 지향성, 문화적 기대 등 여러 가지가 있다. 그런데 머니는 거기에 더해 추가 요인이 있음을 알아챘는데, 그것은 바로 각 개인이 내면적으로 남성과 여성 중 어느 쪽으로 '느끼느냐' 하는 인식이었다.

남성성과 여성성은 대개 성기와 호르몬과 일치하긴 하지만, 항상 그런 것은 아니다. 남성의 성기를 가지고 있으면서도 자신이 여성이라고 느끼거나 그 반대인 경우도 있고, 그 밖에 여러 가지 조합이 존재할 수 있다. 이런 느낌을 나타내는 용어가 필요했던 머니는 언어학을 살펴보았다. 영어를 사용하는 원어민은 다른 언어들에서 다리가 '남성'이라거나 테이블이 '여성'이라고 표현하는 단어의 성gender에 맞닥뜨릴 때 당혹해하는 경우가 많다. 머니는 바로 그 용어를 빌려와 사람에게 적용했다. 머니의 체계에서는 '성性, sex'은 염색체와 해부학(물리적 속성)을 나타내는 반면, '젠더gender'는 행동과 느낌을 나타낸다. 간단히 말하면, 성은 생물학이고, 젠더는 심리학이다.

'젠더'는 곧 일반적인 용어가 되었고, 머니는 이 용어를 만들어낸 사람이라는 명성을 즐겼다. 그러고 나서 머니는 이 명성을 이용해 사회 문제에 도발적인 견해를 주장함으로써 더 큰 악명을 떨쳤다. 그중 일부 견해는 오늘날의 관점에서 보면 아주 기묘해 보인다. 머니가 나체주의와 개방 결혼open marriage(부부가 서로의 사회적, 성적 독립을 인정하는 결혼 형태—옮긴이)을 지지하고, S&M(가학·피학성 변태 성욕)을 옹호하자, 사람들은 숨이 턱 멎는 기분이 들었다. 그 밖의 견해들 중에는 지금도 무분별해 보이는 것이 있다. 머니는 공개 강연에서 수간獸姦과 식분食糞 장면을 묘사한 그래픽 슬라이드를 보여주면서 이것들을 완전히 건전한 페티시라고 소개했다. 또 어떤 경우에는 소아 성애증도 지지했고, 사람들이 근친상간을 흑백 논리로 다루자 화를 냈다. 심지어 의붓아버지가 의붓딸과 관계하는 것은 대개 좋은 일이라고 말했는데, 어머니가 "[귀찮은 남편을] 자기 등에서 떼어내주어 기뻐하기" 때문이라고 했다.

머니가 이 허튼소리를 실제로 믿었는지는 알 수 없다. 그는 사람들에게서 분노 반응을 유발하길 좋아했는데, 성에 관한 이론을 제기하는 자신의 방법을 "SF 게임을 하는 것"과 같다고 말한 적도 있다. 하지만 일단 어떤 견해를 발표하고 나면, 죽을 때까지 그것을 옹호했다. 자신에게 반대하는 사람들은 단순히 틀렸거나 잘못 이해한 것이 아니었다. 그들은 절망스럽게도 과거의 수렁에서 헤어나오지 못하고 있는, 혐오스럽고 속이 좁고 편협한 사람들이었다.[50]

짧은 결혼 생활 외에는 머니에게는 개인적 삶이라고 부를 만한 게 사실상 전혀 없었다. 존스홉킨스대학교 사람들은 그를 화산처럼 폭발하는 기질을 가진 개망나니로 여기며 싫어했다. 그는 봉투를 재사용하기 위해 학생들에게 봉투에서 우표를 떼어내게 했고, 밤중에 병원 식당에 들이닥쳐 남은 음식을 비닐봉지에 담아 갔다. 감히 그의 실수를 지적한 동료들은 또다시 그의 분노에 맞닥뜨리지 않으려면 다시는 그러지 말아야겠다는 교훈을 금방 배웠다.

머니는 친구를 사귀는 대신에 대개 섹스 파트너를 찾았다. 수염을

악명 높은 심리학자이자 젠더 이론가 존 머니. 부족 미술과 불가사의한 솥으로 장식된 사무실에 앉아 있다.

기르고 터틀넥을 입은 그는 1960년대의 근사한 자유연애주의자처럼 보였고, 남녀를 가리지 않고 사냥감을 물색하러 공원과 대중목욕탕을 돌아다니면서 그 역할을 충실히 수행했다. 과학 학회에서는 다른 참석자들과 함께 난교 파티를 조직했다.(솔직하게 말하건대, 나는 그런 과학 학회에 가본 적이 없다.)

머니는 악명 높은 사생활 때문에 언론에서 오히려 인기가 높아졌다. 그리고 〈플레이보이〉의 인터뷰 기사와 시끌벅적한 화제를 뿌린 텔레비전 출연을 통해 지난 세기의 어떤 성과학자(앨프리드 찰스 킨제이 Alfred Charles Kinsey, 마스터스와 존슨 연구팀[윌리엄 마스터스 William H. Masters 와 버지니아 존슨 Virginia E. Johnson이 주축이 되어 인간의 성적 반응의 본질과 성기능 장애의 치료를 연구한 집단—옮긴이], 루스 박사 Dr. Ruth)보다도 1960년대의 성 혁명을 부추기는 데 크게 기여했다. 특히 CBC(캐나다공영방송)의 한 방송 프로그램에 출연한 일은 엄청난 결과를 낳았다.

1965년에 존스홉킨스병원은 트랜스섹슈얼(성 전환자)[51]을 위한 수술과를 처음으로 만들었다.(그전에는 수술을 하려면 카사블랑카로 갔다.) 그 당시 대다수 심리학자는 성 전환자를 정신 장애자로 간주했고, 트랜스섹슈얼을 대상으로 한 수술을 가끔 엽 절개술에 비교했다. 따라서 그 당시에 성 전환을 권장하는 클리닉을 여는 것은 존 머니에게조차 좀 지나쳐 보였다. 그래서 1967년 2월에 CBC는 그 클리닉을 옹호하는 주장을 들어보기 위해 머니와 함께 남자였다가 여자로 변한 트랜스섹슈얼을 초대했다.

진행자는 처음부터 멍청한 질문을 여러 가지 던지면서("동성애자가 당신을 찾아와 '거세를 하길 원합니다.'라고 말한다는 게 사실입니까?") 머니를 공격했다. 하지만 머니는 사석에서는 아무리 전투적이었어도 카메라 앞에서는 늘 부드러운 모습을 보였고, 공격을 손쉽게 피해갔다. 진행자가 머니에게 신의 흉내를 내려 한다고 비난하자, 머니는 능글맞게 웃으면서 "당신은 신의 편에 서서 논쟁을 펼치고 싶은가요?"라고 물었다.

머니는 청중에게도 질문을 받았는데, 모호한 성기를 가진 중성 어린이에 관한 질문도 있었다. 오래전부터 머니는 심리적 트라우마를 겪기 전에 그런 어린이의 생식기를 '바로잡기' 위해 수술을 강력하게 권했다. 그가 왜 이런 입장을 취했는지는 분명하지 않다. 그 자신의 연구에서는 대다수 양성구유가 아주 잘 적응해 살아간다는 것을 보여주지 않았던가? 어쨌든 머니는 스튜디오에 모인 청중에게 외과의가 중성 아기에게 남성이건 여성이건 가장 적절해 보이는 성으로 만들어줄 수 있다고 장담했다. 그러면 부모는 그 아이를 어느 쪽 성으로건 기를 수 있고, 그 아이는 완벽한 정상인으로 자랄 것이라고 했다.

하필이면 그때 위니펙에서 젊은 부부가 그 프로그램을 보고 있었다. 지방에 살았던 그들은 머니의 악센트를 정확하게 알아듣지 못했다. 그들의 귀에는 머니가 영국식 영어를 구사하는 것처럼 들렸다. 또, 머니가 사용한 성심리학 전문 용어[52]도 전부 다 알아듣진 못했다. 하지만 아이의 생식기를 바로잡을 수 있다는 말에 눈을 동그랗게 떴다. 불쌍한 브루스에게 도움을 줄 수 있는 사람을 만난 것 같았다.

그 뒤에 펼쳐진 비극을 이해하려면, 조금 더 과거로 돌아가 인간 본성에 관한 빈 서판 이론을 놓고 오랫동안 벌어진 논쟁을 살펴볼 필요가 있다.

이 논쟁에는 첨예하게 맞선 두 진영이 있었다. 한쪽은 개인의 특성과 성격은 태어날 때부터 정해져 있으며, 타고난 그 필수적 본성은 문화가 바꿀 수 없다고 주장했다. 다른 쪽은 그 반대를 주장했다. 사람은 빈 서판 상태로 태어나며, 오직 문화만이 개인의 특성과 성격을 빚어낸다고 주장했다. 그 결과로 사람의 성에 관한 논쟁은 생물학적 성과 심리학적 젠더 중에서 어느 쪽이 더 지배적인 영향력을 발휘하느냐 하는 문제로 귀결되었다.

머니는 젠더가 성을 압도한다고 믿었다. 왜냐고? 중성과 트랜스섹슈얼에 대한 연구로부터 생식샘과 X/Y 염색체가 항상 젠더를 결정하는 것이 아님을 알았기 때문이다. 대개는 젠더와 성과 염색체와 해부학적 특성이 일치한다. 하지만 어떤 사람들은 자신의 젠더를 생식샘과 염색체가 알려주는 것과 반대로 '느낀다'. 다시 말해서, 젠더는 해부학과 생리학보다 중요할 수 있다.

이것은 어느 정도는 옳지만, 머니는 거기서 더 나아갔다. '일부' 사람들의 해부학적 성과 심리학적 젠더가 가끔 불일치하는 사례를 근거로 머니는 '모든' 사람에게서 젠더가 유동적이라고, 특히 유아기에는 더욱 그렇다고 결론 내렸다.[53] 즉, 사람은 태어날 때 성적으로 빈 서판이라고 믿었다. 그의 표현을 빌리면, "남성 또는 여성으로서의 성적 행동과 성적 지향성은 타고난 본능적 기반이 없다".

이것은 다시 훨씬 염려스러운 결론으로 이어졌다. 통계적으로 음경과 XY 염색체를 가진 사람들은 대부분 여성에게 성적으로 끌린다. 하지만 머니는 생물학적 기반이 그런 현상과 관련이 있다는 개념을 무시했다.[54] 그보다는 사회가 음경과 XY 염색체를 가진 사람들을 종이 울리면 침을 흘리는 파블로프의 개처럼 여성에게 매력을 느끼도록 '조건화'한다고 믿었다. 난소와 XX 염색체를 가진 사람에게도 똑같은 논리를 적용했다. 여기서도 통계적으로 난소와 XX 염색체를 가진 사람은 대부분 남성에게 성적으로 끌린다. 하지만 머니의 견해에 따르면, 이 현상은 동물 사이에 이어져온 수억 년에 걸친 생물학적 유산의 결과가 아니다. 난소를 가진 이 사람들은 단순히 가부장적 사회의 명령을 따르는, 머리가 텅 빈 자동 기계에 지나지 않는다.

어쩌면 머니는 여기서 또 다른 'SF 게임'을 하고 있었는지도 모른다. 하지만 많은 사람은 그의 발표를 진지하게 받아들였고, 심지어 성의 생물학적 기반을 그보다 더 강경하게 부정하는 태도를 보였다. 사실, 젠더와 성이 사회적 구성 개념에 불과하다는 생각은 1960년대의 혁명적 정치 상황과 완벽하게 딱 들어맞았다. 요컨대 머니의 과학은 정치적으로 최신 유행(역사적으로는 남용의 위험을 경고하는 깃발이지만)에 해당하는 것이었다.

그런데 젠더의 일부 측면이 사회적 구성 개념이라는 머니와 그 동맹들의 주장은 틀린 것이 아니었다. 파란색보다 분홍색을 선호하는 성향의 기반이 정말로 유전이나 호르몬에 있다고 생각하는 사람은 아무도 없다. 게다가 여성에 대한 고정관념이 수천 년 동안 여성의 기회를 부정하는 데 사용되었다는 사실도 부인할 수 없다. 하지만 머니의 가장 급진적인 추종자들이 내세우는 주장, 즉 염색체와 호르몬이 사람을 남성이나 여성으로 만드는 데 '어떤' 역할도 하지 않는다는 주장은 솔직히 완전히 쓰레기나 다름없다. 그것은 시베리아에서 레몬을 재배하겠다는 트로핌 리센코의 시도만큼이나 현실과 완전히 동떨어진 견해이다.

이들 급진주의자(그중 대부분은 사회과학자들이었다)는 단순히 여기저기에 예외가 있다고 주장하거나, 남성에게 여성적 측면이, 여성에게 남성적 측면이 존재할 수 있다고 주장한 게 아니었다. 그런 주장들은 모두 사실이다. 이들은 기독교 근본주의자들처럼 본질적으로 진화가 사람에게 적용된다는 사실 자체를 부정했다. 즉, 호모 사피엔스는 마치 마술이라도 작용한 듯이, 지구의 역사를 통해 모든 동물의 성

376

적 행동을 빚어낸 자연의 법칙에서 벗어나 있다는 것이다. 중요한 것은 염색체가 아니라 문화라는 것이 그들의 확고한 신념이었다.

그런데 학계에서 그런 '게임'을 하는 것은 그럴 수 있고 큰 문제가 아니다.(조지 오웰George Orwell의 말을 조금 바꾸어 표현하면, 믿는 지식인이 조금도 없을 만큼 아주 어리석은 개념은 세상에 없다.) 머니의 진짜 죄는 자신의 이론을 클리닉에서 실제 사람에게 적용한 데 있다. 모호한 생식기를 가진 중성 아기를 볼 때마다 머니는 전통적인 남성이나 여성에 더 가깝게 보이도록 수술을 강력하게 권했다. 어느 쪽 성인지는 중요하지 않았다. 만약 젠더가 생물학적 특성을 압도한다면, 모든 부모가 할 일은 수술을 통해 변한 아이를 남성이나 여성으로 키우는 것이며, 그러한 양육 방식은 마술처럼 모든 것을 극복하고 완벽하게 정상인 남성이나 여성을 만들어낼 것이라고 했다.

그런데 아이는 이론적으로는 어느 쪽 성으로도 변할 수 있지만, 머니는 대개 중성 아기를 여성으로 전환시키라고 권했다. 왜냐고? 프로이트 학설을 지지하는 사람은 남자의 거세에 관한 프로이트의 발언을 떠올리면서 눈살을 찌푸릴 것이다. 하지만 현실적으로 수술이라는 관점에서 볼 때, 음경을 만드는 것보다는 질을 만드는 것(흔히 잘록창자 일부를 사용해)이 훨씬 쉬웠다. 한 외과의는 그 상황을 "구멍은 만들 수 있지만, 기둥은 만들 수 없다."라고 노골적으로 표현했다. 그리고 생후 30개월 이전에 충분히 일찍 수술을 하기만 한다면, 부모는 그 아이를 남자나 여자로 얼마든지 키울 수 있다고 머니는 주장했다.

1960년대에 젠더와 성의 유동성에 관한 머니의 견해는 심리학계를 지배했다. 한 역사학자는 그 상황을 "과학에서 아주 보기 드문 의견 일치"라고 지적했다. 하지만 머니는 일부 반발에 부닥쳤다. 1950년대 후반에 캔자스대학교 과학자들은 기니피그 태아를 대상으로 일련의 실험을 했다. 자궁 속에서 자라는 태아는 그 생식샘에 따라 뇌에 수컷 호르몬이나 암컷 호르몬이 분비된다. 과학자들은 이 조건을 흉내내 자궁 속에서 암컷 태아의 뇌에 수컷에게 분비되는 것과 같은 양의 테스토스테론을 주입했다. 이 암컷들은 나중에 자라 성적으로 성숙했을 때 수컷처럼 행동했다. 다른 암컷 위에 공격적으로 올라타 엉덩이를 찌르기 시작했다. 자궁 속에서 수컷 태아를 암컷에게 분비되는 것과 같은 양의 호르몬에 노출시킨 실험에서는 삽입을 촉진하기 위해 엎드려서 둔부를 들어올리는(척추 전만이라고 부르는 본능적 행동) 수컷들이 생겨났다. 종합하면, 오직 호르몬(생물학적 요인)만이 기니피그를 수컷이나 암컷 특유의 방식으로 행동하도록 결정하는 것으로 보였다. 그렇지만 사람의 경우와 달리 기니피그의 문화가 그런 행동을 주입한다고 주장하기는 어려웠다.

머니는 이 연구 결과를 '설치류' 연구에 불과하다며 일축했는데, 이 주장에는 일리가 있었다. 앞에서 보았듯이, 동물 연구에서 나온 결과가 항상 사람에게 적용되는 것은 아니다. 사람의 성처럼 복잡한 특성의 경우에는 특히 그렇다. 여기다가 머니의 굳건한 지위와 권력을 감안하면, 캔자스대학교 연구진이 제기한 이의는 소리도 없이 사라졌을 것으로 보인다. 한 가지 변수만 없었더라면 필시 그랬을 것이다. 1965년, 그 연구실에서 객기를 부리기 좋아한 대학원생 밀턴 다이아몬드Milton Diamond는 머니를 공격하기로 마음먹고는 인간의 성에 관한 빈 서판 이론을 조목조목 비판한 논문을 썼다.

머니는 대학원생을 그냥 무시하는 대신에 공격에 나섰는데, 단지 글과 논문에만 그치지 않았다. 몇 년 뒤에 젠더를 주제로 열린 학회에서 술에 취한 머니는 칵테일파티에 참석한 다이아몬드를 발견하고는 "미키 다이아몬드, 난 네 녀석의 빌어먹을 배짱이 싫어!"라고 소리쳤다. 그러고는 슬금슬금 다가가 다이아몬드의 턱을 후려쳤다고 전한다(말하는 사람에 따라 이야기는 제각각 다르지만).

다이아몬드의 논문에서 특별히 머니의 화를 돋운 구절이 있었다. 양성구유는 남성과 여성의 성적 특성을 모두 갖고 있는데, 다이아몬드는 그런 사례에서는 어쩌면 젠더가 유동적일 수 있다고 인정했다. 하지만 그렇다고 해서 모든 사람에게서 젠더와 성이 유동적이라고 결론 내릴 수는 없다고 했다. 다이아몬드는 "명백한 남성으로 보이는 [즉, 명백한 남성으로 태어난] 정상적인 개인이……양육을 통해 여성이 되는 데 성공한 사례는 단 한 건도 없다."라고 지적했다.

20개월 뒤, 머니는 CBC에 출연했다. 그리고 며칠 뒤, 위니펙에 사는 라이머 부부가 머니에게 편지를 보내와 신체가 손상된 아들 브루스 문제를 문의했다.

머니에게 그것은 하늘이 보낸 선물과도 같았다. 머니는 의료 윤리 때문에 사람을 대상으로 실험을 할 "임상 연구자의 권리"가 심각하게 제약되는 현실을 한탄한 적이 있었다. 그런데 갑자기 완벽한 자연 실험이 자신의 손 안으로 굴러 들어온 것이다. 브루스를 여자로 키우는 데 성공하면, 그 징징대는 멍청이 다이아몬드가 제기한 이의를 보기 좋게 묵사발로 만들고, 성이 빈 서판이라는 사실을 최종적으로 증명할 수 있을 것 같았다. 게다가 이 아이에게는 대조군 역할을 할 일란성 쌍둥이 형제까지 있었다!

머니는 펜을 거머쥐고 라이머 부부에게 브루스를 볼티모어로 데려오라고 촉구하는 편지를 썼다. 이렇게 해서 한 비평가가 '성심리공학'이라고 부른 실험이 시작되었다.

위니펙의 두 신문이 큰 실패로 끝난 포경 수술 이야기를 입수해 이미 크게 보도한 적이 있었다. 기적적으로 라이머 가족의 이름은 유출되지 않았지만, 론과 재닛은 신분이 공개될까 봐 극도의 불안을 느꼈다. 기분전환으로 하룻밤 외출하기 위해 베이비시터를 고용하는 것조차 두려웠다. 만약 브루스의 기저귀를 갈아야 하는데, 베이비시터가 그곳을 본다면 어떻게 될까? 그들은 브루스 주위에 머물면서 직접 브루스를 돌보았다. 재닛은 아들이 불구가 된 데 대해 신을 원망했다. 론은 술을 진탕 마시기 시작했고, 문제의 그 의사를 목 졸라 죽이는 악몽을 꾸었다.

그러던 어느 날 밤, 두 사람은 CBC에서 머니를 보았다. 그들은 자포자기 상태에서 편지를 보냈는데, 놀랍게도 텔레비전에 출연한 그 유명한 과학자가 답장을 보내왔다. 그들은 곧 볼티모어로 출발했다.

두 사람은 머니의 사무실에 진열된 장식품(특히 크게 벌어진 질과 기괴한 남근을 포함한 부족 미술에)을 보고 깜짝 놀랐다. 머니는 두 사람이 놀라는 것을 보고 흡족해했을 것이다. 두 사람이 어느 정도 진정되자, 머니는 브루스를 여자로 만들려는 자신의 계획을 설명했다. 존스홉킨스병원의 외과의들은 이전에 필요한 수술을 많이 했으며, 브루스를 위해 심지어 오르가즘까지 느낄 수 있는 완벽한 질을 만들어줄 것이라고 장담했다. 브루스는 아이를 임신할 수는 없고(자궁이 없으므로), 나중에 에스트로겐을 보조제로 투여할 필요가 있겠지만, 그것 말고는 완벽하게 정상적인 여자로 살아갈 것이라고 했다.

그래도 론과 재닛은 망설였다. 그렇게 어린 나이에 수술을 해야 할까? 두 사람은 더 신중하게 생각하기로 하고 위니펙으로 돌아갔다.

몇 달 동안 두 사람이 쉽게 결정을 내리지 못하자, 머니는 화가 치밀었다. 그들이 기꺼이 협조하지 않는다면, 자신의 완벽한 실험은 물거품이 되고 말 판이었다. 그래서 머니는 편지를 쓰기 시작했는데, 두 사람이 그렇게 손을 놓고 있으면 브루스는 고통스러운 삶을 살아가게 될 것이라고 설명했다. 하지만 머니가 설명하지 않은 것이 있었다.(이것은 명백한 의료 윤리 위반이었다.) 자신이 제안한 치료가 매우 실험적인 방법이라는 점이었다. 존스홉킨스병원의 의사들은 실제로 질 재건 수술을 이전에 한 적이 있었지만, 오로지 성이 불확실한 어린이만 대상으로 했다. 해부학적으로 확실히 남자였던 아이를 여자로 전환시켜 자라게 한 사례는 한 번도 없었다.

결국 라이머 부부는 마지못해 동의했다. 수술이 브루스(그리고 자신들)의 치욕을 최소화할 수 있는 최선의 방법처럼 보였다. 1967년 7월, 그들은 다시 볼티모어로 가서 브루스에게 수술을 시켰다. 외과의들은 브루스의 작은 다리를 등자 모양의 기구에 고정시키고 거세를 한 뒤 뻥 뚫린 음낭을 음문으로 만드는 수술에 들어갔다.

이제 어려운 일이 남아 있었다. 브루스를 집으로 돌려보내기 전에 머니는 론과 재닛에게 두 가지가 극도로 중요하다고 교육시켰는데, 비밀 준수와 일관성이 그것이었다. 브루스는 자신이 남자였다는 사실을 절대로 알아서는 안 되며, 부모는 브루스를 반드시 여자 아이로 다루어야 한다고 했다. 그러려면 이름도 새로 지어야 했고(론과 재닛은 브렌다라는 이름을 선택했다), 브렌다는 드레스와 긴 머리와 여자 장난감과 함께 살아가야 했다. 즉, 브렌다는 여자로 살아가도록 사회화할 필요가 있었다.

하지만 브렌다는 생각이 달랐다. 수술 후 처음 몇 달은 아무 일 없이 흘러갔다. 아기는 대체로 이전에 있었던 일을 기억하지 못한다. 하지만 걸음마를 배우기 시작할 무렵부터 브렌다는 자신의 옷 때문에 짜증을 부리기 시작했다. 새 딸을 위한 일종의 커밍아웃 파티를 준비하면서 재닛은 결혼식 때 입었던 드레스의 새틴으로 레이스 달린 드레스를 만들어 브렌다에게 입혔다. 하지만 브렌다는 매우 싫어하며 드레스를 벗어 던졌다. 브렌다는 남자 아이의 활동에서 제외되는 것도 싫어했다. 어느 날 아침, 쌍둥이는 부모가 세면대 앞에서 세수를 하는 모습을 지켜보고 있었는데, 브라이언은 면도를 하는 법을 배우는 반면, 자신은 화장하는 법을 배워야 한다는 사실에 브렌다는 발작을 일으켰다.

장난감도 또 하나의 전장이었다. 초등학교를 다닐 때, 브렌다는 용돈으로 몰래 가게에서 플라스틱 총을 샀다. 그리고 론과 재닛이 장난감 재봉틀을 선물하자, 브렌다는 론의 스크루드라이버를 훔쳐 재봉틀을 분해했다. 물론 장차 엔지니어나 군인이 될 여성 중에도 같은 행동을 보이는 사람이 많이 있을 것이다. 하지만 브렌다는 머니가 약속했던 상냥하고 착한 소녀와는 거리가 멀었다.

가장 고질적인 문제는 소변이었다. 브렌다는 앉아서 소변을 보길 한사코 거부했다. 대신에 서서 소변을 보려고 했는데, 물론 그런 자세는 여자 아이에게도 무척 당황스러운 상황을 초래했을 것이다. 그런데 브렌다는 이전의 음경 구멍으로 오줌이 나왔으므로, 오줌이 몸에서 수평 방향으로 쏟아져 나오면서 온 사방으로 튀었다. 그래도 브렌다는 서서 소변보길 고집했고, 심지어 학교에서도 그렇게 행동해 급우들의 눈살을 찌푸리게 했다.

학교에서 생긴 문제는 여기서부터 시작했다. 유치원 시절부터 같은 반 친구들은 브렌다를 싫어했고, 선생님들도 의심스러운 눈으로 바라보았다. 물론 재닛은 브렌다의 곱슬머리에 리본을 달아주고, 구부정한 자세를 바로잡기 위해 머리에 책을 얹고 걷게 하는 등 최선을 다했다. 그래서 브렌다는 누가 봐도 여자 아이처럼 '보였다'. 하지만 걷고 말하기 시작하면서부터 여자 아이와는 완전히 동떨어진 행동을 나타냈다.

여기서 핵심은 걷거나 말하는 방식에 '남자'만의 고유한 방식이 있다는 것이 아니다. 무슨 이유에서인지 북아메리카 문화권에서 대다수 남자들은 특정 방식으로 걷고 말하는데, 브렌다는 본능적으로 그런 버릇을 모방해 따라했다. 왜 그랬을까? 그것은 브렌다가 여전히 자신을 남자와 동일시했기 때문이다—음경도 없고 몇 년 동안 여자로 살아가도록 사회화되었는데도 불구하고. 브렌다는 원초적인 수준에서 자신을 남자라고 느꼈다.

불행히도 급우들은 브렌다의 이런 사정을 전혀 몰랐다. 그들이 아는 것이라곤 여자로 알려진 브렌다가 남자의 버릇을 흉내 낸다는 것뿐이었고, 어린이들이 흔히 그러듯이 이 차이점을 물고 늘어져 브렌다를 '고릴라' 또는 '동굴에서 사는 여자'라고 놀리기 시작했다. 그들은 특히 브렌다의 공격성을 싫어했다. 쉬는 시간에 브렌다는 다른 여자 아이들에게 달려들어 때려눕히곤 했다. 그래서 아이들은 브렌다와 함께 놀길 싫어했다. 사실, 브렌다는 쌍둥이 동생인 브라이언보다 훨씬 공격적이어서 장난감을 빼앗고 심지어 재미로 브라이언을 때리기까지 했다.(한번은 둘이 함께 목욕을 할 때, 브라이언이 발기가 일어나자 일어서서 그것을 보여주면서 "내가 뭘 가졌는지 봐!"라고 소리쳤다. 브렌다는 그곳을 냅다 후려갈기는 반응을 보였다.) 더 심각하게는 나이가 더 들었을 때, 브렌다는 자신을 조롱하던 여자 아이를 벽에다 밀친 뒤 땅바닥에 패대기쳤다가 학교에서 쫓겨났다.

그러는 동안에도 브렌다와 부모는 전환이 얼마나 잘 일어나는지 머니에게 보여주기 위해 매년 볼티모어로 갔다.[55] 공정하게 말하면, 라이머 부부는 브렌다의 문제 중 일부를 머니에게 숨겼다(그들은 좋은 부모처럼 보이길 원했다). 하지만 머니는 자신의 스타 환자에게서 나타나는 많은 경고 신호를 묵살하거나 무시했는데, 특히 개인적으로 면담할 때 그랬다. 머니는 일련의 질문을 던지는 것으로 면담을 시작했다. 브렌다가 대답을 하려고 하면, 머니는 답변을 특정 방식으로 하도록 유도하거나 심지어 자신이 그 답변을 제시했다. 브렌다는 머니가 듣고 싶어 하는 거짓말을 하는 요령을 금방 배웠다. "예, 물론 바느질과 인형을 가지고 노는 것과 머리를 매만지는 것을 좋아해요. 아뇨, 학교에서 싸움 같은 것은 전혀 하지 않아요." 나중에 브렌다는 "흰 가운을 입은 의사들과 논쟁을 벌일 수는 없잖아요? 나는 꼬마 아이에 지나지 않고, 그들의 마음은 이미 정해져 있는걸요."라고 말했다.

머니와의 다른 만남들은 브렌다에게는 완전히 공포 그 자체였다. 머니는 텔레비전에서는 아주 상냥해 보였지만, 사적인 자리에서는 입이 거칠었고, 환자 앞에서 상스러운 언동도 서슴지 않았다. 무심코 환자에게 골든 샤워golden shower(성적 쾌락을 위해 상대의 얼굴이나 몸에 오줌을 끼얹는 행위—옮긴이)를 좋아하느냐고 묻는가 하면, 아주 저속한 용어를 사용해 섹스에 관한 이야기("누군가와 빠구리를 한 적이 있나요? 누군가와 떡을 치고 싶지 않나요?")를 하기도 했다. 브렌다를 여자로 사회화하는 과정을 돕기 위해 머니는 브렌다에게 어린이들의 나체 사진을 보여주었고, 피가 낭자한 출산 장면 사진도 보여주면서 다음번 수술을 받고 나면 브렌다에게도 '아기 구멍'이 생길 것이라고 말했다.

가장 극악한(거의 범죄에 가까운) 상담 회기는 브렌다와 브라이언이 함께 갔을 때 일어났다. 머니는 자기 사무실에서 두 사람에게 옷을 벗으라고 지시한 뒤(만약 말을 듣지 않으면, 심하게 나무랐다), 자신이 지켜보는 가운데 서로 상대방의 생식기를 살펴보게 했다.(론과 재닛은 이런 일이 일어나는 줄은 꿈에도 몰랐다. 그들은 그만큼 머니를 신뢰했다.) 심지어 머니는 두 사람에게 자신이 좋아하는 활동 중 하나인 '섹스 예행연습 놀이'를 하게 했다. 두 어린이는 옷을 입고 있긴 했지만, 머니는 브렌다에게 개처럼 무릎을 꿇고 엎드리게 한 뒤, 브라이언에게 자신의 사타구니를 브렌다의 엉덩이에 계속 부딪게 했다. 브렌다에게 등을 바닥에 대고 큰대자로 눕게 한 뒤, 브라이언에게 그 위에 올라가도록 하기도 했다. 머니는 이들이 이런 행위를 하는 장면을 사진으로 찍은 적이 적어도 한 번은 있었다.

브렌다는 얼마 지나지 않아 그토록 박식하다는 머니를 변태로 생각하게 되었다. 머니가 자신의 생식기에 집착하는 것도 너무나도 싫었다. 브렌다는 훗날 이렇게 말했다. "그때 나는 나이가 어렸지만, 만약 그들이 [생식기를] 내게서 유일하게 가치 있는 것이라고 생각한다면, 그들은 매우 천박한 사람들일 것이라는 생각이 들었다."

그러면서 머니는 동료들에게 브렌다의 진전에 대해 마구 자랑을 늘어놓았다. 과학 논문에서 머니는 브렌다가 남자 아이로 태어났으리라고는 아무도 의심하지 않을 것이라고 단언했다. 심지어 나중에 브렌다가 얼마나 섹시한 여성으로 자랄지 추측하기까지 했다. 이 모든 과정에서 머니는 가족을 줄곧 익명으로 다루긴 했지만, 브렌다의 이야기를 언론에 제공했고, 언론은 생물학적 기반이 중요한 역할을 하지 않는다는 그의 주장을 앵무새처럼 반복했다. 한 사례로, 1973년에 〈타임〉은 이른바 쌍둥이 사례는 "해부학적인 것뿐만 아니라 심리학적인 것을 포함한 주요 성별 차이가 수태 당시에 유전자에 의해 변할 수 없게 결정된다는 이론에 의문을 던진다."라고 보도했다.

머니는 이전에도 과학계에서 거물로 인정받았지만, 이제 라이머 쌍둥이 사례를 발판으로 삼아 국제적 스타의 반열에 올랐다. 그의 연구를 바탕으로 전 세계에서 성과 젠더 전환 수술이 모호한 생식기와 생식기 트라우마를 지닌 어린이를 위한 표준적인 치료법이 되어 매년 많게는 약 1000건의 수술이 일어났다. 강연이나 인터뷰를 하거나 텔레비전에 출연할 때마다(그런 일은 아주 많았다) 머니는 브렌다가 여자로 얼마나 잘 살아가고 있는지 강조했다.

한편, 브렌다는 자살을 생각하고 있었다. 초등학교 시절의 어느 순간, 브렌다는 많은 트랜스젠더가 보고하는 것과 비슷한 자각을 경험했다. 처음에는 자신이 다른 아이들과 애매모호한 방식으로 다르다고 느끼는 것에 그쳤다. 그러다가 자신의 정체성이 여자와 다르다는 느낌이 들었다. 그다음에는 자신이 남자에 가깝다는 생각이 강하게 들기 시작했다. 타고난 자신의 성을 몰랐던 브렌다는 이 모든 것을 어떻게 이해해야 할지 몰랐다. 청소년기에는 자살 생각 때문에 큰 고통을 받았다. "나는 대들보에 맨 밧줄을 자주 생각했다."

나머지 가족도 마음이 편치 않았다. 가족의 관심이 온통 브렌다의 고통에 쏠리는 바람에 오랫동안 방치된 브라이언이 가게에서 물건을 훔치고 마약에 손을 대는 등 폭주하기 시작했다. 친구들도 브라이언에게 똑같이 왕따가 되고 싶지 않으면 괴상한 누나와 관계를 끊으라고 분명히 말했다. 브라이언은 나중에 후회했지만 그때에는 친구들의 말을 따랐다. 한편, 론은 술에 빠졌다. 매일 밤 제재소에서 일을 마치고 집으로 돌아오면, 텔레비전 앞에서 맥주 6캔을 마시며 시간을 보냈다. 나중에는 위스키로 옮겨갔다. 아침이 되면 코를 킁킁거리며 일어나 힘든 몸을 끌고 출근을 했다. 그런 일상이 매일 반복되었다. 그는 "나는 브렌다가 일곱 살 무렵이 지난 뒤부터 그것이 효과가 없다는 걸 어렴풋이 알았어요. 하지만 우리가 무엇을 할 수 있었겠어요?"라고 말한 적이 있다. 재닛은 론에게 복수를 하려고(론은 더 이상 밤에 잠자리를 가지려 하지 않았다) 결국 바람을 피웠다. 론에게 그 사실을 들킨 재닛은 큰 수치심을 느낀 나머지 수면제를 먹고 자살을 시도했다. 그 후 재닛은 신경쇠약을 여러 번 겪었고, 환상과 현실을 구별하지 못하는 정신질환으로 고생했다.

그래도 재닛은 존 머니에 대한 믿음의 끈을 결코 놓지 않았다. 많은 어머니처럼 재닛은 자녀의 결함에 대해 자신을 탓했고, 좌절을 겪을 때마다 노력을 한층 배가했다. 예를 들면, 머니가 브렌다에게 드레스를 입히라고 권한 적이 있기 때문에, 재닛은 브렌다에게 매일 학교에 드레스를 입고 가도록 강요했으며, 심지어 위니펙에 북극권의 겨울 한파가 몰아닥칠 때에도 그랬다.(결국엔 선생님이 개입해 그런 행동을 말렸다.) 머니는 또한 론과 재닛에게 쌍둥이 앞에서 성관계를 가지라고 권했다. 재닛은 차마 그렇게까지는 할 수 없었지만, 여성의 몸에 익숙해지도록 하기 위해 브렌다 앞에서 알몸으로 돌아다니기 시작했다.

또한 머니의 지시에 따라 브렌다는 적응을 돕기 위해 위니펙의 정신과 의사들을 찾아갔다. 이들은 실패로 끝난 포경 수술에 관한 비밀을 알고 있었는데, 브렌다를 여성으로 만들려는 노력이 실패하고 있다는 사실을 알았다. 하지만 그들이 무슨 일을 할 수 있었겠는가? 존 머니는 텔레비전에 출연하는 유명한 성과학자였고, 그들은 매니토바주의 하찮은 정신과 의사였다. 심리학적으로 말한다면, 그들 역시 매몰 비용의 오류에 빠져 있었다. 이미 그동안 너무나도 많은 노력이 투입되었으니, 차라리 그 노력을 계속하는 것이 낫다는 인식의 오류였다. 이제 와서 방향을 바꾸거나 감히 머니에게 도전할 엄두를 내지 못했다. 즉, 비윤리적 행동이 활개 치도록 방치하는, 권위에 대한 맹목적인 복종 행태를 보였던 것이다.

하지만 머니의 힘에는 한계가 있었다. 이상하게도 브렌다의 염색체는 생물학의 무용성에 관한 그의 최신 이론과 들어맞지 않았고, 대다수 소년이 사춘기에 접어들 무렵에 브렌다의 몸에는 남자 특유의 변화가 나타나기 시작했다.[56] 어깨가 벌어지기 시작했고, 팔과 목이 굵어졌으며, 목소리도 갈라지기 시작했다.

브렌다가 12세가 되던 1977년 여름에 머니는 에스트로겐 알약을 처방해 브렌다의 신체를 길들이려고 시도했다. 의심을 품은 브렌다가 무슨 약이냐고 묻자, 아버지는 "네게 브래지어를 입게 해줄 약이란다."라고 중얼거렸다. 하지만 브렌다는 브래지어를 할 생각이 없어 약을 변기에 버리기 시작했다. 불행히도 그 약은 녹으면서 선명한 핑크색 줄무늬를 남겼고, 그때부터 부모는 곁에 머물면서 브렌다가 약을 먹는지 확인했다. 경악스럽게도 브렌다에게는 곧 유방이 발달했는데, 브렌다는 체중을 늘리려고 아이스크림을 폭식해 커진 가슴을 가렸다.

얼마 지나지 않아 브렌다는 머니를 만나기 싫어했고, 결국

1978년에 머니의 사무실에서 최종적인 결별을 초래한 사건이 일어났다. 머니는 전부터 브렌다에게 생식기 성형 수술을 더 받으라고 권해 왔다. 브렌다는 마침내 자기 목소리를 내면서 단호하게 거부함으로써 머니를 분노케 했다. 그러자 머니는 전술을 바꾸어 어느 날 상담 회기 때 수술을 받고 남성에서 여성으로 변한 트랜스섹슈얼을 데려와 브렌다를 깜짝 놀라게 했다. 그 사람이 맡은 역할은 브렌다와 상담하면서 수술 후에 삶이 얼마나 나아졌는지 설명하는 것이었다.

불안한 대화가 이어졌다. 대화가 끝났을 때, 머니는 자상한 삼촌처럼 브렌다의 어깨를 만지려고 손을 내뻗었다. 하지만 브렌다는 더 이상 그를 신뢰하지 않았다. 그의 손이 뻗어오는 것을 본 브렌다는 그가 자신을 당장 수술실로 끌고 갈까 봐 두려웠다. 그래서 사무실을 박차고 나와 병원 복도를 질주했고, 숨을 곳을 찾아 결국에는 지붕까지 올라갔다. 그날 오후 늦게 부모가 브렌다를 데리러 왔을 때, 브렌다는 만약 또다시 머니를 봐야 한다면 죽어버리겠다고 정색을 하고 말했다. 훗날 머니의 동료는 "다른 의사에게 가겠다고 그런 식으로 행동한 환자는 나는 평생 동안 본 적이 없었습니다. 그 행동은 그만큼 감정의 골이 깊다는 것을 보여주었지요."라고 말했다.

브렌다의 목숨을 구한 것은 1979년에 메리 매켄티Mary McKenty를 만난 일이었다. 위니펙의 다른 정신과 의사들처럼 매켄티는 머니의 성공적인 성전환 주장을 정확하게 꿰뚫어보았다. 하지만 다른 정신과 의사들과 달리 매켄티는 브렌다에게 머니의 방식을 따르도록 강요하지 않았다. 그저 브렌다의 말에 귀를 기울이면서 신뢰를 얻으려고 노력했다.

거기에는 상당한 시간이 걸렸다. 처음에 브렌다는 흉한 모습으로 매켄티의 캐리커처를 그리고 '사형 집행 영장'을 쓰면서 매켄티를 공격했다. 하지만 매켄티는 인내심을 갖고 유쾌하게 대했고, 그러자 날이 갈수록 브렌다도 태도가 부드러워졌다. 처음으로 브렌다는 다른 사람에게 자신의 불안을 털어놓았다. 꿈 이야기도 했는데, 자신이 농사를 짓는 농부로 나오는 행복한 꿈도 있었고, 머니가 불길한 망토를 입고 나타나는 악몽도 있었다. 이에 대해 매켄티는 브렌다와 함께 장난으로 '머니 박사를 보고 싶지 않은 사람들의 클럽'을 만들고 자신들을 경찰관으로 임명했다.

그런 동정심은 필수였는데, 학교에서 브렌다가 겪는 어려움이 임계점에 이르렀기 때문이다. 브렌다는 늘 성적이 나빴고 규율 위반 문제를 겪었다. 9학년 때인 1979년 가을에 부모는 브렌다를 자동차 정비공이 되기 위한 직업 기술 교육을 받게 했다. 그곳에서 브렌다는 데님 재킷과 작업용 부츠 차림으로 여성스러운 행동을 벗어던지고 그 학교 역사상 장비 수리 기술을 배우는 최초의 여학생이 되었다. 하지만 새 학교는 도시에서 위험한 지역에 있었고, 얼마 후 한 동료 학생이 브렌다에게 칼을 들이댔다. 여학생 중 몇몇은 매춘부로 일하기도 했는데, 어느 날 브렌다가 서서 소변을 보는 걸 본 그들은 여자 화장실에 다시 발을 들여놓으면 죽여버리겠다고 협박했다. 그래서 브렌다는 근처의 골목에서 소변을 보았다.

이런 혼란의 와중에 한 현지 의사가 매켄티와 상의한 뒤에 마침내 브렌다에게 모든 비밀을 털어놓으라고 론과 재닛을 설득하고 나섰다. 사실, 론은 머니가 브렌다에게 수술을 더 받으라고 압박을 가하던 무렵에 그렇게 하려고 한 적이 있었다. 하지만 그러다가 그만 목이 메어서 오래전에 의사가 "저 아래쪽에" 실수를 저질렀고, 이제 외과의가 그것을 바로잡으려 한다고 말하는 데 그쳤다. 브렌다는 어리둥절해하며 무슨 말인지 제대로 이해하지 못했다. 그저 그 의사에 대해서만 물었다. "아빠가 그 의사를 때렸나요?"

이번에는 론이 브렌다를 아이스크림 가게로 데려갔다. 갑작스러운 친절에 브렌다는 즉각 경계심을 품었다. 혹시 부모가 이혼하려는 것일까? 아니면 절대로 그래서는 안 되지만, 또 수술을 해야 하는 것일까? 론은 말하지 않았다. 사실, 그는 아무 말도 하지 않았다. 두 사람은 아이스크림을 받아들고서 침묵 속에서 차를 타고 곧장 집으로 왔고, 차는 진입로에 멈춰섰다. 론은 또 한 번 흐느끼기 시작했다.

그러다가 갑자기 론이 이야기를 시작했다. 이야기를 하기로 굳게 마음을 먹고 입을 열자 모든 것이 술술 흘러나왔다. 망쳐버린 포경 수술, 브렌다가 원래 남자 아이였다는 사실, 머니의 젠더 이론과 브렌다를 여자 아이로 키우기로 한 계획 등을 모두 말했다. 론은 계속 이야기를 하다가 마침내 흐느껴 울기 시작했고, 진입로에서 눈물범벅이 되어 평평 울었다.

브렌다는 조용히 듣고만 있었는데, 녹은 아이스크림이 손에서 뚝뚝 흘러내렸다. 브렌다는 물론 크게 놀랐지만, 한편으로는 크게 안도했다. 브렌다는 "갑자기 모든 것이 딱 들어맞았어요. 처음으로 모든 것이 이해가 되었지요."라고 말했다.

그 순간부터 브렌다는 남자로 살아가기로 결심했다. 아버지에게 물어볼 질문은 딱 한 가지만 있었다. "[태어났을 때] 내 이름은 무엇이었나요?" 론은 목이 메인 목소리로 "브루스였단다."라고 대답했다. 하지만 브렌다는 따분한 공붓벌레처럼 들린다며 그 이름을 거부했다. 대신에 성경에 나오는 다윗 왕의 이름을 따 데이비드를 선택했다. "그 이름은 이길 확률이 거의 없는, 키가 240cm나 되는 거인과 용감히 맞서 싸운 사람을 떠오르게 했지요. 그 이름은 용기를 상기시켰지요."

데이비드에게는 그런 용기가 필요했다. 6개월 뒤에 어느 결혼식에서 데이비드는 남자로 공식적으로 데뷔했다. 데이비드는 여전히 여분의 지방과 유방이 있었고, 가족과 친지들은 양복 차림으로 들어오는 그를 눈을 동그랗게 뜨고 바라보았다. 하지만 데이비드는 신부와 춤을 추겠다고 고집했고, 그날 밤을 무사히 넘겼다. 그 후 데이비드는 자신감이 더 생겼고, 테스토스테론을 복용하기 시작했다. 금방 키가 3cm쯤 더 자랐고, 전통적인 남자의 통과 의례에 따라 지저분한 수염을 기르기 시작했다.

전화위복이랄까, 데이비드에게 친구가 없었다는 점이 이제 와서 갑자기 유리한 점이 되었다. 자신의 성전환 소식이나 음경이 없다는 부끄러운 사실을 알려야 할 사람이 아무도 없었다. 동생 브라이언은 이전에 형을 버린 행동에 대한 보상을 했는데, 데이비드를 자신의 친구 집단에 합류시켰다. 둘은 신빙성은 떨어져 보였지만 데이비드가 함께 살게 된 사촌이라는 이야기를 지어냈다. 브렌다는……음, 브리티시컬럼비아주에 사는 옛 남자 친구를 만나러 가는 길에 비행기 추락 사고로 죽었다고 둘러댔다. 이 이야기를 곧이곧대로 믿은 사람은 아무도 없었지만, 어쨌든 이 이야기는 귀찮은 질문들을 충분히 잘 차단할 수 있었다.

하지만 아무리 이전보다 마음이 편해졌다곤 하지만, 데이비드의 문제들은 그가 '세뇨'라고 부른 오랜 세월 뒤에 마술처럼 싹 사라지지는 않았다. 특히 데이비드는 포경 수술을 망친 의사에게 복수를 하는 환상에 사로잡혔다. 불행하게도 분노와 테스토스테론 약은 조화를 이루기 어렵다. 데이비드는 신문 배달로 모은 200달러로 위니펙 거리에서 등록되지 않은 러시아제 루거 권총을 산 뒤, 그 의사가 일하는 병원을 찾아갔다. 그 의사의 사무실에 들어가 권총을 꺼내자, 그 의사는 데이비드를 모른다고 주장했다. "잘 보라고." 데이비드가 낮은 어조로 말했다. 의사는 울기 시작했다. 데이비드는 "당신이 내게 어떤 지옥을 가져다주었는지 알기나 해!"라고 소리를 질렀다.

하지만 훌쩍이는 의사의 모습에 마음이 약해진 데이비드는 그냥 가려고 등을 돌렸다. 의사는 "기다려요!"라고 소리를 질렀지만, 데이비드는 이미 떠난 뒤였다. 데이비드는 배회하다가 근처의 강으로 가 돌로 루거 권총을 박살냈다. 이미 이 의사의 실수 때문에 목숨을 한번 잃을 뻔했는데, 더 이상의 희생자가 생겨서는 안 된다고 생각했다. 불행하게도 삶은 다른 계획을 갖고 있었다.

데이비드는 15세이던 1980년 10월에 유방 절제술을 받았고, 7월에는 남성 생식기를 만들기 위해 음경 성형술을 받았다. 외과의들은 넓적다리 근육으로 새 음경을 만들었고, 한때 외음부였던 살로 음낭을 만들었다. 플라스틱 알 2개로 만든 고환은 순전히 장식에 지나지 않았다. 그런데 새로 만든 요도가 반복적으로 막히고 감염이 일어나 첫해에만 병원을 18번이나 방문해야 했다. 두 다리 사이에 매달려 있는 음경도 약간 섬뜩한 느낌이 났다.

하지만 감염이 가라앉고 자신의 신체에 적응해가자, 데이비드는 자신의 남성성을 받아들였다. 18세가 되었을 때, 포경 수술을 망친 병원에서 배상금 17만 달러 중 일부를 받아 '여자를 꼬드기기 위해' 텔레비전과 바가 구비된 밴을 샀다. 데이비드는 그 밴을 '섀긴 왜건Shaggin' Wagon'(섹스 마차란 뜻)이라고 불렀다. 강인해 보이는 외모와 테스토스테론으로 만들어진 근육과 헝클어진 곱슬머리 덕분에 데이트 상대는 얼마든지 구할 수 있었다.

하지만 데이트를 하더라도 키스 이상 진도를 나갈 자신감이 없었다. 데이비드는 섹스에 대한 두려움에 술을 진탕 마셔 어떤 신체적 행위가 일어나기 전에 정신을 잃는 방법으로 대처했다. 하지만 어느 날 아침에 일어났더니 데이트 상대가 옆에 남아 있었는데, 그 표정으로 보아 자신의 아랫도리를 들여다보았다는 사실을 알 수 있었다. 얼마 후 그 여자는 데이비드의 프랑켄페니스에 대해 동네방네 소문을 냈고, 나이 많은 사람들은 오래전에 신문에서 봤던 기사를 떠올렸다. 의사의 실수로 남성성을 잃었다는 불쌍한 소년에 관한 기사 말이다. 그 수모는 데이비드가 감당하기 어려운 것이었다. 바로 그다음 날, 데이비드는 죽으려고 어머니의 항우울제를 한 병 다 삼키고 소파에 쓰러졌다.

부모는 텅 빈 약병 옆에서 의식을 잃은 데이비드를 발견했다. 가슴 아프게도 재닛은 데이비드를 그냥 죽게 내버려두는 게 좋지 않겠느냐고 크게 외쳤다. 살면서 처음으로 데이비드는 아주 평온해 보였다. 하지만 당연히 아들이 그냥 죽게 내버려둘 수는 없었다. 잠시 후 그들은 부랴부랴 데이비드를 병원으로 데려갔다. 데이비드는 병원에서 일주일을 보냈다. 그리고 퇴원하고 나서 곧장 다시 자살을 시도했는데, 더 많은 약을 먹고 욕조에 채운 물속으로 들어가려고 했다. 데이비드는 물속으로 들어가기 전에 의식을 잃었는데, 이번에는 동생이 끌어내 병원으로 데려갔다.

그 후로는 자살 시도를 멈췄지만, 자살 생각은 여전히 갖고 있었다. 브라이언은 얼마 후 결혼을 해 아이들을 낳기 시작했는데, 데이비드가 오래전부터 늘 꿈꾸었던 삶이었다. 이 때문에 데이비드는 세상에 대한 분노가 끓어올랐고, 몇 달 동안 위니펙 외곽의 황야에 위치한 오두막집에서 혼자 살았다.

하지만 그 후 몇 년이 지나면서 상황이 조금씩 나아지기 시작했다. 비록 주저하긴 했지만, 가까운 몇몇 친구에게 자신이 당한 사고와 여자로 살았던 삶을 털어놓았다. 그리고 동생의 아내가 제인이라는 여자를 소개해주었다. 제인도 나름대로 파란만장한 삶(아버지가 제각각 다른 세 아이가 있었다)을 살아와 이제 정착해 제대로 된 가정을 갖길 원했다. 제인과 데이비드는 만나자마자 죽이 맞았고, 데이비드는 제인에게 이미 아이들이 있다는 사실이 마음에 들었는데, 그 아이들을 자기 자식으로 키울 수 있었기 때문이다. 그럼에도 불구하고 데이비드는 자신의 과거를 밝히지 않았다. 그랬다가 거부당할까 봐 두려웠기 때문이다. 하지만 결국에는 더 이상 숨길 수 없다고 판단하고는 고백을 시작했는데, 제인은 그의 입을 막았다. 제인은 첫 데이트를 하기 전부터 이미 그 사실을 알고 있었다. 데이비드의 마음이 눈 녹듯 녹아내렸다. "그때 나는 그것이야말로 진짜 사랑이라고 느꼈습니다. 그녀가 정말로 나를 좋아한다는 사실을 알았지요." 데이비드는 새긴 왜건을 팔아 다이아몬드 반지를 샀고, 두 사람은 1990년 9월에 결혼

거실에서 아내 제인과 아들 앤소니와 함께 포즈를 잡은 데이비드 라이머.(출생 시 이름은 브루스, 여자로 살아가던 시절의 이름은 브렌다)

했다.

　그 무렵에 데이비드에게는 새 음경도 생겼다. 그전 10년 사이에 음경 성형술이 비약적으로 발전했고, 13시간의 수술 끝에 외과의들은 데이비드의 아래팔 신경과 살, 그리고 갈비뼈 연골을 사용해 멋진 음경을 만들었다. 그것은 섹스를 할 수 있을 만큼 충분히 기능을 발휘했고, 성관계 동안 느낌은 조금 떨어지긴 했지만 사정을 할 수 있고 오르가즘도 느낄 수 있었다. 데이비드는 곧 결혼 생활에 적응했고, 도살장에서 수위로 일자리도 얻었는데, 스릴을 느끼게 해주는 거칠고 피비린내나는 일이었다. 모든 것이 잘 굴러가는 것처럼 보였다.

⚥

비록 철회하지는 않았지만(그것은 머니의 스타일이 아니었다), 존 머니는 1980년대의 강연과 논문에서 쌍둥이 사례를 일절 언급하지 않았다. 동료들은 이 침묵에 어리둥절했는데, 그들은 진상을 몰랐기 때문에 왜 머니가 일생일대의 좋은 사례를 포기했는지 이해할 수 없었다. 누가 쌍둥이에 대해 물을 때마다 머니는 과민한 반응을 보이면서 이제 그들을 "추적하는 데 실패"했다고 주장했다. 한편, 전 세계에서 머니의 'SF 게임' 주장을 바탕으로 수천 명의 아이들이 여전히 생식기 수술을 받고 있었다. 이것은 분명한 과학적 의료 과실[57] 사례였다.

머니에게 최종적인 몰락을 가져다준 사람은 캔자스대학교 대학원생 시절에 자궁 속에서 기니피그를 호르몬에 노출시키는 실험을 도왔던 밀턴 다이아몬드였다. 이제 전문 심리학자가 된 다이아몬드는 오래전부터 머니의 주장을 의심해왔는데, 심리학 학술지에 그 쌍둥이를 아는 사람을 수소문하는 광고를 실었다. 다이아몬드는 마침내 1990년대 중엽에 그들을 찾아냈고, 데이비드가 진술한 내용은 모두 머니에 대한 의심을 한층 심화시켰다. 분명히 다이아몬드는 생물학적 결정론자는 아니었다. 환경과 문화가 온갖 방식으로 사람의 성을 결정하는 데 영향을 미치지만, 모든 사람은 남성과 여성의 성향을 어느 정도 갖고 있다고 믿었다. 성과 젠더는 이분법적으로 갈라지는 것이 아니다. 그는 생물학적 요소도 사람의 성 결정에 중요한 역할을 한다고 주장했으며, 머니 같은 공론가는 단지 틀리기만 할 뿐만 아니라 환자들에게 실제적인 해를 끼친다고 주장했다.

(오늘날 많은 심리학자는 성과 젠더가 다음과 같은 방식으로 상호 작

용한다고 믿는다. 기본적 수준에서는 유전자와 그 밖의 생물학적 요인들이 범위를 결정한다. 즉, 만약 남성성이나 여성성 같은 성향을 10점짜리 척도로 나타낸다면, 당신의 생물학적 특성과 유전자는 당신의 범위를 예컨대 4와 6 사이로 결정할 수 있다. 그러고 나서 환경과 경험이 당신이 가지게 될 정확한 수치를 결정하거나 시간이 지나면서 다른 수치로 옮겨가게 한다. 다른 유전자를 가진 사람은 그 범위가 1과 2 사이이거나 6과 10 사이가 될 수도 있으며, 물론 그들만의 독특한 경험을 통해 최종적인 수치가 결정된다. 생물학과 문화의 양 측면은 모두 중요한 역할을 한다.)

1997년 봄에 다이아몬드는 이전에 위니펙에서 브렌다를 돌보았던 정신과 의사와 함께 데이비드의 파란만장한 삶에 대해 원자폭탄과도 같은 논문을 공동으로 발표했다. 데이비드는 처음에는 관여하길 꺼렸지만, 모호한 생식기를 가진 어린이 수천 명이 자신이 여성으로 전환하는 데 '성공'했다는 이야기를 믿고서 수술을 받았다는 이야기를 듣고 크게 놀라 과학계에 진실을 알려야겠다는 의무를 느꼈다.

일부 인용 외에는 다이아몬드는 논문에서 머니의 이름을 언급하지 않았고, 그를 공격하지도 않았다. 머니는 그다지 신경 쓰지 않았다. 턱을 갈긴 지 25년이나 지났지만, 머니는 여전히 미키 다이아몬드의 배짱을 싫어했고, 그 논문이 언론의 관심을 끌기 시작하자 머니는 또다시 공격에 나섰다. 자신을 공격하는 사람들은 모두 자신과 성과학 분야 전체에 흠집을 내고자 나선 편협하고 은밀한 보수주의자라고 주장했다. 사실은 "눈을 멀게 하는 스피팅코브라의 독을 온몸에 뒤집어쓴" 자신이 진짜 피해자라고 주장했다. 비윤리적 행위를 정당화하는 고전적인 방어법도 썼는데, 그것은 바로 다른 사람에게 책임을 전가하는 것이었다. 먼저 그는 데이비드의 생식기를 절단한 사람은 자신이 아니라 외과의였다고 지적했는데, 자신의 이론과 그 사례를 관리한 행동은 부수적인 일인 듯이 내세웠다. 그리고 론과 재닛이 종교에 푹 빠진 사람들(두 사람은 교회 자치와 병역 거부 등을 내세우는 개신교의 한 파인 메노파 교도였다)이어서 전통적인 젠더 역할에서 벗어나는 것을 참지 못해 데이비드가 여자로서 행복하게 살아갈 기회를 막았다는 소문을 퍼뜨리기 시작했다. 만약 그들이 충분한 믿음을 갖고 전력을 다하고 충분히 진보적이었더라면, 데이비드는 여자로서 잘 살아갔을 것이라고 주장했다. 라이머 부부가 머니를 얼마나 믿었는지를 감안하면, 이 주장은 특히 잔인한 것이었다.

학계에서 머니의 동맹들은 라이머 스캔들이 터진 뒤에도 머니를 계속 옹호했고, 심지어 지금도 일부 사회과학자들은 성(젠더가 아닌 생물학적 성)은 자연에 전혀 기반을 두고 있지 않으며 정치적 음모라고 주장한다. 하지만 다른 동맹들, 특히 중성과 트랜스섹슈얼/트랜스젠더 공동체의 동맹들은 2000년대 초에 머니를 버렸다. 머니의 일부 숭배자들은 이에 격분하는데, 20세기 중엽에 주류 사회가 이 집단들을 받아들이도록 하는 데 어느 누구보다도 머니가 큰 역할을 했다는 사실을 감안하면 그래서는 안 된다는 반응을 보인다. 그렇긴 하지만, 머니는 큰 영향력을 행사해 수천 명의 중성 어린이에게 다이아몬드가 "불필요하고 입증되지도 않았으면서 인생을 확 바꾸는 수술"이라고 부른 수술을 받게 했다. 그 수술은 아이들이 원래 갖고 있던 성적 감각을 대부분 없애고, 그들이 비정상이어서 '바로잡는' 것이 필요하다는 개념을 강화했다. 게다가 머니가 의도한 것은 아니었지만, 자연보다 문화를 강조함으로써 트랜스젠더와 심지어 동성애조차 타고난 선천적 성향이 아니라, 생활방식의 선택에 불과한 것처럼 보이게 하는 해로운 효과를 낳았다. 만약 오로지 환경만이 성적 정체성과 지향성을 만들어낸다면, 환경을 변화시키면 그러한 성적 측면까지 변화할 것이기 때문이다. 그러자 진짜로 편협한 사람들은 이 선택 개념을 이용해 '성전환 수술'과 동성애자를 이성애자로 바꾸는 그 밖의 프로그램을 홍보했다.

하지만 (그 치료법의 실험적 성격을 감추고, 가족의 비극을 이용해 명성을 얻고, 완전히 틀렸음이 입증된 뒤에도 자신의 이론을 철회하길 거부한 것 등) 머니가 저지른 모든 비윤리적 행위 중에서 가장 나쁜 것은 데이비드가 인간으로서 지닌 자율성을 부정한 것이었다. 브렌다로 살아갈 때 데이비드는 머니에게 여자로 살아가는 삶이 행복하지 않다고 시사하는 증거를 전부 다 제공했다. 머니는 그런 이야기에 귀를 기울이려 하지 않았고, 자신이 권위자이므로 자신의 생각이 옳다고 강조했다. 중성과 트랜스젠더인 사람들은 자신들을 같은 방식으로 대한 그런 심리학자들에게 너무나도 익숙했다. 그런 심리학자들은 한결같이 그들의 주장을 묵살하고 치료를 받으라고 강요했다. 머니는 데이비드 같은 남자 아이를 여자로 바꿀 수 있는가 하는 과학적 질문에 너무 몰입한 나머지 과연 그렇게 해야 하는가 하는 문제를 깊이 생각해본 적이 없었다. 이 점 때문에 일부 사람들은 그를 결코 용서하지 못할 것이다.

대다수 심리학자들은 우리의 성 정체성이 해부학과 뇌 구조, 호르몬, 가정환경, 문화적 영향 등이 복잡하게 상호 작용하면서 결정된다는 사실을 받아들이게 되었다.[58] 게다가 젠더는 태어날 때 완전히 고정된 것이 아니지만, 완전히 유동적인 것도 아니어서, 의사들과 외부 사람들이 자기 마음대로 바꿀 수 없다. 이런 이유들 때문에 국제연합은 2015년에 머니가 옹호한 것과 같은 종류의 수술(신체 일부가 훼손된 아이와 모호한 생식기를 갖고 태어난 아이를 대상으로 한)이 인권 침해라고 선언했다. 불행하게도 데이비드 라이머에게는 너무 늦은 깨달음과 조처였다.

데이비드 라이머의 전기 작가는 데이비드가 데이비드로 살아가는 현재의 삶에서 브렌다로 살아간 과거의 삶으로 주제를 옮길 때마다 마치 자신과 거리를 두려는 듯이 주어를 '나$_I$'에서 '너$_{you}$'로 바꾼다는 사실을 알아챘다.("나의 과거 전체를 지울 수 있는 최면술사에게 갈 수 있다면 무엇이라도 주겠어요. 그건 고문과 같기 때문이지요. 그들이 네 몸에 한 짓은 때로는 네 머릿속에 심리적 전쟁을 일으키면서 네 마음에 한 짓만큼 나쁘지 않아요.") 슬프게도 데이비드의 과거는 그냥 과거에 머물러 있으려고 하지 않았다.

그가 일하던 도살장은 1990년대 후반에 문을 닫았고, 데이비드는 그 후에 일자리를 구하는 데 애를 먹었다. 데이비드는 자신의 남성성에 대해 늘 자신이 없었는데, 부당하건 아니건, 실업자가 되어 생활비를 벌지 못하는 상황은 이 문제를 더 심각하게 만들었다. 자신감 결여는 결혼생활에도 악영향을 미쳤는데, 그의 폭발적인 기질과 늘 버림받을까 봐 불안해하는 심리에도 악영향을 미쳤다. 어쩌면 당연할지 모르지만, 그는 도움을 얻기 위해 심리학자를 만나는 것도 거부했다.

쌍둥이 동생 브라이언이 자살하면서 데이비드의 삶도 무너지기 시작했다. 브라이언은 가족의 관심이 온통 브렌다-데이비드가 필요로 하는 것에만 쏠린 경험을 결코 완전히 극복하지 못했다. 비행 청소년의 삶을 산 뒤, 어른이 되어서는 자동차를 훔치기 시작했고, 폭력 혐의로 법정에도 섰다. 또한 비교적 어린 나이에 자식들을 얻었고, 매우 불쾌한 이혼을 겪었다. 존경스럽게도 그는 아이들을 혼자서 키우려고 노력했지만, 술을 너무 많이 마시기 시작했고 우울증의 늪으로 빠져들었다. 2002년 봄에 그는 한 병 분량의 항우울제를 삼키고 생애를 마감했다.

그 당시 형제는 소원하게 지낸 지 오래되었지만, 브라이언의 죽음은 데이비드에게 큰 충격을 주어 그의 마음을 끝없는 나락으로 끌어내렸다. 밤이 되면 데이비드는 가끔 브렌다로 살아가던 삶이 강하게 떠올랐고, 그러면 욕실로 달려가 구토를 했다. 경제 사정도 걱정거리였다. 자신의 전기 판매로 약간의 인세 수입을 얻었고, 결국에는 골프장에서 전구를 갈고 유리창을 닦고 욕실을 청소하는 잡역부 일자리를 얻었다. 클럽하우스의 요리사들은 가끔 저녁으로 먹으라고 남은 수프를 주었다. 하지만 데이비드는 그 골프장의 프로 선수가 운영하던 수상쩍은 골프 용품점에 6만 5000달러를 투자했다가 평생 저축한 돈을 다 날리고 말았다.

마지막 결정타는 아내 제인이 더 이상 그의 기분 변화를 견뎌내지 못해 이혼을 제안한 것이었다. 데이비드는 화가 나서 날뛰더니 집을 나갔다. 제인은 경찰에 실종 신고를 했고, 경찰은 이틀 뒤에 그를 찾아냈다. 다친 데는 없었지만, 제인에게 자신의 행방을 알리길 원치 않았다. 제인은 안도의 한숨을 쉬고 일하러 갔다. 적어도 데이비드가 살아 있다는 것은 알았으니까.

두 시간 뒤, 제인은 두 번째 전화를 받았다. 데이비드가 자살했다는 소식이었다. 통계 수치를 보면, 자살 시도는 여자가 남자보다 더 많이 하지만, 자살에 성공하는 비율은 남자가 훨씬 높은데, 주된 이유는 더 폭력적인 방법을 사용하기 때문이다. 데이비드는 이전에 수면제를 사용한 적이 있지만, 마지막 시도에서는 자신이 선택할 수 있는 것 중 가장 폭력적인 방법을 사용했다. 재닛이 출근하자마자 데이비드는 집으로 돌아와 엽총을 집어들고 차고에서 총신을 잘라냈다(다소 상징적으로). 그리고 나서 전기 작가가 슬픈 후기에서 쓴 것처럼 "그는 근처의 슈퍼마켓 주차장으로 차를 몰고 가서 주차한 뒤, 총을 들어올려 자신의 고통을 영원히 끝냈다."

데이비드 라이머가 죽은 뒤, 그와 비슷한 사연을 가진 사람들이 여기저기서 나서서 자신의 성전환 역시 실패로 끝났다고 고백했다. 우리를 만드는 데 문화가 아주 큰 영향을 미친다 하더라도, 사람은 빈 서판이 아니며, 1억 6000만 년 동안 계속돼온 포유류의 진화를 문화가 마술처럼 압도하는 일은 있을 수 없다. 물론 모든 남녀가 젠더 고정관념에 순응하는 것은 아니며, 생물학의 실재를 인정한다고 해서 성차별이 존재하지 않는다는 뜻은 아니다. 하지만 밀턴 다이아몬드의 표현을 빌리면, 성생물학이 실재한다는 것은 피할 수 없는 현실이다. "우리는 중성인 상태로 이 세상에 오지 않는다……. 우리는 어느 정도의 남성성과 여성성을 가지고 이 세상에 오는데, 그것은 사회가 집어넣길 원하는 것이 무엇이건 그것을 훨씬 넘어서는 것이다." 알려진 모든 시대의 알려진 모든 문화에서 남성과 여성은 다르게 행동했고, 그것이 조만간 바뀔 가능성은 거의 없다.

이것은 다른 것 못지않게 범죄에서도 성립한다. 통계적으로 남성은 여성보다 범죄를 훨씬 많이 저지르며, 바로 그 이유 때문에 이 책에 등장하는 악인들도 대부분 남성이다. 하지만 이제 우리는 이 책에서 첫 번째 여성 악당을 만날 것이다. 그 여성은 과학사에서 가장 광범위한 사기를 저지른 사람 중 하나이다.

12장

증거 조작

약품 수사국 슈퍼우먼의 진실

모두가 애니 두컨Annie Dookhan에게 열광했다. 두컨은 보스턴 근처의 백신연구소에서 품질 관리 일을 했는데, 두컨만큼 열심히 일하는 사람은 아무도 없었다. 거의 매일 동틀 무렵에 출근했고, 밤에 연구소 불을 끄고 퇴근할 때가 많았다. 점심시간도 따로 갖지 않았고, 휴가 때면 검토할 문서를 집으로 가지고 갔다. 게다가 회사 일을 병행하면서 하버드대학교의 파트타임 프로그램을 이용해 대학원에서 화학 학위를 따려고 노력했다. 동료들에게 털어놓은 이야기에 따르면, 몇 년 전에 돈이 없어 하버드대학교를 중퇴한 뒤 주립 대학교에서 학위를 마쳤다고 했다. 따라서 하버드대학교에서 석사 학위를 딴 것은 특별히 기쁜 일이었는데, 불과 1년 만에 그 일을 해냈다는 사실 때문에 더욱 그랬다. 이 일을 축하하기 위해 연구소는 파티를 열어주었고, "축하해요, 애니!"라는 현수막도 내걸었다.

유일한 문제는 이 모든 것이 거짓이었다는 것이다. 두컨은 하버드대학교에서 대학원이건 어디건 강의를 들은 적이 전혀 없었다. 심지어 하버드대학교는 화학 부문에서 파트타임 프로그램을 운영한 적도 없었다. 두컨은 회사에서 빠른 승진을 위한 술책으로 이 모든 이야기를 지어냈다.

불행하게도 이 계책은 실패로 돌아갔고, 회사는 두컨의 승진을 거부했다. 이에 분개한 두컨은 2003년에 자신의 이력서를 허위로 작성해(하버드대학교 이력을 생략하는 대신에 다른 대학교에서 석사 학위를 반쯤 이수했다고 적으면서) 새 일자리를 물색하기 시작했다. 얼마 후, 소송 사건에 관련된 약물을 검사하던 근처의 정부 연구소에서 일자리를 얻었다.

그때까지만 해도 25세의 두컨은 이미 많은 거짓말을 했다. 하지만 실험실에서는 늘 성실했다. 백신 회사에서 사기를 저질렀다는 증거는 전혀 없다. 그런데 이제 이것마저 바뀌려 하고 있었다.

절차나 원칙을 무시하는 사람들은 대부분 게으르지만, 애니 두컨은 늘 열심히 일했다.

두컨은 트리니다드 토바고에서 태어나 11세 무렵이던 1980년대 후반에 부모와 함께 미국으로 이민해 보스턴에 정착했다. 나중에 명망 높은 보스턴 라틴스쿨에 입학해 그곳에서 달리기 선수로 활동했다. 키가 150cm밖에 안 되었지만 장애물 경주에도 도전했다. 실력은 형편없었지만, 코치는 두컨의 열정적인 노력에 감탄했다.

두컨은 보스턴 라틴스쿨을 다닐 때 과학 과목에서 우수한 성적을 얻었는데, 훗날 두컨은 자신이 최우등으로 졸업했다고 주장했다. 하지만 보스턴 라틴스쿨은 그런 상을 수여한 적이 없다. 또, 두컨은 사람들에게 부모가 모두 의사라고 거짓말을 했다. 이 작은 거짓말들은 대학교와 백신 회사와 주립 약물 연구소에서도 계속 이어졌다. 약물 연구소를 다닐 때에는 "화학 및 생물학 테러 대비 비상 대기 관리자"라는 근사한 직함까지 지어냈다.

비록 눈살을 찌푸리게 하는 행동이긴 했어도, 그래도 이때까지의 거짓말은 누구에게 실질적인 피해를 주진 않았다. 하지만 작은 거짓말도 할수록 점점 탄력이 붙는 경향이 있는데, 얼마 지나지 않아 상황이 심각한 국면으로 전개되었다.

두컨의 실험실에서는 경찰이 마약 사범을 급습해 입수한 마약을 확인하는 일을 했다. 때로는 순수한 마약 덩어리도 있었지만, 때로는 거리에서 팔 목적으로 소량의 마약을 베이킹파우더나 유아용 유동식과 섞어 투명 비닐봉지나 사각형 은박지에 싼 것도 있었다. 많은 마약은 서로 비슷해 보이기 때문에, 경찰이 입수한 마약을 실험실에 놓고 가면, 두컨과 동료들이 일련의 시험을 거쳐 그 정체를 확인했다.

추정 시험이라고 부르는 첫 번째 시험은 분석가들에게 그 마약의 일반적인 종류를 알려주었다. 한 가지 시험은 미지의 가루에 포름알데하이드와 황산을 가하는 과정을 포함했다. 만약 시료가 붉은빛을 띤 자주색으로 변하면 그 시료는 아편제이고, 만약 주황색으로 변하면 암페타민이었다. 시료를 초록색이나 파란색으로 변하게 하는 화학물질도 있었다.

화학자가 분석하는 물질이 아편제로 밝혀졌다고 하자. 이제 두 번째 시험인 확인 시험을 통해 그 물질의 정체를 구체적으로 밝혀낸다.

확인 시험에서는 미지의 시료를 액체에 소량 녹인 뒤 적절한 분석 장비에 집어넣어 분석 과정을 거친다. 알려진 아편제(예컨대 모르핀이나 헤로인, 펜타닐 같은) 시료도 함께 집어넣어 동일한 분석 과정을 거친다. 그러면 여러 가지 그래프가 나오는데, 이것은 각각의 시료에 부여된 일종의 바코드와 같다. 미지의 시료와 알려진 시료의 바코드를 비교함으로써 미지의 시료가 정확하게 무엇인지 확인할 수 있고, 그러면 화학자는 그 결과를 경찰에 통보한다.

전국 각지의 마약 분석 연구소와 마찬가지로 보스턴의 마약 분석 연구소에도 분석해야 할 시료들이 엄청나게 많이 쏟아져 들어오고 있었다. 2003년에 이르자 분석해야 할 시료가 수천 가지로 불어났는데, 걸어 들어갈 수 있는 시료 보관 금고가 분석을 기다리는 시료로 가득 차는 바람에 그 안에서 걸어다니는 것조차 안전에 위험을 초래할 지경에 이르렀다. 하지만 두컨이 오면서부터 사정이 나아지기 시작했다. 두컨은 가장 열심히 일하는(제일 먼저 출근하고 가장 늦게 퇴근하는) 화학자일 뿐만 아니라 작업 속도가 가장 빠른 화학자로 두각을 나타냈다. 첫해에 두컨은 9239건의 마약 시료를 처리했는데, 나머지 화학자 9명의 평균 작업량보다 세 배나 많은 것이었고, 그 연구소 전체가 처리하는 양의 1/4을 넘었다. 그곳 사람들은 두컨을 슈퍼우먼이라 부르기 시작했고, 그 찬사에 두컨은 사기가 크게 올랐다. 함께 일하던 검찰관들에게 보낸 이메일에서 두컨은 자신이 그 연구소에서 없어서는 안 될 필수 인력이라고 자랑했다.

그런데 이 칭찬은 개인적으로 두컨에게 고통을 달래는 진통제 역할을 했다. 2004년에 두컨은 같은 트리니다드 토바고 출신의 엔지니어를 만나 결혼했다. 얼마 지나지 않아 임신을 했지만, 첫 번째 임신은 유산으로 끝났다. (그리고 두컨은 나중에 유산을 한 번 더 겪었다.) 아이를 잃을 때마다 두컨은 큰 비탄에 빠졌고, 그 때문에 대인관계에도 큰 지장이 생겼다.

두컨은 상사의 권유대로 휴가를 떠나는 대신에 실험실에서 더 많은 시간을 보냄으로써 고통을 잊으려고 했다. 상사에게는 "제겐 초콜릿과 일이 있어요. 그것이 제가 고통을 극복하는 방식이에요."라고 말했다. 첫 번째 유산을 한 다음 해에 두컨은 이전보다 훨씬 더 맹렬한 속도로 1만 1232건의 시료를 처리해 2위를 차지한 화학자보다 거의 두 배, 평균보다는 네 배나 많은 양을 처리했다. 두컨은 결국 장애가 있는 아들을 낳았는데, 그 때문에 작업 속도가 조금 떨어지긴 했지만, 해마다 동료 화학자들을 계속 크게 앞서갔다. 대다수 화학자들은 한 번에 시료를 24개 정도 시험했지만, 두컨은 대개 60~70개를 시험했고, 한번은 119개를 시험한 적도 있었다.

하지만 동료들은 점차 슈퍼우먼의 작업 속도에 의심을 품기 시작했다. 일부 의심은 상식에 기반을 둔 것이었다. 도대체 어떻게 사람이 그렇게 빨리 일할 수 있단 말인가? 정황 증거도 있었다. 한 동료는 두컨이 저울을 보정하는 단계를 건너뛰고 일하는 현장을 목격한 적이 있었다. 저울 보정은 측정의 정확성을 기하기 위한 필수 단계인데, 예컨대 마약 27.99g과 28.00g의 차이가 몇 년의 징역을 좌우할 수도 있기 때문이었다. 동료들은 또한 두컨이 했다고 기록한 모든 시험에도 불구하고, 실제로 현미경을 사용하는 모습을 별로 보지 못했다. 게다가 쓰레기도 충분히 많이 나오지 않았다. 결정 시험이라는 한 시험에서는 유리 슬라이드 위에서 미지의 마약을 액체와 섞는다. 그러면 곧 결정이 생긴다. 마약에 따라 제각각 다른 모양의 결정이 생기는데, 화

마약 분석가 애니 두컨.

학자는 현미경으로 결정의 모양을 확인한다. 각각의 시험에는 오염을
피하기 위해 깨끗한 유리 슬라이드가 필요한데, 시험 횟수를 감안하
면 각 화학자가 매달 배출하는 유리 슬라이드의 수를 대략 추정할 수
있다. 그런데 동료들이 두컨의 쓰레기통을 들여다보았더니 거의 텅
비어 있었다.

동료들의 의심은 옳았다. 정확하게 언제부터 시작되었는지는 알

수 없지만, 두컨은 대규모로 사기를 저지르고 있었다. 실제로 시험을 하는 대신에 하지도 않은 시험을 했다고 기록한 것이다. 그저 시료를 한번 훑어보고는 그것이 어떤 물질인지 추측했다.

두컨은 그렇게 하고도 작업 흐름상의 허점을 이용해 아무 탈 없이 넘어갈 수 있었다. 관리 연속성chain of custody(증거가 최초로 수집된 상태에서 지금까지 어떠한 변경도 일어나지 않았다는 것을 보증하기 위한 절차적 방법으로, 증거를 보관한 주체들의 연속적 승계 및 관리 단계들을 일일이 기록한다. 증거 보관의 연속성이나 증거물 연계성이라고도 한다—옮긴이)을 위해 모든 마약 시료에는 '관리 카드'가 따라다녔는데, 여기에는 마약을 취득한 시기와 경찰이 추정하는 마약의 종류 등이 기록돼 있었다. 이것은 경찰에게는 훌륭한 절차이다. 문제는 두컨 같은 화학자가 관리 카드에 접근할 수 있어 경찰이 그것을 어떤 마약으로 추정하는지 볼 수 있다는 점이었다. 화학자에게 이 정보를 볼 수 있게 하는 것은 그 자체로도 좋지 않은 일이다. 암시는 편향을 낳아 특정 결론으로 유도하고 다른 결론에서 멀어지게 한다. 하지만 두컨은 이 허점을 노골적으로 이용했는데, 경찰의 추측을 자신의 '분석' 결과로 삼은 것이다. 만약 경찰이 그것을 헤로인이라고 말했다면, 그것은 헤로인이 되었다. 굳이 힘들게 일하지 않아도, 아무 문제가 없었다.

공정하게 말하면, 두컨은 관리 카드 정보가 없는 미지의 시료는 항상 실제로 시험을 했다. 그러지 않으면 맹목적으로 추측을 해야 했기 때문이다. 또, 전체 시료 중 약 1/5은 완전한 시험 단계를 거쳤는데, 추측이 옳은지 확인하기 위해서였다. 하지만 그 밖의 경우에는 그저 실적을 부풀리기 위해 성가신 화학 실험 단계를 모두 건너뛰고서 추측한 분석 결과를 적어넣었다. 그러고 나서 모든 시험 절차를 거쳤다고 인증하는 서류에 서명을 해 그것을 경찰에 제출했다. 이 증명서는 재판에서 증거로 사용되었기 때문에, 두컨은 반복적으로 위증을 한 셈이었다.

두컨의 거짓 분석 증명서가 실질적으로 아무 차이도 빚어내지 않은 사례도 많았다. 경찰은 일반적으로 자신이 손에 넣은 마약이 무엇인지 안다. 그래서 분석 시험의 생략이 정당한 절차를 보장받아야 할 피의자의 권리를 침해한 것은 맞지만, 최종 평결은 아마도 달라지지 않았을 것이다. 하지만 항상 그런 것은 아닌데, 이런 사건들의 경우에는 두컨은 정말로 범죄의 영역으로 발을 들여놓은 셈이다.

그런데 실험실에서는 통상적으로 동일한 시료에 대해 두 번의 시험을 했다. 두컨은 대개 첫 번째 시험을 했고, 다른 화학자가 두 번째 시험을 했는데, 가끔 두 번째 시험(기계 장비를 포함한 시험)이 두컨의 첫 번째 추측과 어긋날 때가 있었다. 이런 경우에는 재시험을 하는 것이 원칙이었다. 그런데 두컨은 슈퍼우먼의 명성에 흠집이 나게 할 실수를 인정하는 대신에, 슬그머니 실험실을 빠져나가 처음에 자신이 주장한 마약의 순수한 시료를 구해와 그것을 재시험에 쓸 시료로 제출했다. 그러면 기계 장비는 짠 하고 '정확한' 결과를 내놓았다. 다시 말해서, 두컨은 자신의 사기 행각을 숨기기 위해 증거를 조작하기 시작한 것이다.

그 결과로 무고한 사람들이 교도소로 갔다. 한 남자는 건강 보조제로 팔리는 백색 가루인 이노시톨을 갖고 있다가 체포되었다. 두컨은 그 사람이 갖고 있던 것이 코카인이라고 못박았다. 또 다른 사건에서는 마약 중독자가 다소 무모한 사기를 시도했는데, 마약 복용자에게 캐슈 가루를 크랙crack(코카인의 한 종류. 순도가 매우 높고, 주사로 주입하는 대신에 태워서 그 연기를 담배처럼 직접 들이마신다—옮긴이)이라고 속여 팔려고 했다. 그런데 그 마약 중독자는 위장한 경찰이었다. 하지만 그 마약이 실제로는 캐슈였기 때문에 크게 문제될 것이 없었다. 그 남자는 두컨이 법정에서 정반대의 증언을 하는 것을 보고 경악했다. 훗날 그는 "나는 두컨이 거짓말을 한다는 것을 알았습니다. 어떻게 캐슈가 크랙으로 둔갑한단 말입니까?"라고 말했다.

두컨이 거짓말을 했다고 해서 모든 사람이 다 감옥으로 가진 않았다. 정도가 심하지 않은 마약 복용자는 대개 감옥까지 가진 않았다. 하지만 일단 마약 복용으로 유죄 선고를 받으면, 징역 유무에 상관없이 당사자에게 큰 피해가 돌아간다. 추방되거나 해고되거나 공공 주택에서 쫓겨날 수 있다. 운전면허가 취소되거나 자녀를 만날 권리를 박탈당할 수도 있다. 그리고 나중에 법정에 다시 서게 된다면, 이제 재범이 된다.

두컨은 왜 그토록 많은 사람의 삶을 위험에 빠뜨렸는지 만족스러운 설명을 결코 내놓지 않았다. 하지만 말과 행동에서 일부 단서를 얻을 수 있다. 첫째, 두컨은 마약 밀매자들을 감옥으로 보내는 일을 즐긴 것처럼 보인다. 두컨은 현지 검찰관들과 부적절할 정도로 친하게 지낸 경우가 많은데, 악당들을 "거리에서 몰아내는" 방안에 대해 진심 어린 이메일을 보냈다. 한 검찰관은 최고급 술집에서 두컨에게 술을 사겠다고 제의했다. 또 다른 검찰관은 두컨과 시시덕거린 이메일이 공개되는 바람에 사임해야 했다. 두컨은 한 검찰관에게 고객의 사건에 도움을 달라는 피고 측 변호사의 요청에 응답을 해야 할 필요가 있는지 조언을 구한 일도 있었다.

두컨은 또한 심한 스트레스를 받고 있었는데, 이런 상황에서는 정당한 절차나 원칙을 무시하고 비도덕적으로 행동하려는 유혹을 받기 쉽다는 사실이 심리학 연구에서 밝혀졌다. 그 분석 연구소에 처리해야 할 일이 산더미처럼 쌓여 있었다는 사정을 감안하면, 그곳에서 일하는 사람들은 모두 처리해야 할 시료 분석 때문에 상당히 큰 압박을 받았다. 게다가 두컨은 유산을 여러 번 겪었고 가정생활도 불행했다. 두컨은 부모 외에는 가족이 아무도 없었고, 자기 집 바로 옆에 남편 가족과 친척들이 씨족처럼 모여 살고 있었는데, 이것 역시 몹시 불편한 환경이었다. 이런 상황이 핑계가 될 수는 없지만, 지속적인 스트레스는 정신적 원기를 고갈시키고 타인과의 공감 능력을 떨어뜨릴 수 있다. 엉망이었던 정신 상태 때문에 두컨은 자신의 사기 행각이 다른 사람들의 삶을 망칠 가능성을 쉽게 무시할 수 있었는지도 모른다.

특히 사기를 친 결과로 칭찬을 받는다면 더욱 그랬을 것이다. 어떤 사람들은 남을 조종하거나 물질적 이익을 얻기 위해 거짓말을 한다. 두컨은 과학적 영예를 원했고, 슈퍼우먼이라고 불리는 것을 좋아했다. 백신연구소의 옛 상사는 이민자와 유색 인종 여성이라는 지위도 모종의 역할을 했을지 모른다고 추측했다. 흑인이었던 그 상사는 "미국에서 소수자로 살아가는 삶이 어떤 것인지 나는 잘 압니다. 그 경험 때문에 자신이 보통 사람만큼 훌륭하거나 혹은 심지어 더 낫다는 것을 보여주겠다는 의지가 불타올랐을 거라고 생각합니다."라고 말했다.

보통은 그런 의지는 건강한 것으로, 더 많은 것을 이루고 고정관념을 타파하려고 노력하게 만드는 원동력이 된다. 하지만 두컨은 그런 칭찬을 정당한 방법으로 얻으려 하지 않았다. 그 기반이 되는 업적 없이 영예를 추구했다. 이것은 과학적 사기를 저지르는 사람들 사이에서 공통적으로 나타나는 결함이다. 이들은 지식 대신에 상이나 명성을 원한다. 즉, 과학 자체보다는 과학의 과시적 요소를 추구한다. 하지만 광학이나 조류학에서 부정한 연구 결과를 내놓는 것과 사람들의 자유가 달려 있는 법의학 연구소에서 엉터리 결과를 내놓는 것은 차원이 다른 문제이다.

슬프게도 법의학 분야에서 이런 범죄를 저지른 사람은 두컨뿐만이 아니었다. 최근 수십 년 사이에 세계 각지의 연구소들에서 수십 명의 법의학자들이 저지른 부정과 사기 행각이 발각되었다. 사실, 두컨의 사례는 비판자들 사이에 법의학 자체가 사기에 가까운 것이라는 인식을 심화시키는 부작용을 낳았다.

미국에서 법의학의 뿌리는 4장에서 다룬 파크먼 살인 사건으로 거슬러 올라가는데, 그때 하버드의학대학원 의사들은 해부학 전문 지식을 사용해 존 화이트 웹스터가 범인임을 밝혀냈다. 그 후 수십 년 동안 법의학은 방화 사건 조사, 총기 탄도학, 자국 분석(지문, 이빨 자국, 발자국, 핏자국 등을 조사하고 분석하는 분야) 등으로 범위를 확장해 갔다. 20세기 중엽에 이르자 법의학은 법정에서 확고하게 자리를 잡았고, 이전의 자의적이고 부패한 경찰 조사를 대체할 합리적이고 객관적인 대안으로 간주되었다.

(살인 미스터리 팬들을 실망시키긴 싫지만) 불행하게도 법의학 중 많은 부분은 잘해야 허점이 많고, 최악의 경우에는 완전한 헛소리에 불과하다. 2009년에 미국국립과학원이 내놓은 한 보고서는 법의학의

명백한 문제를 여러 가지 열거했는데, 대부분의 하위 분야에서 과학적 기반이 부족하다는 사실을 지적하면서 포문을 열었다. 이 분야들은 실험과 분석을 토대로 한 것이 아니라 예감을 과학 전문 용어로 포장한 것에 지나지 않는다고 비판했다. 결과적으로, 동일한 시료를 가지고도 법의학 전문가에 따라 완전히 다른 결론이 나오는 경우가 많다. 심지어 동일한 전문가라도 사전에 용의자가 유죄나 무죄로 보인다는 이야기를 들었는지 여부에 따라 동일한 시료를 놓고 아주 다른 결론을 내릴 때도 가끔 있다.(이것은 편향이 분석에 큰 영향을 미친다는 것을 강하게 시사하는 증거이다.)

또 한 가지 문제는 겸손의 부족이다. 개인적 경험에 비춰 말하자면, 과학자들은 모든 것에서 위험을 회피하려는 경향이 있는데, 이런 경향은 과학 작가들을 미치게 만든다. 과학자들은 늘 자신의 진술에 단서를 달려고 하고, 증거가 아주 강력해 보일 때조차도 대안 설명에 자신의 책임이 없다는 말을 추가한다. 이와는 대조적으로 많은 법의학 전문가는 자신의 진술이 100% 확실하다고 자신한다(특히 법정에서 증언할 때). 이들은 머리카락 섬유나 이빨 자국으로 100% 정확하게 그 주인을 확인할 수 있다고 주장하며, 또 항상 그렇게 주장한다. 이들은 무오류성의 아우라를 뿜어내며,[59] 자신의 권위에 도전하는 질문을 호통치면서 뿌리친다.

분명히 모든 법의학이 쓰레기는 아니다. 독물학과 병리학은 굳건하며, 미국국립과학원 보고서는 특히 DNA 분석을 신뢰할 만하다고 지적했다. 이 분야들은 기반이 튼튼하며, 근거가 확실한 시험 결과에 의존한다. DNA 분석의 경우, 특정 생물학적 시료(예컨대 혈액이나 정액)를 특정 개인과 아주 높은 정확도로 연결 지을 수 있다. DNA 분석가들은 또한 결과에 확률을 첨부함으로써 항상 어느 정도의 불확실성이 존재함을 인정한다. 하지만 대다수 법의학 분야들은 이러한 기본 지침을 충족시키지 못한다.

미국국립과학원 보고서가 나온 이후 지문 분석과 총기 탄도학 분야도 엉성하게 일을 처리하던 관행을 보강해 과학적 유효성을 크게 높이는 방향으로 나아가기 시작했다. 그리고 조금 더 허술한 법의학 분야들도 (만약 실무자들이 증거를 제대로 분석하고 약간의 겸손을 보여 준다면) 다른 증언에 무게를 더하고 전체적인 논거를 보강하는 데 도움을 줌으로써 현대 경찰의 수사에서 중요한 몫을 담당할 수 있다. 그 때까지는 피고들은 여전히 고통을 받을 것이다. 일부 추정에 따르면, 미국의 유죄 선고 오심 중 약 1/4은 "틀렸거나 오판을 유도한 법의학 증거"가 일부 원인으로 작용한다고 한다. 일부 법의학 분야들은 성적이 이보다 더 낮다. 한 연구에서 FBI는 머리카락 시료 현미경 분석 결과가 제출된 사건 중 90%는 법정에서 '틀린' 증언이 제출되었다고 결론 내렸다.

법의학 마약 분석은 어디에 해당할까? 이 분야는 유효성 스펙트럼에서 DNA 분석 쪽에 가깝다. 마약 시험은 신뢰할 만하고 반복적으로 동일한 결과가 나오며, 제대로 실행되기만 한다면 범죄 사건에서 그 결과를 믿고 받아들일 수 있는 분야이다. 단, 제대로 실행되기만 한다면 말이다.

두컨의 몰락은 우연의 일치로 시작되었다. 2001년, 보스턴 경찰은 케이마트 밖에서 마약을 거래하던 루이스 멜렌데스-디아스Luis Melendez-Diaz를 체포해 유치장으로 데려가려고 순찰차에 태웠다. 도중에 경찰은 멜렌데스-디아스가 뒷좌석에서 몸을 자꾸 꼼지락거린다는 사실을 눈치챘다. 의심을 품은 경찰이 멜렌데스-디아스를 유치장에 가두고 나서 차를 수색했더니 뒷좌석 한쪽 구석에 밀어넣은 코카인 봉지가 여러 개 발견되었다.

경찰은 그 봉지들을 한 분석 연구소에 분석을 맡겼는데, 우연히도 얼마 후에 두컨이 그 연구소로 옮겨갔다. 모든 사람의 증언에 따르면, 그 시료는 별 탈 없이 제대로 분석되었다. 담당 화학자는 그 마약이 코카인임을 확인하는 세 장의 증명서에 서명을 했고, 이 증거는 멜렌데스-디아스에게 유죄 선고를 내리는 데 기여했다. 대체로 그것은 멋진 성공을 거둔 사건이었다.

그런데 그때 멜렌데스-디아스의 변호사가 새로운 주장을 제기했다. 수정 헌법 제6조에 따르면, "모든 형사 절차에서 피고인은……자신에게 불리한 증언을 하는 증인을 [법정에서] 대면할 권리가 있다." 전통적으로 여기서 말하는 증인은 범행 현장을 실제로 본 목격자를 의미했다. 하지만 멜렌데스-디아스의 변호사는 법의학 분석가도 직접 법정에 출두해 증언해야 한다고 주장했다. 이 사건에서는 담당 화학자가 법정에 출두하는 대신에 증명서만 제출했기 때문에, 변호사는 기소를 기각해야 한다고 주장했다.

항고 끝에 이 사건은 2009년에 대법원까지 올라갔다. 평소의 당파적 비율과 다른 5대4의 대법관 의견(루스 베이더 긴즈버그Ruth Bader Ginsburg가 앤터닌 스칼리아Antonin Scalia와 클래런스 토머스Clarence Thomas가 주도한 다수 의견에 동조했다)으로 대법원은 멜렌데스-디아스의 변호사가 제기한 주장이 옳다고 결정했다. 즉, 피고에게 이의를 제기할 기회를 주기 위해 과학 분석가들이 법정에 출두해 증언해야 한다고 결정한 것이다. 부분적으로 이것은 정당한 절차에 관한 문제였다. 스칼리아는 증인을 대면해 이의를 제기할 권리는 공정한 재판 개념에 필수적이라고 지적했고, 따라서 분석가들은 "설령 퀴리 부인의 과학적 감각과 테레사 수녀의 진실성을 지니고 있다 하더라도" 법정에 출두해야 한다고 했다. 또한, 스칼리아는 마약 연구소에서 일하는 사람들이 모두 다 퀴리 부인이나 테레사 수녀 같은 사람은 아닐 것이라고 생각했다. 분석가 중에는 무능한 사람이나 심지어 거짓말쟁이도 얼마든지 있을 수 있고, 그런 경우에는 "반대 신문의 도가니"가 그들을 가려낼 것이라고 믿었다. 스칼리아는 결정문을 쓰면서 애니 두컨을 염두에 두었을 가능성도 충분히 있다.

이 결정에 반대하는 훌륭한(내 생각에는 상당히 설득력 있는[60]) 주장들이 있다. 하지만 이 결정으로 이제 두컨 같은 법의학 마약 분석가는 일상적으로 법정에 출두해 증언을 해야 했다.

그래서 스칼리아가 예측한 대로 반대 신문을 통해 두컨의 비행이 드러났을까? 그런 일은 결코 없을 것 같았다. 두컨은 증인석에 자주 섰다. 두컨은 법정에서 선서를 한 뒤 모두 150번이나 증언대에 섰지만, 아무 탈 없이 법정을 빠져나갔다. 호언장담한 반대 신문의 '도가니'는 법의학 역사상 가장 심각한 사기 행각조차 밝혀내지 못했다.

그래도 증언 의무는 우회적인 방식으로 두컨의 비행을 밝혀내는 데 도움을 주었다. 두컨을 포함한 분석가들은 증언대에 20분 이상 서는 경우가 드물었지만, 법정에 출두해 자신의 사건을 다루는 순서가 올 때까지 기다리느라 오전이나 오후 전체를 보내는 일이 많았다. 법정에서 한 시간을 보낼 때마다 두컨이 실험실에서 일할 수 있는 시간도 그만큼 날아갔다. 멜렌데스-디아스 재판의 결정이 나온 뒤 2009년의 하반기 6개월 동안 두컨은 증언을 하느라 92시간을 썼고, 그해에는 '겨우' 6321건의 시료를 분석하는 데 그쳤다. 다른 분석가들의 작업량 역시 평균 2000건 정도로 크게 줄어들었다.

하지만 여기서 문제가 생겼다. 그다음 해에 다른 화학자들의 작업량은 여전히 낮은 수치에 머물렀지만, 두컨의 작업량은 그렇지 않았다. 그것이 허세인지 아니면 피상적인 작업의 결과인지는 모르겠지만, 두컨은 2010년에는 법정에 출두해 증언하는 데 202시간을 쓰고서도 1만 933건의 시료를 분석했다고 주장했다. 그것은 실험실 평균의 5배에 이르렀고, 멜렌데스-디아스 재판의 결정이 나오기 이전과 거의 비슷한 수준이었다.

그러자 동료 화학자들은 진짜로 의심을 품게 되었고, 두컨이 현미경을 들여다보는 데 쓴 시간을 추적하고 쓰레기통을 감시하기 시작했다. 그 무렵에 두컨은 기계들을 사용하면서 아마도 시간을 아끼기 위해서 그랬겠지만 중요한 보정 단계를 생략했다가 발각되었다. 게다가 필요한 단계들을 생략했다는 사실을 감추려고 일부 문서에 다른 동료의 서명을 위조한 사실도 들통나고 말았다. 사실, 훗날 일부 동료들은 두컨이 자신의 비행이 발각되길 적극적으로 원했던 것이 아닐까 의심하기까지 했는데, 그만큼 규정이나 절차를 너무나도 노골적으로 위반했기 때문이다.

결국 한 화학자가 상사에게 두컨의 비행을 보고했다. 하지만 실망스럽게도 상사는 코웃음칠 뿐이었다. 상사는 두컨이 가끔 일을 서두른다는 사실을 인정했지만, 가정에서 심한 스트레스를 받아온 탓에 판단이 흐려질 수 있다고 생각했다. 게다가 법정에 출두해 증언을 해야 하는 부담까지 새로 생긴 상황에서 지금 당장 슈퍼우먼을 잃는다면, 매달 점점 더 쌓이는 작업량을 감당할 수가 없었다. 그 화학자는 자신의 의심을 현지의 과학자 노동조합에도 보고했지만, 거기서도 별다른 성과가 없었다. 노동조합의 변호사는 젊은 여성 과학자의 경력을 망치지 않도록 그만 물러서라고 말했다고 한다. 요컨대 상사와 노동조합은 두컨에게 면죄부를 준 셈이었다.

하지만 이제 두컨은 공식적인 비난에 직면했다. 한 번만 조잡한 실수를 저지른다면, 경력은 끝나고 말 게 분명했다.

앞에서 말했듯이, 그 연구소에는 시험을 기다리는 마약을 보관하기 위해 걸어서 들어갈 수 있는 금고가 있었고, 시료를 반입하고 반출할 때마다 서명을 해야 하는 엄격한 절차가 있었다. 점점 대담해진 두컨은 서명 없이 시료를 꺼내기 시작했는데, 관리 연속성 규정에 위반되는 행위였다. 그러다가 2011년 6월의 어느 날, 서명 없이 시료 90개를 반출한 사실이 발각되고 말았다. 그러자 두컨은 시료 출입 대장에 동료의 서명을 위조해 기록함으로써 실수를 덮으려고 시도했다. 불행하게도 문제의 그날에 그 동료는 연구소에 없었다. 시료 출입 대장을 들이대면서 규정을 위반했느냐고 묻자, 두컨은 "왜 그렇게 생각하는지 알겠어요."라고 말하면서 대충 얼버무리고 빠져나가려고 했다.

그때에도 상사들은 두컨을 벌하지 않았다. 사실, 그들은 어떻게든 관리 연속성 규정 위반 사실을 숨기려고 노력했다. 하지만 12월에 매사추세츠주 주지사는 관리 연속성 규정 위반 소문을 듣고는 감찰관에게 조사를 지시했다. 조사 과정에서 보안 취약성과 신입 화학자에 대한 교육 부족을 비롯해 그 밖에도 해이한 업무 실태가 여러 가지 드러났다.(나중 조사에서는 오래된 상자에서 흘러나온 알약들이 실험실 곳곳에 널려 있는 것을 포함해 더 심각한 문제들도 드러났다. 한 관리자의 책상 서랍에는 시험관이 여러 개 들어 있었다. 그중 하나에는 1983년이라는 라벨이 붙어 있었다.) 2012년 여름에 주 경찰은 증거의 진실성이 염려되어 그 연구소에 통제권을 행사하기 시작했다. 그러고 나서 이틀 뒤, 동료 화학자들은 새 감독관에게 두컨에 대한 의심을 털어놓았다.

그 무렵에 두컨은 관리 연속성 규정 위반의 심각성을 고려해 이미 사직을 한 뒤였다. 하지만 수만 건의 시료 분석을 하지도 않고서 했다고 위조한 행위에 대한 책임은 남아 있었다. 2012년 8월 하순에 두 형사가 두컨의 집 문을 두드렸다.

두 형사는 거실에서 두컨과 함께 앉아 대화를 나누었는데, 두컨은 처음에는 모든 것을 부인했다. 하지만 철저히 준비를 해온 형사들은 서명을 위조한 시료 출입 대장과 보정 과정에 관한 보고서를 내밀었다. 그러자 두컨은 "나는 일을 했지만 제대로 하지 않았습니다. 절차를 제대로 따르지 않았는데, 그것은 잘못된 일이었어요."라고 말했다. 다시 말해서, 일부 세부 규정을 위반했다고 인정했지만, 자신이 한 과학은 문제가 없다고 주장했다.

면담 도중에 두컨의 남편이 귀가해 두컨을 옆방으로 끌고 갔다. 그리고 변호사가 필요하냐고 묻자, 두컨은 아무 문제가 없다고 확언했는데, 또 한 번 거짓말을 한 셈이었다. 그러고 나서 거실로 돌아와 면담을 계속했다.

하지도 않은 시험을 한 것처럼 조작한 적이 있느냐고 형사들이 묻자, 두컨은 이번에도 대충 얼버무리고 빠져나가려고 했다. 그 말이 정확하게 무슨 뜻인지 아느냐고 되묻고는, 그들이 안다고 하자 그런 일이 없다고 부인했다. "나는 조작 같은 것은 절대로 하지 않아요. 거기엔 다른 사람의 인생이 걸려 있으니까요." 형사들은 추가 증거를 내놓았다. 앞에서 말했듯이, 두컨은 가끔 분석할 마약의 정체가 무엇인지 추측했는데(예컨대 코카인으로), 기계를 사용한 후속 시험에서 그것이 헤로인이나 다른 물질로 드러나는 경우가 있었다. 그럴 때면 두컨은 다른 시료에서 코카인을 훔쳐와 자신의 첫 번째 주장을 '확인하기 위한' 추가 기계 시험용 시료로 제출했다. 그런데 형사들은 여러 사례에 대해 원래의 시료를 확보해 재시험을 실시한 끝에 그 물질이 헤로인이라는 사실을 확인했다. 이것은 두컨이 꼼짝없이 결과를 조작했음을 보여주는 증거였다.

곧 두컨의 두 눈에 눈물이 솟아나기 시작했다. 그리고 결과 조작은 단지 몇 번만 있었다고 주장하면서 자신의 사기 행각을 축소하려고 시도했다. 형사들이 더 강하게 추궁하자, 두컨은 마침내 무너지고 말았다. 그리고 "내가 잘못했어요. 아주 큰 잘못을 저질렀어요."라고 말했다.

두컨은 결국 27건의 위증과 증거 조작, 사법 방해 혐의에 대해 유죄를 인정했다. 두컨의 자백은 매사추세츠주의 사법 체계 전체를 혼돈에 빠뜨렸다. 두컨은 결과를 조작한 시료와 실제로 시험한 시료가 어떤 것인지 기억하지 못했기 때문에, 자신의 전체 경력 동안 시험한 3만 6000건 전체의 분석 결과가 도마에 올랐다. 매사추세츠주 의회는 그 후유증을 처리하느라 3000만 달러의 예산을 배정해야 했다. 한 법률 단체는 모든 관련자에게 통보만 하는 데만도(관련자들을 법정에 부르는 것은 차지하고라도) 법률 사무 보조원 16명이 꼬박 1년 동안 일해야 할 것이라고 추정했다. 상소 신청이 물밀 듯이 쏟아졌고, 매사추세

마약 분석가 애니 두컨이 과학사에서 매우 광범위한 사기 행각 중 하나를 벌인 혐의로 체포되는 장면. 범행이 들통난 뒤, 두컨은 울면서 "내가 잘못했어요. 아주 큰 잘못을 저질렀어요."라고 말했다.

츠주 법원들은 결국 2만 1587건의 원심 판결을 파기했는데, 미국 역사상 최대 규모로 일어난 원심 판결 파기 사건이었다.

이 사건은 캐슈-크랙 사건의 범인처럼 슈퍼우먼이 줄곧 사기를 쳤다는 사실을 알았던 사람들에게는 달콤한 복수였을 것이다.(보스턴 거리의 사람들은 '두컨당했다Dookhaned'라는 표현을 사용하기 시작했다.) 그런데 여기에는 다른 문제들도 얽혀 있었다.

미국에서 끝이 보이지 않는 마약과의 전쟁(그리고 그 수사망에 억울하게 걸린 무고한 사람들)을 여러분이 어떻게 생각하건, 2만 1587명의 피고 가운데 적어도 일부는 강력범이었다. 그런데 두컨 때문에 갑자기 이들이 무죄로 풀려났다. 유죄 선고를 받은 사람들 중 적어도

426

600명이 석방되거나 공소가 기각되었고, 그중 84명은 곧장 걸어나가 추가 범죄를 저질렀다. 그중 한 명은 마약 거래 도중에 상대방을 살해했다. 또 한 명은 불법 무기 소지 혐의로 체포되었다. 체포되었을 때 그는 웃으면서 "나는 애니 두컨 덕분에 풀려났어. 나는 그 여자가 좋아."라고 말했다.

2013년 11월에 판사는 두컨에게 단기 3년, 장기 5년 징역을 선고했다. 비교를 위해 덧붙이자면, 헤로인 1온스를 밀거래하다 체포되면 7년형을 선고받는다. 두컨이 저지른 비행의 규모에 비해 낮은 형량에 많은 사람이 크게 실망했다. 매사추세츠주의 한 의원은 "이것은 정말로 불충분하다는 느낌이 든다. 3~5년은 적절치 않다."라고 말했다. 사실, 두컨은 3년도 다 채우지 않고, 2016년 4월에 석방되어 자유의 몸이 되었다.

비행을 저질렀다가 체포된 법의학자는 애니 두컨뿐만이 아니다. 지난 20년 동안 플로리다주, 미네소타주, 몬태나주, 뉴저지주, 뉴욕주, 노스캐롤라이나주, 오클라호마주, 오리건주, 사우스캐롤라이나주, 텍사스주, 웨스트버지니아주에서도 비슷한 추문이 터졌다. 슬프게도 그중에는 법의학 증거의 왜곡이나 미제출로 인해 사형 선고가 내려진 사건이 적어도 세 건이나 있었다.

무능도 계속 문제가 된 사안이었다. 증거물을 물이 새는 지붕 아래나 보안에 취약한 복도에 방치했다가 걸린 범죄 수사 연구소들이 있었다. 한 연구소는 대부분의 과학 훈련을 위키백과로 받은 경찰들이 운영했다. 뼈아프게도 매사추세츠주는 두컨이 체포된 직후에 두 번째로 큰 사고가 터졌다. 애머스트연구소에서 일하던 한 화학자는 실험실에서 시료로 제공된 메타암페타민과 코카인, 케타민, 엑스터시에 손을 대고, 마약에 취한 상태에서 시험을 하다가 체포되었다. 또한, 증언대에 서기 전에 법원 화장실에서 크랙을 흡입하기도 했다.

그럼에도 불구하고, 두컨의 사기 행각은 대담성이나 규모 면에서 괄목할 만하다. 어떤 점에서는 그토록 오랫동안 범행이 들통나지 않았다는 사실이 믿기 어렵다. 하지만 다르게 생각해보면, 그것은 전혀 놀라운 일이 아니다. 우리 문화는 과학자를 우러러본다. 우리는 정직성과 진실을 그 무엇보다 중시하는 사람들이 있다고 생각하길 좋아한다. 우리는 그들을 믿으려고 하고, 과학자들 역시 다른 사람들만큼이나 동료들에게 쉽게 속아 넘어간다. 상사들이 두컨의 비행을 경고하는 이야기를 들었지만, 의미 있는 행동을 제때 취하지 않았다는 사실을 기억해보라. 사실, 전문 마술사들은 과학자가 보통 사람보다 속이기 더 쉽다고 말하는데, 과학자는 자신의 지능과 객관성에 과도한 자신감을 갖고 있기 때문이라고 한다.

당연히 대다수 과학자는 충분히 우리의 신뢰를 받을 자격이 있다. 하지만 그것을 얼마나 세밀하게 분류하든지 간에, 과학 분야의 사기는 드문 것이 아니다. 매년 철회되는 과학 논문이 수백 편이나 나오며, 확실한 숫자는 파악하기 어렵지만, 그중 약 절반은 사기나 그 밖의 부정 때문에 철회된다. 심지어 유명한 과학자도 비행을 저지른다. 과거의 사람들을 오늘날의 기준을 충족시키지 못했다고 비난하는 것은 부당하지만, 역사학자들은 갈릴레이와 뉴턴, 베르누이, 돌턴, 멘델을 비롯해 많은 과학자가 오늘날의 번듯한 연구소에서 그랬더라면 모두 해고되고도 남았을 방식으로 실험 결과와 데이터를 조작했다고 지적한다.

사기와 그 밖의 비행은 대중의 신뢰를 잠식하고 과학의 최대 자산인 명성을 훼손한다. 불행하게도 사회가 점점 더 기술과 과학에 의존함에 따라 이 문제들은 더 악화될 것이다. 흥미진진한 새 과학적 모험은 나쁜 짓을 할 새 기회도 제공할 것이다. 하지만 전혀 희망이 없는 것은 아니다. 이어지는 결론에서 보겠지만, 그러한 남용을 억제하고 줄일 수 있는, 실질적이고 입증된 방법들이 있다.

결론

새로운 과학적 돌파구는 거의 항상 새로운 윤리적 딜레마를 수반하는데, 현재의 기술들 역시 예외가 아니다. 우주 탐사 과정에서는 어떤 새로운 살인 방법들이 발명될까? 값싼 유전공학 기술이 전 세계에 넘쳐나면 누가 가장 큰 고통을 받을까? 인공 지능의 발전은 어떤 종류의 해악을 낳을까?(일부 질문들에 대한 답은 부록을 참고하라.) 가상의 범죄를 저지르는 상황을 상상해보는 것은 긍정적 측면이 있는데, 미래에 발생할 그런 범죄를 예상하고 예방하는 데 도움을 준다. 또한 우리가 지금 당장 할 수 있는 일들도 있다. 지금 바로 이곳에서 윤리적 과학을 촉진하고, 이 책 전체에서 맞닥뜨렸던 도덕적 곤경에 빠지는 것을 피하게 해주는 전략들을 세우는 것이다.

최우선 사항은 과학자들이 실험을 설계할 때 항상 윤리를 염두에 두도록 노력해야 한다는 점이다. 그 방법은 반드시 설교적인 것이거나 번거로운 것일 필요는 없다. 2012년에 일어난 한 심리학 연구가 입증했듯이, 아주 단순한 자극만으로도 큰 효과를 나타낼 수 있다.

이 연구에서 자원자들은 돈을 얻기 위해 수학 문제를 풀었다. 점수가 높을수록 더 많은 돈을 받을 수 있었다. 그러다가 진짜 실험이 시작되었다. 심리학자들은 자원자들에게 자신들이 딴 돈을 보고할 세금 신고서를 작성하라고 지시했다. 또, 두 번째 신고서를 사용해 여행 경비를 환불받도록 신청할 수 있었다. 정직한 신고를 장려하기 위해 자원자들에게 각각의 신고서에서 모든 정보를 정확하고 성실하게 보고했다는 진술 옆에 있는 칸에 서명을 하게 했다. 그런데 모든 신고서 서식이 동일한 형태로 만들어진 것이 아니었다. 절반은 서명 칸이 맨 위에 있었는데, 따라서 자원자들은 어떤 데이터를 기입하기 전에 정직하게 보고하겠다고 맹세해야 했다. 나머지 절반은 서명 칸이 맨 아래에 있어 신고서를 다 채운 뒤에 서명하게 돼 있었다. 자, 어느 쪽 레이아웃이 거짓말을 더 많이 하게 만들까? 모든 항목을 다 채운 뒤에 마지막에 서명을 한 사람들은 딴 돈을 축소하고 여행 경비를 과다하게 책정할 가능성이 두 배나 높았다. 현실 세계 실험에서도 비슷한 경향이 나타났다. 이번에는 심리학자들이 주행 거리를 기준으로 보험료를 책정하는 상품을 설계한 보험 회사와 손을 잡았다. 기본적으로 주행 거리가 적을수록 보험료가 낮았다. 심리학자들은 사람들이 신고서에 주행 거리를 얼마나 정직하게 보고하는지 알고 싶었는데, 이번에도 전체 대상자 중 절반은 서명 칸이 맨 위에 있었고, 나머지 절반은 맨 아래에 있었다. 맨 아래에 서명을 한 사람들은 평균적으로 4000km를 줄여서 보고했는데, 전체 주행 거리의 약 10%에 해당하는 거리였다.

그 심리학자들은 전반적으로 어떤 일을 시작할 때부터 윤리를 염두에 둔 사람은 더 정직하게 행동하고 부정을 저지르고 싶은 충동을 억제하는 경향이 강하다고 주장했다.(법정에서 증인에게 증언한 후가 아니라 증언하기 전에 선서를 하게 하는 것도 이 때문인지 모른다.) 게다가 일단 거짓말을 하고 나면, 어떤 의미에서는 잘못된 일을 바로잡을 때를 이미 놓친 것이나 다름없다. 우리는 이 책 전체에서 본 심리적 트릭을 사용해(진실을 가리기 위해 완곡한 표현을 사용하거나, 나쁜 행동을 좋은 행동과 상쇄하거나, 더 나쁜 짓을 하는 사람과 비교함으로써 자신은 낫다고 위안하는 등의 방법으로) 자신의 나쁜 행동을 합리화하는 데 아주 능하다. 게다가 맨 마지막에 서명을 하면, '귀차니즘'이 발동한다. 거짓말을 한 것에 양심의 가책을 느낄 수 있지만, 다시 처음으로 되돌아가 지금까지 적었던 모든 답을 고쳐야 한다면, 굳이 그러려고 할 사람이 있을까? 냉소적으로 들릴지 모르겠지만, 윤리에서 한 가지 중요한 요소는 윤리적으로 행동하는 것이 편해야 한다는 것이다.

물론 작은 칸에 서명을 하는 것만으로는 모든 과학적 죄를 마술처럼 제거할 수 없다.(심지어 그 맹세는 뭐라고 이야기하는가? "나는 누군가가 언젠가 그것에 대해 책에서 한 장 전체를 할애할지도 모를, 섬뜩하고 불쾌한 짓을 하지 않겠다고 맹세합니다. 나는 이렇게 하느님께 굳게 맹세합니다.") 그리고 정말로 악의적인 사람은 아무도 멈출 수가 없다. 하지만 대개의 경우 처음부터 윤리를 염두에 두면 반성을 촉진함으로써 대다수 사람들은 비행을 저지를 가능성이 줄어든다. 이 목적을 위해 노벨상을 수상한 심리학자 대니얼 카너먼Daniel Kahneman은 '사전 분석premortem'이란 개념을 장려했다. 더 잘 알려진 사후 분석postmortem의 경우, 어떤 사건이 일어난 뒤에 무엇이 잘못되었는지 알아보기 위해 그 사건을 분석한다. 사전 분석에서는 무엇이 '잘못될 수' 있는지 브레인스토밍을 하는데, 그 일이 시작되기 전에 그렇게 한다. 구체적으

전체 프로젝트가 어떻게 대실패로 변할 수 있는지 살펴본다. 연구들은 심지어 단 10분 동안 성찰을 하는 것만으로도 사람들에게 집단 사고의 족쇄에서 벗어나 의심을 품을 기회를 제공한다는 것을 보여주었다. 어떤 집단들은 이견을 촉진하기 위해 심지어 일부러 사람들에게 반대 의견을 제기하는 역할(악마의 변호인 역할)을 맡긴다. 같은 맥락에서 과학자들은 정말로 다양한 집단에서 나온 반응을 모음으로써 자신들의 맹점을 극복할 수 있는데, 그런 반응 중에 과학자들이 놓친 경고 신호가 있을 수 있다. 다양한 집단에는 인종과 젠더, 성적 지향성이 다른 사람들이 당연히 포함되지만, 비민주의 체제나 시골 지역에서 자란 사람들, 블루칼라 가정이나 독실한 종교 집단에서 자란 사람들도 포함된다. 생각의 다양성은 광범위할수록 더 좋다.

윤리를 염두에 두는 또 한 가지 방법은 과학사를 읽는 것이다. 사제로부터 "윤리를 지켜라!"라는 소리를 듣는 것과, 윤리 위반에 관한 이야기에 몰두해 비행의 충격적인 결과를 실제로 느끼는 것은 그 효과 면에서 큰 차이가 있다. 이야기의 힘은 그만큼 강한데, 마음속에 뿌리를 내리고 굳게 자리를 잡는다. 우리는 또한 좋은 의도가 방패막이가 될 수 없다는 사실을 인정해야 한다. 존 커틀러는 과테말라에서 매독과 임질을 근절하는 방법을 찾겠다는 아주 좋은 의도를 가지고 접근했다. 하지만 그는 사람들을 고의적으로 성병에 감염시켰고 그 결과로 여러 사람을 죽게 했다. 존 머니도 소수 집단에 대한 관용적 태도를 확대시키려는 좋은 의도로 인간의 성에 관한 빈 서판 이론을 장려했다. 하지만 그는 데이비드 라이머의 인생을 망쳐놓았다. 월터 프리먼은 절박한 처지에 놓인 정신질환자 수용소 수감자들의 고통을 줄여주겠다는 좋은 의도를 가지고 정신외과 수술을 확산시켰다. 하지만 그는 그럴 필요가 전혀 없는 수천 명에게 엽 절개술을 받게 했다. 우리는 지옥으로 가는 길이 어떻게 포장돼 있는지 잘 안다.

그와 동시에(이것은 가장 어려운 부분일 수 있는데) 커틀러나 머니나 프리먼을 괴물로 묘사하지 않는 것이 중요하다. 우리는 괴물이 자신과 상관없는 부류라고 일축하기 쉽기 때문이다.("나는 괴물이 아니니까, 나하곤 상관없는 문제야.") 자신을 솔직하게 돌아본다면, 누구나 비슷한 함정에 빠진 적이 있을 것이다. 물론 위에서 언급한 특정 사례들과는 아무 관계가 없고, 그만큼 터무니없는 방식으로 그런 것이 아니더라도 말이다. 하지만 어디선가 어떤 방식으로든 우리도 뭔가 비윤리적인 행동을 저질렀을 것이다. 이 사실을 솔직하게 인정하는 것이야말로 우리가 취할 수 있는 최선의 경계 태세이다. 카를 융이 말했듯이, 악인은 우리 모두의 내면에 도사리고 있으며, 그 사실을 인정할 때에만 그 악인을 길들일 희망을 가질 수 있다.

많은 사람은 똑똑한 사람일수록 더 현명하고 더 윤리적일 것이라고 쉽게 가정한다. 그러나 드러난 증거는 그 반대가 옳다고 시사하는데, 똑똑한 사람은 자신이 붙잡히지 않고 빠져나갈 수 있을 만큼 충분히 똑똑하다고 생각하는 경향이 있기 때문이다. 자동차 비유를 다시 사용해보자. 똑똑한 것은 거대한 고출력 엔진을 갖고 있는 것과 같다. 이 엔진으로는 목적지에 더 빨리 갈 수 있지만, 운전(예컨대 도덕)에 잘못이 일어나면, 큰 사고가 일어날 확률이 크게 증가한다. 도덕은 인생을 살아가는 데에도 도움을 주며, 무엇보다도 위험한 길로 접어들지 않게 미리 막아준다.

　이 책에서 소개한 범죄들 때문에 전 세계의 연구실에서 과학자들이 밤낮을 가리지 않고 열심히 노력하는 경이로운 연구가 위축되어서는 안 될 것이다. 대다수 과학자들은 훌륭하고 이타적인 사람들이며, 그들이 없다면 우리 사회는 크게 빈곤해질 것이다―그들이 이룬 경이적인 업적들을 고려할 때 물질적으로나 정신적으로 모두. 하지만 과학자도 우리와 같은 사람이다. 화학자 해리 골드처럼 그들 역시 음모에 휘말리고 친구를 배신할 수 있다. 그리고 해적 윌리엄 댐피어처럼 자신의 연구에 몰두한 나머지 잔혹 행위에 눈을 감을 수 있다. 고생물학자 마시와 코프처럼 경쟁자를 방해하려고 시도하다가 결국 자신을 파멸시키는 결과를 초래할 수도 있다.

　아인슈타인은 "많은 사람은 위대한 과학자를 만드는 것이 지성이라고 말한다. 하지만 그 생각은 틀렸다. 위대한 과학자를 만드는 것은 인성이다."라고 말했다. 오래전에 이 인용문을 처음 읽었을 때 나는 코웃음쳤다. 과학자가 착하건 말건 누가 신경 쓴단 말인가? 중요한 것은 오로지 발견이 아닌가! 하지만 이 책을 쓰고 나서 나는 그 말을 이해하게 되었다. 과학은 세계에 대한 사실들의 집합체이며, 그 집합체에 뭔가를 추가하려면 발견이 필요하다. 하지만 과학은 그것을 뛰어넘어 더 큰 것이기도 하다. 과학은 세계에 대해 추론하는 사고방식이자 과정이자 방법으로, 우리의 희망 사항과 편견을 드러내고 그것을 더 심오하고 신뢰할 만한 진실로 대체하도록 도와준다. 세계가 얼마나 광대한지를 감안할 때, 보고되는 모든 실험을 직접 확인하고 검증할 수 있는 방법은 없다. 어느 순간부터는 다른 사람들의 주장을 믿어야 하는데, 그러려면 그 사람들이 명예롭고 신뢰할 수 있는 인격을 갖추고 있어야 한다. 게다가 과학은 본질적으로 사회적 과정이다. 연구 결과는 비밀로 남겨둘 수 없다. 그것은 더 넓은 공동체에서 검증을 받아야 하며, 그러지 않으면 과학은 제대로 작동하지 않는다. 그리고 과학이 얼마나 긴밀한 사회적 과정인지를 감안하면, 인권을 유린하거나 인간의 존엄성을 무시함으로써 사회에 손해를 끼치는 행위는 거의 항상 결국에는 당사자뿐만 아니라 우리 모두에게 큰 대가를 치르게 한다―과학에 대한 사람들의 신뢰를 무너뜨리고, 심지어 과학을 가능케 하는 조건들을 취약하게 함으로써.

이 모든 것은 과학에는 정직과 성실성과 양심적 태도(인성의 기본 구성 요소)가 중요하다는 것을 의미한다. 이런 이유 때문에 연구실에서 체계적이고 양심적으로 일하는(모든 가정을 꼼꼼히 확인하고, 모든 관련 당사자들의 동의를 얻으려고 노력하는) 사람은 지성은 높지만 그런 것을 하찮게 여기고 신경 쓰지 않으면서 무모하게 폭주하는 사람보다 훨씬 좋은 연구를 할 수 있다. 이런 의미에서 볼 때, 아인슈타인이 한 말은 옳았다. 좋은 인성이 없으면 과학은 미래가 없으며, 비윤리적인 과학자들은 나쁜 결과를 너무 자주 초래한다.

오늘날 이 점은 더욱 중요한데, 제2차 세계 대전 이후에 과학은 곧 힘(핵폭탄처럼 단순히 크고 명백한 것들을 넘어서서 아주 멀리까지 뻗어 있는 힘)이 되었기 때문이다. 이 힘에는 연구실에서 누군가를 조종하는 심리학자나 환자에게 불확실한 약의 임상 시험에 참여하라고 권하는 의사처럼 일상생활에서 일어나는 모든 상호 작용까지 포함된다. 작은 비행도 다른 사람의 삶을 망칠 수 있다.

미래에 우리가 어떤 존재로 살아가는지에(우리 몸의 절반이 생체 공학으로 만들어지거나 우리가 명왕성에서 살거나 우리의 DNA가 도마뱀의 DNA와 합쳐지거나 간에) 상관없이 우리의 후손은 여전히 사람으로 살아갈 것이고, 우리가 늘 그래 온 것처럼 잘못된 행동을 저지를 것이다. 심리학자들의 말처럼, 미래의 행동을 알려주는 최선의 예측 변인은 과거의 행동이다. 하지만 언제나처럼 아인슈타인은 우리보다 더 멀리 내다보았다. 지성은 분명히 좋은 것이다. 하지만 과학이 거머쥔 힘을 감안하면, 이제는 더 이상 충분히 좋은 것이 아니다. 아인슈타인이 말한 인성이야말로 과학의 남용을 막을 수 있는 최선의 보장책인데, 과학의 이 두 가지 필수적 측면(지성과 인성)이 미래에도 공존할 수 있을지는 두고 보아야 할 일이다.

미래의 범죄

이 부록은 이야기와 가상 시나리오가 뒤섞인 잡탕이라고 할 수 있다, 하지만 전체를 관통하는 공통 주제는 새로운 기술이 가져올, 미래의 범죄이다. 새로운 기술이 우주 탐사이건, 첨단 컴퓨터 기술이건, 유전공학이건, 인류 사회에는 큰 변화가 일어날 것이다. 새로운 기술 발전은 모두 다른 사람에게 해를 끼칠 수 있는 새로운 방법을 수반할 것이다.

1970년 7월, 북극해 한복판에서 역사상 가장 골치 아픈 살인 사건이 일어났다. 미국인 과학자와 기술자 19명이 바다 위에 떠 있는 얼음섬에 설치한 연구 기지에 거주하고 있었다. 그 얼음판의 크기는 대략 맨해튼과 비슷했다. 이들은 술을 많이 마셨는데, 7월 16일에 도널드 '포키' 리빗Donald 'Porky' Leavitt이 전자공학 전문가 마리오 에스카밀라 Mario Escamilla의 트레일러에서 에스카밀라가 손수 만든 건포도 와인을 한 병 훔쳤다.

여러 사람의 이야기에 따르면, 리빗은 위험한 주정뱅이였다. 리빗은 가끔 다른 사람의 술을 훔치기 위해 고기 써는 칼로 공격하기도 했다. 그래서 에스카밀라는 리빗에게 따지러 갈 때 자신을 보호하려고 엽총을 들고 갔다. 그런데 그 엽총은 하자가 있어 어디에 부딪히기만 해도 발사가 된다는 사실을 에스카밀라는 까마득히 몰랐다.

에스카밀라는 부근의 한 트레일러에서 역겹게도 건포도 와인과 에버클리어, 포도 주스를 섞어 마시고 있는 리빗을 발견했다. 기상학 기술자 베니 라이치Bennie Lightsy도 술에 취한 채 함께 있었다. 한바탕 설전을 벌인 뒤에 자신의 트레일러로 돌아가는 에스카밀라를 라이치가 뒤따라왔다. 에스카밀라는 트레일러 앞에서 라이치에게 가라고 말하면서 엽총을 휘두르는 제스처를 취했다. 그러다가 그만 엽총이 문에 부딪히고 말았다. 총이 발사되면서 총알이 라이치의 가슴에 박혔고, 라이치는 몇 분 뒤에 과다 출혈로 숨을 거두었다.

그때부터 진짜 혼란이 시작되었는데, 법적 절차를 둘러싼 혼란이었다. 얼음섬은 어느 국가의 영해에서도 벗어난 곳에 있었고, 또한 임시적인 섬이었기 때문에(결국 1980년대 중엽에 녹아 없어졌다), 어느 국가의 사법 관할권도 미치지 않는 곳이었다. 해양법도 적용할 수 없었는데, 얼음섬은 항해가 가능한 곳이 아니었기 때문이다. 말도 안 되는 이야기처럼 들릴지 몰라도, 여러 법학자는 그곳에는 어떤 법도 적용되지 않는다고 주장했고, 어느 국가가 에스카밀라를 재판할 권리가 있는지에 대해 의문을 제기했다. 그는 법적으로 아무런 책임을 물을

1970년에 역사상 가장 골치 아픈 살인 사건 중 하나가 일어난 T-3 '얼음섬' 캠프.

수 없는, 지구상에서 몇 안 되는 장소에서 살인을 저지른 것처럼 보였다.

결국 미국 연방 보안관들이 에스카밀라를 체포해 살인 혐의로 버지니아주 법정에 세웠다. 왜 하필 버지니아주냐고? 그들이 탄 비행기가 맨 처음 착륙한 장소가 버지니아주 덜레스 공항이었기 때문이다.(에스카밀라는 자신의 유일한 신발을 신고 법정에 출두했는데, 북극에서 신고 다니던 검은색 고무 부츠였다.) 에스카밀라는 결국 총이 오작동한 사정을 감안해 무죄로 풀려났지만, 이 사건은 임의적이고 특별한 성격 때문에 온갖 흥미진진한 법적 문제를 남겼다. 즉, 특정 국가의 관할권이 인정되지 않는 땅에서 일어난 범죄는 어떻게 처리해야 할까? 법조계는 에스카밀라 사건을 딱 한 번만 일어나고 말 이례적인 일로 취급하면서 기본적으로 그 해결책을 무기한 보류했다. 하지만 그런 사건은 한 번만 일어나고 끝나지 않았다.[61]

라이치가 죽은 날은 하필이면 1년 전에 최초로 인류를 달 표면으로 보낸 로켓이 발사된 날이었다. 그 이후로 인류의 우주여행은 다소 뜸했지만, 앞으로 100년 안에 우리가 달이나 화성에 최초의 기지를 건설할 게 거의 확실하다. 그리고 우리가 용감하게 나아가는 곳이 어디이건, 범죄도 따라갈 것이다.

1967년에 체결된 우주 조약 중 한 조항은 각국에 우주에서 활동하는 자국 시민을 감시하고 관리할 책임을 지웠는데, 우주비행사가 극소수였을 때에는 아무 문제가 없었다. 하지만 수천 명, 수백만 명이 지구 궤도에 올라간다면, 그렇게 할 수가 없다. 혹은 이 시나리오를 한번 상상해보라. 우주선에서 독일인 여자가 브라질인이 만든 약을 사용해 콩고인 남자를 독살하는 사건이 일어났는데, 그 우주선은 중국과 벨기에의 복합 기업의 소유이고, 이 기업은 절세를 위해 룩셈부르크에 본사를 두고 있다면 어떻게 될까? 이 얼마나 골치 아픈 상황인가? 혹은 너무 골치 아프니 우주선 상황은 제쳐놓는다고 하자. 여러 기업은 이미 소행성에서 광물을 채굴할 계획을 세우고 있다. 만약 소행성에서 한 광부가 돌로 다른 광부를 때려죽인다면 어떻게 될까? 사람들이 먼 행성에서 자녀를 낳기 시작하여 그중 일부는 평생 동안 지구에 발을 디딜 일이 없는 날이 온다면, 지구의 법이 그곳에서 무슨 효력이 있겠는가?

더 심하게는 우주 탐사는 완전히 새로운 살인 방법을 도입할 수도 있다. 피칸 쿠키를 예로 들어보자.

지구 궤도에서 음식을 먹는 것은 땅 위에서 먹는 것과 전혀 다르다. 플라스틱 용기에 든 음식을 후루룩 빨아먹어야 하는데, 따라서 한 번에 오직 한 가지만 먹을 수 있다. 얼굴은 미소 중력 때문에 액체가 가득 차 부풀어오른다. 미소 중력은 또한 코막힘을 유발해 냄새를 잘 못 맡게 한다. 그래서 우주에서는 마치 감기에 걸린 것처럼 음식 맛이 밋밋하게 느껴진다.(이것은 우주 비행사들 사이에서 새우 칵테일이 인기가 있는 한 가지 이유인데, 칵테일소스에 들어 있는 서양고추냉이의 강한 맛을 느낄 수 있기 때문이다.) 우주에서는 조리 과정도 기묘하다. 무중력 상태에서는 액체와 증기가 깨끗하게 분리되지 않아 거품이 끓는 물 표면으로 솟아올라 밖으로 빠져나가지 않는다. 대신에 솥 전체가 한꺼번에 거품이 일기 시작한다. 무중력 상태는 또한 대류의 발생을 방해하기 때문에 오븐이 제대로 작동하지 않는다.[62] 우주에서 가장 기이한(그리고 가장 차가운) 화염은 특이하게 구형으로 보이는데, 그래서 거기에 마시멜로를 굽는 것은 환각 체험처럼 느껴질 것이다.

하지만 우주에서 식품과 관련해 가장 성가신 것은 부스러기인데, 부스러기는 순순히 바닥으로 떨어지지 않는다. 부스러기는 둥둥 떠다니면서 가루와 알갱이가 뿌연 안개를 이루는데, 공기 필터(또는 폐)를 치명적으로 꽉 막히게 한다. 바로 이 이유 때문에 우주 비행사들은 오래전에 바삭바삭한 피칸 쿠키를 만들지 않겠다고 맹세했다. 하지만 악마 같은 제빵사가 바싹 마른 치명적인 과자로 구성한 식품 꾸러미를 올려보낼 수 있고, 심지어 식품에 밀가루나 다른 가루를 군데군데 섞을 수도 있다. 나중에 그것을 폭발적으로 한 입 깨무는 순간, 숨 쉬는 것이 불가능해질 수 있다.

우주는 새로운 살인 추리 작품의 플롯도 제공한다. 무중력 상태는 신체의 계들(관절, 눈, 뼈를 비롯해 모든 것)에 치명적이다. 우주 비행사를 몇 년 동안 지구 궤도에 계속 머물게 함으로써(예컨대 관료적 술책을 통해) 사실상 그를 불구자로 만들 수 있다. 가장 섬뜩한 잠재적 손상에는 면역계도 포함되는데, 면역계는 무중력 상태에서 점점 악화되어 제 기능을 발휘하지 못하게 된다. 그 결과로 평소에는 무기력하던 미생물이 활개를 치면서 우리의 자연적 방어막을 무너뜨릴 수 있다. 예를 들면, 몇몇 우주 비행사는 입술 헤르페스와 수두를 일으키는 헤르페스 바이러스가 갑자기 활발하게 증식하는 것을 경험했다. 만약 지상에서 은밀하게 우주 비행사를 기이한 바이러스나 균류에 감염시킨 뒤, 면역계가 취약해질 때까지 충분히 오래 우주에 머물게 한다면, 그들의 건강은 쉽게 무너질 수 있다. 이것은 초기의 AIDS 환자들이 정상적인 면역계를 가진 사람은 염려할 필요가 없는 기회 감염으로 많이 죽어간 상황과 비슷하다.

아무리 흥미진진하다 하더라도, 우주에서 일어나는 살인 범죄는 기존의 범죄가 새로운 환경으로 옮겨간 것에 불과하다. 하지만 행성 식민지에서는 완전히 새로운 종류의 범죄가 일어날 수 있다. 우주 환경에서 살아남기 위해 쏟아부어야 할 엄청난 양의 노동력을 감안하면, 현지 정부는 게으름을 배격하고 사람들에게 고강도의 노동을 강요할 것이다. 역으로, 사람들은 새로운 권리를 요구할지 모른다. 지구에서 법적 권리를 이야기할 때, 우리는 대개 언론의 자유, 공정한 선거 같은 것을 이야기한다. 다른 행성의 혹독한 조건을 감안하면, 우주 개척자들은 매슬로의 욕구 단계설Maslow's hierarchy of needs(인간의 욕구들이 중요도에 따라 단계별로 배열돼 있다는 이론—옮긴이)에서 저 아래에 있는 것들을 확보할 필요가 있다. 예컨대 산소를 공급받을 권리 보장 같은 게 있다. 정신 건강을 위해 지구와 자유롭게 교신할 권리도 요구할 수

444

있다. 심지어 엔터테인먼트나 향정신성 물질에 접근할 권리도 말할 수 있다. 화성에서 일부 불량배가 식민지 전체의 음악과 전자책, 홀로그래피 비디오를 모조리 지워버려 그것을 즐길 방법이 사라졌다고 상상해보라. 혹은 주말이 되면 평소에 늘 마음을 짓누르는 죽음의 공포로부터 잠깐 벗어나 기분 전환을 하는 데 필요한 주류 저장고를 파괴했다고 상상해보라. 지구에서는 그러한 행위는 경범죄에 해당할 것이다. 하지만 화성에서는 전체 식민지 주민의 정신 건강을 파괴해 임무를 망칠 수도 있다. 새로운 환경에서는 새로운 범죄가 생겨난다.

우주에서는 형사 사법 제도도 달라져야 할 것이다. 누군가를 체포해야 한다고 상상해보라. 건포도 와인 살인 사건의 경우에는 미국 연방 보안관들이 비행기와 헬리콥터로 얼음섬까지 가는 데 꼬박 이틀이 걸렸다. 화성은 최근접 거리에 있을 때에도 가는 데 몇 달이 걸리고, 메시지를 보내는 데에도 20분이 걸린다. 법의학도 변해야 할 것이다. 우리는 앞에서 표준 법의학에도 이미 결함이 있다는 것을 보았는데, 지구의 법의학을 단순히 다른 행성으로 옮겨서는 그것이 제대로 작동하리라고 기대할 수 없다. 중력과 공기와 흙이 완전히 다르고, 먼지 시료와 자국 패턴도 지구와 다르고, 불은 독특한 방식으로 탈 것이다. 사체도 지구와 다른 방식으로 부패할 것이다. 만약 사체가 실외에 놓여 있다면, 노출된 위쪽 절반은 표백되고 질겨져 하얀 쇠고기 육포처럼 보일 것이다. 반면에 부패를 촉진하는 미생물이 없어서 노출되지 않은 아래쪽 절반은 기이하게도 생생하게 보존될 것이다. 심지어 자연적인 죽음에 대해서도, 22세기의 해부학자들은 붉은 행성의 작은 중력이 사람의 해부학에 어떤 변화를 가져오는지 알기 위해 일부 무덤에서 시신을 도굴해 몸속을 들여다보고 싶은 충동을 느낄지 모른다.

일단 범인에게 수갑을 채우고 나면, 재판 과정에서 온갖 새로운 문제들이 나타난다. 얼음섬 살인의 경우, 에스카밀라의 변호인들은 버지니아주에서 재판하는 것이 공정한 재판과 동등한 시민들로 이루어진 배심원단을 보장하는 헌법상의 권리 침해가 아닌가 하는 어려운 질문을 던졌다. 어쨌든 그 섬에는 상주하는 경찰이 전혀 없었고, 재산권은 총으로 행사되었다. 대다수 사람들의 일상적인 두려움에 교통이 포함되는 버지니아주 교외 지역과 대조적이다. 이곳 배심원들은 에스카밀라가 느꼈던 압박감을 제대로 이해하고 그의 행동을 적절히 판단할 수 있을까? 다른 행성에서 태어난 사람들을 이해하려고 할 때 생기는 간극은 더욱 클 것이다. 12명의 지구인이 환경이 너무나도 다른 사회에서 태어난 사람을 어떻게 공정하게 심판할 수 있겠는가? 그리고 그들을 정말로 동등한 시민이라고 할 수 있을까?

따라서 우주 식민지 주민들은 형사 사법 제도를 자신들이 주도적으로 만들고 집행해야 할 것이다. 하지만 이 방법 역시 단점이 있다. 중죄인을 우주 감옥에 몇 년 동안 집어넣고 나머지 식민지 주민에게 필요한 산소와 음식을 소비하도록 하는 게 과연 공정할까? 어쩌면 우주 식민지는 중세의 방식으로 되돌아가 모든 범죄자를 처형하거나 신에게 버림받은 장소로 유배를 보내야 할지도 모른다. 하지만 만약 범죄자가 발전소를 돌리는 엔지니어이거나 식민지에서 유일한 의사라면, 이 방법조차 흔들릴 수 있다. 이들의 전문 지식이 없이는 모두가 큰 고통을 받거나 죽을 수도 있다. 우주 식민지는 강제 노동을 도입해야 할지도 모르는데, 무익한 사람에게 자원을 낭비할 여력이 없기 때문이다. 이것은 꺼림칙한 선택이지만, 지구에서 우리는 이렇게 혹독한 트레이드오프에 맞닥뜨릴 일이 없다. 쉬운 선택은 결코 없다.

지금 당장은 우주 범죄 문제는 먼 미래의 일처럼 보일 수 있다. 어쨌든 대다수 우주 비행사는 짜증날 정도로 완벽한 사람들이다―박사 학위를 딴 파일럿으로, 식사 후에는 꼭 치실을 사용하고, 체지방이 아주 적고, 흠잡을 데라곤 거의 없는, 잘난 사람들이다. 하지만 최초의 우주 범죄는 여러분이 생각하는 것보다 훨씬 일찍 일어날지 모른다. 2019년, 이혼 절차를 밟고 있던 미국인 우주 비행사가 별거 중인 아내의 은행 계좌를 들여다보기 위해 국제우주정거장의 컴퓨터를 사용해 신원 도용 범죄를 저질렀다는 언론 보도가 나돌았다.(이 혐의는 나중에 기각되었다.) 그리고 2007년에 NASA의 한 우주 비행사가 전 남자친구의 새 연인을 질투한 나머지 칼과 BB탄 총, 페퍼 스프레이를 준비해 기저귀를 차고서(도중에 화장실에 들르는 시간을 아끼려고) 그 여자를 납치하기 위해 휴스턴에서 올랜도까지 1600km를 달려갔다고 한다. 그 잘난 사람들도 가끔 감정에 휘둘려 어리석은 짓을 저지른다.

게다가 우주여행이 점점 상용화되고, 우주 식민지 주민의 수요가 늘어남에 따라 우주선에 탑승하고 다른 행성으로 이주할 수 있는 기준이 NASA의 요구 수준보다 훨씬 아래로 내려갈 것이다. 특히 고립된 장소로 여행하는 데 몇 년이 걸리는 임무에서는 더욱 그럴 것이다. 역사를 되돌아보면, 유럽 열강들은 일반적으로 아메리카 식민지에 부적응자와 하층민을 보냈고, 영국은 죄수들을 오스트레일리아로 보냈다. 어쨌든 식민지 경영은 착취적일 수밖에 없었을 테지만, 질이 나쁜 사람들을 보낸 결과로 잔혹 행위가 비일비재하게 일어날 수밖에 없었다.

50여 년 전에 일어난 에스카밀라 사건 이후에 일부 진보적인 법학자들은 우주에 적용되는 법이 부재한 상황을 한탄했다. 하지만 어쩌면 우리가 할 수 있는 일이 별로 없을지도 모른다. 우리는 새로운 범죄를 모두 다 예상할 수 없으며, 우주의 사건 현장과 지구 사이의 광대한 거리를 감안하면 현재의 법을 집행하는 것조차 불가능할 수 있다. 더욱 염려스러운 점은 우주 식민지는 중앙 집중식 기술 때문에 자연히 독재로 흘러가기가 쉽다는 점이다. 우주 식민지에서 교도소장이 규율을 어긴 죄수를 처벌하려고 감방의 산소 농도를 낮추는 상황을 상상해보라. 혹은 독재자를 꿈꾸는 통치자가 사람들을 자신의 뜻에 굴복시키려고 전체 기지에 같은 짓을 한다고 상상해보라. 우주의 위험을 상상할 때, 우리는 대개 엄청나게 낮은 온도나 질식의 위험을 두려워한다. 하지만 사람도 우주에서 가장 큰 위험 중 하나로 떠오를 것이다.

새로운 범죄가 일어날 수 있는 또 하나의 영역은 온갖 형태의 컴퓨터와 관련된 것이다.

도둑들은 사전에 상점이나 집을 살피는 데 이미 구글 스트리트 뷰를 사용하고 있다. 미래에 가상현실은 건물을 내부에서 더 철저하게 살펴볼 수 있게 해줄 것이다. 또한 3D 프린터를 사용해 보석이나 화석, 그 밖의 인공물 모조품을 만들어 진짜 물건과 바꿔치기함으로써 절도 사실을 몇 주일이나 몇 년 동안 발각되지 않게 할 수도 있다.

비트코인 같은 암호 화폐를 활용해 대규모 절도 행각을 벌일 수도 있다. 암호 화폐는 사용자에게 프라이버시를 보장하지만, 모든 거래는 컴퓨터를 사용해 일일이 암호화되면서 확인되어야 한다―'채굴'이라는 과정을 통해. 채굴 과정은 중앙 컴퓨터를 사용해 이 모든 과정을 다루는 대신에 수많은 소형 컴퓨터로 일을 분산해서 처리할 때가 많은데, 소형 컴퓨터는 그런 노력을 한 대가로 약간의 돈을 번다. 그런데 악당들은 작은 컴퓨터들을 해킹하여 그 수수료를 훔쳐간다.(지금은 이런 사기 방법은 비트코인에는 통하지 않으며, 덜 알려진 다른 암호화폐에만 통한다.) 악당들은 멀쩡해 보이는 프로그램에 악성 코드를 몇 줄 집어넣음으로써 이런 일을 하는데, 사람들이 태평스럽게 그 프로그램을 다운로드하는 순간 컴퓨터가 악당이 원하는 대로 움직이게 된다. 이 프로그램은 배경에서 작동하면서 은밀히 아주 오랫동안 암호화폐를 채굴한다. 채굴 작업이 마무리되면, 꼭두각시 컴퓨터는 수수료를 받는데, 그 돈은 악당의 은행 계좌로 입금된다. 이 범죄는 컴퓨터 소유자가 번(자기도 모르게) 돈을 훔칠 뿐만 아니라, 그 사람의 프라이버시를 침해하고, 많은 전기료를 부담시키고, 하드웨어의 성능을 악화시킨다. 악의적인 채굴 프로그램은 온라인에서 불과 35달러면 구입할 수 있지만, 한 연구 결과에 따르면 범죄자들은 4년 반 동안 5800만 달러를 쓸어갔다고 한다. 매달 100만 달러 이상을 번 셈이다.

더 큰 절도 범죄가 곧 일어날지도 모른다. 새로운 기술은 정상적인 기업과 마찬가지로 범죄자에게도 규모의 경제를 활용할 수 있게 해준다. 역사학자들이 지적했듯이, 중세의 한 노상강도는 운이 좋으면 통행이 많은 길목에 숨어 있다가 한 번에 6명을 멈춰 세워 금품을 빼앗을 수 있었다. 19세기 중엽에는 강도 떼가 기차에서 한 번에 250명을 털 수 있었다. 미래에 만약 양자 컴퓨터가 약속된 성능을 갖추게 된다면, 슈퍼컴퓨터를 훨씬 능가하는 능력을 발휘해 현재의 인터넷 보안을 무력화시킬 수 있을 것이다. 그러면 단번에 수억 개의 계좌를 손쉽게 털어갈 수 있다.

똑똑한 범죄자는 스마트 기술도 활용할 것이다. 오븐이나 난로를 원격 조종함으로써 화재를 일으킬 수 있다. 자동화 건설 장비를 탈취하여 건물에 치명적인 구조 결함을 만들거나 자신만 아는 보안 구멍을 남길 수도 있다. 자율 주행 차를 보행자들을 향해 달려가게 하거나 모든 차 문을 닫고 일가족 전체를 실은 채 절벽 너머로 떨어지게 할 수도 있다. 이보다는 덜 극적이지만, 은행 강도가 돈을 훔친 뒤에 자율 주행 차들로 그 인근 지역을 뒤덮어 교통 체증을 일으킴으로써 경찰의 추적을 봉쇄할 수도 있다. 심지어 우리의 몸도 공격을 받을 수 있다. 이미 수만 명이 와이파이나 블루투스를 통해 무선으로 인터넷에 연결된 심장 박동 조율기나 뇌 자극기, 인슐린 펌프를 사용하고 있는데, 이런 기술은 의사가 환자의 상태를 확인하면서 필요할 때 조치를 취해 건강을 회복시키는 데 도움을 준다. 이런 장비를 해킹한다면, 마음대로 그 장비를 작동시킬 수 있다. 더 교활하게는 의사에게 가짜 데이터를 제공함으로써 이미 때가 늦을 때까지 모든 위기 징후를 숨길 수도 있다.

그리고 새로운 기술 중에서 가장 강력한 인공 지능이 있다. 컴퓨터과학자들은 AI 시스템을 '취약brittle'하다고 이야기하는데, 특정 기능은 아주 잘 수행하지만, 유연성이 떨어지고 쉽게 고장이 나기 때문이다. 고장은 컴퓨터가 시각 데이터를 해석할 때 특히 자주 일어난다. 정지 신호에 데칼코마니를 추가하면, 자율 주행 차는 그 신호를 잘못 읽고 그냥 쌩하고 지나간다. 이와 비슷하게 드론을 사용해 도로 위에 가짜 차선을 투사하면, 자율 주행 차는 갑자기 방향을 홱 바꾸어 달려

양성 기태(왼쪽). 이 이미지의 컴퓨터 파일에 '적대적 노이즈'(가운데)를 디지털 방식으로 추가하면, 그 결과는 사람의 눈에는 똑같이 보인다(오른쪽). 하지만 인공 지능 프로그램은 혼란에 빠져 갑자기 오른쪽 사진을 악성 종양으로 분류한다. [적대적 노이즈 공격은 하버드의학대학원의 새뮤얼 핀레이슨Samuel Finlayson 박사가 만든 것이다.]

오는 차량으로 충돌할 수 있다.(연구자들은 여기서 사악한 짓을 하려는 게 아니라, 문제점을 지적하려고 노력했다.) 더 미묘하게는 디지털 이미지를 이루는 1과 0의 숫자열에 무작위적으로 보이는 픽셀을 집어넣은 '적대적 노이즈'로 AI를 당황하게 만들 수 있다. 잡음이 심한 채널에 음악을 틀어놓는 경우와 비슷하게 사람은 잡음이 섞인 이미지를 손쉽게 해독할 수 있다. 그 이미지는 여전히 나무늘보나 특정 물체처럼 보이며, 단지 조금 더 흐릿하게 보일 뿐이다. 하지만 현재 컴퓨터는 시각적 잡음을 꿰뚫어볼 수 있는 '고차원' 인식이 부족하며, 추가된 픽셀에 혼란을 일으킨다. 많은 병원에서는 이미 피부 종양 사진을 선별하는 데 AI를 사용하고 있는데, 컴퓨터가 인간 피부과 의사보다 더 정확하기 때문이다. 그런데 환자의 종양 사진에 시각적 잡음을 집어넣는다면, 컴퓨터는 악성 종양을 식별하지 못할 수 있고, 그럼으로써 그 사람을 죽음에 이르게 할 수 있다.

완전한 막장 드라마 버전을 원한다면, 킬러 섹스 로봇은 어떤가? 로봇 집사는 곧 등장할 것으로 보이며, 일본에서는 노인들이 이미 외로움을 달래고 단순한 돌봄을 제공받기 위해 반려 로봇을 사용하고 있다. 섹스 로봇은 논리적으로 당연한 다음번 단계로 보인다. 사실, 이미 일부 회사들은 조야한 버전의 섹스 로봇을 판매하고 있다. 섹스 로봇이 가장 취약한 상태에(문자 그대로 바지를 내린) 있는 사람과 상호작용한다는 사실을 감안하면, 누가 그 로봇을 해킹하여 사람을 해치는 일이 일어나지 않으리라고 보장할 수 있겠는가?

조금 더 정신 나간 소리처럼 들릴 수 있지만, 안드로이드가 자신의 의지로 범죄를 저지른다면 어떻게 될까? 먼 옛날에는 컴퓨터는 오로지 프로그래밍된 명령만 수행할 수 있었다. 하지만 AI의 등장으로 컴퓨터는 새로운 행동을 학습하여 예측 불가능한 방식으로 행동할 수 있다. 프로그래머가 로봇이 사람과 함께 보내는 시간을 최대화하길 원한다고 상상해보자. 이것은 매우 합리적인 결정처럼 보일 수 있다. 하지만 로봇은 기르는 개를 죽임으로써 경쟁자를 제거하면 주인의 시간을 최대한 독점할 수 있을 것이라고 매우 논리적인 추론을 할 수 있다. 여러분은 프로그래머를 탓하겠는가? 프로그래머는 섹스 로봇에게 그런 행동을 하라고 지시하지 않았다. 로봇을 감옥으로 보내겠는가? 그러면 우리는 곧장 〈블레이드 러너Blade Runner〉의 영역으로 들어서게 될 것이다.

만약 섹스 로봇에 거부감을 느끼지 않는다면, 더 심한 것도 있다. 역사상 어떤 운영 체제도 그것을 공격하려는 시도를 버텨내지 못했다. 모든 운영 체제에는 취약점이 있는데, 우리 몸을 돌아가게 하는 운영 체제 역시 마찬가지다. DNA에 침투하는 것이야말로 궁극적인 해킹이 될 것이다.

1970년대 후반에 새크라멘토 인근의 수사관들은 연쇄 살인자가 레이더망에 들어왔다는 사실을 알아챘다. DNA 증거는 마침내 살인 12건, 강간 50건, 절도 120건을 저지른 범인으로 한 독신 남자('골든스테이트 킬러'라는 별명이 붙은)를 지목했다. 이 범인의 정체는 40년 동안 오리무중에 빠져 있었다.

2018년, 경찰은 수사에 도움을 얻기 위해 특이한 자료를 뒤지기 시작했는데, 그것은 바로 온라인 족보 서비스였다. Ancestry.com이나 23andMe 같은 유전자 검사 회사들은 사람들에게 자신의 유전자 데이터를 파일로 다운로드받을 수 있게 해준다. 그러면 개인은 그 데이터를 제3자인 족보 서비스 사이트에 업로드할 수 있는데, 족보 서비스 사이트는 그들의 DNA를 더 정교한 방식으로 분석할 수 있는 도구를 제공한다. 하지만 이들 사이트는 주류 회사들과 달리 프라이버시를 보호하는 장치를 늘 갖추고 있는 것은 아니어서, 그 결과로 외부인이 그 데이터에 접근할 수 있다. 그런 외부인에는 경찰도 포함된다.

새크라멘토 경찰은 골든스테이트 킬러를 찾아내기 위해 2018년부터 이 데이터베이스를 샅샅이 훑기 시작했다. 어쩌면 그 살인자가 아주 멍청하거나 대담해 자신의 DNA를 그중 한 사이트에 업로드할 수도 있기 때문이었다. 하지만 애석하게도 범인의 DNA와 일치하는 것은 발견되지 않았고, 수사는 또다시 막다른 골목에 이른 것처럼 보였다. 그런데 조금 더 깊이 파고든 끝에 범인의 DNA와 비슷하게 일치하는 것을 발견했다. 수사관들은 그 사람이 살인자의 친척일지도 모른다는 생각이 들었는데, 그것은 아주 큰 단서였다.

이 정보를 바탕으로 경찰은 출생증명서와 그 밖의 공적 기록을 사용해 가계도를 작성했다. 그런 다음, 그 가계도에서 1970년대에 새크라멘토에서 살았던 남자를 찾았다. 그리고 마침내 조지프 제임스 디앤젤로Joseph James DeAngelo라는 전직 경찰을 용의자로 지목했고, 그 후 몇 달 동안 은밀하게 그의 DNA 시료를 두 점 채취했다. 하나는 그의 자동차 문에서 채취했는데, 물체에 몸이 닿을 때 그 물체 표면에 피부 세포가 남는 경우가 많기 때문이다. 또 하나는 그가 차도 가장자리의 쓰레기통에 버린 티슈에서 채취했다. 그 DNA는 살인자의 DNA와 완벽하게 일치했다.

하지만 이 수사는 유전자 프라이버시 문제에 우려를 제기했다. 경찰은 필시 디앤젤로의 DNA를 영장 없이 채취했을 것이다. 게다가 디앤젤로의 친척들은 법 집행 기관에 자신들의 유전자 데이터를 사용해도 좋다고 허락한 적이 결코 없다. 물론 연쇄 살인범으로 지목된 사람에게 동정심을 갖긴 힘들지만, 그 결과는 이 사건에만 국한되지 않는다. 여러분의 어머니나 형제 혹은 오랫동안 잊고 지낸 사촌(한 번도 만난 적이 없는 사람)이 자신의 DNA를 온라인에 올렸다고 상상해보자. 그러면 이제 유전자 탐정이 여러분과 가족의 DNA를 엿보면서 과거에 있었던 입양이나 불륜을 밝혀내거나 특정 질병에 대한 취약성을 파악할지 모른다. 그러면 괴롭힘과 협박, 차별이 현실적 가능성으로 부각하게 된다. 유전자 검사가 더 보편적으로 일어나는 현실을 감안해 그 데이터에 접근할 권한을 가진 사람을 제한하는 법이 만들어져야 할 것이다. 언젠가는 DNA를 사용해 당사자의 비밀을 드러내는 행위는 감옥에 가야 할 범죄가 될지 모른다.

유전공학 기술이 널리 사용되면, 심지어 경찰에게도 해결하는 문제보다 새로 생기는 문제가 더 많아질지 모른다. 골든스테이트 킬러 사건에서 보듯이, 우리가 버리는 쓰레기에는 DNA가 가득 들어 있는데, 주로 피부세포에서 나온 것이다. 이론적으로는 악당 과학자가 그 피부세포를 채취해 배양한 뒤 유전 기술을 사용해 줄기세포로 되돌릴 수 있다. 줄기세포는 혈액세포와 생식세포를 비롯해 어떤 종류의 세포로도 변할 수 있다. 여기서 생물학적 흑마법을 약간 부리면, 갑자기 어떤 사람의 체액을 범행 현장에 갖다놓을 수 있는 능력을 손에 쥐게 된다. 그러면 그 사람을 범인으로 몰거나 진짜 살인자를 용의선상에서 벗어나게 할 수 있다.

유전공학은 또한 완전히 새로운 형태의 살인을 가능케 할 수 있다. 일란성 쌍둥이 외에는 모든 사람은 자기만의 독특한 DNA를 갖고 있으며, 그 DNA에는 자기만의 독특한 결함과 취약성이 포함돼 있다. 그렇다면 똑똑한 과학자가 은제 탄환 바이러스를 설계할 수 있고, 설령 그것을 공공장소에서 살포하더라도, 그 바이러스는 단 한 사람만을 표적으로 삼아 공격해 죽일 수 있다.(은제 탄환銀製彈丸은 서양의 전설에서 늑대 인간이나 악마 등을 격퇴할 때 쓰인 무기를 가리킨다. 현대에 와서는 특정 문제에 대한 해결책이나 특효약을 가리키는 의미로 쓰인다.―옮긴이)

또한 도덕적으로 논란이 되는 문제이긴 하지만, 유전공학으로 멸종한 생물을 되살릴 수도 있다. 털매머드의 경우를 살펴보자. 털매머드 뼈와 가죽은 시베리아 도처에서 발견되며, 추운 기후 때문에 그 DNA가 비교적 양호한 상태로 보존돼 있다. 털매머드의 DNA를 코끼리 배아에 스플라이싱splicing을 통해 집어넣는다고 상상해보라. 그 결과로 태어난 새끼는 완전한 털매머드는 아닐 것이다. 하지만 무성한 털과 구부러진 엄니를 비롯해 중요한 생리적 특성을 여러 가지 지녀 털매머드와 아주 비슷한 동물로 태어날 것이다. 그렇다면 실용적 의미에서 우리는 멸종한 털매머드를 손쉽게 부활시킨 셈이다.

그런데 과연 그렇게 될까? 후피동물은 짐을 나르는 짐승으로, 아주 똑똑하고 사회성이 뛰어나다. 후피동물은 함께 살아가는 동료가 필요하며, 그렇지 못하면 큰 어려움을 겪는다. 물론 우리는 결국에는 털매머드를 많이 만들어 무리를 지어 살아가게 할 수 있을 것이다. 하지만 최초의 털매머드는 매우 외롭고 힘든 삶을 살아가야 할 것이다. 그것도 DNA 스플라이싱과 편집이 제대로 되었을 경우에 가능한 것이지만, 아마도 그렇게 되지는 않을 것이다. 만약 심각한 선천성 장애가 나타난다면 어쩔 것인가? 실험을 위해 우리는 어디까지 밀고 나갈 수 있을까?

네안데르탈인의 경우에는 도덕적 반발이 더욱 강할 것이다. 대중문화에서는 네안데르탈인이 짐승과 비슷한 존재로 알려져 있지만, 최선의 고고학적 증거에 따르면 네안데르탈인은 모든 면에서 현생 인류만큼이나 똑똑했다. 머리뼈 크기를 바탕으로 볼 때, 그들은 우리보다 큰 뇌를 갖고 있었다. 그들은 미술 작품을 만들었고, 음악을 연주했으며, 도구를 만들었고, 죽은 자를 매장했으며, 아마도 언어도 구사했을 것이다. 그리 멀지 않은 과거에 사람과 네안데르탈인 사이에 교잡이 일어나서 우리는 유전적으로 상당히 비슷하다. 털매머드와 코끼리의 경우와 마찬가지로 과학자들은 네안데르탈인의 DNA를 스플라이싱을 통해 사람의 배아에 집어넣은 뒤, 그 배아를 사람의 자궁에 착상시킬 수 있다. 그러면 아홉 달 뒤에 멸종한 지 4만 년 만에 되살아난 최초의 네안데르탈인이 지구를 걸어다니게 될 것이다.

하지만 네안데르탈인은 털매머드보다도 사회성이 더 강했는데,

거의 사람과 비슷한 수준이었을 것이다. 네안데르탈인 아이를 인간 사회에서 키우려고 시도할 수는 있지만, 과연 그 아이가 제대로 적응할 수 있을까? 아마도 그 아이는 항상 '이방인'으로 남아 있을 것이다. 이렇게 멸종한 종을 부활시키는 것을 죄악이라고 부르는 것은 옳아 보이지 않는다. 철학적으로는 존재하지 않는 것보다는 존재하는 것이 낫다. 하지만 윤리적으로는 잘된다고 해도 그 결과가 의심스럽고, 잘못되면 불필요하게 잔인한 짓이 될 수 있다.

미래에 발생할 수 있는 범죄를 이렇게 장황하게 열거하는 것은 디스토피아(현대 사회의 부정적인 측면이 극단화한 암울한 미래상—옮긴이)를 주장하기 위한 것이 아니다. 이러한 잠재적 범죄 중 불가피한 것은 하나도 없다. 미래의 기술에서 우리가 큰 혜택을 받는 것도 많다는 점을 인정하는 것이 중요하다. 예를 들면, 많은 질병이 퇴치될 것이고, 우리는 단순 노동에서 해방될 것이고, 새로운 가능성의 지평에 우리의 마음을 활짝 열게 될 것이다. 게다가 과학과 기술은 범죄를 해결하고 예방할 수 있다. DNA 기술은 미제 사건을 해결해줄 것이다. 인공위성은 고고학자에게 발굴 장소를 원격으로 감시하면서 도굴을 예방할 수 있게 해주고, 지원 단체들이 인신매매를 발견해 현대판 노예 제도[63]를 철폐하는 데 도움을 줄 것이다.

솔직하게 말하면, 위에서 언급한 범죄 중 일부는 좀 억지스러워 보인다(섹스 로봇이 살인을 저지른다고?). 하지만 멀리서 보면 미래는 항상 기이해 보인다. 만약 1900년에 살던 사람들에게 21세기에는 전자들이 든 상자(전자 기기)를 사용해 은행에서 현금을 훔치고, 전 여자 친구의 얼굴을 따다 리벤지 포르노를 제작하는 일이 일어날 것이라고 이야기한다면, 그 사람들은 말도 안 되는 소리라고 할 것이다. 하지만 지금 우리는 그런 세계에서 살고 있다. 아마도 최악의 범죄는 우리가 상상조차 하지 못하는 종류의 범죄가 될 것이다. 시간 여행이나 슈퍼컴퓨터에 연결된 사이보그 뇌를 통해 일어날 수 있는 모든 혼란을 상상해보라.

이렇게 간략하게 소개한 미래의 범죄 양상이 사람들의 생각에 자극을 주고 세상에 도움이 되길 바란다. 기술이 남용될 수 있는 방식을 생각하는 것은 언제나 그럴 만한 가치가 있다. 모든 악을 예방할 수는 없지만, 세계에 새로운 힘을 도입하는 사람들은 그들이 초래할 수 있는 위험을 완화시킬 도덕적 의무가 있다고 나는 생각한다. 내가 미처 생각하지 못하고 간과한 잠재적 악행도 분명히 있을 것이다. 만약 그런 것이 생각난 사람이 있다면, samkean.com/contact을 통해 연락해주기 바란다. 무엇보다도 지금까지 이 책을 읽어준 것에 감사드린다.

감사의 말

이 책에 소개한 이야기들이 아무리 흥미진진하더라도, 이 책을 쓰는 것이 늘 즐겁지만은 않았다. 그 이야기들에는 불행과 고통도 많이 있었기 때문이다. 그래서 나는 지난 수백 년 동안 과학을 위해(그리고 과학자의 손에서) 고통을 겪은 모든 남녀를 잠깐이나마 기억하는 순간을 가졌으면 좋겠다. 물론 과학은 우리에게 많은 것을 가져다주었고, 과학자들은 그들이 세운 전반적인 기록에 자부심을 느껴야 마땅하다. 하지만 과학은 이보다 더 잘할 수 있고 더 잘해야 하며, 그 희생자들의 이야기는 더 널리 알려져야 한다.

이 책이 완성되기까지는 많은 사람이 저자보다 더 큰 기여를 했는데, 그들의 도움이 없었더라면 나는 이 책을 끝마치지 못했을 것이다. 우선 언제나 유익한 조언을 해준 충성스러운 내 출판 에이전트 릭 브로드헤드Rick Broadhead가 있다. 담당 편집자 필 마리노Phil Marino는 훌륭한 제안으로 원고를 빛나게 만들었다. 리즈 개스먼Liz Gassman, 데리 리드Deri Reed, 마이클 눈Michael Noon을 포함해 리틀브라운 출판사 안과 밖에서 도움을 준 사람들도 수십 명이나 있다. 이들이 없었더라면, 지금이 책은 여러분의 손 안에 있지 않을 것이다.

친구들과 가족에게도 큰 고마움을 전한다. 어머니 진Jean과 아버지 진Gene은 늘 나의 가장 열렬한 팬이고 최고의 영업 사원이다. 워싱턴 D.C.에 사는 남동생 부부 벤Ben과 니콜Nicole은 팬데믹 동안 옥상에서 함께 맥주를 마시며 나의 정신을 붙들어주었다. 사우스다코타주에 사는 여동생 베카Becca와 그 남편 존John은 보트 사진으로 나의 시샘을 불러일으켰지만, 그 자녀인 페니Penny와 해리Harry 사진은 늘 나의 기운을 북돋워주었다. 그리고 워싱턴 D.C.와 세계 각지에 사는 새 친구들과 오랜 친구들에게도 고마움을 전하고 싶다. 조만간 다시 만날 날이 오길 학수고대한다.

전에 말했듯이, 몇 줄의 글만으로는 나의 고마움을 다 표시하기에는 턱없이 부족하다. 혹시 명단에서 누락된 사람이 있더라도, 나는 그 고마움을 잊지 않을 것이다.

주

1장 해적질_표본 수집일까, 식민지 약탈일까

1 17세기 후반과 18세기 전반이 해적의 전성기였던 데에는 그럴 만한 이유가 있다. 유럽에서 오랫동안 벌어진 여러 전쟁이 끝나는 바람에 숙련된 선원들 중에 일자리를 잃은 사람이 많았다. 해군에 들어갈 수도 있었지만, 많은 사람은 해군의 엄격한 규율을 싫어했다. 게다가 그 당시 해상에는 많은 물자가 오갔는데, 넓은 바다를 감시할 방법이 거의 없었다. 이런 상황에서 해적이 활개를 치지 않는다면, 오히려 그편이 이상하다.

2 오늘날 우리는 글쓰기를 아주 쉽게 여기지만, 그 당시 댐피어는 그냥 펜을 잡고 글을 쓸 수 있는 상황이 아니었다. 뭔가 기록할 만한 가치가 있는 것을 발견할 때마다 갑판 아래의 상자에서 깃펜을 꺼내 칼로 그것을 날카롭게 벼리고, 가루와 물을 섞어 잉크를 만든 뒤, 너무 어둡거나 축축하거나 소란스럽지 않은(시끄러운 선원들이 없는) 장소를 찾아야 했다. 겨우 몇 단어를 적기 위해 이 모든 수고를 기울여야 했다. 그리고 그걸로 다 끝나는 것이 아니었다. 글을 다 쓴 뒤에는 잉크가 번지지 않도록 여분의 잉크를 흡수하기 위해 종이 위에 모래를 뿌리고 나서 안전한 곳에 다시 집어넣고는 벌레가 그것을 갉아먹지 않길 기도해야 했다. 글을 쓴다는 것은 결코 쉬운 일이 아니지만, 그 당시에는 정말로 상당한 노고가 드는 일이었다.

3 해적은 오른팔을 잃으면 은화 600개, 왼팔이나 오른쪽 다리를 잃으면 은화 500개, 왼쪽 다리를 잃으면 은화 400개, 눈이나 손가락을 잃으면 은화 100개를 받았다. 이것은 모두 공식 문서로 작성되었다. 해적들은 문자 해독률이 상당히 높았는데(약 3/4에 이를 정도로). 해도를 제대로 판독하는 능력이 필요했던 것이 큰 이유였다. 해적들은 또한 투표(단순 과반수 원칙에 따라)를 통해 다음번 약탈 장소를 정했으며, 식사 시간 역시 놀랍도록 민주적이었다. 모든 음식을 똑같이 나누었으며, 속물적인 해군과 달리 간부들이 더 나은 음식을 가로채지 않았다.

4 현대적인 계몽 척도를 측정하는 시험을 치른다면, 댐피어는 틀림없이 낙제할 것이다. 그 당시의 모든 사람과 마찬가지로 그 역시 선입견이 있었다. 하지만 그의 전기 작가는 댐피어를 "그다지 인도적이지 않았던 시대에 살았던 인도적인 사람"이었다고 평가했는데, 이 평가는 댐피어에 관련된 일들을 아주 잘 설명해준다. 사실, 시간을 내 그의 글을 실제로 읽어볼 때, 가장 눈길을 끄는 것은 외국인의 문화를 포용하는 그의 태도이다. (자신의 눈에) 이상한 관습이나 의식을 볼 때마다 댐피어는 항상 섣부른 판단을 삼가고 이해하려고 많이 노력했다. 자신의 동포를 판단할 때에는 훨씬 가혹했다. 예를 들면, 다른 장교들이 혼혈 여성 죄수를 단순히 그 출신 때문에 안내인으로 신뢰하길 거부하자, 댐피어는 눈을 부라렸다. 따라서 현대의 기준으로 보면 결코 깨어 있었다고 말할 수 없지만, 이 해적 생물학자는 그 시대로서는 상당히 관용적이었던 것으로 보인다. 그리고 대개는 유럽인이 폭력을 자초했다는 사실을 인정했다. "나는 이전에 자신들에게 자행된 잔학 행위나 폭력에 부상을 당한 적이 있는 경우를 제외하고는, 이 세상의 어떤 사람들도 우연히 자신들의 손에 잡히거나 함께 살려고 온 사람을 죽일 정도로 야만적이지 않다고 생각한다."

5 만약 나치 이야기를 좋아한다면(그리고 솔직히 말해서, 무슨 이야기든 나치 악당이 등장하면 훨씬 재미있다.), 〈The Disappearing Spoon(사라진

스푼))이라는 내 팟캐스트를 방문해보길 권한다. 거기에는 일부 부패한 나치가 절박한 시기에 우리에게 키니네를 공급해줌으로써 제2차 세계 대전 동안 어느 누구보다도 더 많은 미국인의 목숨을 구했다는 이야기가 나온다. 전체적으로 이 팟캐스트는 책에 나오지 않는 새로운 이야기를 소개한다. 아이튠이나 스티처를 비롯해 다른 플랫폼으로 구독할 수도 있고, 내 웹사이트 samkean.com/podcast를 방문해도 된다.

2장 노예 무역_흰개미집 연구자의 자금 조달 방법

6 본국에 머물면서 채집을 한 과학자들은 가끔 '책상물림 박물학자'라고 조롱을 받았는데, 실제로 살아 있는 동식물을 제대로 몰라 터무니없는 결론을 내릴 때가 있었기 때문이다. 예를 들면, 18세기 후반에 파푸아뉴기니의 고유종인 명금이 유럽에 도착했을 때, 채집자들은 그 새를 '극락조bird of paradise'라고 이름 붙였는데, 매우 아름다운 깃털과 발이 없다는 사실에 착안해 그런 이름을 붙였다. 발이 없으니 그 새는 결코 땅을 딛지 않을 것이라고 생각했다. 즉, 그 새는 평생을 하늘에서만 돌아다니며 공중에서 보낸다고 생각했다. 사실은 그 새를 붙잡은 원주민이 발을 장신구로 쓰려고 잘라냈을 뿐이었다. 그렇게 해서 생긴 상처는 수북한 깃털로 덮어 가릴 수 있었다. 그러고 나서 원주민은 그 사체를 유럽인 박물학자에게 넘겼는데, 유럽인이 그토록 순진하리라고는 상상조차 하지 못했을 것이다. 한 역사학자는 "경이로운 것을 사랑하고 추측을 애호하는 경향이 만연했다."라고 평했고, 그렇게 해서 과학적 전설이 태어났다.

7 비록 배에 승선한 외과의는 과학적 훈련을 어느 정도 받았겠지만, 표본 채집의 세부 사항을 늘 제대로 아는 것은 아니었다. 그래서 런던의 한 채집가는 곤충을 담는 병과 식물을 누르는 데 쓰는 특수 종이가 포함된 입문자용 키트를 제공함으로써 도움을 주었다. 그는 또한 조수

에게 보낸 편지에서 독특한 조언도 덧붙였는데, 포식 동물의 소화관을 샅샅이 훑으면서 반쯤 소화된 종을 찾는 작업의 중요성을 지적하는 내용도 있었다. "이런 동물을 붙잡거든, 그 창자와 위를 뒤져 거기서 발견한 동물을 *끄집어내야 한다*."라고 강조했다. 사실, 이것은 오늘날에도 좋은 조언이다. 2018년, 멕시코에서 과학자들은 한 뱀의 창자 속에서 새로운 종의 뱀을 발견했다.

8 일부 역사학자들은 말레이시아에서 윌리스가 한 연구는 그가 자연선택에 의한 진화 이론을 향해 나아가는 데 큰 역할을 했다고 주장했다. 채집가가 되려면 수천 마리의 곤충을 자세히 관찰하면서 색과 크기를 비롯해 다양한 특성에 나타나는 변이를 찾아야 하는데, 변이는 자연선택이 그 작용을 발휘하는 원재료이다.

9 제임스 클리블랜드의 아버지인 윌리엄 클리블랜드는 영국에서 지체 높은 가문 출신이었는데, 윌리엄의 형은 해군 장관을 지냈다. 하지만 윌리엄은 악당 기질이 있었고, 1750년대에 바나나 제도 부근에서 난파한 뒤, 비틀거리며 해변으로 걸어가 자신이 이 제도의 왕이라고 선언했다. 그는 여러 현지 여성과 결혼했고, 결국 제임스를 낳았다. 제임스는 아프리카인의 피가 반이 섞였는데도 노예 거래 사업을 시작해 크게 성공했다. 유럽인은 그의 섬에서 클리블랜드의 비위를 맞추기 위해 총과 럼주, 천, 철제 상품을 꾸준히 공급해야 했다. 거기다가 기이한 황금 벨트 버클이나 화려하게 장식된 뿔잔도 선물했다. 한번은 스미스먼이 클리블랜드를 위해 아주 값비싼 '전기 기계'를 영국에 주문한 적도 있는데, 이 전기 기계는 재미를 위해 전하를 높였다가(아마도 마찰을 통해) 유리구를 통해 사람들에게 전기 충격을 주는 용도로 쓰였다.

10 과학 체계를 이해하는 데 가끔 비유가 큰 도움이 될 때가 있지만, 흰개미와 개미와 벌에게 '여왕'이란 이름을 쓰는 것은 독자를 오도할 수 있다. 이 여왕들은 자기 무리 내에서 진정한 '지배자'가 아니다. 사실,

여왕의 삶은 매우 비참해 보인다. 새로운 군체를 만들 때, 일벌이나 일개미는 여왕을 작은 '여왕 방'에 사실상 감금한다. 여왕은 캄캄한 그곳에 갇혀 다른 일은 일절 하지 못하고, 먹이를 꾸역꾸역 먹고 하루 종일 알을 열심히 쏟아내면서 나머지 생애를 보낸다. 여러분이 배가 터질 듯이 부풀어올라 걷지도 몸을 끌고 돌아다니지도 못한 채 평생 아기 낳는 일만 하면서 살아간다고 상상해보라. 여왕이라는 이름보다는 '로열 난소'라는 이름이 더 어울려 보인다.

11 일부 노예는 콰시와는 대조적으로 자신을 붙잡아온 사람들을 식물 지식을 활용해 중독시킴으로써 복수를 했다. 카사바는 특히 많이 사용된 독이었는데, 제대로 조리하면 아주 맛있는 음식이 되지만, 날것에는 사이안화물이라는 독성 물질이 포함돼 있다. 노예들은 카사바 즙을 먹는 벌레를 잡아 말려서 가루로 만든 뒤, 그 가루를 손톱 밑에 숨겼다. 그러고는 주인에게 식사를 올릴 때 그릇 속에 그 가루를 슬쩍 넣었다.

12 흥미롭게도 한스 슬론은 자메이카에서 밀크 초콜릿을 발명했다. 슬론은 밀크 초콜릿이 그 당시 약으로 간주되던 코코아를 섭취하기에 좋은 방법이라고 생각했다. 런던으로 돌아온 슬론은 그 제조법을 한 약제상에게 팔았고, 그 약제상은 다시 그것을 캐드버리라는 작은 회사에 팔았다. 그러니 초콜릿 바를 씹을 때마다 그것이 과학-노예 제도 산업 복합체의 산물이라는 사실을 상기하라.

3장 시신 도굴_해부학자들의 위험한 거래

13 주목할 만한 헌터의 발견 중 하나는 오랫동안 이어져온 소화에 관한 논쟁에 종지부를 찍은 것이다. 그 당시에 많은 과학자는 위가 열을 가해 음식을 분해하거나 기계적으로 빙빙 휘저어 음식을 소화한다고 주장했다. 하지만 시신의 위에 뚫린 구멍들에 주목한 헌터는 화학적 소화

를 주장했다. 헌터는 사람이 죽으면 위벽을 덮어 보호하는 점액이 분비되지 않기 때문에, 위산이 위 자체를 소화하기 시작한다고 생각했다. 위에 뚫린 구멍은 그래서 생긴 것이었는데, 열이나 기계적 소화 가설로는 설명되지 않던 것이었다. 지금은 기계적 교반攪拌도 소화에서 중요한 역할을 하지만, 화학 작용이 주된 역할을 한다는 사실이 알려져 있다.

14 여름에 죽는 사람들은 운이 좋은 편이었는데, 시신이 빨리 부패했기 때문이다. 그런 시신은 해부학자들에게 별로 쓸모가 없었으므로, 해부학자들은 여름에는 시신 해부를 하지 않는 경우가 많았다. 겨울에 죽는 사람들은 시신을 강탈당하기 쉬웠다. 특별히 추운 날에는 시체가 뻣뻣하게 얼어 도굴꾼은 굳이 시체를 감추려고 애쓸 필요도 없었다. 그냥 마차에 승객이 앉은 것처럼 기대놓고 해부학자의 뒷문으로 가져가면 되었다. 다른 경우에는 시신을 보자기나 자루로 덮어 가리거나 '돼지고기'나 '소고기'라는 라벨이 붙은 통에 담아 운반했다. 이 장 뒷부분에서 소개하는 동요에 '소고기'가 나오는 것은 이 때문일지 모른다.

15 해부학자들은 기회가 닿을 때마다 유아와 어린이를 해부했는데, 그 당시에 과학 분야에서 큰 관심을 끈 주제인 사람의 성장과 발달 과정을 자세히 알고 싶었던 것이 한 가지 이유였다. 더 실용적인 이유로는 어린이 시신이 교육용 표본으로 사용하기에 편리했기 때문이다. 신경과 혈관을 연구하려면 해부학자는 색을 띤 밀랍이나 수은을 몸속 구석구석으로 펌프질해 주입해야 했는데, 때로는 그것을 관 속에 넣고 힘껏 불어야 했다. 당연히 다 자란 어른보다는 작은 어린이의 몸속으로 액체를 펌프질하기가 훨씬 쉬웠다.

말이 난 김에 덧붙이자면, 인체를 해부하는 순서는 엄격하게 정해져 있었는데, 조직이 부패하는 속도가 기준이 되었다. 하복부가 맨 먼저였는데, 그 속의 기관들이 아주 빨리 부패했기 때문이다. 그다음은 폐(검댕이 많은 런던의 공기 때문에 새카만 경우가 많았다)와 심장의 순서였다. 훨씬 느리게 부패하는 근육은 뒤로 밀렸다. 맨 마지막 순서는 뼈였는데, 해부학자들은 가끔 뼈들을 철사로 엮어 완전한 골격을 유지했다. 부패가 빠른 부위들을 서둘러 해부하려고 노력하더라도 해부실에는 썩은 살 냄새가 진동하는 경우가 많았다(그것은 해부학자들도 마찬가지였다). 해부학자들이 연구에 집중하도록 하기 위해 의과대학교들은 대개 외과 수련생들에게 결혼을 하지 못하게 했는데, 그들이 하루 중 대부분의 시간을 어디서 보내는지를 생각하면, 과연 그런 금지가 필요했을까 하는 생각이 든다.

16 법적인 세부 내용을 분명히 하자면, 시신을 갖고 있는 것은 범죄가 아니었다. 엄밀히 따지면, 어느 누구도 다른 사람의 몸을 소유할 수 없고, 시신은 재산으로 간주되지 않았다. 그렇긴 하지만, 시신 도굴꾼은 무덤을 훼손한 혐의로 체포될 수 있었는데, 그 행위는 불법이었기 때문이다. 그리고 시신에서 옷이나 보석을 훔치는 것은 분명히 범죄 행위였고, 까딱하면 사형까지 당할 수 있었다.

17 유명한 신경외과의 하비 쿠싱Harvey Cushing이 1909년에 마침내 아일랜드 거인의 머리뼈를 열어 분명한 종양의 증거를 발견했다. 쿠싱은 '안장sella turcica'(뇌하수체가 들어 있는 머리뼈 아랫부분에 안장 모양으로 생긴 구조)이라는 구조가 크게 부풀어 있는 것을 발견했는데, 이것은 거인들에게 흔히 나타나는 현상이다.

18 영웅적인 행동에도 불구하고, 앤 그레이의 이야기는 행복하게 끝나지 않았다. 남편은 버크와 헤어를 만난 지 몇 달 뒤에 죽었고, 그 당시 많은 과부가 그랬듯이 앤은 궁핍하게 살았다.

4장 살인_하버드의학대학원에서 일어난 엽기적인 사건

19 심지어 에이브러햄 링컨Abraham Lincoln도 해부 목적은 아니었지만 시

신 도굴 계획의 표적이 되었다. 1876년에 선거가 있었던 날 밤(대다수 사람들이 뉴스에 정신이 팔려 있을 것이라고 판단해 선택한 밤)에 흉악범 여러 명이 링컨의 지하 납골당에 난입해 뼈를 탈취한 뒤 돈을 요구하려고 했다. 이들은 돈 외에도 이 뼈를 이용해 교도소에 있던 전문 위조범 친구를 꺼내려고 했다. 하지만 이들에게는 불행하게도, 사전에 비밀 경호국이 이들 사이에 첩자를 침투시켰고, 그래서 이 계획은 실패로 돌아가고 말았다.

20 리틀필드가 한 기묘한 일들 중 하나(추수감사절 다음 날 오전 내내 몰두해야 했던 일)는 하버드의학대학원의 유명한 교수인 존 워런John Warren의 부탁으로 골상학 흉상들을 옮기는 것이었다. 내가 쓴 『카이사르의 마지막 숨』을 읽은 독자라면, 존 워런이 의학계에서 마취제 사용을 맨 처음 지지하고 나선 외과의라는 사실을 기억할 것이다. 이것은 어떤 면에서 매우 현대적인 면모를 보인 과학자가 다른 면에서는 기이하게도 아주 낡은 면모를 보일 수 있음을 보여주는 사례이다.

이 이야기에 등장하는 사람들 중 마취제와 관련이 있는 인물은 워런 뿐만이 아니다. 윌리엄 모턴William Morton(마취제를 발견한 치과 의사이자 사기꾼)과 찰스 잭슨Charles T. Jackson(그 아이디어는 모턴이 자신에게서 훔쳐간 것이라고 주장한 사람)은 나중에 웹스터 살인 재판에 나와 증언을 했다. 잭슨은 검찰 측 증인으로 나와 하버드의학대학원 건물에서 기묘한 화학 물질 얼룩을 보았다고 증언했다. 믿을 수 없게도 재판 도중 휴정 시간에 웹스터와 잭슨이 서로 대화를 나누도록 방치했는데, 웹스터는 잭슨이 자신에게 불리한 증언을 한다고 꾸짖었다. 그 직후에 잭슨은 증언을 다시 하겠다고 신청하고는, 피고를 위한 성격 증인(원고나 피고의 인성에 대해 증언하는 사람)으로 나섰다.

21 이 사건의 유명세는 웹스터의 죽음으로 끝나지 않았다. 이 스캔들에 대한 일반 대중의 관심은 식을 줄 몰랐고, 하버드대학교는 결국 그 필요성을 인정해 범행 현장을 관광 코스로 만들었다. 리틀필드는 현지에

서 전설적인 인물이 되었다. 기념품 수집에 열을 올리는 사람들은 가끔 그에게 달려들어 그의 머리털을 조금 잘라 기념품으로 간직했다.

이 사건은 사람들의 기억 속에서도 오랫동안 살아남았다. 마크 트웨인Mark Twain이 1861년에 아조레스 제도를 방문했을 때, 그곳에서 호기심을 못 이겨 웹스터의 두 딸을 만났는데, 두 딸은 아버지의 그림자에서 벗어나기 위해 그곳으로 이주해 살고 있었다. 찰스 디킨스Charles Dickens가 1869년에 미국을 방문했을 때, 매사추세츠주에서 그가 가보고 싶었던 장소 중 하나는 바로 파크먼의 범행 현장이었다—현지인에게는 수치스러운 일이어서, 그들은 그것 말고도 자신들의 도시에는 볼 것이 아주 많다고 재차 강조했다. 심지어 20세기 초에도 케임브리지의 유명한 천문학자 할로 섀플리Harlow Shapley는 그 사건에 관한 농담을 하면서 큰 웃음을 자아냈다. 그는 그 오랜 역사에도 불구하고 하버드에서 교수가 다른 교수를 죽인 사건이 단 한 번밖에 없었다는 사실이 무엇보다 놀랍다고 농담했다.

5장 동물 학대_전류 전쟁과 최초의 전기 처형

22 코끼리 처형은 놀랍도록 흔했다. 야생 동물인 코끼리는 동물원의 좁은 우리에 갇혀 지내거나 꼬챙이로 찔려가면서 서커스 재주를 부리는 걸 싫어했다. 일부 조련사는 불필요할 정도로 잔인했다. 한 조련사는 술에 취해 코끼리에게 불붙인 담배를 먹였다. 당연히 학대당한 코끼리는 가끔 사람을 발로 차거나 밟아 죽였는데, 그런 행동을 보인 코끼리는 처형당했다. 한 학자는 처형당한 코끼리 사례를 36건이나 밝혀냈다. 그중에는 1903년에 전기 처형을 통해 죽은 코끼리 톱시도 있었다. 에디슨이 코끼리를 직접 죽이길 원했다는 사실과 많은 동물을 전기로 죽였다는 사실을 감안할 때, 오늘날 많은 사람이 톱시의 죽음에도 에디슨이 개인적으로 관여했을 것이라고 믿는 것은 충분히 이해할 만하다. 하지만 그것은 사실이 아니다. 전류 전쟁은 1903년보다 훨씬 전에 이미 끝

났다. 하지만 에디슨의 영화 회사는 톱시의 처형 장면을 기록했는데, 그것은 잔인한 영상물 제작에 기여했다.

23 역사학자들이 지적한 것처럼, 켐러가 죽음 앞에서 너무 초연한 태도를 보인 것이 그토록 고통스러운 최후를 맞이한 원인이 되었는지도 모른다. 만약 조금만 공포에 질렸더라도(현장에 있었던 교도관들과 입회인들처럼) 피부에 솟아난 땀이 전기를 몸속으로 더 효율적으로 흐르게 해 즉각적인 죽음을 맞이하는 데 도움이 되었을 것이다.

24 문어는 여러 가지 재주 중에서도 물체를 저글링하고 병을 딸 수 있다(그 방법을 가르치지 않아도). 또, 독일의 수족관에서 살았던 문어 오토Otto는 특별한 재주를 보여주었다. 오토는 밤에 수족관에 비치는 불빛을 싫어했던 것 같다. 그래서 수족관 가장자리로 올라가 조명을 향해 물을 내뿜어 합선이 일어나게 했다. 오토는 사흘 동안 매일 밤 같은 행동을 반복했고, 직원들은 왜 자꾸 합선이 일어나는지 영문을 몰라 당혹해했다. 그러다가 밤중에 바닥에서 자면서 감시를 하다가 마침내 범인을 찾아냈다.

25 비록 인터넷에서는 에디슨을 테슬라의 삶을 망친 악당으로 묘사하길 좋아하지만, 정말로 테슬라를 속이고 곤경으로 몰아넣은 사람은 조지 웨스팅하우스였다. 웨스팅하우스는 1880년대 후반에 테슬라와 아주 후한 로열티 계약을 맺었다. 이 계약에 따르면, 테슬라의 장비로 1마력의 전력을 생산할 때마다 2.50달러를 테슬라에게 지불하기로 되어 있었다. 웨스팅하우스 회사가 급팽창함에 따라 1893년에는 그 액수가 1200만 달러(오늘날의 가치로는 3억 2300만 달러)에 이르렀는데, 그것을 다 지불했다간 회사가 파산할 지경이었다. 그래서 웨스팅하우스는 테슬라에게 사정하여 그 계약을 없던 것으로 해달라고 했다. 그는 "당신의 결정에 웨스팅하우스 회사의 운명이 달려 있소."라고 말했다. 믿을 수 없게도 테슬라는 웨스팅하우스의 요구를 들어주었다. 테슬라

는 웨스팅하우스가 에디슨과 달리 자신을 믿어주었기 때문에, 그를 도 와야 한다고 생각했다. 그래서 두 사람은 그 계약을 무효로 했다.

애석하게도 웨스팅하우스는 테슬라에게 그에 상응하는 관대함을 보이지 않았다. 세월이 많이 흘러 웨스팅하우스 회사가 엄청난 돈을 벌고 있을 때, 테슬라는 이전 후원자를 찾아가 원래 자기에게 주기로 한 돈 중 일부를 달라고 정중하게 부탁했다. 하지만 웨스팅하우스는 그 요청을 거절했고, 테슬라는 다소 궁핍하게 살다가 생을 마쳤는데, 자신이 살던 뉴욕의 호텔 비용을 지불할 능력도 없었다. 테슬라의 슬픈 말년에 관해 더 많은 이야기는 samkean.com/podcast의 Disappearing Spoon 팟캐스트에 나오는 에피소드 18을 참고하라. 믿기 어렵겠지만 이 이야기에는 도널드 트럼프Donald Trump도 등장한다.

6장 비열한 경쟁_공룡 뼈 발굴 작전

26 레이디와 코프의 공룡 복제품은 최초로 전시된 완전한 골격이었지만, 역사상 최초로 복원된 공룡 모형은 아니었다. 1850년대에 영국의 고생물학자들은 얼마 안 되는 뼛조각들을 바탕으로 과감한 추측을 더해 여러 공룡의 조각상을 만들어 런던의 한 공원에 전시했다. 그것은 아주 큰 인기를 끌어 뉴욕 공무원들은 센트럴파크에 그와 비슷한 괴물들의 조각상을 세울 계획을 세웠다. 이 계획은 성공할 뻔했는데, 다름 아닌 보스 트위드Boss Tweed(본명은 윌리엄 M. 트위드William M. Tweed. 뉴욕시의 정치를 좌지우지한 부패 정치인—옮긴이)가 나서서 조각상들을 파괴하고 조각가를 뉴욕에서 쫓아내는 바람에 수포로 돌아갔다. 이 이야기의 더 자세한 내용은 samkean.com/podcast에서 에피소드 6을 참고하라.

그건 그렇고, 마시는 혼웅지(펄프에 아교를 섞어 만든 종이. 습기를 가하면 물러지고, 마르면 아주 단단해짐—옮긴이)를 사용해 그 주형을 만듦으로써 한 동물 골격('공각수恐角獸'라는 코뿔소 비슷한 포유류)을 전시한 적이 있다. 혼응지 재료로는 찾을 수 있는 것 중에서 가장 두껍고 튼튼한 것을 사용했는데, 달러화 지폐를 찢어서 사용했다. 이렇게 만든 공각수 골격은 문자 그대로 100만 달러짜리 골격이었다.

27 오케이, 나도 잘 안다. 이 이름에 분노에 찬 항의 편지들이 날아오리란 걸. 엄밀하게 브론토사우루스(매력적인 이름)는 아파토사우루스(세련되지 못한 이름)라고 불러야 한다. 하지만 일부 과학자들의 주장에 따르면, 브론토사우루스가 다시 돌아올지 모른다.

　이 이름을 둘러싼 혼란의 뿌리는 1877년으로 거슬러 올라가는데, 그때 마시가 척추뼈 일부와 골반 조각을 바탕으로 아파토사우루스라는 공룡을 만들어냈다. 2년 뒤, 마시는 한 지역에서 발견된 용각류 공룡의 머리와 다른 지역에서 발견된 용각류 공룡의 골격을 결합해 그 공룡을 브론토사우루스라고 불렀다. 비록 일부 동료들이 이 프랑켄슈타인 공룡에 의문을 제기하긴 했지만, 마시의 높은 명성 때문에 브론토사우루스라는 이름이 1975년까지 살아남았다. 그때, 고생물학자들이 여러 표본을 다시 평가하면서 브론토사우루스와 아파토사우루스가 같은 종이라고 결론 내렸다. 그리고 과학 명명법 규칙에 따라 먼저 지어진 이름인 아파토사우루스가 우선권을 인정받게 되었고, 그래서 브론토사우루스라는 이름은 사라지게 되었다.(그래도 브론토사우루스라는 이름이 계속 사용되었던 이유는 박물관들이 전시물의 정보를 수정하는 데 느렸기 때문인데, 그래서 일반 대중의 인식 속에서는 그 이름이 오랫동안 살아남았다.) 그런데 일부 과학자들은 브론토사우루스가 독립적인 종일지 모른다고 주장한다! 이들은 다양한 골격들을 비교한 결과, 마시가 처음 발견한 뼛조각들은 별개의 종으로 간주할 수 있을 만큼 아파토사우루스와 충분히 차이가 난다고 주장한다. 그래서 우리가 사랑하는 브론토사우루스가 다시 돌아올지 모른다. 그 결과는 시간이 말해줄 것이다.

28 물론 코프와 마시가 발견한 공룡 종들이 오늘날 모두 다 인정받는 것은 아니며, 특히 처음에 붙여진 이름 그대로 인정받고 있지는 않다.

고생물학은 여타 과학 분야보다도 증거를 합치고 쪼개고 재분류하는 일이 더 많이 일어나며, 새로운 종이 포함되고 퇴출되는 일이 늘 일어난다. 예를 들면, 코프의 26속 가운데 오늘날까지 살아남은 것은 단 3속뿐이다. 하지만 비록 그 수가 크게 줄어들긴 했지만, 코프와 마시의 분류학적 기록은 실로 놀라운 것이다.

7장 의사들의 연구 윤리 위반_매독 연구의 희생자들

29 나치의 기만적인 연구 사례 중 하나에는 특별한 책상이 등장하는데, 의자 아래에 몰래 X선관이 설치돼 있었다. '바람직하지 못한' 계급의 여자에게 책상 앞에 앉아 이상한 것이 전혀 없어 보이는 양식의 문서를 작성하게 했다. 그러는 동안 몰래 여자의 몸에 X선을 쬐었는데, 이것은 여성을 불임으로 만들려는 비밀 실험의 일환이었다.

30 사실, 시험한 모든 체온 회복 방법 중에서 몸을 담요로 감싸 환자 자신의 체열에 의존하는 방법은 가장 효과가 없는 것으로 드러났다. 강렬한 전구 16개가 달린 태양등을 비춰주는 방법은 그보다 조금 더 나았다. 팔다리를 열심히 문지르는 것도 다소 도움이 되었지만, 뜨거운 목욕과 함께 사용할 때에만 효과가 있었다. 술은 열 손실을 막는 데에는 아주 나쁜 방법으로 드러났다. 술은 말단 부위로 혈액을 빨리 보냄으로써 일시적으로 몸이 따뜻해지는 느낌이 들게 하지만, 실제로는 열을 오래 보존하는 신체적 능력을 떨어뜨린다. 그렇긴 하지만, 술은 뜨거운 욕조에 있는 사람의 체온을 회복시키는 데에는 도움이 되는데, 말단 부위로 혈액을 빨리 보내 심장의 부담을 덜어주기 때문이다. 그러니 야외에서 저체온증에 빠진 사람을 발견하거든, 무엇보다도 의사를 부르는 것이 최우선이다. 하지만 그런 도움을 빨리 받을 수 없다면, 환자를 뜨거운 욕조에 집어넣고 마실 것을 주도록 하라.

  그건 그렇고, 나치가 이러한 잔학 행위를 대부분 숨기는 데 거의 성공할 뻔했다는 이야기는 별로 알려지지 않았다. 사실, 레오 알렉산더Leo Alexander라는 유대인 의사의 집요한 노력이 없었더라면, 이 모든 것은 드러나지 않았을지도 모른다. 레오 알렉산더의 놀라운 노력에 관해 더 자세한 이야기는 samkean.com/podcast의 에피소드 5를 참고하라.

31 공정하게 말하면, 리버스가 연구에 참여한 사람들 중에서 다른 사람은 몰라도 자기 가족과 가까운 친구였던 한 남자를 보호했다는 일화적 증거가 있다. 그 남자는 그 카운티의 보건소에서 불과 네 블록 떨어진 곳에 살고 있었는데도, 리버스는 그를 추적할 수 없었다고 주장했다. 그 남자는 또한 비교적 이른 시기인 1944년에 매독 치료를 위해 페니실린 정량을 투여받았다. 게다가 치료를 교란한 행위에 관여한 사람은 리버스뿐만이 아니었다. 1969년에 미국 정부는 터스키기 연구를 중단하는 방안을 검토했다. 하지만 메이컨카운티의학협회(거의 전원이 흑인 의사들로 구성된)는 표결을 통해 연구를 계속하기로 결정했다. 사실, 의사들은 만약 자신들에게 환자 명단을 준다면, 그들에게 항생제 처방을 내리지 않고 대신에 그들을 간호사 리버스에게 맡기겠다고 약속했다.

이 주제가 감정적 성격이 아주 강하다는 점을 감안해, 나는 이런 사실이 터스키기 매독 연구에 대한 비난을 리버스에게 전가하려는 시도가 절대로 아니라는 것을 재차 강조하고자 한다. 여기서는 이 연구를 설계한 공중보건국의 남녀들을 비난해야 마땅하다. 하지만 리버스도 나름의 방식으로 이 일에 관여했고, 따라서 비난을 면할 수 없다. 내가 리버스의 사례를 소개한 것은 흑인 공동체와 자신의 직업적 운명을 좌우한 백인 과학계의 두 세계 모두 한 발씩 담그고 살아간 리버스의 상황이 아주 큰 딜레마를 보여주기 때문이다.

32 헌터가 자신의 음경에 고름을 주사한 것은 임질과 매독이 동일한 질병인지 별개의 질병인지 알기 위해서였는데, 그 당시에는 이를 정확하게 아는 사람이 아무도 없었다. 안타깝게도 그의 실험은 처음부터 실패할 수밖에 없었는데, 고름을 채취한 남자가 두 가지 질병에 다 걸려

있었기 때문이다.(헌터는 그 사실을 몰랐다.) 그 결과로 헌터의 몸에서는 두 질병의 증상이 다 나타났고, 그래서 헌터는 매독과 질병이 동일한 질병이라는 잘못된 결론을 내렸다. 1838년에 마침내 다른 의사가 이 문제를 바로잡을 때까지 이 혼동은 온갖 종류의 혼란을 빚어냈다. 그리고 헌터가 자신의 몸을 실험 대상으로 삼은 것은 영웅적인 행동으로 보일 수도 있지만, 그렇다고 해서 그가 모든 윤리적 문제에서 벗어난 것은 아니었다. 무엇보다도 그 당시 자신의 약혼자이자 미래의 아내가 이것을 어떻게 생각했는지(혹은 헌터가 이 일을 약혼자에게 이야기했는지조차) 분명하지 않다.

의학 분야에서 일어난 자가 실험(자신의 몸에 수술을 한, 정말로 섬뜩한 외과의들의 이야기를 포함해)에 관해 더 자세한 이야기는 samkean.com/podcast의 에피소드 20을 참고하라.

33 여기서는 지면 부족으로 그 전체 이야기를 자세히 이야기할 수 없지만, 오랫동안 숨겨두었던 커틀러의 연구를 기록 보관고에서 발견한 레버비의 이야기(결국 백악관까지 전달되어 미국 대통령이 반인륜 범죄에 대해 사과하게 된 사건)는 읽어볼 만한 가치가 충분히 있다. 관심이 있는 독자는 samkean.com/books/the-icepick-surgeon/extras/notes를 참고하라.

34 심지어 커틀러의 과테말라 연구를 폭로한 수전 레버비조차 그를 괴물이라고 부르고 싶은 충동을 억눌렀다. 레버비는 과테말라에서 끔찍한 실험을 한 커틀러를 분명히 비난하지만, 페미니스트 역사학자이기도 한 레버비는 훗날 개발도상국에서 커틀러가 펼친 선행을 인정한다.

8장 명성에 눈이 멀어_얼음송곳으로 뇌를 수술한 의사

35 일부 의사들은 정신질환자 수용소 환자들에게 인슐린 혼수 요법과

전기 충격 요법 외에 프로이트식 대화 요법을 시도했다. 하지만 얼마 지나지 않아 환자를 소파에 눕혀놓고 그들의 어머니에 관한 이야기를 나누는 것은 진짜로 정신이 이상한 환자에게는 아무 쓸모가 없는 것으로 드러났다. 그들은 유기적인 뇌 손상이 근본적인 원인이었다. 이런 이유 때문에 모니스와 프리먼은 진짜 정신질환자에게는 대화 요법이 별 쓸모가 없을 것이라고 생각했다. 프리먼은 어느 정도 괜찮은 바텐더라면 그저 상대의 말을 동정적으로 들어주기만 함으로써 정신 분석가만큼 필수적 기능을 할 수 있을 것이라고 비꼰 적이 있다.

36 런던 회의가 모니스에게 미친 영향은 논란이 되고 있다. 훗날 모니스는 베키 이야기를 듣기 전에 이미 몇 년 동안 정신외과 연구를 은밀히 해왔다고 주장했고, 일부 역사학자들은 그의 말을 믿는다. 하지만 이 버전의 이야기는 모니스에게 일방적으로 유리한 것으로 보이며, 다른 역사학자들은 이의를 제기했다. 우선 모니스는 런던 회의 이전에 정신외과에 관해 동료들과 대화를 나누었다고 주장했는데, 그때가 언제였냐고 동료들에게 묻자, 그들은 그런 대화를 나눈 기억 자체를 떠올리지 못했다. 모니스가 쓴 신경학 분야의 많은 글에서도 1935년 이전에 그가 그런 정신외과 수술을 연구했다는 증거는 전혀 찾을 수 없다. 여전히 진실은 논란의 대상으로 남아 있다.

37 로즈메리의 문제는 태어날 때부터 시작되었다. 1918년 9월의 어느 날, 어머니의 양수가 예기치 못하게 터졌는데, 분만 과정을 관리할 의사가 가까이에 아무도 없었다. 믿을 수 없게도, 급히 달려온 간호사가 케네디 부인에게 아기가 나오지 못하게 다리를 꼭 오므리라고 말했다. 그래도 로즈메리가 나오려고 하자, 간호사는 아기를 안쪽으로 밀어넣었다. 그 결과로 아기의 뇌는 몇 분 동안 산소 부족 상태에 놓였고, 그 후 로즈메리는 결코 정상이 되지 못했다. 어린 시절에 로즈메리는 스푼으로 음식을 먹거나 자전거를 타는 데 큰 어려움을 겪었다.

사람들 이야기에 따르면, 로즈메리는 그래도 쾌활한 아가씨였고, 케

476

네디가의 딸들 중 가장 아름다운 여성으로 널리 인정받았다. 하지만 야망이 넘치는 가문에서 그녀는 창피한 존재였고, 그래서 가족은 로즈메리를 십대 시절에는 수녀원에 감금했다. 당연히 로즈메리는 이에 반발했는데, 수녀들과 지내면서 수다쟁이로 변했고, 밤중에 몰래 밖으로 빠져나갔다. 아마도 남자를 만나려고 그런 게 아닐까 하고 그들은 염려했다. 그 당시 딸의 혼전 임신은 가문의 정치적 장래를 망칠 염려가 있었기 때문에, 조지프 케네디는 엽 절개술을 알아보기 시작했다. 로즈메리의 여동생 캐슬린Kathleen도 그 절차를 알아보고는 반대 의견을 피력했지만, 조지프는 그 의견을 묵살했고, 아내가 도시를 떠나 있는 동안 로즈메리에게 수술을 시켰다.

존 케네디John Kennedy는 자기 가족이 로즈메리를 버린 방식 때문에 늘 마음이 편치 않았는데, 대통령이 되자 정신 건강에 관한 획기적인 개혁 법안을 밀어붙였다. 이 법안의 목표는 주에서 운영하던 대규모 정신질환자 수용소들을 폐쇄하고 대신에 지역 사회를 기반으로 한 소규모 센터들에서 더 친근한 돌봄을 제공하는 것이었다. 안타깝게도 주들은 많은 정신질환자 수용소를 폐쇄하긴 했지만, 예산을 아끼기 위해 그 대신에 지역 사회 센터들을 세우는 것을 등한시했다. 정신질환 치료제의 확산은 정신질환자 수용소의 폐쇄를 가속화했고, 그 이후로 미국에서는 정신질환자 수용소가 거의 사라졌다.

38 '로보토모빌'이란 이름 외에 프리먼에 관한 거짓 소문 중에는 다음과 같은 것들이 있다. 한때 의사 면허를 잃었다는 소문, 엽 절개술에 금으로 도금한 얼음송곳을 사용했다는 소문, 말년에 미쳤다는 소문. 이 중 사실인 것은 하나도 없다.

39 프리먼이 좋아한 강연 일화 중 하나는 뇌 수술 도중에 환자와 나눈 대화였다. 뇌에는 신경 말단이 전혀 없기 때문에, 의사가 수술을 하더라도 환자가 통증을 전혀 느끼지 않는다. 사실, 의사들은 수술 동안 환자가 깨어 있어 말을 하길 원할 때가 많은데, 환자를 관찰하면서 뭔가 중

요한 것을 절개하지 않았다는 것을 확인할 수 있기 때문이다. 어느 날, 프리먼은 환자와 잡담을 나누다가 바로 그 순간에 마음속에 무엇이 떠오르느냐고 물었다. 환자는 "나이프요."라고 대답했다. 프리먼은 그 대답이 포복절도할 정도로 우스웠다.

40 여러 외과의는 모니스가 사용한 방법(알코올 주입, 철사 고리를 사용한 절개)과 프리먼이 사용한 방법(뭉툭한 날을 사용한 조직 절단, 얼음송곳 찔러넣기) 외에 자신의 취향에 맞는 엽 절개술을 개발했는데, 그중에는 뇌 조직 얼리기, 태우기, 전기나 방사선 쐬기, 흡인관으로 빨아내기 등도 있었다. 마지막 방법에 대해 프리먼은 "스파게티 통 위에서 진공청소기"를 돌리는 것과 비슷하다고 묘사했다.

9장 간첩 활동_소련에 원자폭탄 설계도를 넘긴 화학자

41 골드가 펜실베이니아설탕회사에서 정보를 빼돌린 행위를 정당화할 수 있는 한 가지 방법이 있었는데, 1930년대에는 과학적 기업 비밀을 훔치는 것은 엄밀하게는 형사 범죄가 아니었다. 그것은 민사 범죄였다. 따라서 만약 펜실베이니아설탕회사가 골드의 기업 비밀 절도 행위를 발견했다면, 소련 회사를 법정에 세울 수 있었겠지만, 손해 배상을 받아내기는 힘들었을 것이다.

42 일부 가사를 소개하면 다음과 같다: "아코디언이 흥겹게 연주를 하네, /내 여자 친구와 함께 노래를 부르리./ 학사원 회원 리센코의 영원한 영광을 위해." 아마도 러시아어로는 훨씬 듣기가 좋을 것이다.

43 골드는 체포된 이후에 스트레스 구름이 걷히는 것을 느낀 반면, 그의 가족은 살아가는 것이 편치 않았다. 그가 체포된 후 성가신 전화(대부분은 반유대주의에 뿌리를 둔 비방이 섞인)가 너무 많이 걸려오는 바람

에 아버지와 동생은 전화번호를 없애버렸다. 골드는 간첩 활동을 통해 반유대주의에 맞서 싸우려고 했지만, 자신의 정체가 드러나면서 오히려 반유대주의를 악화시켰다.

44 훗날 미국의 한 물리학자가 말한 것처럼 "푹스는 우리를 위해, 이 나라를 위해 아주 열심히 일했다. 문제는 러시아인을 위해서도 매우 열심히 일한 데 있었다." 그런데 그 물리학자가 몰랐던 사실이 하나 있다. 전후에 세계 열강의 하나로 식민지 유산을 계속 유지하려고 필사적이었던 영국은 최초의 핵보유국 중 하나가 되길 원했다. 그래서 클라우스 푹스가 로스앨러모스에서 훔친 문서는 사실은 영국을 위한 것이기도 했다. 결국 푹스는 세 나라가 원자폭탄을 만드는 데 중요한 역할을 했다. 물리학자 한스 베테Hans Bethe는 "내가 아는 물리학자 중에서 정말로 역사를 바꾼 사람은 푹스가 유일하다."라고 말했다.

10장 심리적 고문_수학 천재는 왜 테러리스트가 되었는가

45 그게 뭘까 궁금해하는 사람을 위해 심문에서 유용하고 신뢰할 만한 정보를 얻을 수 있는 방법을 소개한다.

무지막지한 야만 행위가 자행되던 1930년대에 경찰은 용의자를 물속에 집어넣거나 창문 밖으로 매닮으로써 자백을 강요하곤 했다. 결국 이러한 방법들은 야만적이라고 비난을 받아 강렬한 조명과 격리, 그리고 회유와 협박을 병행하는 것을 포함한 심리적 방법으로 대체되었다. 불행하게도 과학적으로 보이는 겉모습에도 불구하고 새로운 방법들은 별로 큰 효과가 없었고, 몇 년 동안 허위 자백을 수천 건이나 받아내는 결과를 초래했다. 심지어 진범인 용의자를 체포했을 때조차 공격적인 심문은 용의자의 입을 다물게 해 심문을 방해했다.

오늘날 최선의 심문 방법은 자백을 이끌어내는 것보다는 용의자에게 말을 아주 많이 하게 해 결국 죄를 실토하게 만드는 데 초점을 둔다. 말을 많이 할수록 모순되는 말을 하거나 동선이나 알리바이에 대한 세부 사실을 누설할 가능성이 더 높은데, 수사관이 이를 확인해 범인을 궁지로 몰아넣을 수 있다. 경찰은 또한 용의자에게 이야기를 거꾸로 말하게 하거나 이야기를 하면서 무관한 그림을 그리게 하는 방법을 쓰기도 하는데, 그렇게 하면 '인지 부하'가 커져 거짓말을 조리 있게 하기가 힘들기 때문이다.

분명히 이러한 '부드러운' 방법은 보복의 필요(나쁜 사람은 거칠게 다루어야 한다는 개념)를 만족시키진 못한다. 하지만 무고한 사람이 억울하게 체포되는 일은 항상 발생한다. 만약 보복이 목적이 아니라, 범죄자를 실제로 유죄 판결을 받게 해 수감시키는 게 목적이라면, 용의자가 실수를 할 때까지 편안한 상태에서 말을 많이 하도록 하는 것이 훨씬 효과적이다.

46 고등학교 시절에 카진스키는 폭탄을 만드는 일을 도운 적이 있었는데, 그 당시에는 그렇게 대단한 문제로 간주되지 않았다. 심지어 폭탄을 만들려는 생각은 자신이 한 것도 아니었다. 우연히도 폭탄에 큰 관심을 가진 급우가 있었다. 화학에 뛰어난 테드는 암모니아와 요오드(아이오딘)를 섞어 폭발물을 만드는 방법을 알고 있었다. 그러고 나서 그 혼합물을 건드리면(심지어 깃털로도) 폭발을 일으킬 수 있었다. 이 이야기를 들은 급우는 테드에게 그 방법을 알려달라고 간청했다.

테드는 이 정보를 알려주지 말았어야 했지만, 인기 있는 레슬러였던 그 소년에게 깊은 인상을 주어 친구가 되고 싶은 마음에 그만 알려주고 말았다. 테드의 바람은 이루어지지 않았지만, 불행하게도 폭탄은 제대로 작동했다. 어느 날 화학 수업 시간에 그 급우가 폭탄을 작동시키자, 그 폭발로 유리창 2개가 박살나고, 한 여학생은 일시적으로 청력을 잃었다. 다행히도 주변에 있던 나머지 사람들은 모두 재빨리 피신해 아무 해를 입지 않았다. 교장은 이 사건을 있는 그대로(얼간이가 벌인 멍청한 행동으로) 받아들이면서 카진스키에게 하루 정학 처분을 내리고 전체 사건을 잊어버렸다. 하지만 수십 년 뒤에 되돌아보았을 때, 이 사건은 불길한 징조였다.

47 정확하게 말하면, 이 사건을 해결하는 데 결정적인 공을 세운 사람은 데이비드보다는 그의 아내 린다Linda였다. 린다는 유나바머 선언문을 읽고 나서 두 사람이 공통적으로 산업 사회를 경멸하는 태도를 근거로 테드(린다는 테드를 만난 적이 전혀 없었다)가 유나바머일 가능성을 제기했다. 데이비드는 처음에는 그 이야기를 일축했지만, 결국에는 무시할 수 없는 여러 가지 단서를 바탕으로 그 추측이 맞을지도 모른다고 인정했다.

예를 들면, 데이비드는 가족이 테드에게 돈을 보낸 직후에 유나바머의 폭탄 테러 사건이 여러 차례 발생했다는 사실에 주목했다. 테드는 또한 목공(여러 폭탄은 목제 부품을 사용해 만들어졌다)도 잘 알았고, 폭탄이 폭발한 여러 도시에 산 적이 있었다. 마지막으로 선언문에 나오는 여러 문구가 형이 편지에서 쓴 문구와 일치하며(예컨대 '냉정한 논리학자들cool-headed logicians'), 테드 특유의 철자(예컨대 'analyze'와 'willfully' 대신에 'analyse'와 'wilfully'를 사용하는 것처럼)에도 주목했다. 같은 맥락에서 나중에 한 FBI 요원은 카진스키의 편지와 선언문에서 특유의 동일한 문구를 발견했는데, 그것은 바로 "can't eat your cake and have it too"('케이크를 먹는 동시에 그것을 가질 수는 없다'는 뜻으로, 둘 다 가질 수 없다는 뜻—옮긴이)라는 문구였다. 보통 사람들은 일반적으로 "can't have your cake and eat it too"라는 표현을 쓴다. 그런데 조금 생각해보면, 두 번째 표현은 비논리적이란 사실을 알 수 있다. 케이크를 가지고 있다가 조금 뒤에 그것을 먹으면 되기 때문이다. 따라서 먹고 나면 케이크를 가질 수 없다는 첫 번째 표현이 논리적이다. 테드는 물론 이 점을 깊이 생각했고, 잡히는 날까지 정확한 표현을 고집했다.

48 카진스키의 암호 체계는 천재적인 것이었다. 그것은 숫자 치환 암호 목록으로 시작한다. 예를 들면, 4＝THE, 18＝BUT, 1＝TO BE의 현재형, 2＝TO BE의 과거형이다. 이 목록에는 39＝A, 40＝B처럼 개개 문

자들도 포함돼 있었다. 하지만 여기에 변칙도 약간 도입했는데, 예컨대 62와 63은 모두 S이고, 45와 46과 47은 모두 E이다. 이것은 문자 빈도를 확인하는 방법으로 암호를 해독하려는 시도를 좌절시키기 위해서였다. 심지어 유성음 'TH'와 무성음 'TH'를 각각 다른 문자로 나타냈고, ME, MY, MINE의 모든 격을 하나의 숫자로 뭉뚱그려 나타냈다. 카진스키는 더욱 사악하게 일부러 철자가 틀린 단어를 쓰거나 가끔 말이 안 되는 문구를 집어넣거나 내킬 때마다 영어 단어를 독일어나 에스파냐어 단어(그는 두 언어를 유창하게 구사했다)로 대체하기도 했다. 이 모든 술책(그리고 그 밖의 암호 기술까지 추가해) 때문에 이 암호는 슈퍼컴퓨터와 헌신적인 노력 없이는 해독하기가 거의 불가능했다.

49 2012년에 카진스키는 자신의 졸업 50주년을 맞아 뻔뻔스럽게도 하버드대학교 동창회보에 갱신한 자신의 정보를 보냈다. 믿기 어렵게도 편집진의 큰 실수로 동창회보에 그 정보가 그대로 실렸다. 카진스키는 자신의 직업을 '재소자'로, 주소를 콜로라도주의 최고 보안 교도소로, '수상 경력'으로는 캘리포니아주 지방 법원에서 받은 여덟 번의 종신형을 적었다.

11장 의료 과실_음경이 훼손된 아이의 불행

50 존 머니는 학문적 태도도 용의주도하지 못했다. 한 예로 욜릉구족 Yolngu이라는 오스트레일리아 원주민에 관한 연구가 있는데, 머니는 1969년에 이 부족을 방문했다. 그들과 함께 불과 2주일만 보낸 뒤에 머니는 그들의 성생활에 대해 놀라운 사실을 몇 가지 발표했다. 가장 주목할 만한 것은 이 사랑스러운 원시 부족이 나체로 지내는 것과 성관계를 좋아한다는 주장이었다. 그 결과로 욜릉구족 어른 사이에서는 소아 성애증과 동성애가 전혀 없는 것을 포함해 성적 장애나 신경증이 없다고 말했다. 그리고 소아 성애증과 동성애는 전적으로 서양의 성적 억압

이 초래한 산물이라고 주장했다. 동성애가 신경증이라는 주장은 차치하고라도, 이것은 완전한 허튼소리이다. 실제로 욜룽구족과 함께 살면서 연구한 인류학자들은 그들도 동성애와 성적 장애가 있다고 말했다. 이런 특징들은 인류 역사를 통해 모든 대륙의 모든 부족에게서 나타났다. 하지만 머니는 자신의 이론에 이의를 제기하는 비판을 깡그리 무시하면서 욜룽구족의 성적 행복을 그 후로도 오랫동안 계속 설파했다.

51 오늘날 심리학자들은 '트랜스젠더transgender'라는 용어를 사용한다. 생물학적 성과 젠더가 일치하지 않는 사람을 '트랜스젠더transgender'라고 부른다. '트랜스섹슈얼transsexual'은 역사적 의미가 더 있는 용어인데, 특히 자신의 해부학적 특성이나 호르몬을 바꾸기 위해 의학적 치료(수술을 포함해)를 받은 사람을 가리키는 데 쓰였다. 지금은 '트랜스섹슈얼'이 낡은 용어처럼 들리지만, 1960년대와 1970년대에는 트랜스젠더보다 훨씬 보편적으로 쓰였다. 역사적 정확성을 위해(그리고 존 머니가 실제로 사람들에게 '트랜스섹슈얼'이란 단어를 정의하기도 하는 수술을 강력하게 권했기 때문에) 나는 여기서 이 용어를 쓰기로 했다. 이 점에 대해 더 자세한 논의는 https://www.healthline.com/health/transgender/difference-between-transgender-and-transsexual을 참고하라.

52 어원에 관심이 많은 사람을 위해 덧붙이자면, 머니는 기묘한 단어를 좋아했고, 그런 단어를 수십 개나 새로 만들어냈다. 그런 단어들의 예로는 뭔가에 새로운 이름을 붙이는 행위를 가리키는 ycleptance, 죽음을 피할 수 없는 운명을 가리키는 foredoomance, 트랜스섹슈얼을 가리키는 eonist, 절단 페티시를 가리키는 apotemnophilia 등이 있다. 머니는 또한 잘 알려지지 않은 단어들도 다수 유행시켰는데, 그 예로는 사랑에 푹 빠진 상태를 가리키는 limerent, 성적 도착을 가리키는 paraphilia, 청소년을 가리키는 ephebic, 음경 노출증을 가리키는 pedeiktophilia, 유용성을 잃었는데도 계속 보존된 옛날의 야만적 관습을 가리키는 paleodigm, 이성 간 성관계 도중에 여성이 남성에게 하는 행위를 가리

키는 단어인 quim과 swive, 성 행위를 보여주거나 남의 성 행위를 보면서 느끼는 성적 쾌감을 가리키는 autoagonistophilia, 성을 연구하는 분야를 가리키는 phucktology 등이 있다.

53 후대의 일부 추종자들과 달리 머니는 젠더가 무한히 유동적이라고 믿지 않았다. 대신에 생후 몇 년 사이에 결정적 시기―'젠더 정체성 문'―가 있다고 주장했다. 그는 이 시기를 언어 학습에 비교해 설명했다. 어린이의 뇌는 언어를 잘 습득하도록 준비돼 있지만, 그 언어가 타갈로그어나 일본어, 프랑스어 중 어느 것이 되는지는 자라는 환경에 따라 결정된다. 이와 비슷한 방식으로 어린이의 뇌는 젠더를 채택하도록 만들어져 있다고 그는 주장했다. 그리고 오늘날의 일치된 견해와는 반대로 머니는 어린이를 서로 다른 환경에서 키움으로써 그들의 젠더를 어느 정도 마음대로 바꿀 수 있다고 믿었다.

54 때로는 머니의 견해가 정확하게 어떤 것인지 알기 어렵다. 그는 의도적으로 모호하게 쓴다고 할 정도로 글을 쓰는 재주가 서툴렀다. 가끔 머니는 우리를 우리 자신으로 만드는 과정에서 유전학과 환경이 어떻게 상호 작용하는지 아주 잘 이해하는 것처럼 보인다. 그리고 아주 급진적인 추종자들과 달리 그는 생물학적 요소가 우리를 빚어냈다고 말했고, 생물학을 완전히 배제한 적이 결코 없다. 하지만 다른 곳에서는 생물학을 묵살하면서 사회적 요인이 무엇보다 중요하다고 주장했다. 나는 머니가 유전학과 그 밖의 생물학적 요인을 인정한 것이 그저 립 서비스에 불과하고, 속으로는 강경한 사회 구성주의자가 아닌가 하는 의심이 강하게 들었다(아마도 부당한 의심이겠지만).

55 브렌다에게 진실을 계속 감추었다는 사실을 감안할 때, 머니와 브렌다 부모가 매년 머니를 만나러 가야 할 필요성을 어떻게 정당화했는지 정확히 알기 어렵다. 한번은 그들은 오래전에 의사가 "저 아래쪽에" 실수를 저질렀고, 그 때문에 브렌다는 의사의 진료를 받을 필요가 있다고

브렌다에게 설명했다. 아마도 이 설명은 어린 아이를 만족시키기에는 충분했을 것이다.

56 의사들이 브렌다의 고환을 제거했기 때문에 브렌다가 진정한 남자의 사춘기를 경험한 것은 아니지만, 신체에는 동일한 변화가 일부 일어났다. 16세기부터 19세기까지 고음의 목소리를 보존하기 위해 어릴 때 거세를 한 이탈리아 성가대 가수 카스트라토castrato가 여기에 좋은 비교 사례를 제공한다. 직관과 반대로 카스트라토는 테스토스테론과 관련 호르몬의 부족에도 불구하고 평균보다 키가 컸다. 테스토스테론은 단기적으로는 성장을 촉진하지만, 여러 가지 생리적 변화도 낳는데, 그 결과로 긴 뼈들의 말단에 있는 성장판(키를 크게 하는 주요 요인)이 닫히게 된다. 카스트라토는 테스토스테론이 분비되지 않아 성장판이 더 오래 유지되었으므로 전반적으로 키가 더 많이 자랐다.

카스트라토는 그 밖의 해부학적 변화도 경험했다. 팔다리와 마찬가지로 가슴도 평균보다 더 넓은 경우가 많았다. 테스토스테론 부족 때문에 대다수 남자들과 달리 성대가 길어지거나 두꺼워지지도 않았다. 그리고 목의 갑상샘을 둘러싼 연골이 솟아오르지 않아 후두융기(울대뼈)가 발달하지 않았다. 요컨대 이런 변화들 때문에 카스트라토는 소프라노의 음역까지 올라갈 수 있는 순수한 고음의 목소리를 가질 수 있었고, 넓은 가슴 덕분에 아주 강한 힘으로 노래를 부를 수 있었다.

57 실제로 〈워싱턴 포스트〉는 데이비드 라이머에 관한 책을 소개하면서 머니가 "쌍둥이 사례를 다룬 행위는 이론의 여지 없이 의료 과실에 해당한다."라고 말했다.

공정하게 말하면, 트랜스섹슈얼과 그 밖의 소외된 집단이 주류 사회에서 별종으로 취급받던 시절인 1960년대와 1970년대에 존 머니가 그들을 지지한 데 대한 고마움에서 일부 환자들은 그를 옹호했다. 하지만 이러한 지지자들에도 불구하고, 지난 20년 동안 데이비드 라이머와 같은 사례들이 더 많이 나왔고, 이들은 머니와 그 밖의 사람들이 성전환 수술을 강요한 뒤에 겪은 심리적 및 신체적 트라우마에 대한 고통스러운 기억을 안고 살아갔다.

58 오늘날 심리학자들은 우리의 성적 정체성과 성향을 결정하는 주요 인자가 생식기나 다른 해부학적 요인이 아닌 뇌라고 믿는다. 재키 트리혼Jackie Treehorn은 "듀드, 사람들은 우리가 가진 성감대 중 가장 큰 것이 뇌라는 사실을 곧잘 잊는다네."라고 불후의 명언을 남겼다.

12장 증거 조작_약품 수사국 슈퍼우먼의 진실

59 변호사들은 'CSI 효과CSI effect'에 익숙한데, 이것은 대중문화의 영향으로 법의학에 대해 일반인이 갖고 있는 불합리한 기대를 가리킨다. 하지만 CSI 효과가 피고 측과 검찰 측 중 어느 쪽에 도움이 되는지에 대해서는 의견이 갈린다. 일부 사람들은 법의학은 틀릴 리가 없다고 믿는다. 그들은 법의학에 경외감을 느끼며, 전문가가 말하는 것이라면 무엇이건 복음처럼 받아들인다. 이것은 검찰 측에 유리하게 작용할 수 있다. 하지만 〈CSI〉에 나오는 전문가들은 항상 완벽한 결과를 얻기 때문에, 현실 세계의 과학자들이 그 정도로 정확한 결과를 내놓지 못하면 일부 배심원은 실망하게 되고, 그 결과를 가치가 없는 것으로 묵살한다. 이런 태도는 피고에게 유리하게 작용할 것이다.(그런가 하면 매우 무지한 사람도 있다. 어떤 사건에서 한 재판관은 경찰이 "잔디에서 지문을 찾으려는 시도를 하지도 않았다."라고 불평하는 배심원의 말을 들은 적이 있다.)

60 나는 멜렌데스-디아스 재판의 결정에 대한 불만을 길게 이야기하고 싶지만, 지면 사정상 여기서 자세히 소개할 수 없다. 내 의견에 관심이 있는 사람은 samkean.com/books/the-icepick-surgeon/extras/notes를 참고하라.)

61 어느 국가의 영토도 아닌 또 다른 얼음 땅인 남극 대륙에서도 놀랍도록 많은 범죄가 일어났다. 1959년, 남극 대륙의 연구 기지에서 머물던 두 소련인이 체스를 두다가 다툼이 벌어졌는데, 결국 한 사람이 상대방을 도끼로 살해하고 말았다.(그 후 소련 기지들에서는 체스가 금지되었다고 한다.) 1983년에는 오랜 고립 생활로 머리가 이상해진 아르헨티나 의사가 자신의 연구 기지를 불살라버렸다. 몹시 고국으로 돌아가고 싶었던 그는 예정보다 빨리 철수할 수밖에 없는 상황을 만들려고 그런 짓을 저질렀다. 1996년, 한 미국인 요리사는 말다툼 끝에 다른 요리사를 장도리의 뾰족한 쪽으로 때려 불구로 만들었다. 더 최근인 2018년에는 러시아 기지에서 엔지니어가 칼로 용접공의 가슴을 찔렀다. 그 이유는 전하는 사람에 따라 다른데, 용접공이 엔지니어에게 돈을 주면서 테이블 위에 올라가 춤을 추라고 함으로써 그의 남성성을 모욕했다는 이야기도 있고, 용접공이 엔지니어가 읽고 있던 책들의 결말 부분을 반복적으로 훼손하는 바람에 마침내 엔지니어의 분노가 폭발했다는 이야기도 있다.(만약 후자가 진실이라면, 나는 기꺼이 엔지니어의 편을 들겠다.)

하지만 어떤 면에서 남극 대륙은 얼음섬과 딱 맞아떨어지는 비교 대상이 아니다. 남극 대륙에서 지금까지 일어난 범죄는 모두 같은 나라 시민 사이에서 일어났다(예컨대 러시아인이 다른 러시아인을 공격하는 식으로). 게다가 그곳 기지들은 기본적으로 그 나라의 주권이 미치는 영토로 간주된다. 하지만 법적으로는 범죄를 저지른 사람들이 체포와 구금에 이의를 제기할 수 있었는데, 엄밀하게는 남극 대륙에는 어떤 법도 없기 때문이다.

62 2020년 초에 국제우주정거장의 우주 비행사들은 외부 우주 공간에서 최초로 식품을 굽는 이정표를 세웠는데, 그 식품은 초콜릿 칩 쿠키였다.(우주 비행사들은 평소에 식품을 데우긴 하지만, 그때까지는 실제로 어떤 식품을 구운 적은 한 번도 없었다.) 이 실험 전에 무중력 상태에서

대류와 열 교환이 기묘하게 일어나는 현상 때문에 쿠키가 구형으로 만들어질 것이라는 추측이 있었다. 애석하게도 이 추측은 빗나갔다. 쿠키는 납작하게 구워졌다. 하지만 놀라운 사실이 한 가지 있었다. 우주 비행사들은 특수 제작된 무중력 상태의 오븐 온도를 148℃까지 올렸는데, 지구에서라면 쿠키를 20분 만에 구울 수 있는 온도였다. 하지만 우주에서는 두 시간이 걸렸다. 그리고 실망스럽게도 지나치게 조심스러운 NASA는 우주 비행사들에게 그 쿠키를 먹도록 허락하지 않았다. 대신에 쿠키를 밀봉해 지구로 가져와 먹어도 안전한지 분석했다. 몇 달 동안 계속 우주식만 먹고 살다가 마침내 뭔가 신선하고 풍부한 냄새가 나는 것을 손에 넣었는데, 그것을 빼앗아간다고 상상해보라! 그것은 매우 비인도적이다.

63 놀랍게도 현재 전 세계에서 약 4000만 명이 노예 상태로 살아가고 있다. 대부분은 개발도상국의 어업, 광업, 벽돌 제조 산업에서 일하고 있다. 노예 캠프는 지상에서는 감시의 눈을 손쉽게 피할 수 있을지 몰라도, 하늘에 뜬 인공위성의 감시망에서는 벗어날 수 없다. 그러고 나서 AI 알고리듬이 노예 캠프의 특징을 학습한 뒤, 위성사진들을 신속하게 분류함으로써 그 장소를 정확하게 찾아낼 수 있다.

참고 문헌

프롤로그 클레오파트라의 유산

Cleopatra: A Life, by Stacy Schiff, Back Bay Books, 2011

"Cleopatra's Children's Chromosomes: A *Halachic* Biological Debate," by Merav Gold, accessed on November 15th, 2020, at http://download.yutorah. org/2016/1053/857234.pdf

"The Life of Antony," in *Parallel Lives*, by Plutarch, accessed on November 15th, 2020, at http://penelope.uchicago.edu/Thayer/E/Roman/Texts/Plutarch/ Lives/Antony*.html

"Nazi Medical Experimentation: The Ethics Of Using Medical Data From Nazi Experiments," in *The Journal of Halacha and Contemporary Society*, by Baruch Cohen, Spring 1990, issue 19, pages 103-126

Rise of Fetal and Neonatal Physiology: Basic Science to Clinical Care, by Lawrence D. Longo, Springer-Verlag New York, 2013

When Doctors Kill: Who, Why, and How, by Joshua A. Perper and Stephen J. Cina, Copernicus, 2010

서론

"Fourteen Psychological Forces That Make Good People Do Bad Things," by Travis Bradberry, last accessed November 19th, 2020, at http://huffpost.com/ entry/14-psychological-forces-t_b_9752132

"The Science of Why Good People Do Bad Things," from Psychology Today.com, by Ronald E. Riggio, last accessed November 19th, 2020, at http:// psychologytoday.com/us/blog/cutting-edge-leadership/201411/the-science-why-good-people-do-bad-things

"Why Do Good People Do Bad Things?", from Ethics Alliance, by Daniel Effron, August 14th, 2018, last accessed November 19th, 2020, at https://ethics.org.au/good-people-bad-deeds/

"Why Ethical People Make Unethical Choices," in *Harvard Business Review*, by Ron Carucci, December 16th, 2016, last accessed November 19th, 2020, at https://hbr.org/2016/12/why-ethical-people-make-unethical-choices

1장 해적질_표본 수집일까, 식민지 약탈일까

"Bioprospecting/Biopiracy and Indigenous Peoples," by the ETC Group, December 26th, 1995, accessed at https://www.etcgroup.org/content/bioprospectingbiopiracy-and-indigenous-peoples

"Discourse on Winds," in *Voyages and Descriptions*, by William Dampier, 1699, accessed through Google Books *The Drunken Botanist*, by Amy Stewart, Algonquin Books, 2013

The Faces of Crime and Genius: The Historical Impact of the Genius-Criminal, by Dean Lipton, A.S. Barnes & Company, 1970

The Fever Trail: In Search of the Cure for Malaria, by Mark Honigsbaum, Picador, 2003

Global Biopiracy: Patents, Plants, and Indigenous Knowledge, by Ikechi Mgbeoji, Cornell University Press, 2006

Henry Smeathman, the Flycatcher: Natural History, Slavery, and Empire in the Late Eighteenth Century, by Deirdre Coleman, Liverpool University Press, 2018

"Natural History, Improvement, and Colonisation: Henry Smeathman and Sierra Leone in the Late Eighteenth Century," by Starr Douglas, Ph.D. thesis, University of London, available at https://ethos.bl.uk/OrderDetails.do?uin=uk.bl.ethos.409707

New Voyage Around the World, by William Dampier, 1697, available through Google Books

"Perils of Plant Collecting," by A.M. Martin, accessed on November 15th, 2020, at https://web.archive.org/web/20120127142335/https://www.lmi.org.uk/Data/10/Docs/16/16Martin.pdf

Pirate of Exquisite Mind: The Life of William Dampier, by Diana Preston and
Michael Preston, Transworld, 2005

Plant Hunters: The Adventures of the World's Greatest Botanical Explorers, by
Carolyn Fry, University of Chicago Press, 2013

"A Slaving Surgeon's Collection: The Pursuit of Natural History through
the British Slave Trade to Spanish America," in *Curious Encounters Voyaging,
Collecting, and Making Knowledge in the Long Eighteenth Century*, by Kathleen S.
Murphy, University of Toronto Press, 2019

2장 노예 무역_흰개미집 연구자의 자금 조달 방법

"Collecting Slave Traders: James Petiver, Natural History, and the British
Slave Trade," in *William and Mary Quarterly*, by Kathleen S. Murphy, volume 70,
issue 4, pages 637–670, October 2013

"Enlightenment, Scientific Exploration and Abolitionism: Anders
Sparrman's and Carl Bernhard Wadstrom's Colonial Encounters in Senegal,
1787–1788 and the British Abolitionist Movement," in *Slavery & Abolition*, by
Klas Ronnback, volume 34, issue 3, pages 425–445, 2013

*Henry Smeathman, the Flycatcher: Natural History, Slavery, and Empire in the
Late Eighteenth Century*, by Deirdre Coleman, Liverpool University Press, 2018

Interviews with Kathleen Murphy, March and April 2019, conducted by
Sam Kean

"The making of scientific knowledge in an age of slavery: Henry
Smeathman, Sierra Leone and natural history," in *Journal of Colonialism &
Colonial History*, by Starr Douglas, volume 9, issue 3, Winter 2008

"Natural History, Improvement, and Colonisation: Henry Smeathman and
Sierra Leone in the Late Eighteenth Century," by Starr Douglas, Ph.D. thesis,
University of London, available at https://ethos.bl.uk/OrderDetails.do?uin=uk.
bl.ethos.409707

Plan of a Settlement to Be Made Near Sierra Leona on the Grain Coast of Africa,
by Henry Smeathman, 1786, last accessed November 18th, 2020, https://
digitalcollections.nypl.org/items/c16ace30-ff74-0133-adc4-00505686a51c

"The Royal Society, Slavery, and the Island of Jamaica: 1660–1700," in *The*

Notes and Records of the Royal Society Journal of the History of Science, by Mark Govier, volume 53, issue 2, May 22nd, 1999

"Science's debt to the slave trade," in *Science*, by Sam Kean, April 5th, 2019, volume 364, issue 6435, pages 16–20

"Slavery and the Natural World," by the Natural History Museum, in London, last accessed November 18th, 2020, https://www.nhm.ac.uk/discover/slavery-and-the-natural-world.html

"Slavery in the Cabinet of Curiosities: Hans Sloane's Atlantic World," by James Delburgo, British Museum, 2007, last accessed November 19th, 2020, www.britishmuseum.org/PDF/Delbourgo%20essay.pdf

"A Slaving Surgeon's Collection: The Pursuit of Natural History through the British Slave Trade to Spanish America," in *Curious Encounters Voyaging, Collecting, and Making Knowledge in the Long Eighteenth Century*, by Kathleen S. Murphy, University of Toronto Press, 2019

"Some Account of the Termites Which Are Found in Africa and Other Hot Climates," in *Philosophical Transactions of the Royal Society*, by Henry Smeathman, volume 71, 1781, last accessed November 19th, 2020, https://royalsocietypublishing.org/doi/10.1098/rstl.1781.0033

"The South Sea Company and Contraband Trade," in *The American Historical Review*, by Vera Lee Brown, volume 31, issue 4, July 1926, pages 662–678

3장 시신 도굴_해부학자들의 위험한 거래

"Acromegalic Gigantism, Physicians, and Body Snatching. Past or Present?" in *Pituitary*, by Wouter W. de Herder, volume 15, pages 312–318, 2012

The Anatomy Murders: Being the True and Spectacular History of Edinburgh's Notorious Burke and Hare and of the Man of Science Who Abetted Them in the Commission of Their Most Heinous Crimes, by Lisa Rosner, University of Pennsylvania Press, 2011

Brain, Vision, Memory: Tales in the History of Neuroscience, by Charles Gross, MIT Press, 1998

The Diary of a Resurrectionist, by James Blake Bailey, 1896, available on

Google Books

"The Emperor's New Clothes," *Journal of the Royal Society of Medicine*, by Don C. Shelton, volume 103, pages 46–50, 2010

Explorers of the Body, by Steven Lehrer, Doubleday, 1979

Galileo Goes to Jail and Other Myths about Science and Religion, by Ronald L. Numbers (editor), Harvard University Press, 2010

The Knife Man: Blood, Body Snatching, and the Birth of Modern Surgery, by Wendy Moore, Crown, 2006

Leicester Square: Its Associations and Its Worthies, by Tom Taylor, 1874, available through Google Books

The Life of Sir Astley Cooper, by Bransby Blake Cooper, 1843, available on Google Books

A Sense of the World: How a Blind Man Became History's Greatest Traveler, by Jason Roberts, Harper Perennial, 2007

Sites Of Autopsy In Contemporary Culture, by Elizabeth Klaver, SUNY Press, 2005

"William Smellie and William Hunter: Two Great Obstetricians and Anatomists," in *Journal of the Royal Society of Medicine*, by A.D.G. Roberts, T.F. Baskett, A.A. Calder, and S. Arulkumaran, volume 103, pages 205–206, 2010

4장 살인_하버드의학대학원에서 일어난 엽기적인 사건

"Anatomy's Use of Unclaimed Bodies: Reasons Against Continued Dependence on an Ethically Dubious Practice," in *Clinical Anatomy*, by D. Gareth Jones and Maja I. Whitaker, volume 25, issue 2, pages 246–254, March 2012

"The Art of Medicine: American Resurrection and the 1788 New York Doctors' Riot," in *The Lancet*, by Caroline de Costa and Francesca Miller, volume 377, issue 9762, pages 292–293, January 22, 2011

"Bill Would Require Relatives' Consent for Schools to Use Cadavers," in *The New York Times*, by Nina Bernstein, June 26th, 2016, last accessed November 21st, 2020, at www.nytimes.com/2016/06/27/nyregion/new-yorks-written-consent-bill-would-tighten-use-of-bodies-for-teaching.html

Blood & Ivy: The 1849 Murder That Scandalized Harvard, by Paul Collins, W.W.

Norton, 2018

"A Brief But Sordid History of the Use of Human Cadavers in Medical Education," in *Proceedings of the 13th Annual History of Medicine Days*(W. A. Whitelaw, ed.), by Melanie Shell, Faculty of Medicine, The University of Calgary, 2004

"A Brief History of American Anatomy Riots," from The National Museum of Civil War Medicine, by Bess Lovejoy, last accessed November 21st, 2020, at https://www.civilwarmed.org/anatomy-riots/

"The Doctors Riot 1788," from The History Box, last accessed November 21st, 2020, at http://thehistorybox.com/ny_city/riots/riots_article7a.htm

"The Gory New York City Riot that Shaped American Medicine," from SmithsonianMag.com, by Bess Lovejoy, last accessed November 21st, 2020, at https://www.smithsonianmag.com/history/gory-new-york-city-riot-shaped-american-medicine-180951766/

History of Medicine in New York: Three Centuries of Progress, by James J. Walsh, National Americana Society, 1919

"Human Corpses Are Prize In Global Drive For Profits," from the International Consortium of Investigative Journalists, by By Kate Willson, Vlad Lavrov, Martina Keller, Thomas Maier, and Gerard Ryle, last accessed on November 21st, 2020, at https://www.huffpost.com/entry/human-corpses-profits_b_1679094

"The Janitor's Story: An Ethical Dilemma in the Harvard Murder Case," in *the American Bar Association Journal*, by Albert I. Borowitz, volume 66, issue 12, pages 1540-1545, December 1980

"Murder at Harvard," in *The American Scholar*, by Stewart Holbrook, volume 14, issue 4, pages 425-434, Autumn 1945

Trouble With Testosterone: And Other Essays On The Biology Of The Human Predicament, by Robert Sapolsky, Scribner, 1998

5장 동물 학대_전류 전쟁과 최초의 전기 처형

"Five Little Piggies: An Anecdotal Account of the History of the Anti-Vivisection Movement," in *Proceedings of the 10th Annual History of Medicine*

Days (W.A. Whitelaw, ed.), by Vicky Houtzager, Faculty of Medicine, The University of Calgary, 2001

"Are animal models predictive for humans?", in *Philosophy, Ethics, and Humanities in Medicine*, by Niall Shanks, Ray Greek, and Jean Greek, volume 4, issue 2, 2009

Auburn Correctional Facility (Images of America), by Eileen McHugh and Cayuga Museum, Arcadia Publishing, 2010

Brain, Vision, Memory: Tales in the History of Neuroscience, by Charles Gross, MIT Press, 1998

"The Dangers of Electric Lighting," *The North American Review*, by Thomas Edison, volume 149, issue 396, pages 625-634, November 1889

Edison and the Electric Chair, by Mark Essig, Walker Books, 2004

"Edison and 'The Chair,'" in *IEEE Technology and Society Magazine*, by Terry S. Reynolds and Theodore Bernstein, volume 8, issue 1, March 1989

The Electric Chair: An Unnatural American History, by Craig Brandon, McFarland, 2009

"Electrifying Story," in *The Threepenny Review*, by Arthur Lubow, issue 49, pages 31-32, spring 1992

Empires of Light: Edison, Tesla, Westinghouse, and the Race to Electrify the World, by Jill Jonnes, Random House, 2004

"Harold P. Brown and the Executioner's Current: An Incident in the AC-DC Controversy," in *The Business History Review*, by Thomas P. Hughes, volume 32, issue 2, pages 143–165, summer 1958

Henry Smeathman, the Flycatcher: Natural History, Slavery, and Empire in the Late Eighteenth Century, by Deirdre Coleman, Liverpool University Press, 2018

"Heroes, Herds, and Hysteresis in Technological History: Thomas Edison and 'The Battle of the Systems' Reconsidered," *Industrial and Corporate Change*, by Paul A. David, volume 1, issue 1, pages 129–180, 1992

"'Killing the Elephant': Murderous Beasts and the Thrill of Retribution, 1885–1930," in The *Journal of the Gilded Age and Progressive Era*, by Amy Louise Wood, volume 11, issue 3, pages 405–444, July 2012

The Knife Man: Blood, Body Snatching, and the Birth of Modern Surgery, by

Wendy Moore, Crown, 2006

"Life and Death by Electricity in 1890: The Transfiguration of William Kemmler," in *Journal of American Culture*, by Nicholas Ruddick, volume 21, issue 4, pages 79–87, Winter 1998

"Modern biomedical research: an internally self-consistent universe with little contact with medical reality?", in *Nature Reviews*, by David F. Horrobin, volume 2, February 2003, pages 151–154

"Natural History, Improvement, and Colonisation: Henry Smeathman and Sierra Leone in the Late Eighteenth Century," by Starr Douglas, Ph.D. thesis, University of London, available at https://ethos.bl.uk/OrderDetails.do?uin=uk.bl.ethos.409707

Neurotribes: The Legacy of Autism and the Future of Neurodiversity, by Steve Silberman, Avery 2016

The Power Makers, by Maury Klein, Bloomsbury, 2008

Racial Hygiene: Medicine under the Nazis, by Robert N. Proctor, Harvard University Press, 1990

"Mr. Brown's Rejoinder," in *The Electrical Engineer*, volume 7, pages 369–370, August 1888

Topsy: The Startling Story of the Crooked Tailed Elephant, P. T. Barnum, and the American Wizard, Thomas Edison, by Michael Daly, Atlantic Monthly Press, 2013

"Is the Use of Sentient Animals in Basic Research Justifiable?" in *Philosophy, Ethics, and Humanities in Medicine*, by Ray Greek and Jean Greek, volume 5, issue 14, 2010

6장 비열한 경쟁_공룡 뼈 발굴 작전

Beasts of Eden: Walking Whales, Dawn Horses, and Other Enigmas of Mammal Evolution, by David Rains Wallace, University of California Press, 2004

"Bone Wars: The Cope-Marsh Rivalry," from The Academy of Natural Sciences, last accessed on November 21st, 2020, at https://ansp.org/exhibits/online-exhibits/stories/bone-wars-the-cope-marsh-rivalry/

The Bonehunters' Revenge: Dinosaurs and Fate in the Gilded Age, by David

Rains Wallace, Mariner Books, 2000

    Dinosaurs in the Attic: An Excursion into the American Museum of Natural History, by Douglas J. Preston, St. Martin's Press, 2014

    "Edward Drinker Cope's final feud," in *Archives of Natural History*, by P. D. Brinkman, volume 43, issue 2, pages 305–320, 2016

    "Empire and Extinction: The Dinosaur as a Metaphor for Dominance in Prehistoric Nature," in *Leonardo*, by Paul Semonin, volume 30, issue 3, pages 171–182, 1997

    The Gilded Dinosaur: The Fossil War Between E.D. Cope and O.C. Marsh and the Rise of American Science, by Mark Jaffe, Crown, 2000

    The Great Dinosaur Hunters and Their Discoveries, by Edwin H. Colbert, Dover, 1984

    "Marsh Hurles Azoic Facts at Cope," in *New York Herald*, by William Hosea Ballou, January 19th, 1890, page 11

    "Professor Cope Vs. Professor March," in *American Heritage*, by James Penick Jr., volume 22, issue 5, August 1971

    "Remarking on a Blackened Eye: Persifor Frazer's Blow-by-Blow Account of a Fistfight with His Dear Friend Edward Drinker Cope," in *Endeavour*, by Paul D. Brinkman, volume 39, issue 3–4, pages 188–192, Sept.-Dec. 2015

    "Scientists Wage Bitter Warfare," in *New York Herald*, by William Hosea Ballou, January 21st, 1890, page 10–11

    Some Memories of a Paleontologist, by William Berryman Scott, Princeton University Press, 1939

    "The Uintatheres and the Cope-Marsh War," in *Science*, by Walter H. Wheeler, volume 131, issue 3408, pages 1171–1176, April 22nd, 1960

    "Volley for Volley in the Great Scientific War," in *New York Herald*, by William Hosea Ballou, January 13th, 1890, page 4

7장 의사들의 연구 윤리 위반_매독 연구의 희생자들

    "Anti-Smoking Initiatives in Nazi Germany: Research and Public Policy," in *Proceedings of the 11th Annual History of Medicine Days* (W.A. Whitelaw, ed.), by Nathaniel Dostrovsky, Faculty of Medicine, The University of Calgary, 2002

Asperger's Children: The Origins of Autism in Nazi Vienna, by Edith Sheffer, W. W. Norton, 2018

"Can Evil Beget Good? Nazi Data: A Dilemma for Science," in the *Los Angeles Times*, Barry Siegel, October 30th, 1998, page 1

"Eponyms and the Nazi Era: Time to Remember and Time for Change," in the *Israel Medical Association Journal*, by Rael D. Strous and Morris C. Edelman, volume 9, issue 3, pages 207–214, March 2007

"Ethical Complexities of Conducting Research in Developing Countries,"in the *New England Journal of Medicine*, by Harold Varmus, M.D., and David Satcher, volume 337, pages 1003-1005

"Ethical Dilemmas with the Use of Nazi Medical Research," in *Proceedings of the 11th Annual History of Medicine Days* (W.A. Whitelaw, ed.), by Batya Grundland and Eve Pinchefsky, Faculty of Medicine, The University of Calgary, 2001

"Ethical Failures and History Lessons: The U.S. Public Health Service Research Studies in Tuskegee and Guatemala," in *Public Health Reviews*, by Susan M. Reverby, volume 34, issue 13, 2012

"The Ethical Use of Unethical Human Research," by Jonathan Steinberg, last accessed on November 21st, 2020, at http://www.bioethics.as.nyu.edu/docs/IO/30171/Steinberg.HumanResearch.pdf

"'Ethically Impossible': STD Research in Guatemala from 1946 to 1948," from The Presidential Commission for the Study of Bioethical Issues, September 2011, last accessed on November 21st, 2020, at https://bioethicsarchive.georgetown.edu/pcsbi/node/654.html

"Ethically Sound: Ethically Impossible," the Ethically Sound podcast, from the Presidential Commission for the Study of Bioethical Issues, last accessed on November 21st, 2020, at https://bioethicsarchive.georgetown.edu/pcsbi/node/5896.html

Examining Tuskegee: The Infamous Syphilis Study and Its Legacy, by Susan M. Reverby, University of North Carolina Press, 2013

"Exposed: US Doctors Secretly Infected Hundreds of Guatemalans with Syphilis in the 1940s," from Democracy Now, last accessed on November 21st,

498

2020, at https://www.democracynow.org/2010/10/5/exposed_us_doctors_
secretly_infected_hundreds

"The Guatemala Experiments," in *Pacific Standard Magazine*, by Mike
Mariani, last accessed November 21st, 2020, at https://psmag.com/news/the-
guatemala-experiments

The Knife Man: Blood, Body Snatching, and the Birth of Modern Surgery, by
Wendy Moore, Crown, 2006

"Linking Groupthink to Unethical Behavior in Organizations," in *Journal of
Business Ethics*, by Ronald R. Sims, volume 11, pages 651–662, 1992

"Nazi Medical Experimentation: The Ethics Of Using Medical Data From
Nazi Experiments," in *The Journal of Halacha and Contemporary Society*, by
Baruch Cohen, Spring 1990, issue 19, pp. 103–126

"Nazi Hypothermia Research: Should the Data Be Used?", *Military Medical
Ethics*, Volume 2, by Robert S. Pozos, last accessed on November 21st, 2020, at
https://ke.army.mil/bordeninstitute/published_volumes/ethicsVol2/Ethics-
ch-15.pdf

Neurotribes: The Legacy of Autism and the Future of Neurodiversity, by Steve
Silberman, Avery 2016

"'Normal Exposure' and Inoculation Syphilis: A PHS "Tuskegee" Doctor in
Guatemala, 1946–1948," in *Journal of Policy History*, by Susan Reverby, volume
23, issue 1, 2011, pages 6–28

"Obituary: John Charles Cutler / Pioneer in preventing sexual diseases,"
in *The Pittsburgh Post-Gazette*, by Jan Ackerman, February 12th, 2003,
last accessed on November 21st, 2020, at https://old.post-gazette.com/
obituaries/20030212cutler0212p3.asp

"On the Philosophical and Historical Implications of the Infamous
Tuskegee Syphilis Trials," in *Proceedings of the 11th Annual History of Medicine
Days* (W.A. Whitelaw, ed.), by Tomas Jiminez, Faculty of Medicine, The
University of Calgary, 2002

*Operation Paperclip: The Secret Intelligence Program that Brought Nazi
Scientists to America*, by Annie Jacobsen, Back Bay Books, 2015

Racial Hygiene: Medicine under the Nazis, by Robert N. Proctor, Harvard

University Press, 1990

"Reflections on the Inoculation Syphilis Studies in Guatemala," Agents of Change podcast, from Lehman University, transcript last accessed on November 21st, 2020, at http://wp.lehman.edu/lehman-today/reflections-on-the-inoculation-syphilis-studies-in-guatemala/

"Results of Death-Camp Experiments: Should They Be Used? All 14 Counterarguments," from PBS NOVA, last accessed on November 21st, 2020, at https://www.pbs.org/wgbh/nova/holocaust/experifull.html

The Science of Evil: On Empathy and the Origins of Cruelty, by Simon Baron-Cohen, Basic Books, 2012

"Thirty Neurological Eponyms Associated with the Nazi Era," in *European Neurology*, by Daniel Kondziella, volume 62, issue 1, pages 56–64, 2009

"The Treatment of Shock from Prolonged Exposure to Cold, Especially in Water," from Allied Forces, Supreme Headquarters, Combined Intelligence Objectives, by Leo Alexander, last accessed on November 21st, 2020, at https://collections.nlm.nih.gov/catalog/nlm:nlmuid-101708929-bk

"The Victims of Unethical Human Experiments and Coerced Research under National Socialism," in *Endeavour*, by Paul Weindling, Anna von Villiez, Aleksandra Loewenau, Nichola Farron, volume 40, issue 1, 2015

"Why Did So Many German Doctors Join the Nazi Party Early?", in *International Journal of Law and Psychiatry*, by Omar S. Haque, Julian De Freitas, Ivana Viani, Bradley Niederschulte, Harold J. Bursztajn, volume 35, issues 5–6, pages 473–479, 2012

"WHO's malaria vaccine study represents a 'serious breach of international ethical standards,'" in *The British Medical Journal*, by Peter Doshi, volume 268, pages 734–735

8장 명성에 눈이 멀어_얼음송곳으로 뇌를 수술한 의사

"Fighting the Legend of the 'Lobotomobile,'" by Jack El-Hai, from Wonders & Marvels, last accessed on November 21st, 2020, at https://www.wondersandmarvels.com/2016/03/fighting-the-legend-of-the-lobotomobile.html

Great and Desperate Cures: The Rise and Decline of Psychosurgery and Other Radical Treatments for Mental Illness, by Elliot S. Valenstein, Basic Books, 1986

The Great Pretender: The Undercover Mission That Changed Our Understanding of Madness, by Susannah Cahalan, Grand Central Publishing, 2019

The Lobotomist: A Maverick Medical Genius and His Tragic Quest to Rid the World of Mental Illness, by Jack El-Hai, Wiley, 2007

An Odd Kind of Fame: Stories of Phineas Gage, by Malcolm Macmillan, The MIT Press, 2000

"The Operation of Last Resort," The Saturday Evening Post, by Irving Wallace, October 20, 1951, pages 24–25, 80, 83–84, 89–90, 92, 94–95

Ten Drugs: How Plants, Powders, and Pills Have Shaped the History of Medicine, by Thomas Hager, Harry N. Abrams, 2019

9장 간첩 활동 _소련에 원자폭탄 설계도를 넘긴 화학자

Bombshell: The Secret Story of America's Unknown Atomic Spy Conspiracy, by Joseph Albright and Marcia Kunstel, Times Books, 1997

The Brother: The Untold Story of the Rosenberg Case, by Sam Roberts, Simon & Schuster, 2014

Cannibalism: A perfectly natural history, by Bill Schutt, Algonquin, 2017

Dark Sun: The Making of the Hydrogen Bomb, by Richard Rhodes, Simon & Schuster, 1996

"Extracts From Testimony Given by Harry Gold at Spy Trial," in The New York Times, March 16, 1951, page 9

The FBI-KGB War: A Special Agent's Story, by Robert J. Lamphere, Random House, 1986

Food and Famine in the 21st Century, by William A. Dando, ABC-CLIO, 2012

"Harry Gold: Spy in the Lab," in Distillations, by Sam Kean, last accessed November 22, 2020, at https://www.sciencehistory.org/distillations/harry-gold-spy-in-the-lab

Hungry Ghosts: Mao's Secret Famine, by Jasper Becker, 2013

Invisible Harry Gold: The Man Who Gave the Soviets the Atom Bomb, by Allen

M. Hornblum, Yale University Press, 2010

Klaus Fuchs, Atom Spy, by Robert Chadwell Williams, Harvard University Press, 1987

"Lysenko Rising," in *Current Biology*, by Florian Maderspacher, volume 20, issue 19, pages R835–R836, October 12th, 2010

Lysenko's Ghost: Epigenetics and Russia, by Loren Graham, Harvard University Press, 2016

Racial Hygiene: Medicine under the Nazis, by Robert N. Proctor, Harvard University Press, 1990

Red Spies in America: Stolen Secrets and the Dawn of the Cold War, by Katherine A.S. Sibley, University Press of Kansas, 2004

"Rethinking Lysenko's Legacy," in *Science*, by Maurizio Meloni, volume 352, issue 6284, page 421

"Russia's New Lysenkoism," in *Current Biology*, by Edouard I. Kolchinsky, Ulrich Kutschera, Uwe Hossfeld, and Georgy S. Levit, volume 27, issue 19, pages R1042–R1047, October 9th, 2017

"Soviet Atomic Espionage," Joint Committee on Atomic Energy, hearings on Soviet Atomic Energy, April 1951, Printed for the use of the Joint Committee on Atomic Energy, Government Printing Office, last accessed on November 21st, 2020, at https://archive.org/stream/sovietatomicespi1951unit/sovietatomicespi1951unit_djvu.txt

"The Soviet Union's Scientific Marvels Came from Prisons," from *The Atlantic*, by Marina Koren, published May 5th, 2017, last accessed on November 28th, 2020, at https://www.theatlantic.com/science/archive/2017/05/soviet-science-stalin/525576/

The Spy Who Changed The World, by Mike Rossiter, Headline, 2015

Stalin and the Bomb: Soviet Union and Atomic Energy, 1939-56, by David Holloway, Yale University Press, 1994

"Stalin's War on Genetics," in *Nature*, by Jan Witkowski, volume 454, issue 7204, pages 577–579, July 31st, 2008

"Testimony of Harry Gold," from the Department of Justice, Office of the U.S. Attorney for the Southern Judicial District of New York, last accessed on

November 22nd, 2020, at https://catalog.archives.gov/id/2538330

    Venona: Decoding Soviet Espionage in America, by John Earl Haynes and Harvey Klehr, Yale University Press, 2000

    The Venona Secrets: The Definitive Expose of Soviet Espionage in America, by Herbert Romerstein and Eric Breindel, Regnery History, 2014

10장 심리적 고문 _ 수학 천재는 왜 테러리스트가 되었는가

    The Big Test: The Secret History of the American Meritocracy, by Nicholas Lemann, 2000, Farrar, Straus, and Giroux

    Blood & Ivy: The 1849 Murder That Scandalized Harvard, by Paul Collins, W.W. Norton, 2018

    "Buying a Piece of Anthropology: Part One: Human Ecology and unwitting anthropological research for the CIA," in *Anthropology Today*, by David H. Price, volume 23, issue 3, pages 8–13, June 2007

    "Buying a Piece of Anthropology: Part Two: The CIA and Our Tortured Past," in *Anthropology Today*, by David H. Price, volume 23, issue 5, pages 17–22, October 2007

    "Comparing Soviet and Chinese Political Psychiatry," in *The Journal of the American Academy of Psychiatry and the Law*, by Robert van Voren, volume 30, issue 1, pages 131–135, 2002

    Criminal Genius: A Portrait of High-IQ Offenders, by James C. Oleson, University of California Press, 2016

    Every Last Tie: The Story of the Unabomber and His Family, by David Kaczynski, Duke University Press, 2016

    "Forensic Linguistics, the Unabomber, and the Etymological Fallacy," from Language Log, by Benjamin Zimmer, January 14th, 2006, last accessed on November 22nd, 2020, at itre.cis.upenn.edu/~myl/languagelog/archives/002762.html

    Harvard and the Unabomber: The Education of an American Terrorist, by Alston Chase, W.W. Norton, 2003

    "Henry A. Murray: Brief life of a personality psychologist: 1893-1988," in *Harvard Magazine*, by Marshall J. Getz, March-April 2014

"Henry A. Murray: The Making of a Psychologist?" in *American Psychologist*, by Rodney G. Triplet, volume 47, issue 2, pages 299–307, February 1992

"Henry A. Murray's Early Career: A Psychobiographical Exploration," in *Journal of Personality*, by James William Anderson, volume 56, issue 1, March 1998

Hunting the Unabomber: The FBI, Ted Kaczynski, and the Capture of America's Most Notorious Domestic Terrorist, by Lis Wiehl and Lisa Pulitzer, Thomas Nelson, 2020

"Origins of the Psychological Profiling of Political Leaders: The US Office of Strategic Services and Adolf Hitler," in *Intelligence and National Security*, by Stephen Benedict Dyson, volume 29, issue 5, 654–674, 2014

"Political Abuse of Psychiatry—An Historical Overview," in *Schizophrenia Bulletin*, by Robert van Voren, volume 36, issue 1, pages 33–35, 2010

"Political Abuse of Psychiatry in Authoritarian Systems," in *Irish Journal of Psychological Medicine*, by J. P. Tobin, volume 30, pages 97–102, 2013

"Political Abuse of Psychiatry in the Soviet Union and in China: Complexities and Controversies," in *The Journal of the American Academy of Psychiatry and the Law*, by Richard J. Bonnie, volume 30, issue 1, pages 136–144, 2002

"Political Abuse of Psychiatry with a Special Focus on the USSR," in *The Bulletin of the Royal College of Psychiatrists*, by James Finlayson, volume 11, issue 4, pages 144–145, April 1987

"Portrait: Henry A. Murray," in *The American Scholar*, by Hiram Haydn, volume 39, issue 1, pages 123–136, Winter 1969–1970

"Prisoner of Rage: From a Child of Promise to the Unabom Suspect," in *The New York Times*, by Robert D. McFadden, May 26, 1996, last accessed November 22nd, 2020, at nytimes.com/1996/05/26/us/prisoner-of-rage-a-special-report-from-a-child-of-promise-to-the-unabom-suspect.html

"Project MK-ULTRA, The CIA's Program Of Research In Behavioral Modification," Joint Hearing Before the Select Committee on Intelligence and the Subcommittee on Health and Scientific Research of the Committee on Human Resources, United States Senate, 95th Congress, First Session, August

3rd, 1977, U.S. Government Printing Office, 1977, 052-070-04357-1

"Reading the Wounds," in *Search*, by Jina Moore, November/December 2008, pages 26–33

The Science of Evil: The Science of Evil: On Empathy and the Origins of Cruelty, by Simon Baron-Cohen, Basic, 2012

The Search for the Manchurian Candidate, The CIA and Mind Control, by John Marks, W. W. Norton, 1991

"A Severed Head, Two Cops, and the Radical Future of Interrogation," from Wired, by Robert Kolker, last accessed on November 22nd, 2020, at https://www.wired.com/2016/05/how-to-interrogate-suspects/

"Soviet Psychiatry in the Cold War Era: Uses and Abuses," in *Proceedings of the 10th Annual History of Medicine Days* (W.A. Whitelaw, ed.), by Nathan Kolla, Faculty of Medicine, The University of Calgary, 2001, pages 254-258

"Studies of Stressful Interpersonal Disputations," in *American Psychologist*, by Henry A. Murray, volume 18, issue 1, pages 28–36, 1963

"Toward a Science of Torture?" in *Texas Law Review*, by Gregg Bloche, volume 95, issue 6, pages 1329–1355, 2017

"The Trouble with Harry," in *The American Scholar*, by Paul Roazen, volume 62, issue 2, pages 306, 308, 310-312, Spring 1993 "The World of Soviet Psychology," in *The New York Times Magazine*, by Walter Reich, January 30th, 1983, last accessed on November 22nd, 2020, at www.nytimes.com/1983/01/30/magazine/the-world-of-soviet-psychiatry.html

11장 의료 과실_음경이 훼손된 아이의 불행

"Ablatio penis: Normal Male Infant Sex-Reassigned as a Girl," in *Archives of Sexual Behavior*, by John Money, volume 4, issue 1, pages 65–71, 1975

"Am I My Brain or My Genitals? A Nature-Culture Controversy in the Hermaphrodite Debate from the mid-1960s to the late 1990s," in *Gesnerus*, by Cynthia Kraus, volume 68, issue 1, pages 80–106, 2011

"Are hormones a 'female problem' for animal research?," in *Science*, by Rebecca M. Shansky, volume 364, issue 6443, pages 823–826, May 31st, 2019

As Nature Made Him: The Boy Who Was Raised As A Girl, by John Colapinto,

Harper Perennial, 2006

"The Biopolitical Birth of Gender: Social Control, Hermaphroditism, and the New Sexual Apparatus," in *Alternatives: Global, Local, Political: Biopolitics beyond Foucault*, by Jemima Repo, volume 38, issue 3, pages 228–244, August 2013

"Body Politics," in *The Washington Post*, by Chris Bull, April 30th, 2000 last accessed on November 23rd, 2020, at https://www.washingtonpost.com/archive/entertainment/books/2000/04/30/body-politics/4d3e07d3-0d74-488d-929d-b2b5f2b3d98d/

"The Contributions of John Money: A Personal View," in *The Journal of Sex Research*, by Vern L. Bullough, volume 40, issue 3, pages 230–236, August 2003

"David and Goliath: Nature Needs Nurture," chapter six of *A First Person History of Pediatric Psychoendocrinology*, by John Money, Springer 2002

"David Reimer's Legacy: Limiting Parental Discretion," in *Cardozo Journal of Law & Gender*, by Hazel Glenn Beh and Milton Diamond, volume 12, issue 1, pages 5–30, 2005

"The Five Sexes, Revisited," in *Sciences*, by Anne Fausto-Sterling, volume 40, issue 4, pages 18–23, July-August 2000

"Gender Gap," in *Slate*, by John Colapinto, published June 3rd, 2004, last accessed on November 23rd, 2020, at slate.com/technology/2004/06/why-did-david-reimer-commit-suicide.html

"Intersexuality and the Categories of Sex," in *Hypatia*, by Georgia Warnke, volume 16, issue 3, pages 126–137, Summer 2001

"Intersexuals Struggle to Find Their Identity," in *The Bergen County Record*, by Ruth Padawer, July 25th, 2004, page A1

The Man Who Invented Gender: Engaging the Ideas of John Money, by Terry Goldie, UBC Press, 2014

"Sex Reassignment at Birth: Long-term Review and Clinical Implications," in *Archives of Pediatric Adolescent Medicine*, by Milton Diamond and Keith H. Sigmundson, volume 151, issue 3, pages 298–304, March 1997

"The Sexes: Biological Imperatives," in *Time*, page 34, Monday, January 8th, 1973

"Sexual Identity, Monozygotic Twins Reared in Discordant Sex Roles and a BBC Follow-Up," in *Archives of Sexual Behavior*, by Milton Diamond, volume 11, issue 2, pages 181–185

"'An Unnamed Blank That Craved a Name': A Genealogy of Intersex as Gender," in *Signs [Sex: A Thematic Issue]*, by David A. Rubin, volume 37, issue 4, pages 883–908, Summer 2012

"What Did it Mean To Be a Castrato?", from Gizmodo.com, by Esther Inglis-Arkell, September 24th, 2015, last accessed on November 23rd, 2020, at io9.gizmodo.com/what-did-it-mean-to-be-a-castrato-1732742399

12장 증거 조작_약품 수사국 슈퍼우먼의 진실

"21,500 Cases Dismissed due to Forensic Chemist's Misconduct," in *Chemistry World*, by Rebecca Trager, April 25th, 2017, last accessed November 22nd, 2020, at /www.chemistryworld.com/news/21500-cases-dismissed-due-to-forensic-chemists-misconduct/3007173.article

"Annie Dookhan Pursued Renown along a Path of Lies," in *The Boston Globe*, by Sally Jacobs, February 3rd, 2013, last accessed November 22nd, 2020, at https://www.bostonglobe.com/metro/2013/02/03/chasing-renown-path-paved-with-lies/Axw3AxwmD33lRwXatSvMCL/story.html

Betrayers of Truth: Fraud and Deceit in the Halls of Science, by William Broad and Nicholas Wade, Century, 1983

"Chemist Built Up Ties to Prosecutors," *The Boston Globe*, by Andrea Estes and Scott Allen, December 21st, 2012, page A1

"The Chemists and the Cover-Up," in *Reason*, by Shawn Musgrave, March 2019 issue, last accessed November 22nd, 2020, at https://reason.com/2019/02/09/the-chemists-and-the-cover-up/

"Confrontation at the Supreme Court," in *The Texas Journal on Civil Liberties & Civil Rights*, by Olivia B. Luckett, volume 21, issue 2, pages 219–243, Spring 2016

"Confronting Science: Melendez-Diaz and the Confrontation Clause of the Sixth Amendment," in *The FBI Law Enforcement Bulletin*, by Craig C. King, volume 79, issue 8, pages 24–32, August 2010

"Crime labs under the microscope after a string of shoddy, suspect and fraudulent results," in *The America Bar Association Journal*, by Mark Hansen, September 6, 2013, last accessed on November 22nd, 2020, at https://www. abajournal.com/news/article/crime_labs_under_the_microscope_after_a_ string_of_shoddy_suspect

Criminal Genius: A Portrait of High-IQ Offenders, by James C. Oleson, University of California Press, 2016

"The Final Tally Is In: Cases in Annie Dookhan Drug Lab Scandal Set for Dismissal, County by County," from MassLive.com, by Gintautas Dumcius, April 19th, 2017, last accessed November 22nd, 2020, at https://www.masslive. com/news/2017/04/the_final_tally_is_in_cases_in.html

"Forensics in Crisis," in *Chemistry World*, by Rebecca Trager, June 15th, 2018, last accessed November 22nd, 2020, at https://www.chemistryworld. com/features/forensics-in-crisis/3009117.article

"Former State Chemist Arrested in Drug Scandal," in *The Boston Globe*, by Milton J. Valencia and John R. Ellement, September 29th, 2012, page A1

"Hard Questions after Litany of Forensic Failures at U.S. Labs," in *Chemistry World*, by Rebecca Trager, December 1st, 2014, last accessed November 22nd, 2020, chemistryworld.com/news/hard-questions-after-litany-of-forensic-failures-at-us-labs/8030.article

"How a Chemist Dodged Lab Protocols," in *The Boston Globe*, by Kay Lazar, September 30th, 2012, page A1

"How Forensic Lab Techniques Work," from HowStuffWorks.com, by Stephanie Watson, last accessed on November 23rd, 2020, at science. howstuffworks.com/forensic-lab-technique2.htm

"I Messed Up Bad: Lesson on the Confrontation Clause from the Annie Dookhan Scandal," in *Arizona Law Review*, by Sean K. Driscoll, volume 56, issue 3, pages 707–740, 2014

"Identification of Individuals Potentially Affected by the Alleged Conduct of Chemist Annie Dookhan at the Hinton Drug Laboratory: Final Report to Governor Deval Patrick," by David E. Meier, Special Counsel to the Governor's Office, August 2013

"Interview Summary of Annie Dookhan," Massachusetts state police reports, last accessed on November 22nd, 2020, at http://www.documentcloud. org/documents/700555-dookhan-interviews-all.html

"Into the Rabbit-Hole: Annie Dookhan Confronts Melendez-Diaz," in *New England Journal on Criminal & Civil Confinement*, by Anthony Del Signore, volume 40, issue 1, 161–190, Winter 2014

"Investigation of the Drug Laboratory at the William A. Hinton State Laboratory Institute, 2002–2012," from the office of Glenn A. Cunha, Inspector General, Office of the Inspector General, Commonwealth of Massachusetts, March 4th, 2014

"Melendez-Diaz, One Year Later," in *The Boston Bar Journal*, by Martin F. Murphy and Marian T. Ryan, volume 54, issue 4, Fall 2010

"The National Academy of Sciences Report on Forensic Sciences: What It Means for the Bench and Bar," in *Jurimetrics*, by Harry T. Edwards, volume 51, issue 1, pages 1-15, Fall 2010

"Scientific Integrity in the Forensic Sciences: Consumerism, Conflicts of Interest, and Transparency," in *Science & Justice*, by Nicholas V. Passalacqua, Marin A. Pilloud, and William R. Belcher, volume 59, issue 5, pages 573–579, September 2019

"Surrogate Testimony After Williams: A New Answer to the Question of Who May Testify Regarding the Contents of a Laboratory Report," in *Indiana Law Journal*, by Jennifer Alberts, volume 90, issue 1, Winter 2015

"Throwing out Junk Science: How a New Rule of Evidence Could Protect a Criminal Defendant's Right to Confront Forensic Scientists," in *Journal of Law and Policy*, by Michael Luongo, volume 27, issue 1, pages 221-256, Fall 2018

"Trial by Fire," in *The New Yorker*, by David Grann, September 7th, 2009, last accessed November 22nd, 2020, at https://www.newyorker.com/ magazine/2009/09/07/trial-by-fire

"Two More Problems and Too Little Money: Can Congress Truly Reform Forensic Science?," in *Minnesota Journal of Law, Science, and Technology*, by Eric Maloney, volume 14, issue 2, pages 923–949, 2013

"What a Massive Database of Retracted Papers Reveals about Science

Publishing's 'Death Penalty,'" from *Science*, by Jeffrey Brainard and Jia You, published October 25th, 2018, last accessed on November 23rd, 2020, at https://www.sciencemag.org/news/2018/10/what-massive-database-retracted-papers-reveals-about-science-publishing-s-death-penalty

"With More Work, Less Time, Dookhan's Tests Got Faster," from WBUR, by Chris Amico, last accessed November 22nd, 2020, at badchemistry.legacy.wbur.org/2013/05/15/annie-dookhan-drug-testing-productivity

결론

"Fourteen Psychological Forces That Make Good People Do Bad Things," by Travis Bradberry, last accessed November 19th, 2020, at http://huffpost.com/entry/14-psychological-forces-t_b_9752132

"The Science of Why Good People Do Bad Things," from PsychologyToday.com, by Ronald E. Riggio, last accessed November 19th, 2020, at http://psychologytoday.com/us/blog/cutting-edge-leadership/201411/the-science-why-good-people-do-bad-things

"Signing at the Beginning Makes Ethics Salient and Decreases Dishonest Self-Reports in Comparison to Signing at the End," in *The Proceedings of the National Academy of Sciences*, by Lisa L. Shu, Nina Mazar, Francesca Gino, Dan Ariely, and Max H. Bazerman, volume 109, issue 108, pages 15197–15200, September 18, 2012

"Why Do Good People Do Bad Things?", from Ethics Alliance, by Daniel Effron, August 14th, 2018, last accessed November 19th, 2020, at https://ethics.org.au/good-people-bad-deeds/

"Why Ethical People Make Unethical Choices," in *Harvard Business Review*, by Ron Carucci, December 16th, 2016, last accessed November 19th, 2020, at https://hbr.org/2016/12/why-ethical-people-make-unethical-choices

부록 미래의 범죄

"Adversarial Attacks on Medical AI: A Health Policy Challenge," in *Science*, by Samuel G. Finlayson, John D. Bowers, Joichi Ito, Jonathan L. Zittrain, Andrew L. Beam, Isaac S. Kohane, volume 363, issue 6433, pages 1287–1289,

March 22nd, 2019

"Can the U.S. Annex the Moon?" in *Slate*, by Christopher Mellon and Yuliya Panfil, published July 8th, 2019, last accessed on November 24th, 2020, at slate.com/technology/2019/07/un-outer-space-treaty-1967-allowed-property.html

"A Complete Guide to Cooking in Space," from Gizmodo.com, by Ria Misra, published April 24th, 2014, last accessed on November 24th, 2020, at io9.gizmodo.com/what-happens-when-you-cook-french-fries-in-space-1566973977

"Crime: Moon Court," transcript from Flash Forward, by Rose Eveleth, published September 10th, 2019, last accessed on November 28th, 2020, at https://www.flashforwardpod.com/2019/09/10/crime-moon-court/

"Did Astronaut Lisa Nowak, Love Triangle Attacker, Wear A Diaper?" from ABCNews.com, by Eric M. Strauss, published February 16th, 2011, last accessed on November 28th, 2020, at https://abcnews.go.com/TheLaw/astronaut-love-triangle-attacker-lisa-nowak-wear-diaper/story?id=12932069

"Do Some Surgical Implants Do More Harm Than Good?" in *The New Yorker*, by Jerome Groopman, April 20th, 2020, last accessed on November 28th, 2020, at newyorker.com/magazine/2020/04/20/do-some-surgical-implants-do-more-harm-than-good

"Everything You Never Thought to Ask About Astronaut Food," from *The Atlantic*, by Marina Koren, December 15th, 2017, last accessed on November 24th, 2020, at theatlantic.com/science/archive/2017/12/astronaut-food-international-space-station/548255/

"FBI Agents To Visit Antarctica In Rare Investigation Of Assault," in *The Spokane Spokesman-Review*, by Peter James Spielmann, published October 14th, 1996, last accessed on November 27th, 2020, at https://www.spokesman.com/stories/1996/oct/14/fbi-agents-to-visit-antarctica-in-rare/"A First Look at the Crypto-Mining Malware Ecosystem: A Decade of Unrestricted Wealth," from arXiv.org, by Sergio Pastrana and Guillermo Suarez-Tangil, published on September 25th, 2019, last accessed on November 24th, 2020, at https://arxiv.org/pdf/1901.00846.pdf

"Former Astronaut Lisa Nowak's Navy Career Is Over," from Space.com, published August 20th, 2010, last accessed on November 28th, 2020, at https://www.space.com/8990-astronaut-lisa-nowak-navy-career.html

"The Great NASA Bake-Off," from *The Atlantic*, by Marina Koren, published August 3rd, 2019, last accessed on November 25th, 2020, at https://www.theatlantic.com/science/archive/2019/08/cookies-in-space/595396/

"History Lessons for Space," in *Slate*, by Russell Shorto, published, July 4th, 2010, last accessed on November 25th, 2020, at https://slate.com/technology/2019/07/manhattan-new-amsterdam-history-settling-space.html

"History of Space Medicine: A North American Perspective," in *Proceedings of the 10th Annual History of Medicine Days* (W.A. Whitelaw, ed.), by Nishi Rawat, Faculty of Medicine, The University of Calgary, 2001

The Horizontal Everest: Extreme Journeys on Ellesmere Island, by Jerry Kobalenko, Soho Press, 2002

"Houston, We Have a Bake-Off ! We Finally Know What Happens When You Bake Cookies in Space," from Space.com, by Chelsea Gohd, published January 24th, 2020, last accessed on November 28th, 2020, at https://www.space.com/first-space-cookies-final-baking-results-aroma.html

"How Weird Is It That a Company Lost Hundreds of Millions in Cryptocurrency Because Its CEO Died?" in *Slate*, by Aaron Mak, published December 18th, 2019, last accessed on November 28th, 2020, at https://slate.com/technology/2019/12/quadriga-gerald-cotten-death-cryptocurrency.html

"How Will People Behave in Deep Space Disasters?" in *Slate*, by Amanda Ripley, published May 25th, 2019, last accessed on November 25th, 2020, at slate.com/technology/2019/05/space-disasters-human-response-nasa-mars-moon.html

"How Will Police Solve Murders on Mars?" from *The Atlantic*, by Geoff Manaugh, published September 14th, 2018, last accessed on November 28th, 2020, at https://www.theatlantic.com/science/archive/2018/09/mars-pd/569668/

The Intelligence Trap: Why Smart People Make Dumb Mistakes, by David Robson, W.W. Norton, 2019

"Learning on the Job: Studying Expertise in Residential Burglars Using Virtual Environments," in *Criminology*, by Claire Nee, Jean-Louis van Gelder, Marco Otte, Zarah Vernham, and Amy Meenaghan, volume 57, issue 3, pages 481–511, August 2019

"List of Sci-Fi Crimes That Will Become Possible by 2040: Future of Crime," from QuantumRun.com, published September 15th, 2020, last accessed on November 25th, 2020, at https://www.quantumrun.com/prediction/list-sci-fi-crimes-will-become-possible-2040-future-crime-p6

"Militarization, Measurement, and Murder in the High Arctic," in *Territory Beyond Terra* (Kimberley Peters, ed.), by Johanne Bruun and Philip Streinberg, Rowman & Littlefield, 2018

"A Multimillion-Dollar Criminal Crypto-Mining Ecosystem Has Been Uncovered," from *MIT Technology Review*, published March 25th, 2019, last accessed on November 24th, 2020, at technologyreview.com/s/613163/a-multi-million-dollar-criminal-crypto-mining-ecosystem-has-been-uncovered/

"Phantom of the ADAS: Phantom Attacks on Driver-Assistance Systems," from *The International Association for Cryptologic Research*, by Ben Nassi, Dudi Nassi, Raz Ben-Netanel, Yisroel Mirsky, Oleg Drokin, and Yuval Elovici, published January 28th, 2020, last accessed on November 28th, 2020, at https://eprint.iacr.org/2020/085.pdf

"Psychology in Deep Space" in *The Psychologist*, by Nick Kanas, volume 28, number 10, pages 804–807, October 2015

"The Self-Appointed Spies Who Use Google Earth to Sniff Out Nukes," in *The Atlantic*, by Amy Zegart, published December 6th, 2019, last accessed on November 28th, 2020, at https://www.theatlantic.com/ideas/archive/2019/12/new-nuclear-sleuths/602878/

"Someday, Someone Will Commit a Major Crime in Space," in *Slate*, by Jane C. Hu, published August 28th, 2019, last accessed on November 25th, 2020, at https://slate.com/technology/2019/08/space-crime-legal-system-international-space-station.html

"State Jurisdiction over Ice Island T-3: The Escamilla Case," in *Arctic*, by Donat Pharand, volume 24, issue 2, pages 81–152, June 1971

"True Crime: Murder on an Arctic Ice Floe," from *Mental Floss*, by Kara Kovalchik, published July 22nd, 2010, last accessed on November 28th, 2020, at https://www.mentalfloss.com/article/25261/true-crime-murder-arctic-ice-floe

"Vodka-Fueled Stabbing at Russian Antarctic Station: Here's What Psychologists Think Happened," in *Russia Today*, published November 2nd, 2018, last accessed on November 27th, 2020, at https://www.rt.com/news/442998-antarctic-stabbing-spoilers-vodka/

"What Life on Mars Will Be Like?" from Slate, by Taylor Mahlandt, published July 10th, 2019, last accessed on November 28th, 2020, at https://slate.com/technology/2019/07/robert-zubrin-mars-settlement-societies-community-government.html

"When It Comes to Living in Space, It's a Matter of Taste," from *Scientific American*, by Jim Romanoff, published March 10th, 2009, last accessed on November 28th, 2020, at https://www.scientificamerican.com/article/taste-changes-in-space/

"Why Deep-Learning AIs Are So Easy to Fool," in *Nature*, by Douglas Heaven, volume 574, issue 7777, pages 163-166, October 9th, 2010

그림 정보 및 출처

26쪽 토머스 머리Thomas Murray의 그림. | 31쪽 카스파르 라위컨Caspar Luiken의 판화 작품. | 93쪽 조지 앤드루 누테너George Andrew Lutenor의 그림. | 97쪽 토머스 롤랜드슨Thomas Rowlandson의 그림. | 100쪽 존 잭슨John Jackson의 그림. | 109쪽 로버트 시모어Robert Seymour의 판화 작품. | 111쪽 웰컴재단Wellcome Trust 제공. | 126쪽 미국 국립의학도서관National Library of Medicine 제공. | 127쪽 미국 국립의학도서관 제공. | 131쪽 미국 국립의학도서관 제공. | 146쪽 갈리카, 프랑스국립도서관Gallica, Bibliotheque nationale de France의 전자도서관 제공. | 151쪽 너폴리언 새러니Napoleon Sarony가 촬영한 사진. | 169쪽 미국 의회도서관Library of Congress 제공. | 201쪽 예일대학교 제공. | 217쪽 미국 국립문서기록관리청National Archives and Records Administration 제공. | 224쪽 미국 국립문서기록관리청 제공. | 228쪽 미국 국립문서기록관리청 제공. | 233쪽 미국 국립의학도서관 제공. | 242쪽 미국 국립문서기록관리청 제공. | 256쪽 호세 말료아José Malhoa의 그림. | 261쪽 윌리엄 호가스William Hogarth의 연작 작품 「난봉꾼의 행각Rake's Progress」 중 하나. | 272쪽 웰컴재단 제공. | 277쪽 MOHAI, Seattle Post-Intelligencer Collection, 1986.5.25616. | 296쪽 미국 국립문서기록관리청 제공. | 302쪽 미국 국립문서기록관리청 제공. | 308쪽 미국 국립문서기록관리청 제공. | 324쪽 미국 의회도서관 제공. | 338쪽 하버드대학교 기록 보관소Harvard University Archives 제공. | 351쪽 미국연방보안관U.S. Marshals 제공. | 362쪽 FBI 제공. | 372쪽 인디애나대학교 킨제이연구소 컬렉션Collections of the Kinsey Institute, Indiana University 제공. | 412쪽 〈보스턴 헤럴드〉 제공. | 426쪽 〈보스턴 헤럴드〉 제공. | 441쪽 미국지질조사국U.S. Geological Survey 제공.

찾아보기

옮긴이 **이충호**

서울대학교 사범대학 화학과를 졸업했다. 현재 과학 전문 번역가로 활동하고 있다. 2001년 『세계를 변화시킨 12명의 과학자』로 우수과학도서 번역상(한국과학문화재단)을, 『신은 왜 우리 곁을 떠나지 않는가』로 제20회 한국과학기술도서 번역상(대한출판문화협회)을 받았다. 옮긴 책으로는 『사라진 스푼』, 『바이올리니스트의 엄지』, 『뇌과학자들』, 『카이사르의 마지막 숨』, 『원자 스파이』, 『경영의 모험』, 『미적분의 힘』, 『천 개의 뇌』, 『차이에 관한 생각』, 『멀티제너레이션, 대전환의 시작』 등 다수 있다.

과학 잔혹사

1판 1쇄	2024년 4월 20일
1판 3쇄	2024년 7월 29일

지은이	샘 킨
옮긴이	이충호
펴낸이	김정순
책임 편집	조은화
편집	허영수
마케팅	이보민 양혜림 손아영

펴낸곳	(주)북하우스 퍼블리셔스
출판등록	1997년 9월 23일 제406-2003-055호
주소	04043 서울시 마포구 양화로 12길 16-9(서교동 북앤빌딩)
전자우편	henamu@hotmail.com
홈페이지	www.bookhouse.co.kr
전화번호	02-3144-3123
팩스	02-3144-3121

ISBN	979-11-6405-247-9 03400